高职高专教育“十一五”规划教材

网页设计三合一教程

周从军　李旭峰　主　编

齐晓霞　李　壮　孙月兴　副主编

科学出版社

北　京

内 容 简 介

本书循序渐进地介绍了网页制作的整个流程，其中包括构思、规划、制作及发布。书中涵盖了目前最流行的网页制作工具，即 Macromedia 公司推出的 Dreamweaver、Fireworks 和 Flash，被称为网页制作“三剑客”。

本书分 25 章，从网站规划开始，配以丰富的实例，重点介绍使用“网页三剑客”制作网页的方法与技巧。第 1 章～第 12 章讲解网页制作的基础知识以及如何使用 Dreamweaver 管理站点和网页制作的具体方法；第 13 章～第 20 章讲解如何使用 Flash 制作精彩动画；第 21 章～第 25 章讲解如何使用 Fireworks 处理网页图像。同时读者还可以通过每章提供的习题与上机操作，来巩固书中学到的知识，从而使读者在实践过程中掌握网页制作的原理以及操作技巧，最终领会网页制作的精髓所在。

本书实例丰富、重点突出、讲解透彻、习题新颖，既适合作为高职高专等高等院校相关专业网页设计课程的教材，也可作为成人教育以及在职人员的培训教材。

图书在版编目(CIP)数据

网页设计三合一教程/周从军，李旭峰主编.—北京：科学出版社，2010. 6
（高职高专教育“十一五”规划教材）
ISBN 978-7-03-027604-9

Ⅰ. ①网… Ⅱ. ①周… ②李… Ⅲ. ①主页制作－图形软件，Dreamweaver 8、Fireworks 8、Flash 8－高等学校：技术学校－教材 Ⅳ. ①TP393.092

中国版本图书馆 CIP 数据核字（2010）第 089280 号

策划：姜天鹏　刘玉兴
责任编辑：王纯刚　隽青龙 / 责任校对：刘玉靖
责任印制：吕春珉 / 封面设计：东方人华平面设计部

科学出版社 出版
北京东黄城根北街 16 号
邮政编码：100717
http://www.sciencep.com
北京中科印刷有限公司 印刷
科学出版社发行　各地新华书店经销
*
2010 年 5 月第 一 版　开本：787×1092 1/16
2020 年 9 月第七次印刷　印张：22 1/4
字数：504 000

定价：54.00 元

（如有印装质量问题，我社负责调换〈中科〉）
销售部电话 010-62140850　编辑部电话 010-62135517-2037

前　　言

目前最流行的网页制作工具，即Macromedia公司推出的Dreamweaver、Flash和Fireworks，被称为网页制作“三剑客”。本书从实际出发，以理论结合实践的方式详细地介绍了Dreamweaver 8、Flash 8和Fireworks 8的使用方法和操作技巧，将网页设计过程中的难点、要点贯穿在一起，循序渐进地介绍网页制作的整个流程，其中包括构思、规划、制作及发布。

本书共分25章，从网站规划开始，配以丰富的实例，重点介绍使用“网页三剑客”制作网页的方法与技巧。第1章～第12章为Dreamweaver 8相关知识的讲解，主要内容包括网页设计简介，网页设计基础，表格的应用，超级链接及表单的创建，图像的基础及多媒体的应用，CSS样式表的创建及应用，网页布局、层排版和模板的概述，动态数据库网页的制作，用HTML编写网页，行为的应用，精彩插件的应用，站点的测试及发布等；第13章～第20章为Flash 8相关知识的讲解，主要内容包括Flash 8的入门，动画绘制工具的使用，文字编辑，元件和实例的分析及应用，动画的创建，声音和视频的应用，动作脚本与行为，Flash模板的使用及动画的发布等；第21章～第25章为Fireworks 8相关知识的讲解，主要内容包括Fireworks的入门，Fireworks绘图工具与相关面板的使用，图形的绘制及处理，网页设计功能简介，图像的导出及优化等。

读者可以通过每章提供的习题与上机操作，来巩固书中学到的知识，在实践过程中掌握网页制作的原理以及操作技巧，最终领会网页制作的精髓所在。

本书实例丰富、重点突出、讲解透彻、习题新颖，既适合作为高职高专等高等院校相关专业网页设计课程的教材，也可作为成人教育以及在职人员的培训教材。

本书由周从军、李旭峰担任主编，齐晓霞、李壮、孙月兴担任副主编。其中，第1章～第4章、第19章由周从军编写；第5章～第8章、第18章由李旭峰编写；第9章和第10章由齐晓霞编写；第11章～第14章由李壮编写；第15章～第17章由孙月兴编写；第20章～第22章由杨玉光编写；第23章～第25章由张传学编写。

编　者

2010年5月

前　言

目　　录

第1章　网页设计简介

教学目标

本章介绍有关多媒体网页的一些基本概念，通过几个具有代表性的精彩网站，分析网页的设计理念和风格、网站的创意设计以及网页色彩的搭配。同时介绍网页设计常用的工具。最后讲解了Dreamweaver的工作界面和一些功能。

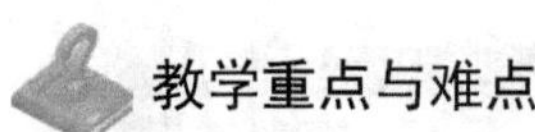

教学重点与难点

了解网页的设计理念；了解网页的设计风格；了解网页的创意设计；了解网页的色彩搭配；熟悉Dreamweaver 8的工作环境。

1.1　网页设计概述

网页的英文名称为homepage，是在因特网上广泛流行的一种信息传播形式。它就像一本有目录的画册，其中的每一张画都和其他画有着直接或间接的联系，它们描绘着网页制作者的生活、理想和经验等。

1.1.1　网页设计遵循的理念

一个网页包含的元素很多，主要包括文字、图像、表格、表单、动画和视频等。而网站是由众多的网页组成的，这些页面是否精彩，直接影响到这个站点能否受到用户的欢迎。作为网页的设计者，最重要的一点是要有创意，没有创意的网站是不成功的。

一般来说，网站设计所需遵循的理念包括以下几方面：

（1）考虑访问者的带宽问题。一个站点无论设计得多精彩，内容多吸引人，如果忽视下载速度，使访问者浏览站点时要花费大量的时间而不愿意再次访问，这样一来，就会失去大量的访问者。

（2）版面布局合理。网页作为一种版面，既有文字又有图片。图片和文字都需要同时展示给观众，因此必须根据内容的需要，将这些图片和文字按照一定的次序进行合理的编排和布局，使它们组成一个有机的整体展现给访问者。

（3）网站标志的设计。网站标志是一个网站的象征。一个设计成功的网站标志能够让人过目不忘，同时也能够提高网站的访问量。在设计时需要考虑如何在标志上体现出主页的内容和含义，而且能给访问者留下深刻的印象。

（4）站点内容要精、专，及时更新。访问者之所以要访问一个站点，大多是被网站的内容所吸引，如果这个站点内容太普通，不专业，而且又长时间不更新，那么访问者不会再有兴趣继续访问这个网站。

1.1.2 网站整体风格的确定

网站的风格是指网站的整体形象给访问者的综合感受。这个整体形象包含非常多的因素：网站的标志设计、色彩、版面布局、浏览方式、交互性、文字和价值等。例如：儿童网站“WaWaYaYa”是生动活泼的，如图 1-1 所示；大多数商业网站如 IBM，是专业严肃的，如图 1-2 所示。不同的网站给访问者留下的感受也不相同。

图 1-1　WaWaYaYa 的网站

图 1-2　IBM 的网站

在制作网页之前，确定网站的整体风格需要注意以下几个方面：

（1）网站标志要放在醒目位置，如左上角，而且要保持不变。

（2）最好能够有一句反应网站精髓的标语，并动态显示。

（3）导航部分应该放在每一张网页的相同位置，便于访问者浏览网站的全部内容。

（4）确定网站的主体颜色，并注意颜色搭配要让人感觉舒服但不要太刺眼，同时还要突出显示需要强调的内容。

（5）页面的布局是风格的一个重要标志，需要考虑网页各个组成部分放置的位置，还要考虑主页的可扩充性，以方便将来再添加栏目。一般采用左边导航、右边文字，或者上面导航、下面文字的方法，也可以两者结合使用。

（6）内容结构越简单越好，分类要简而精。一切都围绕访问者能够最快地找到访问的资料而考虑。

1.1.3 网页创意

网页创意是网站的灵魂所在，关系到企业的形象、品牌、企业文化和企业竞争力……那么到底什么才是创意呢？如何产生创意呢？

（1）创意是传达信息的一种特殊手段。创意并不是天才的灵感，而是设计者长期思考和经验的积累。设计者首先要搜集相关资料，然后根据以往的经验，启发新思路，再将思考的结果进行消化，进而使意识自由发展，任意结合，最终产生创意。

（2）创意是将现有的要素重新组合。网络上最多的创意是与现实生活相结合，例如网上购物、电子社区、电子病历、在线拍卖等。而且资料越丰富，越容易产生创意。所以任何人，都可以创造出不同凡响的创意来。

1.1.4 网页色彩搭配简介

颜色搭配是体现网站风格的关键。网页色彩搭配应考虑以下因素：

（1）色彩的鲜明性。网页的色彩搭配要合理，容易引人注目。

（2）色彩的独特性。网页中要有与众不同的色彩，体现创意的魅力。

（3）色度的合适性。色彩和所要表达内容的气氛要一致。

（4）色彩的代表性。网站的色彩要代表公司的形象，不能滥用。

以下是网页色彩搭配的技巧。

（1）用一种颜色：首先选择一种颜色，然后调节它的透明度和饱和度，以产生新的颜色，这个原理一般用于网页，这样的网页看起来色彩统一、风格一致，又能体现出很好的层次感。

（2）用两种颜色：首先选择一种基色，再选择它的对比色，使整个网页的色彩丰富，但不刺眼。

（3）同一色系：近似颜色的搭配，能给人柔和的感觉。

色彩总的应用原则应该是“总体协调，局部对比”，也就是说，主页的整体色彩效果应该是和谐的，只有局部的、小范围的地方可以有一些强烈色彩的对比，以达到既不显得呆板，又不至于过于亮丽而造成过强刺激的视觉效果。

色彩的搭配是一门艺术，灵活地运用能让网页更具亲和力。

1.1.5 常用网页设计工具简介

Macromedia公司的Dreamweaver软件，是目前国内公认的最佳网页制作工具之一，最新版本为Dreamweaver 8，无论对初级网民还是专业高手，它都可以满足各位的需要。此外，常用的网页设计工具还包括Flash及Fireworks。

1. 网页设计软件Dreamweaver

Dreamweaver是一个很方便的网页制作工具，它支持最新的DHTMLTT和CSS标准。它能够快速高效地创建极具表现力和动感效果的网页，同时使制作过程简单化。另外，Dreamweaver 8不仅提供了强大的网页编辑功能，而且拥有完善的站点管理机制，是一个集网页制作和站点管理于一身的网页创作工具。

2. 网络动画制作软件 Flash

Flash是目前最流行的矢量动画制作软件之一，它只用少量矢量数据就可以描述一个复杂的对象，而且占用的存储空间少，非常适合在网络上使用。运用它可以制作出栩栩如生、动感十足的动画作品。

另外，用户还可以用Flash创作出交互性的小游戏、教学软件等多媒体作品，Flash以其界面简洁、简单易学，成为网页动画制作领域中最受欢迎的软件。

3. 网络图像处理软件 Fireworks

Fireworks是专门针对Web而设计的，因此它对图像进行了充分的优化。利用Fireworks生成的网页图像的色彩也符合Web标准。设计时看到的颜色就是将来网页上显示的颜色，制作起来非常直观。

Fireworks不仅具有很强的图像处理功能，而且提供了大量的网页图像模板供用户使用，学习起来比较容易上手。

1.2 初识Dreamweaver 8

Dreamweaver的用户界面令人耳目一新，它的设计真正体现了面向对象的思想和开放的模式。它的操作跟其他的排版软件差不多，选中一个对象后，出现相关参数面板，修改对象的属性即可。

1.2.1 工作界面的选择

启动Dreamweaver 8后，首先出现的是初始化界面，然后弹出【工作区设置】对话框，如图1-3所示。如果习惯编写代码的，可以选择【编码器】单选钮。这里选择【设计者】单选钮，然后单击【确定】按钮。

1.2.2 主窗口简介

启动Dreamweaver 8后，窗口中央会出现如图1-4所示的起始页窗口。如果选中左下角的【不再显示此对话框】复选框，下次启动Dreamweaver 8将不再显示该起始页。

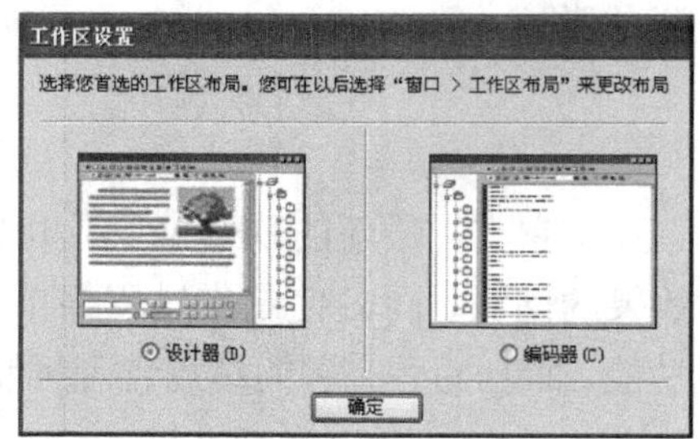

图1-3 选择工作区设置

图1-4 起始页

下面来认识一下Dreamweaver 8的工作界面。单击【创建新项目】中的【HTML】，打开Dreamweaver的工作界面，如图1-5所示。

图1-5　Dreamweaver 8的工作界面

◆ 菜单栏包含创建站点及制作网页的全部命令，几乎所有工作都可以通过菜单完成。利用"窗口"菜单可以打开或关闭各种面板。

◆【插入】工具栏包含用于将各种类型的"对象"（如图像、表格和层）插入到文档中的按钮。每个对象都是一段HTML代码，允许在插入它时设置不同的属性。

◆【文档】工具栏中包含按钮和弹出式菜单，它们提供各种【文档】窗口视图（如【设计】视图和【代码】视图）、各种查看选项和一些常用操作（如在浏览器中预览）。

◆ 文档窗口显示当前创建和编辑的文档。

◆【属性】面板用于查看和更改所选对象或文本的各种属性。每种对象都具有不同的属性。

◆ 面板组是分组在某个标题下面的相关面板的集合。若要展开一个面板组，请单击组名称左侧的展开箭头▶；若要使面板分离出来，请拖动该组标题条左边缘的手柄▒。

◆【文件】面板可以管理文件和文件夹，还可以访问本地磁盘上的全部文件，类似于Windows的资源管理器。

另外，Dreamweaver提供了多种此处未说明的其他面板、检查器和窗口，例如【CSS样式】面板和【标签检查器】。若要打开Dreamweaver中的面板、检查器和窗口，可执行【窗口】菜单中的相应命令。

1.3 习题与上机操作

1. 简答题

(1) 什么是创意？如何产生创意？

(2) 网页色彩搭配的原理与技巧是什么？

(3) 常用的网页设计工具是Macromedia公司推出的哪三个软件？它们的功能是什么？

(4) Dreamweaver8的常见面板有哪些？各有什么功能？

2. 上机操作

新建一个空白页面，熟悉一下Dreamweaver 8的界面。

第 2 章　网页设计基础简介

教学目标

本章介绍网页设计的整体规划、站点的建立和如何制作一个简单的网页。要求对于表格、图像、文字、背景音乐的处理有一定的了解，还应该对超级链接有初步的认识。

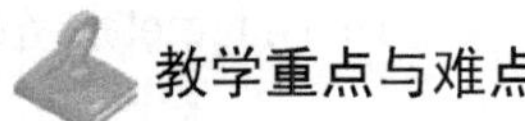

教学重点与难点

网站草图的设计；站点的建立；添加网页基本元素；超级链接基础。

2.1　站点概述和网站的整体规划

网站是由网页集合而成，用户通过浏览器看到的画面就是网页。实际上，一个网页就是一个HTML文件，而浏览器是用于解读这份文件的。网站由许多HTML文件集合而成。但组成网站的页面数量并没有限制，即使某个站点只有一个网页也可称为网站。

2.1.1　站点概述

1. 站点的定义

站点是存放网站上所有文档和文件的地方，是一系列文档的组合，将各种信息制作成网页，以超级链接的形式组织起来，利用浏览器用户可以从一个文档跳转到另一个文档，并通过这样的操作实现对整个网站的浏览。

2. 本地站点和远端站点

对于浏览网页的用户来说，他们所使用的计算机被称为本地计算机。在因特网上浏览的各种网站，实际上是用浏览器打开存放在服务器上的相关站点和文档，我们把这样的站点和相关文档称为远端站点。

我们把存放本地计算机上的站点和相关文档称为本地站点。在本地站点上构建的站点，可以进行充分地设计、编辑和调试。站点设计完毕后，用上传工具上传到服务器上，形成远端站点。

3. 站点根目录

若站点文件较多，通常在站点根目录中创建几个子文件夹，将所有相关文件分门别类存放在子文件夹中。若站点的文件较少，只用一个站点根目录即可。网站上所有的资源都保存在站点内。

4. Internet服务程序

如果站点中包含ASP程序，则需要在本地机上安装Internet服务程序，否则无法在本地机上对站点进行完整测试。

在本地机上安装Internet服务程序，可以将本地计算机与Internet服务器合二为一，不需要连入Internet就能测试站点。对于ASP而言，微软公司的IIS是必不可少的Internet服务程序。

2.1.2 设计草图

在制作个人主页之前，需要先总体规划一下网站的结构。根据原始素材来确定网站需要制作的内容。我们的主人公小慧是一个多才多艺的女孩，她的作品很多，需要分类。在制作网站之前，首先画出网站的设计草图，如图2-1所示。

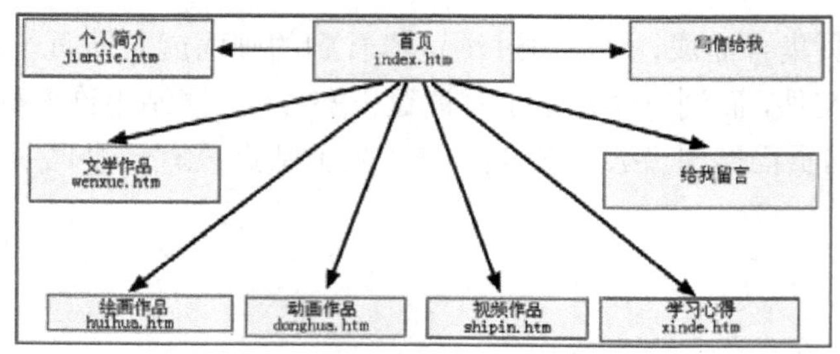

图2-1 网站的草图

有了网站草图，就可以根据它来建网站的基本框架。在网站草图中的每一个模块下还可以再扩充内容。

2.2 站点的建立

Dreamweaver有站点管理功能，可以通过它来轻松创建页面以及文件夹等，但首先我们要建立一个站点。

1. 站点建立的步骤

（1）首先给站点起个名字，叫“小慧的家”。执行【站点】|【管理站点】菜单

命令，或者在右侧【文件】功能面板下的【文件】选项卡中，单击【管理站点】按钮，如图2-2所示，弹出【管理站点】对话框，单击【新建】按钮，选择【站点】命令，如图2-3所示。

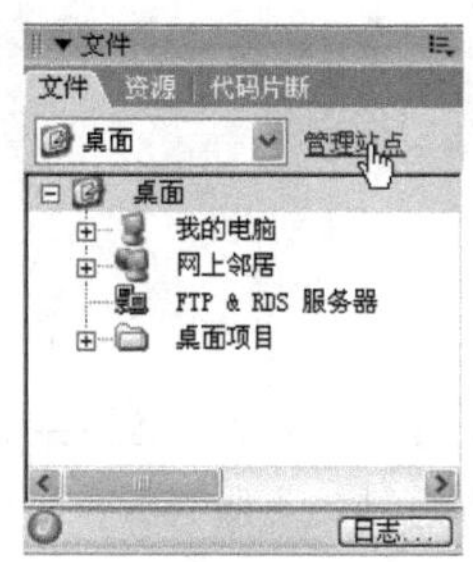

图2-2 单击【管理站点】按钮

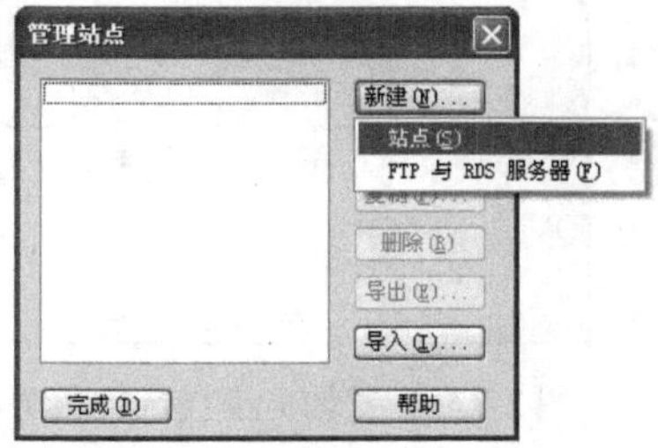

图2-3 【管理站点】对话框

（2）屏幕上出现了站点定义的对话框，有【基本】和【高级】两个选项卡，选择【基本】选项卡，并在【您打算为您的站点起什么名字？】下方的文本框内输入站点的名称——小慧的家，如图2-4所示。

（3）单击【下一步】按钮，在弹出的如图2-5所示的窗口中选择【否，我不想使用服务器技术】单选钮。

（4）单击【下一步】按钮，在弹出的如图2-6所示的窗口中选择【编辑我的计算机上的本地副本，完成后再上传到服务器（推荐）】，并单击【您将把文件存储在计算机的什么位置？】下方文本框右边的按钮对文件存储在计算机上的具体位置进行选择。这里设置存储文件的位置是“F:\xiaohui\”（在F盘下新建一个名为“小慧的家”的文件夹，我们可以根据需要进行选择）。

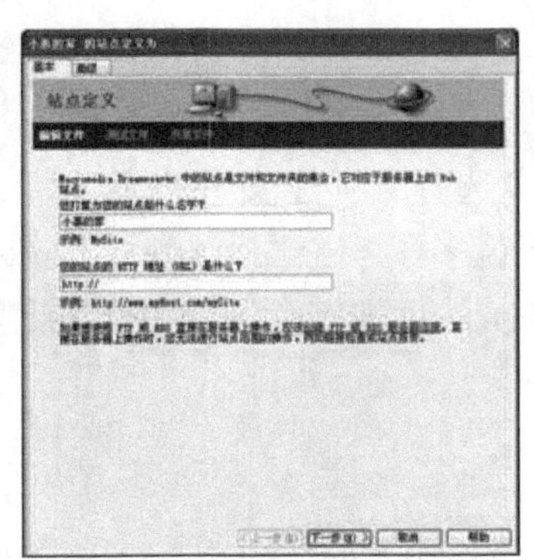

图2-4 输入站点名称——小慧的家

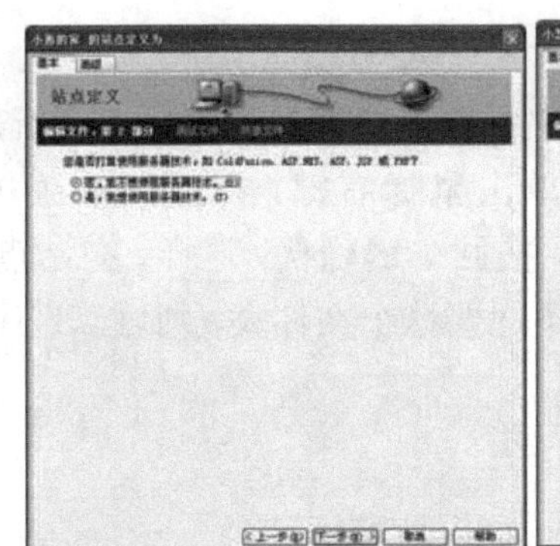

图2-5 选择是否使用服务器技术

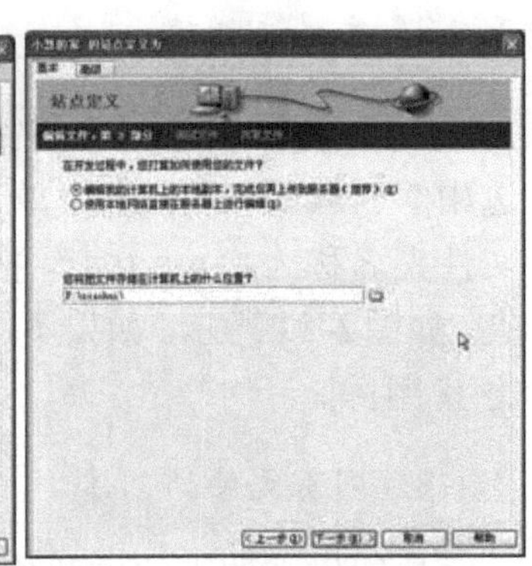

图2-6 选择文件存储位置

（5）单击【下一步】按钮，在弹出的如图2-7所示的窗口中打开【您如何连接到远程服务器？】的下拉菜单，选择【无】选项。

（6）单击【下一步】按钮，弹出如图2-8所示的窗口。单击【完成】按钮，结束站点定义。

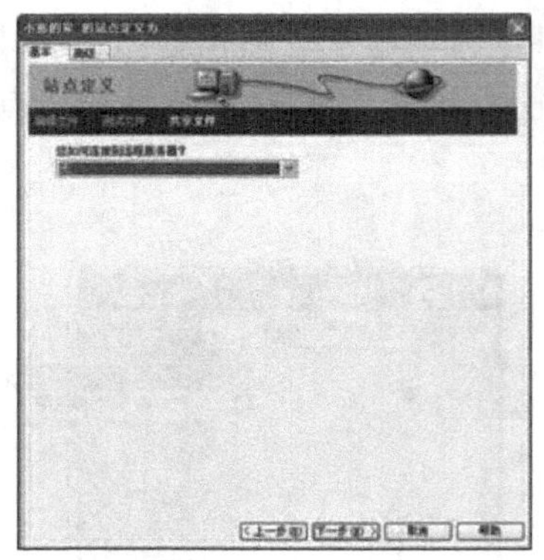

图 2-7　设置如何连接远程服务器

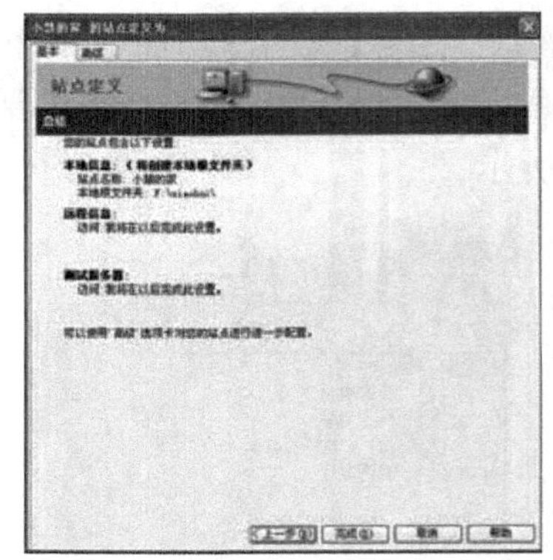

图 2-8　总结站点所有的设置

（7）回到【管理站点】对话框，左边出现了站点名称——“小慧的家”，如图2-9所示。

（8）如果在上述的操作过程中有失误，可以单击【编辑】按钮进行修改。单击【完成】按钮后，在【文件】功能面板下的【文件】选项卡中，也相应出现了相关信息，如图2-10所示。

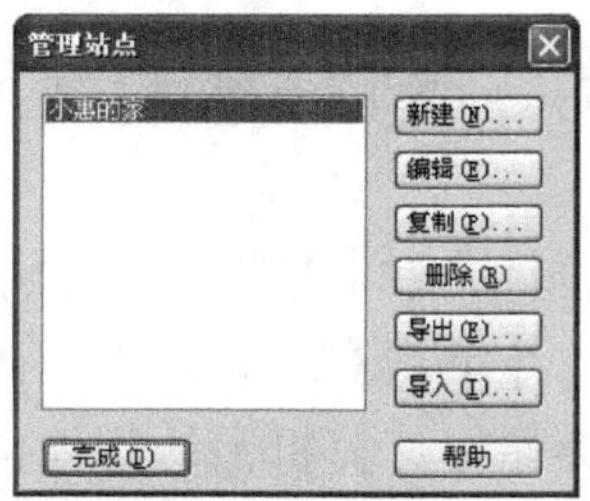

图 2-9　出现【小慧的家】站点名

图 2-10　【文件】功能面板

2. 文件夹的建立

为了存放网页中要用到的图片，可以在该站点下新建一个专门存放图片的文件夹。选中“小慧的家”站点，单击鼠标右键，在弹出的菜单中选择【新建文件夹】，输入文件夹名称为“images”，按回车键确认。这样，在站点下就多了一个“images”文件夹，如图2-11所示。如果不想要这个文件夹，则可以选中它，然后按键盘上的Delete键将其删除。

3. 网页文件的创建

与创建文件夹的方法相同，也可以创建网页文件。首先选中“小慧的家”站点，单击鼠标右键，在弹出的快捷菜单中选择【新建文件】，输入文件名为“index.htm”，如图2-12所示，按回车键确定，这个文件就是网站的首页文件。

提示　一般首页文件名为“index.htm”，或者“index.html”；如果是使用ASP语言编写的页面，文件名变为“index.asp”；如果是用XML语言编写的页面，文件名为“index.xml”。

另外还有一种方法，可以执行【文件】|【新建】命令，弹出【新建文档】对话框，如图2-13所示。直接单击【创建】按钮，会生成一个页面，将它保存到F盘下的“xiaohui”文件夹中，取名为“index.htm”，这同样可以达到创建首页文件的目的。

可以把一些制作网页时要用到的图片放到“images”文件夹下。

图2-11　新建文件夹

图2-12　新建“index.htm”首页

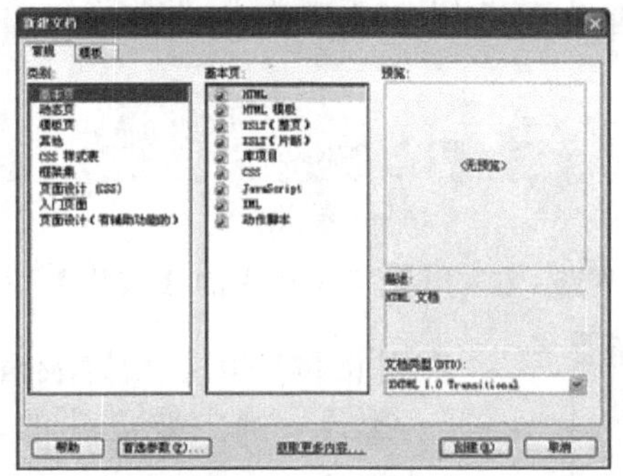

图2-13　弹出【新建文档】对话框

2.3　页面的架构

前面已经新建了一张空白的网页——“index.htm”文件，下面就要来对它进行最简单的操作。

2.3.1　视图概述

打开“index.htm”文件，如图2-14所示。

在【文档】工具栏上左端的3个按钮 代码 拆分 设计，分别为【显示代码视图】、【显示代码视图和设计视图】、【显示设计视图】，单击这3个按钮可以实现3种视图间的切换。

这3个视图的用途各不相同，在【显示代码视图】中可以直接编辑网页的源代码，对于习惯编程的用户来说，是必不可少的；【显示设计视图】能方便我们更好地美化网页，更合理地布局网页；【显示代码视图和设计视图】让我们能够更好地理解源代码，提高编程能力。

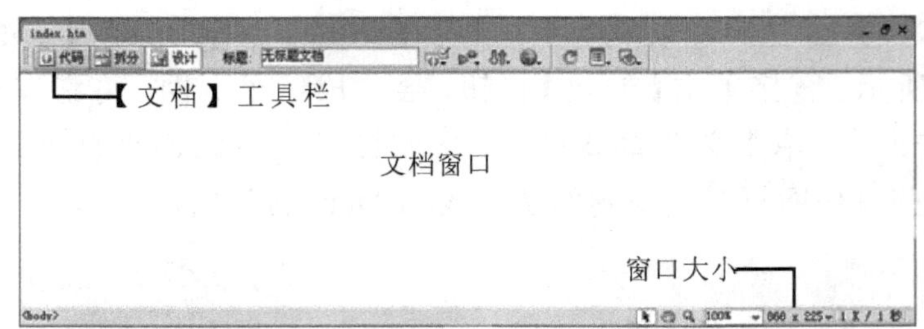

图 2-14 打开“index.htm”文件

2.3.2 表格的简介

在Dreamweaver中的表格处理和Word中并不一样。首先我们来创建一个表格。将光标移到要插入表格的位置，在【插入】工具栏中选择【常用】项，单击【表格】按钮▦，如图2-15所示；或者执行【插入】|【表格】命令，打开【表格】对话框，如图2-16所示。

图 2-15 【常用】工具栏中的【表格】按钮

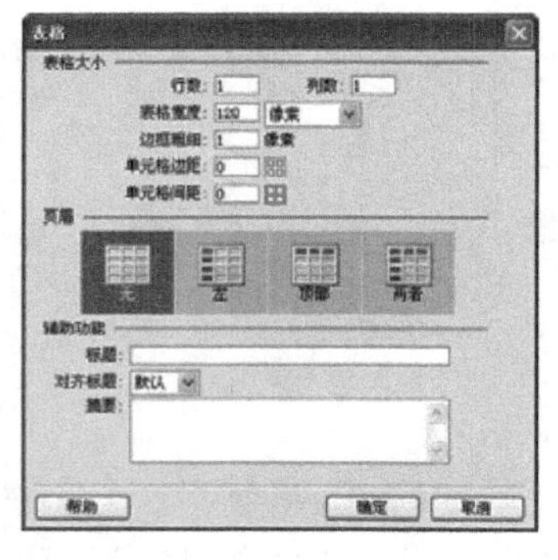

图 2-16 【表格】对话框

在对话框中可以设置表格的一些基本属性，其中：

【行数】：确定要创建的表格有几行。

【列数】：确定要创建的表格有几列。

【表格宽度】：设置表格的宽度，单位有“像素”和“百分比”两个选项，一般情况下，选择【像素】。因为如果选择百分比，则缩放浏览器的大小后会造成表格的变形。

【边框粗细】：设置表格边框的宽度，以“像素”为单位，输入数字0就表示没有边框。

【单元格边距】：单元格填充，指单元格内容和单元格边框之间的距离，以“像素”为单位。

【单元格间距】：单元格和单元格之间的距离，以“像素”为单位。

【页眉】：可以选择4种页眉模式。

【辅助功能】：可以输入表格的标题、选择标题的对齐模式、输入摘要等信息。

下面将【行数】和【列数】都设为2，【表格宽度】设为600，【单元格边距】和【单元格间距】都设为30，其他不变，设置完后单击【确定】按钮。在第一个单元格内输入“文字”二字，就可以看到表格的效果，如图2-17所示。

这是一个两行两列的表格，如果要调整表格的大小以及其他一些参数，应该单击表格的边框，选中这个表格（把光标定位到单元格中，按两次快捷键Ctrl+A，也可将表格选中），如图2-18所示。

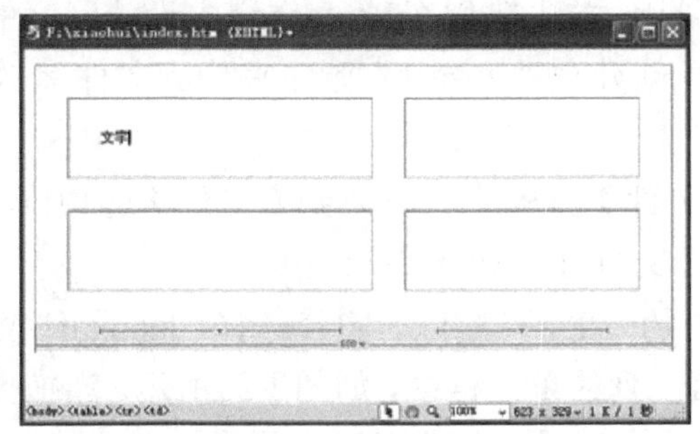

图2-17　表格效果

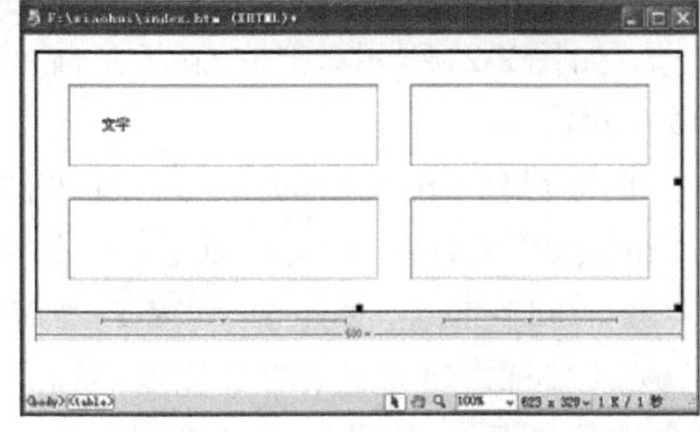

图2-18　选中表格后的效果

选中表格后，在【属性】面板上显示了相关的参数，如图2-19所示。需要注意的是，其中【填充】就是指【单元格边距】。

除了在【属性】面板中可以调整表格的大小，也可以通过拖曳边框来改变表格的宽度、高度，或同时改变宽度和高度。

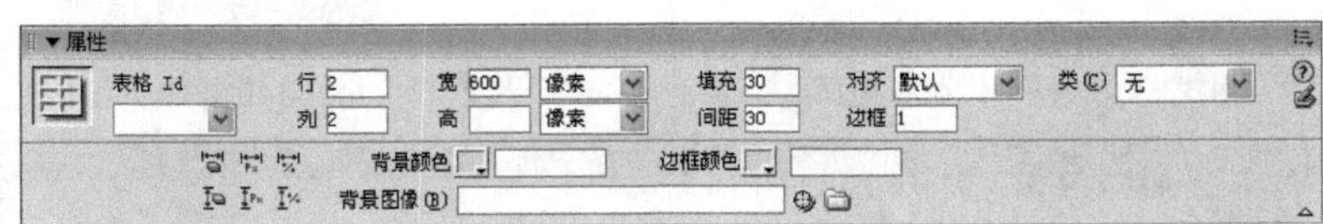

图2-19　表格的【属性】面板

手动拖曳表格边框精确度不高，所以建议直接输入高度和宽度的像素值。如果读者用的是Windows XP系统，那么在设置时，网页的横向宽度最好不要超过750，否则在800×600像素的分辨率下浏览的时候，会出现水平滚动条，影响美观。在制作网页的过程中，一般将窗口定为750×420像素的大小。即选中表格后，在【属性】面板中将【宽】设定为“750”，【高】设定为“420”，并将【行】的值改为“3”，【列】的值仍然是“2”，【填充】和【间距】的值都改为“0”。表格的效果如图2-20所示。

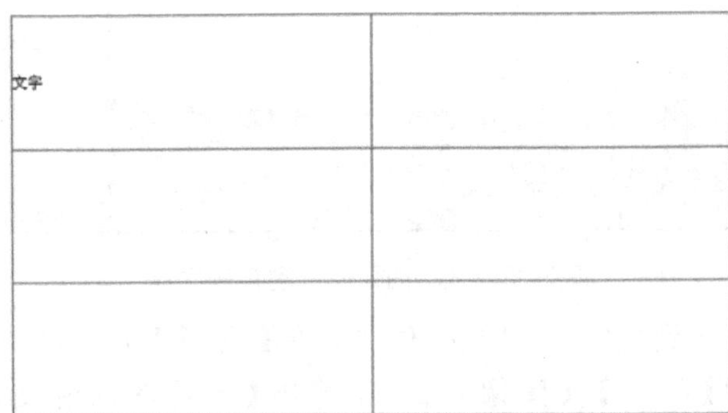

图2-20　修改参数后的表格效果

关于表格的应用，我们将在本书第3章进行深入的学习。

2.3.3 图像基本操作简介

表格里不但可以输入文字，还可以插入图片。首先我们在Photoshop中设计网站的标志，如图2-21所示，把它保存在前面已经创建的“images”文件夹中，文件名为“logo.gif”。

重新回到Dreamweaver中，在右侧的【文件】面板中，切换到【文件】选项卡，在“images”文件夹下就可以看到“logo.gif”文件了，如图2-22所示。

重新回到Dreamweaver中，先将单元格中的“文字”删除，接着选择“logo.gif”文件，按住鼠标左键不放，将其拖曳到第一行第一列的单元格中，如图2-23所示。当拖曳到合适位置后松开鼠标，这样，网站标志就出现在【文档】窗口中了。

图2-21 网站标志——“logo.gif”文件

图2-22 logo.gif文件所在的位置图

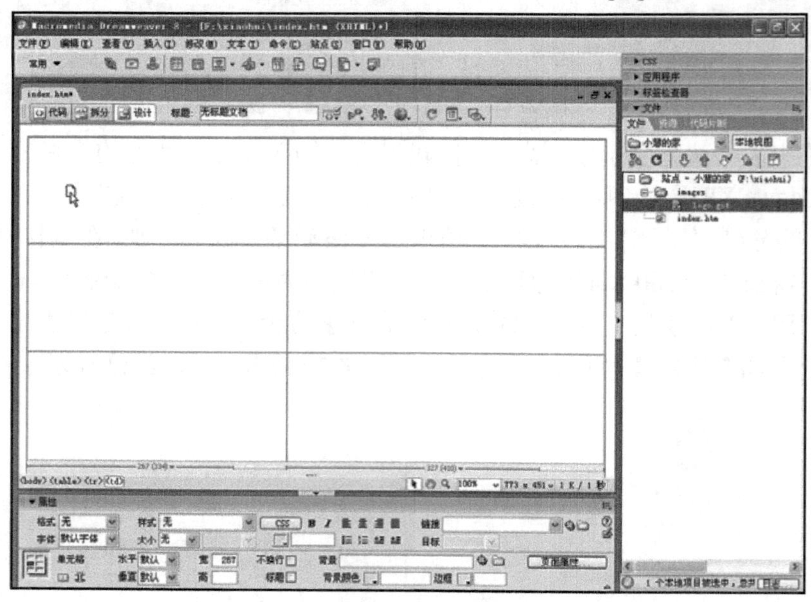

图2-23 拖动图像文件到合适位置

还可以将光标移到要插入图像的位置，在【常用】工具栏中，单击【图像】按钮。也可以执行【插入】|【图像】命令，弹出【选择图像源文件】对话框，切换到“images”文件夹，选择其中的“logo.gif”文件，选中文件后可在对话框的右边看到图像预览的效果，如图2-24所示。

单击【确定】按钮，则在文档中插入所选的图像，效果如图2-25所示。

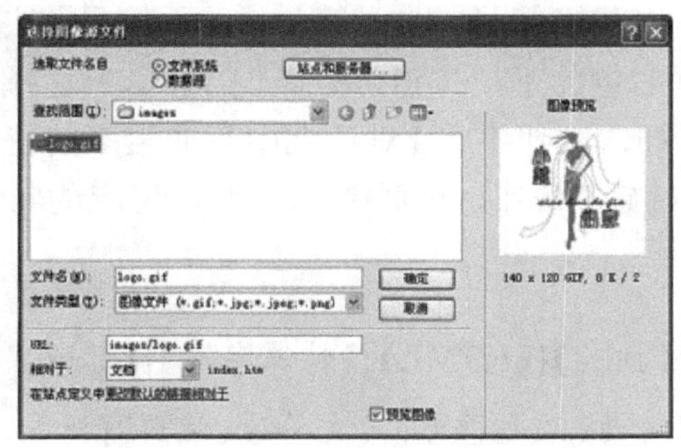

图 2-24 【选择图像源文件】对话框

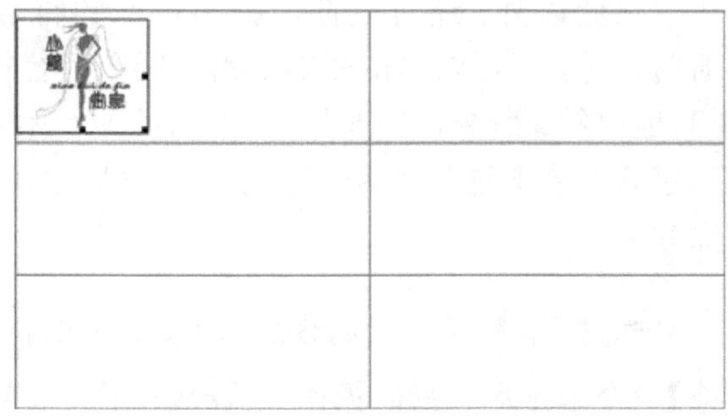

图 2-25　插入图像后的效果

插入图像后，保证图像处于被选中状态，可以在【属性】面板中设置图像的各种属性，如图 2-26所示。

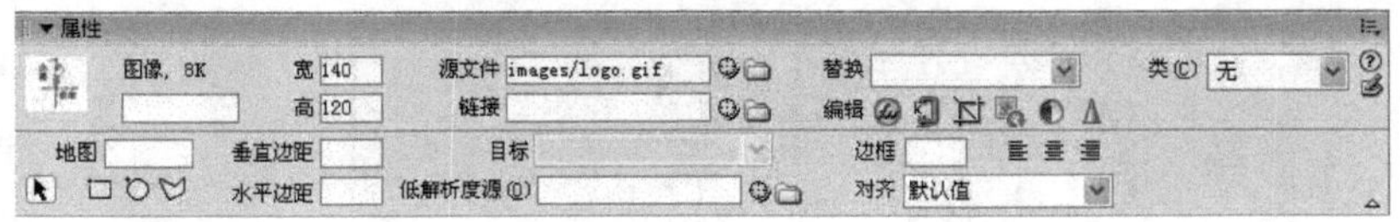

图 2-26　图像的【属性】面板

例如，在面板的【宽】和【高】文本框中，可重新设置图像的大小，单击这3个按钮，可将图像左对齐、居中对齐和右对齐。关于图像的进一步操作，将在本书第5章进行深入的学习。

2.3.4　文本的概述

1. 输入网页的标题

首先给这个网页加上一个标题——“小慧的家”，只要在【文档】工具栏的【标题】文本框中输入“小慧的家”即可，如图 2-27所示。

图 2-27　给网页加上标题

2. 插入特殊文本字符

制作网页的时候，往往要输入一些特殊的文本符号，例如版权符号©，在【插入】工具栏中切换到【文本】项，如图 2-28所示。

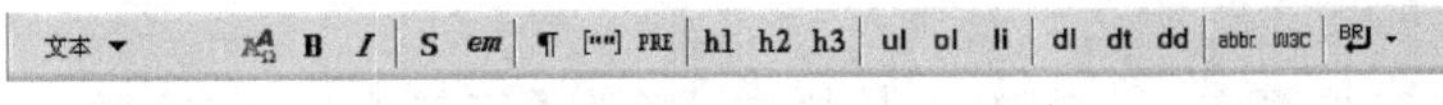

图 2-28　切换到【文本】项

单击【字符】按钮右边的下拉按钮，在弹出的下拉菜单中选择【版权】项。可以看到在光标处出现了一个版权符号“©”。

除此以外，还可以插入很多特殊的符号，如英镑符号、欧元符号、日元符号、注册商标等。还可以单击图2-28中“回车换行符”右侧的下拉按钮，在弹出的菜单中选择【其他字符】命令，在弹出的如图2-29所示的【插入其他字符】对话框中有非常多的特殊字符，单击选择所需要的字符，然后单击【确定】按钮，网页中就会出现相应的特殊字符。

说明 除了上面的方法以外，还可以执行【插入】|【HTML】|【特殊字符】|【其他字符】命令来完成相应的操作，包括版权符号、英镑符号、欧元符号、日元符号、注册商标等，都可以用这种方法来实现。

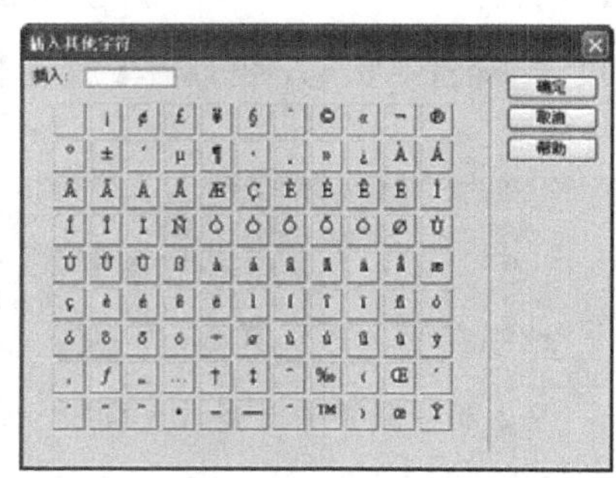

图2-29 【插入其他字符】对话框

还有一些特殊字符需要使用到另外的方法，首先选择一种中文输入法，如全拼输入法，如图2-30所示。在输入法面板的小键盘图标上右击鼠标，弹出如图2-31所示的菜单，选择【特殊符号】，此时就会弹出特殊符号的键盘，如图2-32所示，直接单击选择，就可以实现插入特殊符号了。同样道理，我们还可以插入希腊字母、俄文字母、注音符号、拼音、日文平假名、日文片假名、标点符号、数学符号、单位符号以及制表符等不同类型的符号。

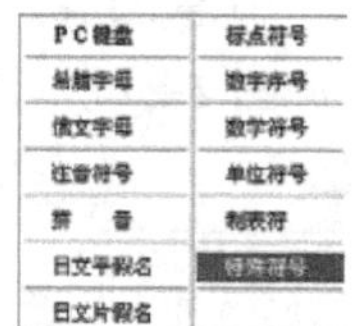

图2-30 全拼输入法　图2-31 输入法面板鼠标右键菜单　图2-32 特殊符号键盘

3. 文本简单的排版

在表格的第二行第一列的位置处输入一首诗，然后进行简单的排版。发现每行之间的间距很大，如图2-33所示。

解决的办法很简单。在文本工具栏中，单击【字符】按钮右边的小三角按钮，在弹出的菜单中，选择的【换行符】命令即可。或者将光标移动到要换行的位置，执行【插入】|【HTML】|【特殊字符】|【换行符】命令；也可以使用Shift+Enter快捷键，最后效果如图2-34所示。

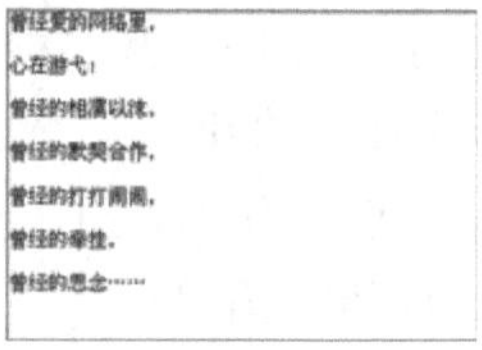

曾经爱的网络里，
心在游弋！
曾经的相濡以沫，
曾经的默契合作，
曾经的打打闹闹，
曾经的牵挂，
曾经的思念……

图2-33 直接按回车键分段后的效果

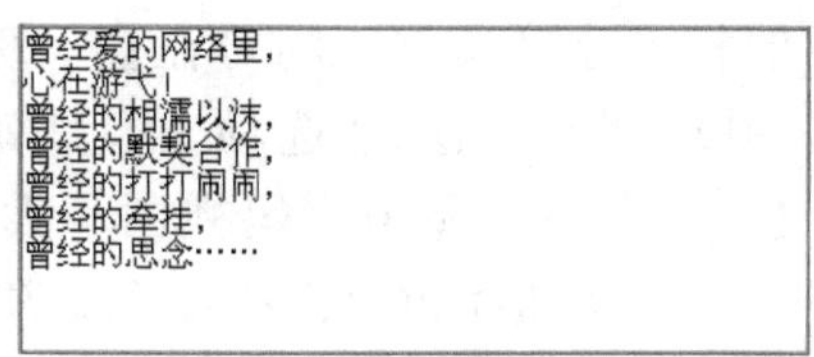

图2-34 执行【换行符】命令后的效果

文章开头一般都要空两格，可是，在此处，按空格键却无法输出空格，怎么办呢？有一个【不换行空格】命令可以帮我们解决，将光标移动到相应位置，然后单击【字符】按钮右边的小三角按钮，在弹出的菜单中选择【不换行空格】命令；或者执行【插入】|【HTML】|【特殊字符】|【不换行空格】命令；也可以使用快捷键Ctrl+Shift+Space。我们发现每执行一次该命令，只空半个汉字的位置。

说明 除了上述方法外，还可以选择一种中文输入法，如全拼或标准输入法，将半角状态切换到全角状态，如图2-35所示。这个时候，你再试一下，按一下就空出一个汉字的位置，想空几个汉字位置都可以。

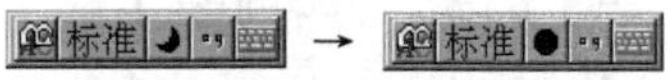

标准 → 标准

图2-35 全角状态

4. 设置字体、颜色、大小、对齐方式和样式

新建一个网页文件——“wenxue.htm”，直接输入文章后，选中文字，可以通过调整【属性】面板中各个参数，来改变文字的字体、颜色、大小和对齐方式，如图2-36所示。

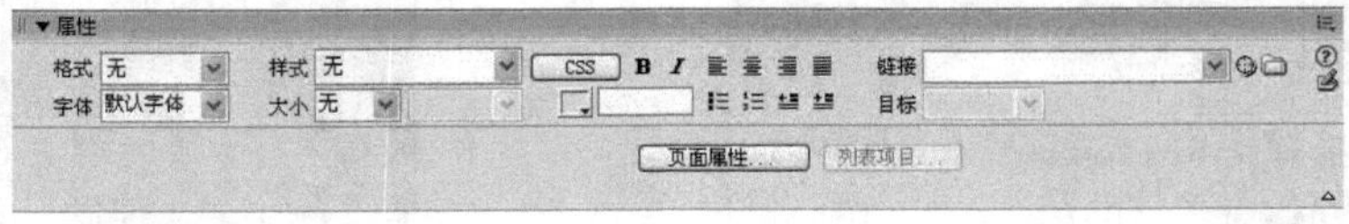

图2-36 文字属性设置

选中标题“小小故事——给予”，在【格式】属性的下拉列表框中选择【标题1】，得到效果如图2-37所示。

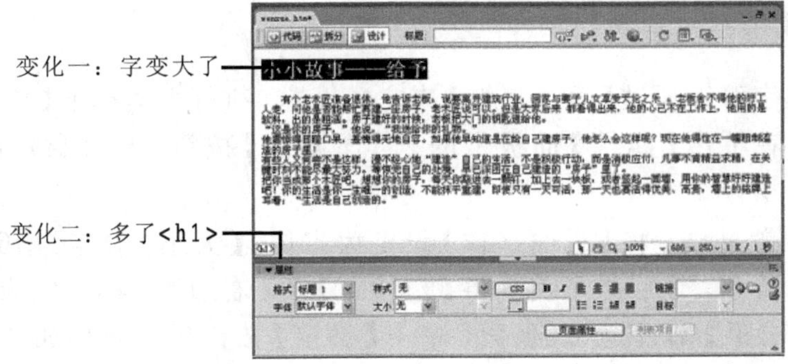

图2-37 设置后的效果

文章的标题字变大了，同时在【标签选择器】中多了“<h1>”的字样。如果在下拉列表框中选择【标题2】选项，这里就对应出现“<h2>”的字样，依此类推。单击【文档】工具栏中【显示代码视图和设计视图】按钮，可以看到选中的“小小故事——给予”前后有<h1>和</h1>，如图2-38所示，这就是HTML语言。

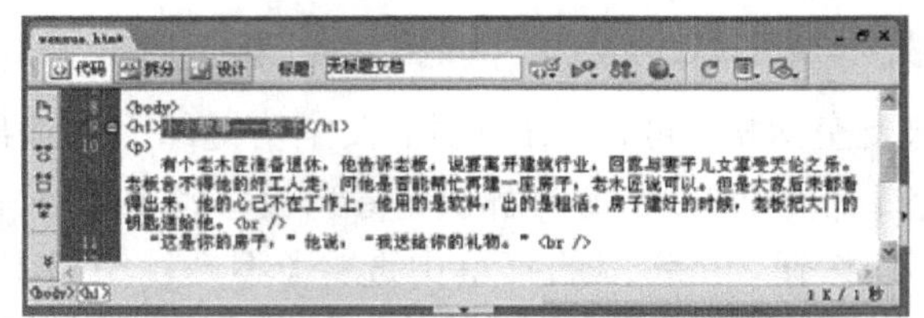

图2-38 “小小故事——给予”前后有<h1> </h1>标记

说明 HTML语言的中文名称是超文本标记语言，有关HTML的详细介绍见第9章。

选中文字“小小故事——给予”，然后在【字体】的下拉列表框中选择一种字体即可。如果要选择的中文字体不在列表中，则需要添加。单击【字体】下拉列表框中的【编辑字体列表……】项，弹出【编辑字体列表】对话框，如图2-39所示。

在【可用字体】列表框中选择需要的字体，然后单击«按钮，选择的字体就出现在【字体列表】中了，只要选中文字，在【字体】的下拉列表框中选择需要的字体，就可以实现文字的相应效果。

改变文字的颜色，单击属性面板上的【文本颜色】按钮，打开调色板，选择红色，如图2-40所示。在按钮旁边的文本框中就出现了“#FF0000”的字样。

图2-39 【编辑字体列表】对话框

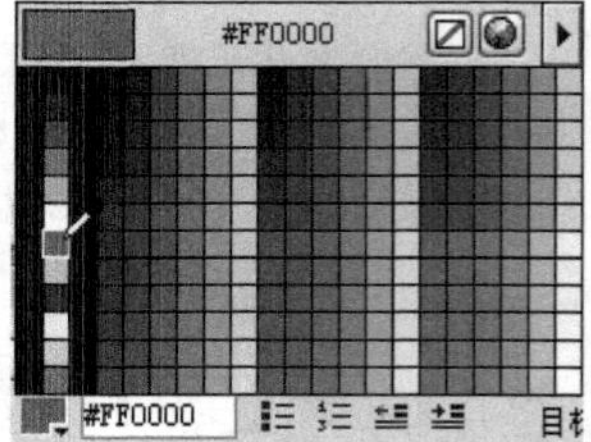

图2-40 选择红色

5. 页面属性

其余的文字可以通过【页面属性】来完成设置。执行主菜单下【修改】|【页面属性】命令，或者单击【属性】面板上的【页面属性】按钮，打开【页面属性】对话框，如图2-41所示。

这里仅设置外观，将【页面字体】设定为宋体，【大小】设定为16像素，【文本颜色】设定为蓝色，最后为了美观将【左边距】和【右边距】都设定为20像素，【上边距】和【下边距】都设定为0像素，单击【确定】按钮后的效果如图2-42所示。

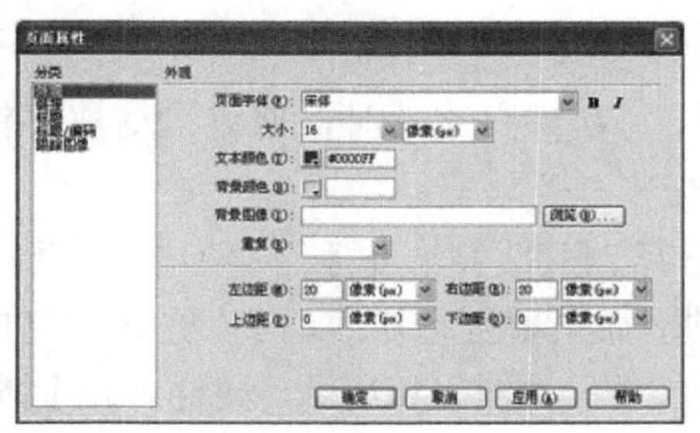

图2-41 【页面属性】对话框

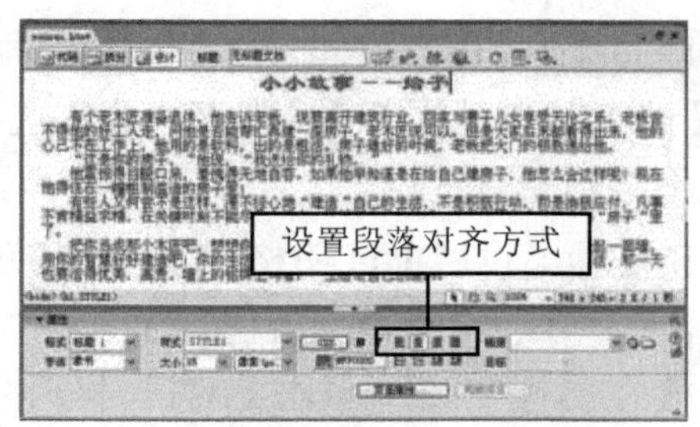

图2-42 完成页面属性设置后的效果

说明 选择文本后，通过单击【属性】面板上的对齐按钮可以设置段落的对齐方式。比如，在这里我们将标题“小小故事——给予”设置为“居中对齐”，如图2-43所示。另外，在设置段落的首行缩进时（一般为缩进2个汉字的间距），如果你想采用像在Word或记事本中那样，直接按空格键来输入，那么你会发现根本没法完成。设置的技巧是：先把输入法的半角状态改变为全角的状态，然后再按空格键即可。

2.3.5 水平线和日期

执行【插入】|【HTML】|【水平线】命令，可以在编辑页面中插入一个水平线，如图2-43所示。

通过修改【属性】面板中的参数，可以对插入的水平线进行调整。将【宽】的值改为690，【高】的值改为1，【对齐】设为居中对齐。

说明 如果要插入垂直线，只要将【宽】的值设定为1，【高】的值设定为100，水平线就变成了垂直线，如图2-44所示。如果要使垂直线变长，可以改变【高】的值。

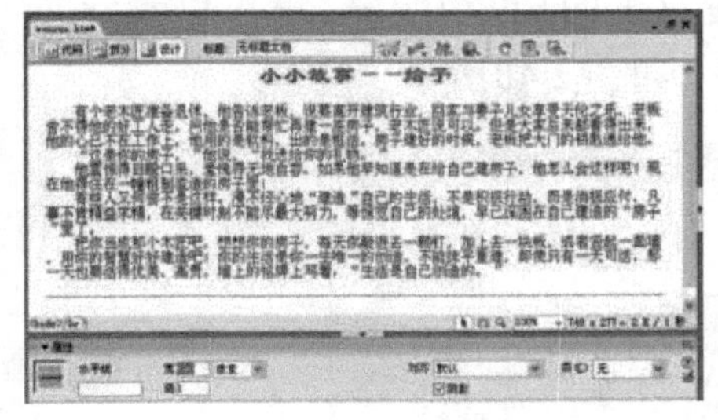

图2-43 插入水平线后的效果

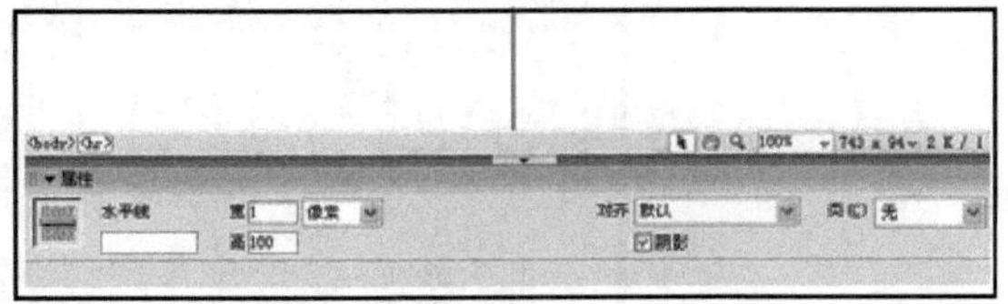

图2-44 插入垂直线后的效果

接下来，在水平线下面插入更新日期。执行【插入】|【日期】命令，或者单击【常用】工具栏上的日期按钮，弹出【插入日期】对话框，如图2-45所示。

【星期格式】：选择插入日期时星期的格式，可以选择【不要星期】，这样在日期中星期将不会出现。

【日期格式】：设置日期的显示格式，可根据自己的喜好来选择相应的格式。

【时间格式】：设置日期中时间显示的格式，可以选择【不要时间】，这样在日期中时间将不会出现。

【储存时自动更新】：选中该选复选框后，每次保存文件时日期将自动被更新，反之就不会被更新。

在这里，设置【日期格式】为“1974年3月7日”，并选中【储存时自动更新】复选框，其他不变，屏幕上就出现了当前的日期，如果要进行修改，可以先选中日期，然后直接在属性窗口中单击【编辑日期格式】按钮，如图2-46所示。同样弹出【插入日期】对话框，在其中进行修改。

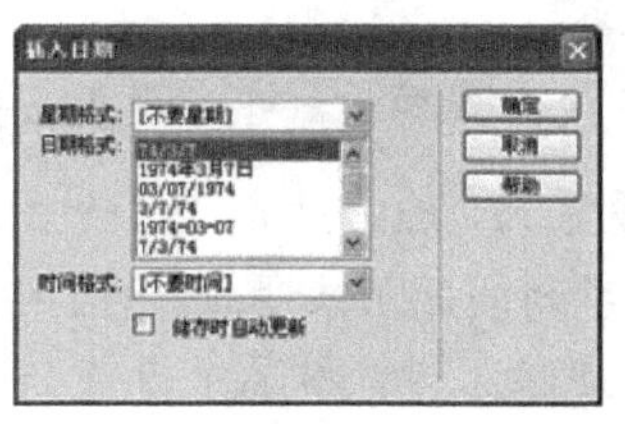

图2-45 【插入日期】对话框

图2-46 选择【编辑日期格式】

2.3.6 背景图片和背景音乐

图2-47 制作的背景图片

如何在现有的网页中插入背景图片呢？我们可以在Photoshop中制作一张图片作为背景，如图2-47所示。然后保存到“images”文件夹下，取名为“back.gif”。

打开【页面属性】对话框，在【外观】分类中，单击【背景图像】后面的【浏览】按钮，选择“images”目录下的“back.gif”文件，单击【确定】按钮。按键盘上的F12功能键，就可以看到网页的预览效果，如图2-48所示。

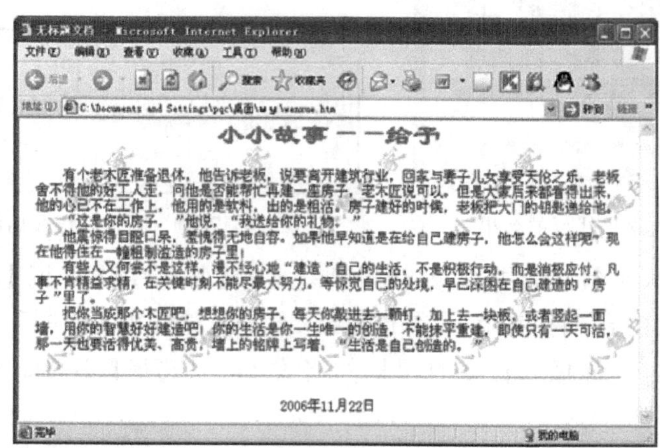

图2-48 按F12键后网页的预览效果

接下来，插入背景音乐。常见的声音格式有wav、mid、mp3、mp2等，一般都选用midi音乐作为网页的背景音乐。从网上下载一个音乐文件，将它保存到站点的根目录下，取名为“sound.mid”。

切换到【显示代码视图】或者【显示拆分视图】，在<head>与</head>之间加入如下代码（如图 2-49所示）：

```
<bgsound src="sound.mid" loop="-1">
```

其中“loop”的值为循环的次数，- 1 表示无限循环。按键盘上的F12 功能键，就可以听到优美动听的背景音乐了。

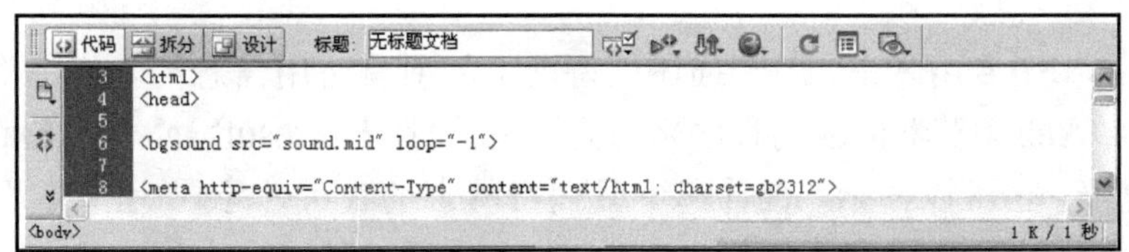

图 2-49　插入背景音乐代码

2.4　超级链接简介

如果说互联网是一张网，那么超级链接是组成这张网的线，没有超级链接，就根本不存在这样的网。前面简单制作了两张网页，它们之间还没有任何联系，要将它们连接起来，就要用到超级链接，否则就无法实现网页的功能了。

2.4.1　URL 概述

URL是Uniform Resoure Locator的缩写，中文意思是“统一资源定位器”，指WWW网页的地址。例如http://www.hongen.com/pc/index.htm，其中 “http://”为该URL的第一项，表示Internet资源类型是HTTP服务；第二项“www.hongen.com”是站点名，用来指出WWW页所在的服务器域名，也可以是一台服务器的名字，我们要访问的WWW页面就在这台服务器上；第三项“pc”是指信息存放的文件夹，就是相应文档资料保存在哪一个子目录中，每一个子目录前都有一个斜杠，当然子目录可有可无，并不是所有的URL都要用到子目录；最后一项我们定义了想要访问的具体文件名，这里是“index.htm”文件。

由此可见，一个完整的URL应该由以下几个部分组成：

资源类型 + 主机名 + 子目录（可选） + 文件名（可选）

说明 Internet资源类型除了前面讲的“http://”表示WWW服务器外，还有“ftp://”

表示FTP服务器、“gopher://”表示Gopher服务器、“news://”表示Newsgroup新闻组等。必须注意，WWW上的服务器都是区分大小写字母的，所以，千万要注意正确的URL大小写表达形式。

2.4.2 超级链接

超级链接是“超文本链接”的缩略语，它提供了通过单击超级链接点将用户从WWW文档某一部分连接到不同文档或同一文档的其他部分，可以迅速从服务器的某一页转到另一页，也可以转到其他服务器页。表示超级链接点的信息可以是文字或图像，甚至是动画。

WWW是一个专用术语，用于描述因特网上的所有可用信息和多媒体资源。可以使用一个被称为Web浏览器的应用程序来访问这些信息。Microsoft Internet Explorer就是一个Web浏览器，它可以搜索、查看和下载因特网上的各种信息。“超文本”的加入使得Web很快成为一片能自由航行的信息海洋，它使用了一种被称为HTML（超文本标记语言）的文件格式，在Web上通过跳转或“超级链接”从某一页跳到其他页——这些页可包括图像、动画、声音、3D世界以及其他任何信息。网页和文件可以放在因特网上的任何一个地方，通过“超级链接”将它们连在一起，形成巨大的WWW。

2.4.3 路径

1. 绝对路径

绝对路径是包含服务器协议的完全路径，是一种与源地址文件无关的路径形式。绝对路径包含的是精确地址，创建对当前站点以外文件的链接时必须使用绝对路径。一般最常见的是URL，就是通常所说的网址，格式如下：

```
http://www.hongen.com/pc/index.htm
```

在网址前一定要加上协议名，如http、ftp等。另外一种是文档的绝对路径，一般格式如下：

```
file://E:/Documents and Settings/lm/桌面/images/1.gif
```

绝对路径的优点是能够准确地找到相关文件，缺点是路径太多，容易出错，如果目标文档被移动，则链接无效。每变更一次就要修改一次路径，不方便修改和测试。

2. 相对路径

（1）与文档相对的路径。

与文档相对的路径是指和当前文档所在的文件夹相对的路径。例如，back.gif指定的就是当前文件夹内的图片文档；../back.gif指定的则是当前文件夹上级目录中的图片文档；而images/back.gif则指定了当前文件夹“images”中的图片文档。与文档相对的路径通常是最简单的路径，可以用来链接和当前文档同一文件夹的文件。

相对路径的优点是使用源地址文件和目标地址文件之间的位置来表示路径，只要整个站点的结构和文件的位置不变，改变站点的路径不会影响路径的正确性，这也是我们在一开始就要建立站点的原因。其缺点是当源地址文件和目标地址文件之间的位置发生改变时候，要修改相对的路径。

（2）与根目录相对的路径。

站点上的所有可公开的文件都存放在站点的根目录下。与根目录相对的路径使用斜杠，以告诉服务器从根目录开始。例如，/images/back.gif将链接到站点根目录“images”文件夹下的“back.gif”文件。

与根目录相对的路径结合了上述两种路径的优点，既去掉了绝对地址中复杂的带有协议的地址，又具有绝对路径与源地址文件无关的特点，并便于修改和测试。

关于超级链接的应用，我们将在第4章中深入学习。

2.5　习题与上机操作

1. 简答题

（1）要在本地创建一个新站点，可以使用Dreamweaver自带的哪个工具来创建。

（2）简述相对路径与绝对路径的含义，及它们各自的优缺点。

2. 上机操作

（1）在Dreamweaver 8中创建一个本地站点“个人网站”，并将其保存在以下目录中：D:\myjobs。

（2）制作几张网页，页面里面可包含表格、图像、文字、水平线、背景音乐、背景图片等元素。

第3章 表　格

教学目标

表格可以使信息更加简洁和条理化。表格的合理运用，可以使制作的页面布局更加漂亮，使网站的建设更加专业化。在本章中将介绍表格的制作方法，同时配合一个实例以加深对表格的理解。

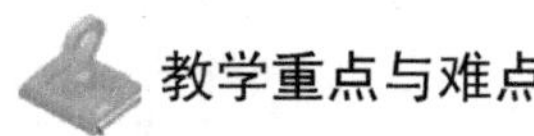

教学重点与难点

表格的创建与编辑；格式化表格；插入Flash动画；合理布局制作一个页面。

3.1 创建表格与编辑表格

前面我们已经掌握了一些表格的简单应用，下面将系统地学习一下怎样创建表格以及表格的编辑与排版。

3.1.1 表格的创建

我们首先要了解一下表格的组成。如图3-1所示，表格一般包括三个基本组成部分：

◆行，表格中的水平间隔。

◆列，表格中的垂直间隔。

◆单元格，表格中一行与一列相交所产生的区域，用来存放图片或文字。

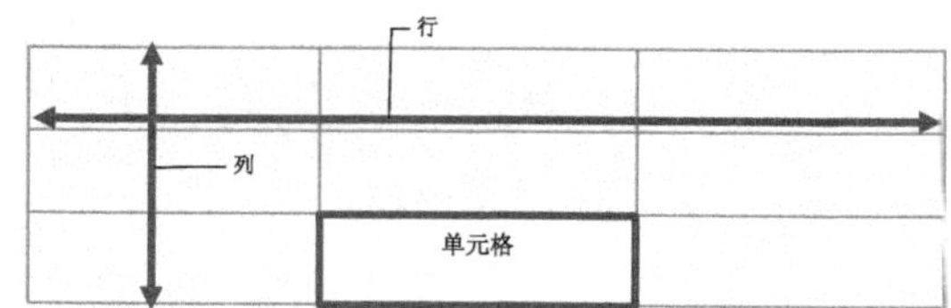

图3-1 表格的基本组成部分

也许有人认为它与Word、WPS中的表格一样。其实不然，我们在下面的操作中会逐步体会到。

下面创建一个表格，重新设计个人网站的首页，也就是“index.htm”文件。将原来

的内容全部删除，我们来进行重新设计和制作。执行【插入】|【表格】命令，弹出【表格】对话框，设置【行数】为4行，【列数】为3列，【表格宽度】为750像素，【边框粗细】为0像素，【单元格边距】为0像素，【单元格间距】为0像素，设置完后单击【确定】按钮。

提示 表格的宽度和高度可以通过浏览器窗口百分比或者使用像素值来定义，比如设置宽度为窗口宽度的100%，那么当浏览器窗口大小变化的时候表格的宽度也随之变化；而如果设置宽度为750像素，那么无论浏览器窗口大小为多少，表格的宽度都不会发生变化。

在【属性】面板中将表格的【高】设置为200像素，表格效果如图3-2所示。

我们发现选中整个表格后，表格的下方有绿色的线条，还有数字和下三角按钮，它们是Dreamweaver 8提供的“可视化助理”中的表格宽度，就像标尺一样，数字“750”表示表格的宽度，而单击右边的下三角按钮可以进行一些设置。如图3-3和图3-4所示，单击不同的下三角符号会弹出不同的下拉菜单。

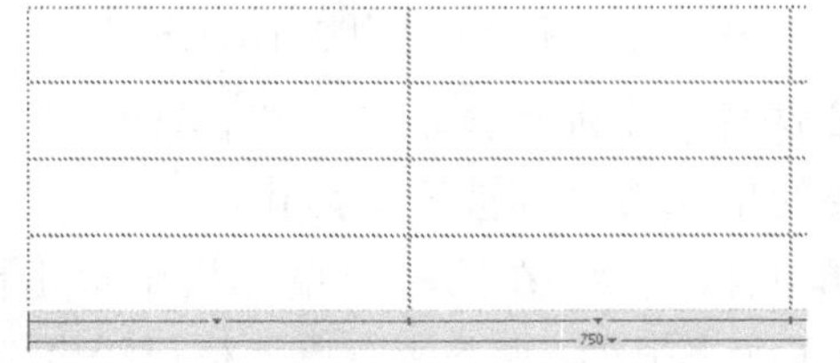

图3-2 表格创建后的效果

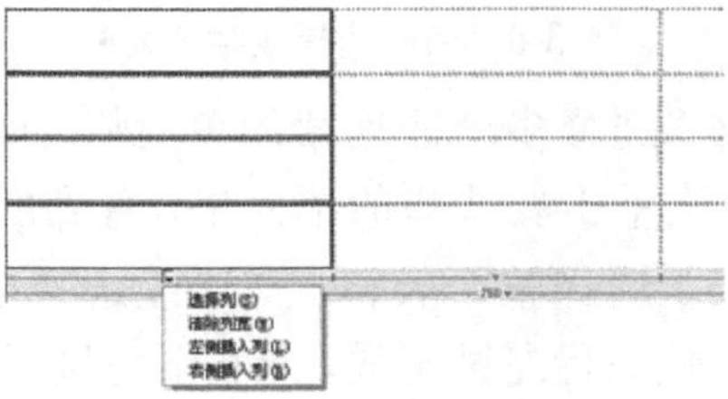

图3-3 单击下拉按钮后弹出的下拉菜单（一）

3.1.2 编辑表格与排版

1. 选择单元格

在页面中插入表格后，还需要对表格或者其中的单元格进行编辑，那么就必须掌握怎样选择它们。

（1）选择单个的单元格。在需要选择的单元格中单击鼠标，然后按住鼠标左键不放，同时向相邻的单元格方向拖动，这时候单元格就出现黑色边框，表示被选中，如图3-5所示。按下键盘上的Ctrl键，在单元格上单击鼠标，或者在单元格上单击鼠标后，按快捷键Ctrl+A，也可以选中单元格。

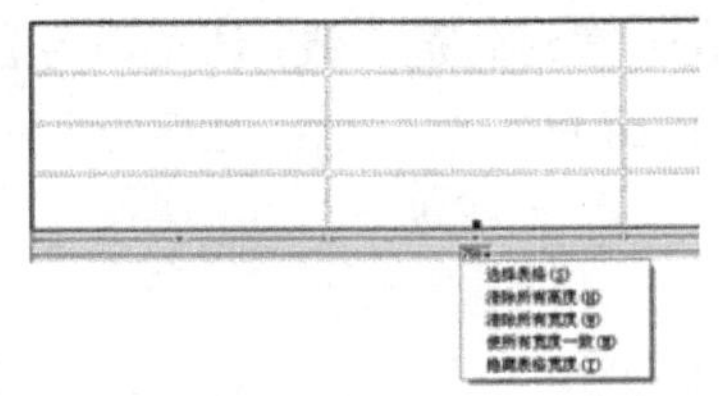

图3-4 单击下拉按钮后弹出的下拉菜单（二）

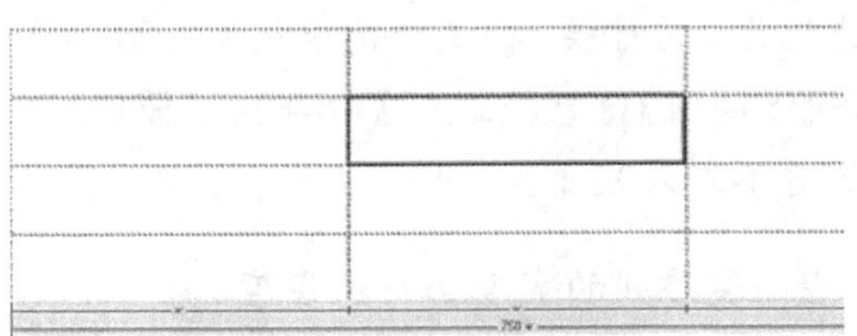

图3-5 选中单个单元格

（2）连续选择多个单元格。如果我们要连续选择多个单元格，也非常简单。比如，从第一行第一列开始，在第一个单元格中单击鼠标，然后按住鼠标左键不放并向相邻的单元格拖动，直到需要选中的单元格出现黑色的边框时释放鼠标，可以看到，需要选择的单元格已经全部被选中了，如图3-6所示。当然也可以纵向选择连续的单元格。

（3）选择一行或一列。如果想选择整行单元格，可以将鼠标移动到行的最左边，当光标变成一个向右箭头的时候，单击就可以选中整行单元格，如图3-7所示。同样道理，如果选择的是整列单元格，只要将鼠标移动到列的最上面，当光标变成一个向下箭头的时候，单击就可以选中整列单元格。另外还可以通过单击相应列下面的绿色下三角按钮，在弹出的下拉菜单中单击【选择列】命令。

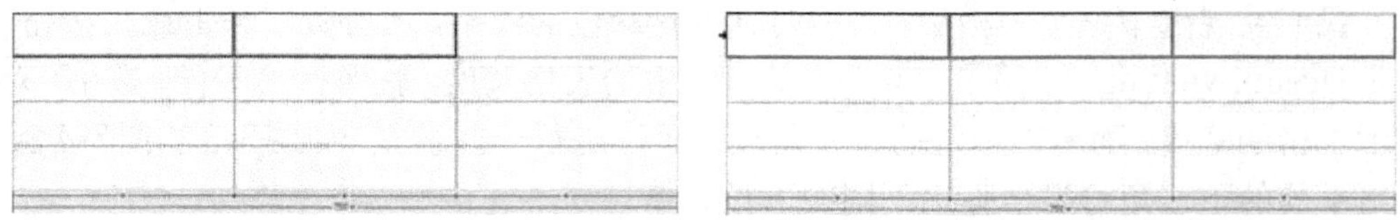

图3-6　横向选择连续单元格　　　　图3-7　选中整行单元格

（4）选择多个非连续的单元格。如果要选择多个非连续的单元格，只要按下Ctrl键，依次单击要选择的单元格，直到所需要的单元格全部被选中为止。

（5）选择整个表格。与连续选择多个单元格类似，在第一个单元格中单击鼠标，然后按住鼠标左键不放，向右下角最后一个单元格拖动，直到所有单元格已经全部被选中。另外，可以将鼠标移动到单元格的边框上，当鼠标变成⟺形状时单击，也可以选中整个表格。或者把光标定位到其中一个单元格中，按两次快捷键Ctrl+A，也可以选中整个表格。当然，还可以单击“750”旁边的绿色下拉按钮。在下拉菜单中单击【选择表格】命令。

上面几种选择方法出现的选择效果是不一样的。第一种选择表格后，如果按键盘上的Delete键，只会将表格中的文字或者其他内容删除，表格仍然存在。而用后面几种方法选择表格后，按键盘上的Delete键，会将整个表格全部删除。如果要取消选择，只要在没有表格边框线的任意位置单击鼠标即可。

提示 如果不需要显示那些表格宽度，可以单击【文档】工具栏最右边的【可视化助理】按钮，在弹出的下拉菜单中选择【表格宽度】命令，将前面的“√”去掉。如图3-8所示，这样一来，选中表格后，就不会有那些绿色的表示表格宽度的线和数值了。同样道理，表格边框为0的时候，按道理是应该没有边框线的，而我们看到的是虚线，这是因为【查看】|【可视化助理】|【表格边框】命令在发挥作用，如果将前面的“√”去掉，边框为0的时候我们就看不到表格了。

2. 调整列的宽度和行的高度

要改变列的宽度，可以将鼠标移动到表格的列边框上，当出现⟺形状的时候，就可以左右拖动来改变列的宽度了，另外，还可以看到如图3-9所示的提示，“按键盘上的Shift键并拖动可以保留其他列的宽度”，这样一来，整个表格的宽度就发生变化了。

用同样的方法，可以改变行的高度。

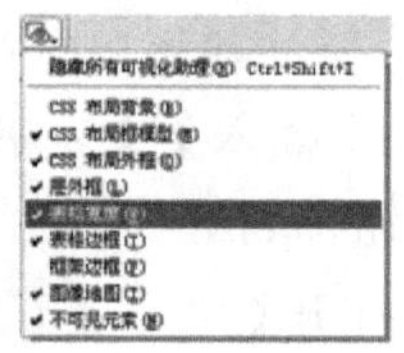

图3-8 去掉表格宽度

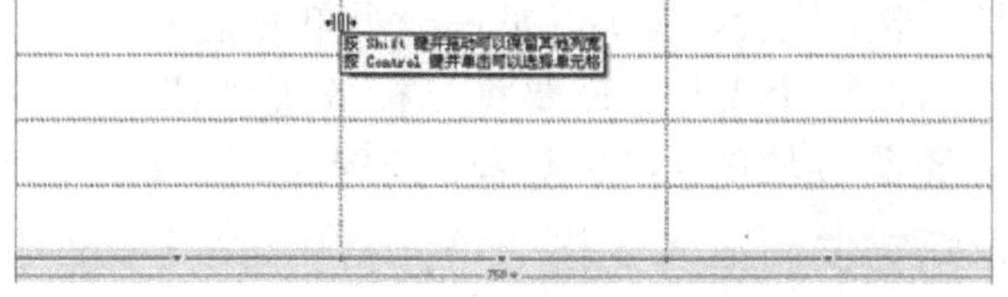

图3-9 调整列的宽度

3. 插入和删除行和列

有时需要在已有的表格中插入行或列，只要将光标放置在需要插入的单元格内，然后执行【修改】|【表格】|【插入行或列】命令，弹出【插入行或列】对话框，在【插入】中可以选择【行】或者【列】，并确定要插入的行数或列数以及插入的位置，如图3-10所示，设置完后单击【确定】按钮。

也可以直接在单元格中右击鼠标，在弹出的快捷菜单中，选择【表格】菜单中的相应命令，来插入行或列，如图3-11所示。

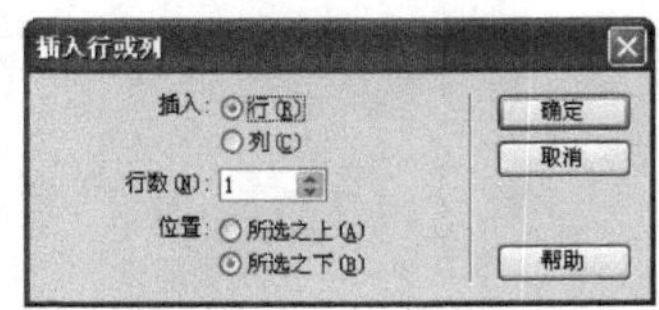

图3-10 【插入行或列】对话框

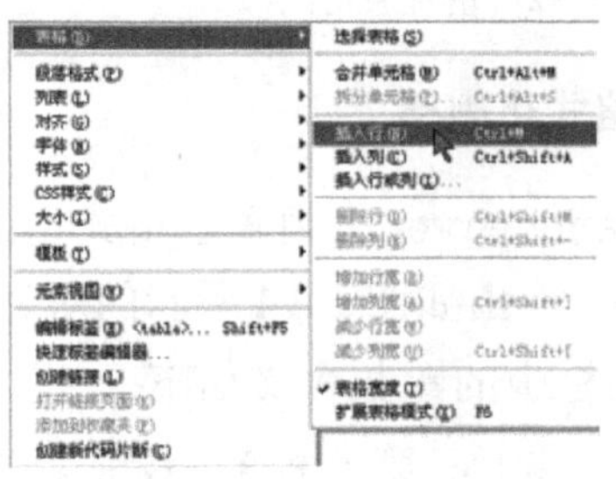

图3-11 表格的各种编辑命令

还有一种直接插入列的方法，单击列对应的绿色下拉按钮，在弹出的下拉菜单中选择【插入列】命令。

如果要删除行或列，先将其选中，然后执行【修改】|【表格】|【删除行】或者【删除列】来实现，也可以用鼠标右键单击需要删除的行或列，在弹出的快捷菜单中选择相应命令，进行行与列的操作。

4. 拆分和合并单元格

单元格的拆分和合并其实与Word中的操作差不多，通过拆分和合并单元格能够使制作的表格更好地布局网站。选中要拆分的单元格，然后用鼠标右键单击它，选择【表格】子菜单中的【拆分单元格】命令，或者执行【修改】|【表格】|【拆分单元格】命令即可。

要合并单元格，先将其选中，然后单击鼠标右键，在弹出的菜单中选择【表格】子

菜单中的【合并单元格】命令，或者执行【修改】|【表格】|【合并单元格】命令即可。

5. 表格的嵌套

所谓表格的嵌套，其实就是在一个单元格中插入一个表格。例如在第三行第二列的单元格中插入一个表格，只要将光标放置到该单元格中，执行【插入】|【表格】命令，设置表格的参数如图3-12所示，设置完后，单击【确定】按钮即可。

把光标定位到插入表格的单元格中，在【属性】面板中打开【水平】下拉菜单，选择【居中对齐】，打开【垂直】下拉菜单，选择【居中】，将插入的表格在单元格中居中对齐，效果如图3-13所示。

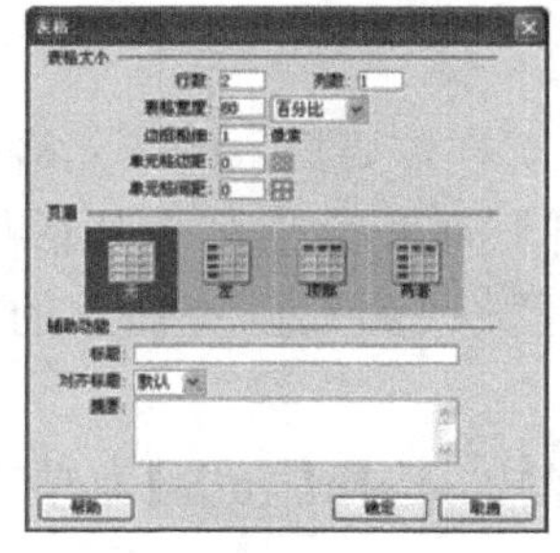

图3-12　设置表格的参数

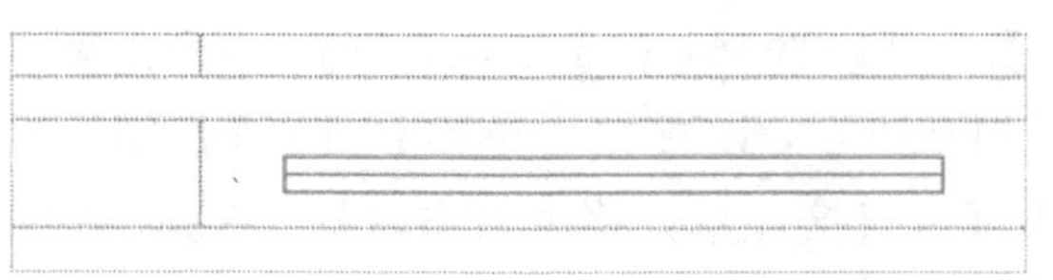

图3-13　表格的嵌套效果

3.1.3　格式化表格

Dreamweaver 8内置了格式化的表格库，选中表格，执行【命令】|【格式化表格】菜单命令，弹出如图3-14所示的对话框。

对话框中的参数含义如下：

◆【行颜色：第一种】：设置表格行使用的第一种颜色，可以在颜色选取框中选取颜色或者直接输入一个十六进制数表示颜色。

◆【行颜色：第二种】：设置表格行使用的第二种颜色，可以在颜色选取框中选取颜色或者直接输入一个十六进制数表示颜色。

◆【交错】：设置两种颜色在表格中的交错显示方式，可在下拉列表框中选择需要的方式。

◆【第一行：对齐】：设置第一行单元格中文本的对齐方式，可直接在下拉列表框中选择对齐方式。

◆【第一行：文字样式】：设置第一行单元格中文本的样式，使用方法和对齐方式相同。

◆【第一行：背景色】：设置第一行的背景颜色，使用方法和行颜色第一种相同。

◆【第一行：文本颜色】：设置表格第一行文本的颜色。

◆【最左列：对齐】：设置表格最左列单元格中文本的对齐方式，使用方法与第一行对齐相同。

◆【最左列：文字样式】：设置表格最左列单元格中文本的样式，使用方法与第一行对齐相同。

◆【表格：边框】：设置表格的边框宽度，单位为像素。

◆【将所有属性套用至TD标注而不是TR标签】复选框：选中时相关样式属性会添加到TD标签中。

按照图3-14所示的参数进行设置后，效果如图3-15所示。

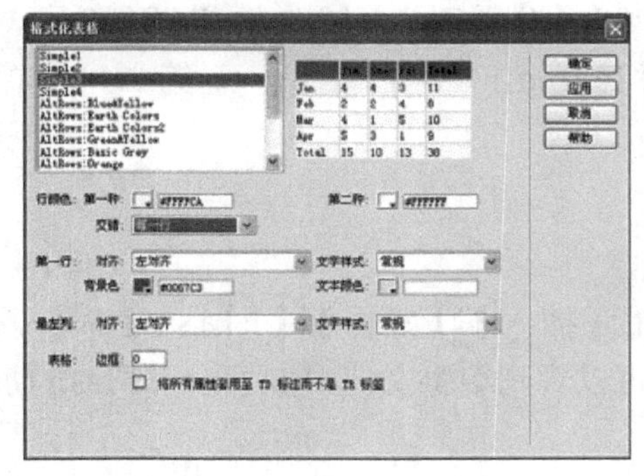
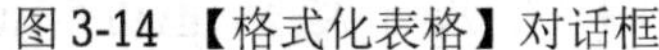

图3-14 【格式化表格】对话框

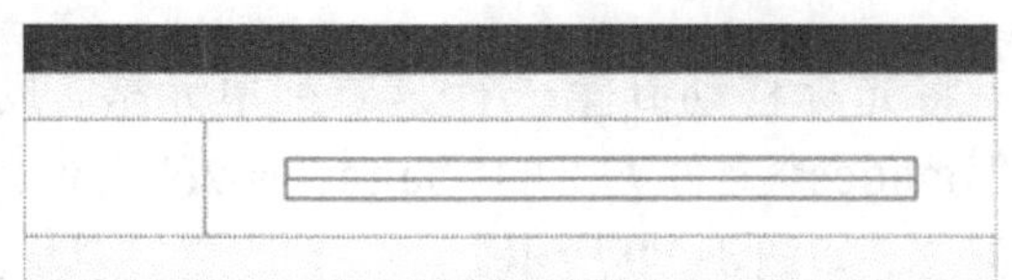

图3-15 格式化表格后的效果

3.2 应用表格

为了更好地应用表格，使网页达到更好的效果，接下来我们将全面系统地制作网站的首页——“index.htm”文件。

3.2.1 表格的插入和设置

首先，插入一个4行2列，宽为750像素，高为200像素的表格，合并部分单元格，合并后如图3-16所示。调整【属性】面板中的参数，使表格居中对齐，背景颜色为白色，如图3-17所示。

图3-16 插入表格并处理

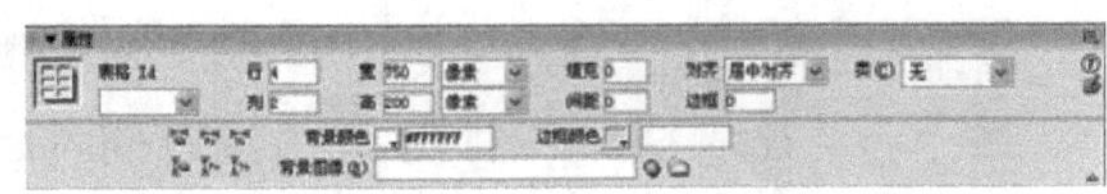

图3-17 表格属性的各参数

执行【修改】|【页面属性】命令，或者直接单击【属性】面板上的【页面属性】按钮，在弹出的【页面属性】对话框中，将【页面字体】设置为默认字体，【大小】设置为14像素，【文本颜色】设置为“#000000”黑色，【背景颜色】设置为“#999999”灰色，【左边距】、【右边距】、【上边距】和【下边距】都设置为0像素，然后单击【确定】按钮。因为我们设置了【上边距】为0像素，此时可以发现表格已经紧贴

在文档上方了，效果如图3-18所示。

图3-18　设置页面属性后的效果

将第一行第一列的单元格的【宽度】和【高度】分别改为140像素和120像素。然后在此单元格中插入图片“images”目录下的“logo.gif”文件，而第一行第二列的单元格，将插入一个SWF的Flash动画。

3.2.2　Flash动画的插入及页面制作

将光标移动到第一行第二列单元格，执行【插入】|【媒体】|【Flash】命令，选择“images”文件夹下的“banner.swf”文件。可以看到编辑文档中多了一个Flash动画的标志，如图3-19所示。

通过设置【属性】面板中的宽和高的值来改变动画片的尺寸大小，也可以通过在文档中拖动缩放手柄来改变其大小。

此时在文档页面看不到动画，只有单击如图3-20所示的【属性】面板中的【播放】按钮时，才会看到如图3-21所示的动画效果。

图3-19　编辑文档中多了一个Flash动画

图3-20　单击【属性】面板中的【播放】按钮

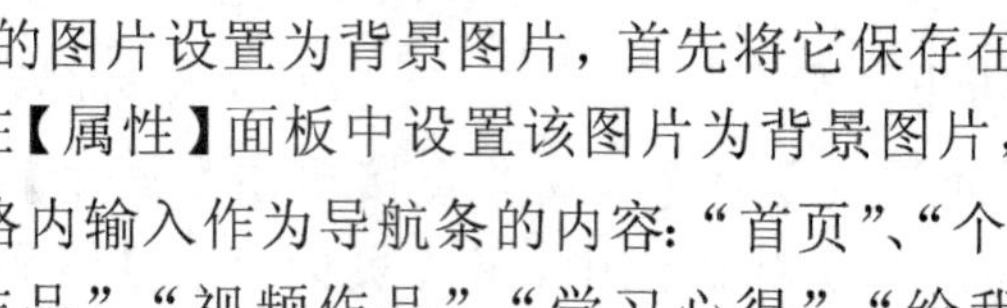

图3-21　文档编辑区的效果

接下来，在表格第二行的单元格内插入一个一行一列的表格，宽为“750”，高为“20”。将图3-22所示的图片设置为背景图片，首先将它保存在“images”文件夹下，取名为“bg1.gif”。在【属性】面板中设置该图片为背景图片，如图3-23所示。

在第二行的单元格内输入作为导航条的内容：“首页”、“个人简介”、“文学作品”、“绘画作品”、“动画作品”、“视频作品”、“学习心得”、“给我留言”、“写信给我”。将文字颜色设置为白色并居中对齐。

图3-22　背景图片

图3-23 设置背景图片

将第三行的第一个单元格的背景颜色设置为“#0067C3”，并在里面输入名为“给自己”的诗。将该行的第二个单元格的背景图片设置为“images”文件夹下的“back.gif”文件，并在里面再插入一个2行1列的表格，宽度为80%，在新表格的第一行插入预先制作的“main.swf”文件，在第二行输入一些经典的诗句。

最后，在表格的第四行的单元格中，将背景颜色设置为黑色，并插入更新日期和版权符号©，字体颜色设置为白色，该单元格显示“2006年2月15日最后更新 © Copyright 2006 小慧版权所有”的字样。

按F12键，预览一下网页的效果，如图3-24所示。

图3-24 网页的预览效果

3.3 习题与上机操作

1. 简答题

(1) 在Dreamweaver 8中，选择整个表格有哪几种方法？

(2) 在Dreamweaver 8中，简述调整表格尺寸的方法。

2. 上机操作

利用本章介绍的内容制作一个简单的页面。

第 4 章　超级链接及表单

教学目标

本章介绍如何利用超级链接来实现文档之间的跳转，其中包括文本超级链接，链接到指定的锚点、链接到电子邮件地址和链接到空链接等各种超链接，并讲解了如何创建表单以及超链接的属性设置等。

教学重点与难点

创建各种常用超级链接；给链接增加提示；链接的管理；创建表单。

4.1　超级链接的基本操作简介

在创建超级链接之前，我们首先要将导航条的内容："首页"、"个人简介"、"文学作品"、"绘画作品"、"动画作品"、"视频作品"、"学习心得"、"给我留言"、"写信给我"每一个部分都先制作一张网页。

考虑网站的文件名，可以设计如图4-1所示的网站草图。"给我留言"将来可以单独制作成留言板，而"写信给我"可以用邮件链接制作，所以先不考虑。

打开制作好的首页文件"index.htm"，然后执行【文件】|【另存为】命令，先后保存为jianjie.htm（个人简介）、wenxue.htm（文学作品）、huihua.htm（绘画作品）、donghua.htm（动画作品）、shipin.htm（视频作品）、xinde.htm（学习心得）。

这样"小慧的家"站点下面就有7个网页文件了，如图4-2所示。每一张网页的内容都是一样的。

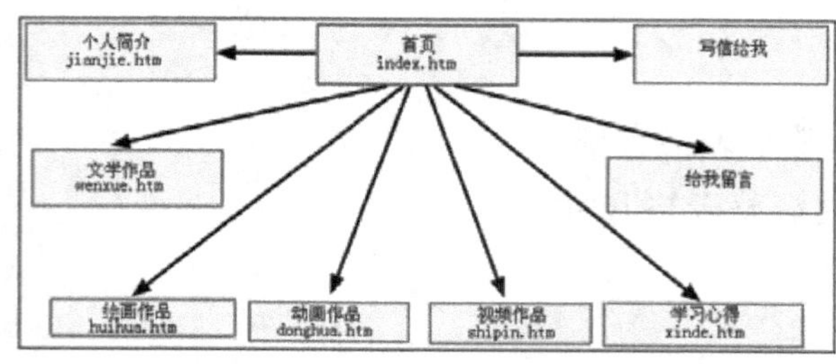

图 4-1　网站的草图

图 4-2　站点下有 7 个网页文件

接下来将要介绍怎样把这些网页链接起来。

4.1.1　网站内部链接的创建

什么是“文本超级链接”呢？我们在浏览网页时，鼠标指针经过某些文本时，形状会发生变化，同时文本也可能发生相应的变化，这就是带链接的文本，单击它可以打开所链接的网页，这就是“文本超级链接”。

制作文本超级链接的方法有以下几种：

方法一，打开首页文件——“index.htm”，选中要链接的文本，例如“首页”，将它链接到“index.htm”文件，其实就是链接到它本身。具体过程是：选中导航条中的“首页”文字，打开【属性】面板，然后在【链接】后的文本框中输入“index.htm”，如图 4-3所示。

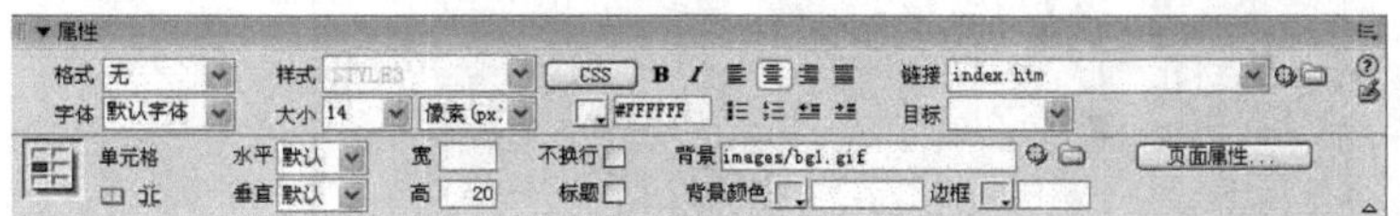

图 4-3　设置文本超级链接

这时候，导航条中的“首页”文字发生了变化，如图 4-4 所示。

图 4-4　“首页”文字发生变化

方法二，选择“个人简介”，打开【属性】面板，单击【链接】后的【浏览文件】按钮，弹出如图 4-5 所示的【选择文件】对话框,在其中选择“jianjie.htm”文件，在【URL】文本框中就出现了链接地址，它是相对于“index.htm”这个文档而言的。注意，此时使用的是文档的相对路径来链接，省略了与当前文档链接相同的URL部分，只提供不同的那部分路径。

图 4-5　【选择文件】对话框

方法三，使用【属性】面板上的【指向文件】按钮，例如在编辑文档中选择“文学作品”，然后单击【指向文件】按钮不放，拖动鼠标直到指向【文件】面板中的“wenxue.htm”文件为止，如图4-6所示。

应用上面的三种方法，可以将“绘画作品”、“动画作品”、“视频作品”和“学习心得”分别链接到“huihua.htm”、“donghua.htm”、“shipin.htm”和“xinde.htm”。这样就完成了网站内部的链接。

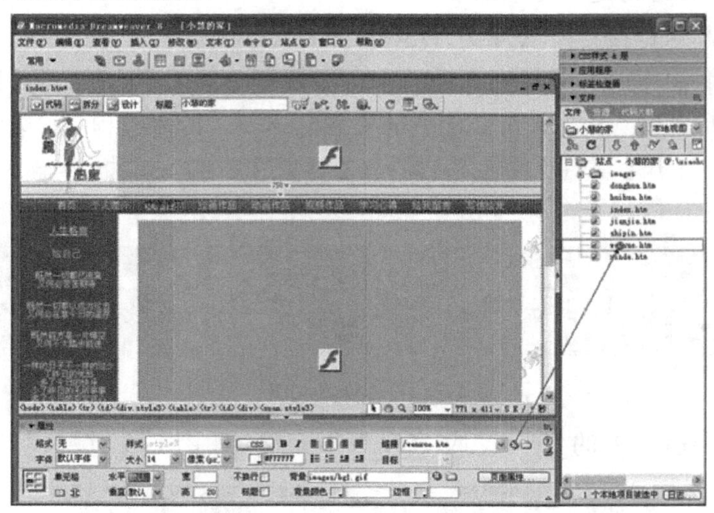

图4-6 指向“wenxue.htm”文件

说明 为文本添加链接后，【属性】面板中的【目标】下拉列表不再是灰色不可用状态了，而是恢复到可用状态。下拉列表中有如下4个选项：

（1）_blank，用于在未命名的新窗口中打开链接文档。

（2）_parent，用于在显示当前文档窗口的父窗口中打开链接文档。

（3）_self，将链接文档加载到与链接相同的框架或窗口中，该目标是默认值，所以通常不需要指定它。

（4）_top，将在整个当前浏览器窗口中加载链接文件，同时移除所有框架。

这里我们都选择默认状态。为图片添加超级链接和为文字添加超级链接的操作是一样的。

4.1.2 网站外部链接的创建

前面创建了网站内部的链接，剩下的“写信给我”和“留言给我”两个内容需要创建外部链接来完成。

1. 创建邮件链接

在页面中选择“写信给我”，在【属性】面板的【链接】文本框中输入如图4-7所示的内容“mailto:cnxiaohui2006@yahoo.com.cn”。

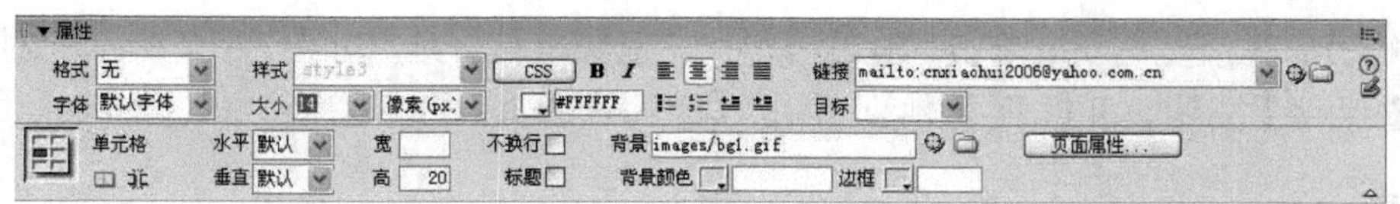

图 4-7　创建邮件链接

也可以单击如图4-8所示的【常用】工具栏中的【电子邮件链接】按钮，或者执行【插入】|【电子邮件链接】命令，弹出【电子邮件链接】对话框，在【文本】后的文本框中输入“写信给我”，再在【E-Mail】文本框中输入如图4-9所示的邮箱地址“cnxiaohui2006@yahoo.com.cn”。

图 4-8　单击【电子邮件链接】按钮

图 4-9　【电子邮件链接】对话框

完成后单击【确定】按钮，在光标所在的地方就会多一个邮件链接。

按键盘上的F12键后，单击“写信给我”的链接，系统会自动运行Outlook软件，如图4-10所示，此时就可以撰写电子邮件了。

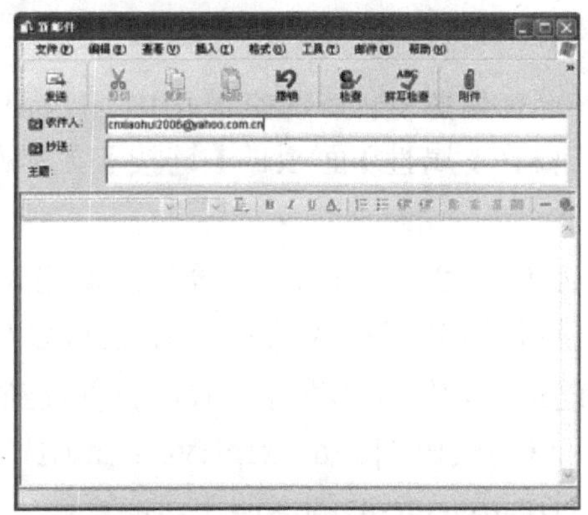

图 4-10　系统自动运行 Outlook 软件

2. 添加下载文件的链接

有的时候，要在网页中为文件提供下载链接，每一个下载的文件必须对应一个下载链接，如果有多个文件的话，一般利用压缩软件将这些文件或者文件夹压缩成为一个文件。即首先建立一个“rar”文件夹，然后将文件打包成“pic.rar”文件，存放到该文件夹中。

打开“学习心得”——“xinde.htm”文件，在中间输入“学习心得一”几个字，然后选中，与设置网站内的超级链接一样，在【属性】面板上，单击【链接】后的【浏览文件】按钮，弹出【浏览文件】对话框，选择“rar”文件夹下的“pic.rar”文件，如图4-11所示。单击【确定】按钮完成操作。

按F12键预览网页，单击“学习心得一”超级链接，弹出如图4-12所示的对话框。单击【保存】按钮，可以将文件保存在本地的计算机中。

提示 下载文件的链接其实和普通的链接是一样的，而且创建方法都是一致的，但是下载链接一般指向压缩文件、可执行文件等，这些文件因为服务器无法打开执行，所以将结果返回给浏览器，而一般的链接可以直接在浏览器中打开，所以不出现提示下载窗口。

图4-11 选择文件

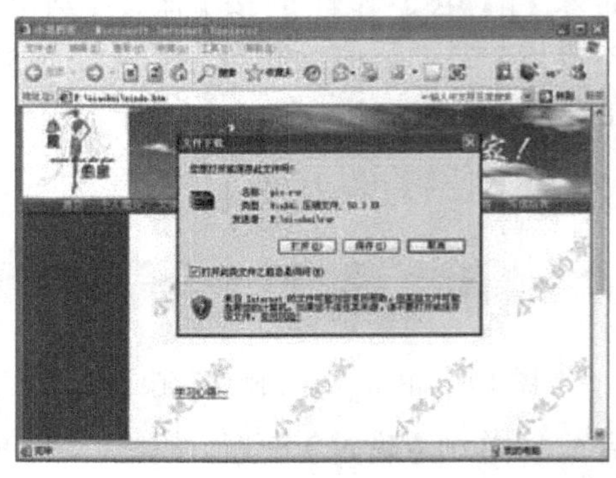

图4-12 【文件下载】对话框

3. 空链接

空链接也就是没有链接对象的链接，在空链接中，目标URL是用“#”来表示的。也就是说制作链接时，只要在【属性】面板的【链接】文本框中输入数值符“#”，它就是个空链接了。

空链接的出现涉及多方面的因素，比如一些没有定期完成的页面，又为了保持页面显示上的一致（链接样式与普通文字样式的不同），就可以使用它了。

在浏览器里，单击空链接时，它会自动将当前页面重置到页面首端，从而影响用户正常的阅读内容。这时，可以用代码“javascript:void(null)”来代替原来的“#”标记，这个问题就解决了。关于创建javascript脚本链接，将在下一节中详细介绍。

4.1.3 对链接进行管理

打开“index.htm”文件，发现链接后导航条的文字变成蓝色，看不清楚了，怎样进行调整呢？接下来，我们介绍如何对链接进行管理。

执行【修改】|【页面属性】命令，弹出【页面属性】对话框。选择【链接】分类，将【链接颜色】设定为白色，而将【已访问链接】设置为黄色，【下划线样式】选择【始终有下划线】选项，如图4-13所示，设置完后单击【确定】按钮。

这时编辑区域中所有的超级链接文字都变成白色的了，按F12键预览，可以看到已经访问过的链接都变成黄色了。除此之外，我们还可以在【页面属性】对话框的【链接】分类中，对链接文本的字体、大小以及下划线样式进行相应的调整。

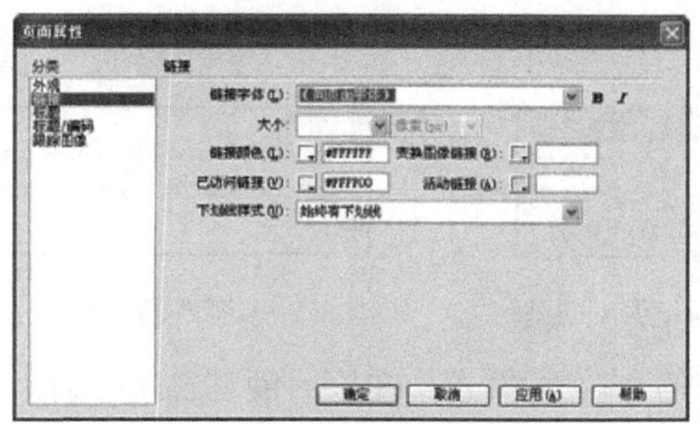

图 4-13　设置【链接】分类中的参数

4.2　超链接应用简介

4.2.1　锚点链接

首页制作完成了，接下来制作第二张网页“个人简介”——“jianjie.htm”文件。将原来中间的内容删掉，输入个人介绍的文字，进行简单的排版，如图 4-14 所示。

整个网页很长，看起来非常不方便，这时候就可以创建“锚点链接”。所谓“锚点链接”，就是在文档中设置位置标记，并给该位置一个名称，以便引用。通过创建锚点，可以使链接指向当前文档或不同文档中的指定位置。锚点常常被用来跳转到特定的主题或文档的顶部，使访问者能够快速浏览到选定的位置，加快信息检索速度。

创建锚点链接，首先我们要设置一个命名锚点，然后建立到命名锚点的链接。在“jianjie.htm”文件的左边，输入一些文字，如图 4-15 所示，然后对它们进行锚点链接。

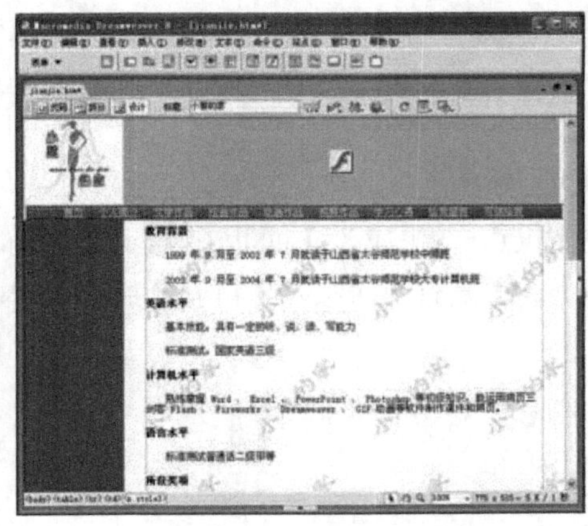

图 4-14　输入个人介绍的文字

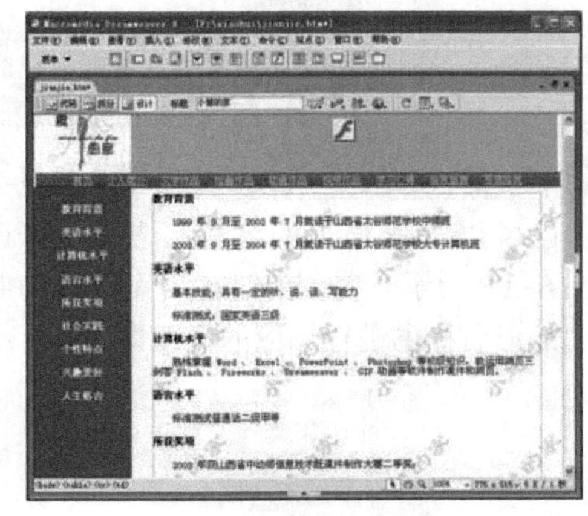

图 4-15　左边输入一些文字

将光标移动到右边的“教育背景”文字前面，然后执行【插入】|【命名锚记】命令，或者单击【常用】工具栏中的【命名锚记】按钮，弹出【命名锚记】对话框，在文本框内输入“1”，如图 4-16 所示。

单击【确定】按钮后，在“教育背景”前就多了一个⚓，如图 4-17 所示，这就是锚点标记。

图4-16 【命名锚记】对话框

图4-17 多了锚点标记

接下来，选中左边的“教育背景”文字，创建锚点链接。打开【属性】面板，单击【链接】后的【指向文件】按钮不放，拖动鼠标直到指向刚刚建立的锚点上为止，如图4-18所示。可以看到【链接】后面的文本框内多了“#1”的字样，我们也可以直接在【链接】后面的文本框中输入“#1”，其中的“1”就是刚刚定义的锚记名称。

按照上面的操作步骤，分别在右边的“英语水平”、“计算机水平”、“语言水平”、“所获奖项”、“社会实践”、“个性特点”、“兴趣爱好”、“人生格言”前面命名锚记为“2”、“3”、“4”、“5”、“6”、“7”、“8”、“9”，然后选中左边的文字，创建相应的锚点链接。

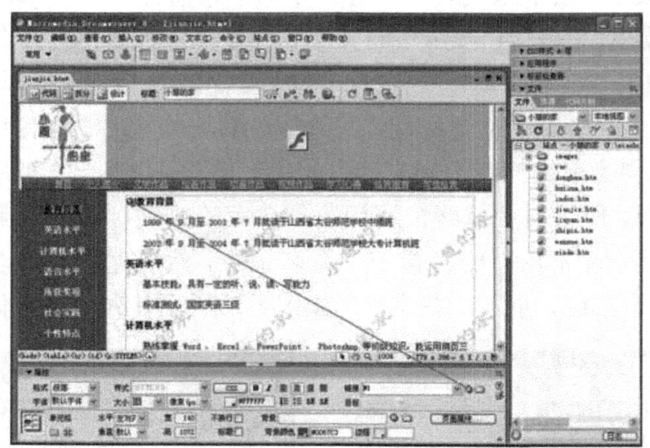

图4-18 指向建立的锚点

也可以改变锚记的名称，选中要修改的锚点，在【属性】面板中修改【名称】，如图4-19所示。然后在创建锚点链接的时候，将【属性】面板中【链接】后面文本框内的锚记名称也进行相应的修改即可。

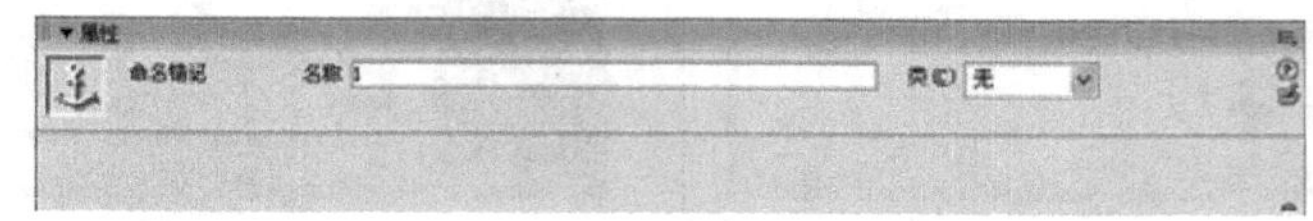

图4-19 在【属性】面板中修改锚记名称

按F12键预览一下效果，只要单击左边带链接的文字，浏览器窗口将自动显示到该链接指向的锚点所在的行，这就是锚点的作用。

一般锚点应用在一张网页内容比较多的时候，也可以用在不同网页中来实现准确的定位。例如在首页“index.htm”文件中输入“人生格言”4个字，在【属性】面板的【链接】文本框中输入“jianjie.htm#9”，如图4-20所示。

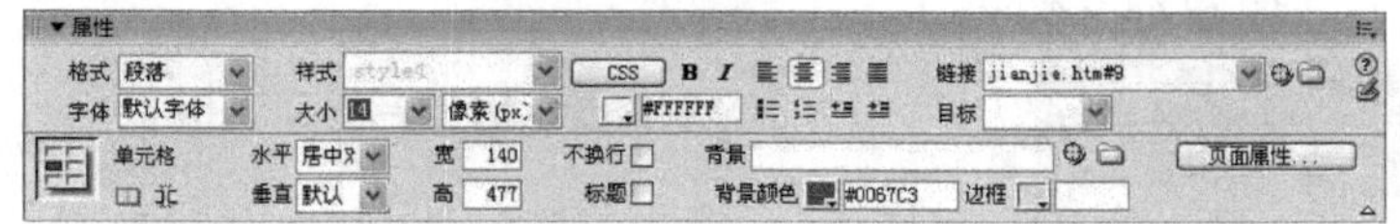

图4-20 输入“jianjie.htm#9”

这时，按键盘上的F12键预览一下效果，单击“人生格言”，页面就自动跳转到了“个人简介”网页下的“人生格言”内容处了。

有时候锚点会影响排版的效果，这时可以执行【编辑】|【首选参数】命令，弹出【首选参数】对话框，如图4-21所示，选择【分类】中的【不可见元素】选项，将【命名锚记】前面复选框中的“√”去掉，然后单击【确定】按钮，可以发现，所有的锚点都不见了，这样可以便于我们对网页的排版。

4.2.2 JavaScript脚本链接

打开“wenxue.htm”文件，修改完成“文学作品”这一网页，如图4-22所示。

链接不仅能够用来实现页面之间的跳转，也可以用来直接调用JavaScript语句，这种单击链接，执行JavaScript语句的链接称为JavaScript链接。在执行一些简单的JavaScript命令时，利用JavaScript链接是非常方便的。

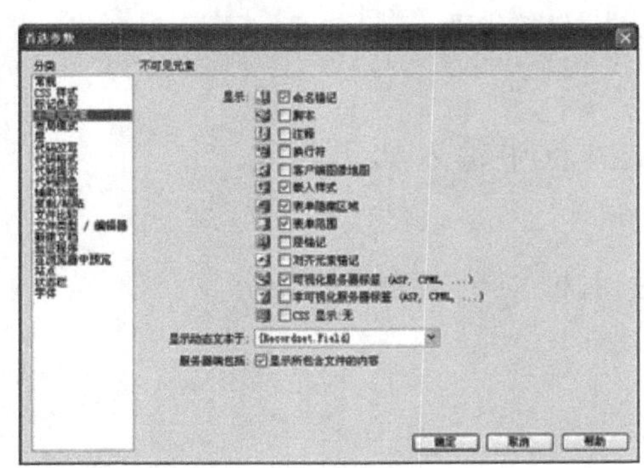

图4-21 【首选参数】对话框

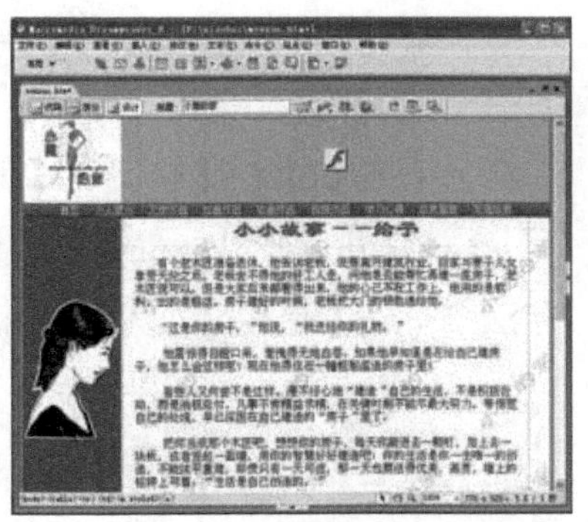

图4-22 “文学作品”网页的效果

1. 创建简单的JavaScript脚本链接

选中文档窗口中左侧的图像（即“xiu1.gif”），然后在【属性】面板中的【链接】文本框中输入“javascript:”，其后紧接JavaScript代码或函数调用。例如在其中输入“javascrip:talert（‘你好，我是小慧’）”，创建一个链接，如图4-23所示。

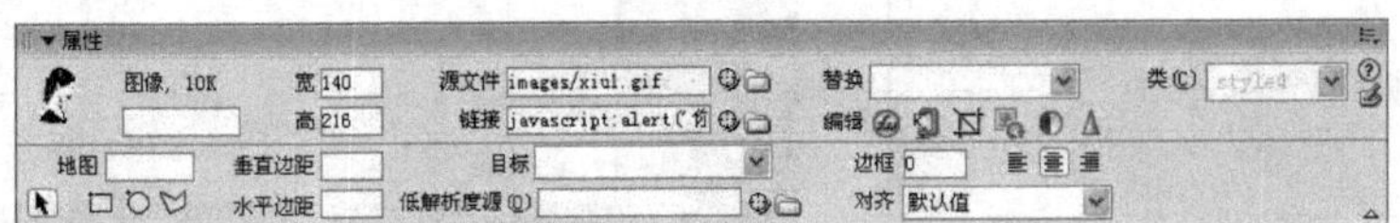

图4-23 创建JavaScript脚本链接

按F12键预览一下效果，单击该图片链接后就会出现一个提示框，显示“你好，我是小慧”的信息，如图4-24所示。

图4-24　单击链接后出现的提示框

2. 创建前进链接和后退链接

在进行页面导航时，前进链接和后退链接经常被使用。单击前进链接时，就等于单击浏览器窗口上的“前进”按钮；而单击后退链接就等于是单击浏览器窗口上的“后退”按钮。在创建前进链接和后退链接之前，要先选中需要创建链接的文本或者图片，这里以文字为例。

创建前进链接：

方法一，在【属性】面板的【链接】文本框中输入如下代码，如图4-25所示。

```
javascript:history.go(1)
```

方法二，在【属性】面板的【链接】文本框中输入如下代码：

```
javascript:history.forward(1)
```

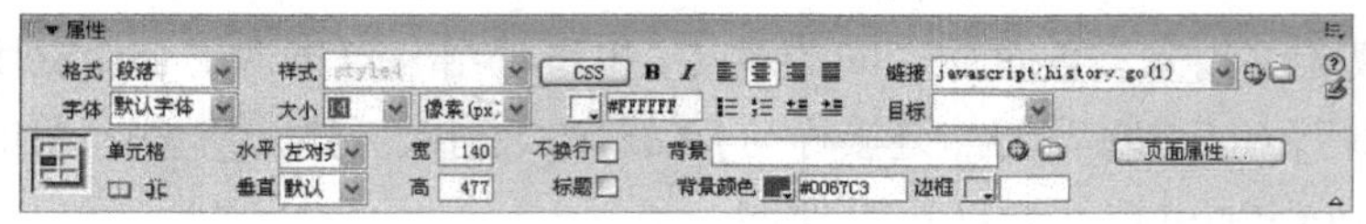

图4-25　输入前进链接代码

创建后退链接：

方法一，在【属性】面板的【链接】文本框中输入如下代码：

```
javascript:history.go(-1)
```

方法二，在【属性】面板的【链接】文本框中输入如下代码：

```
javascript:history.back(1)
```

4.2.3　链接提示

首先将插入点放在要插入链接的位置。然后单击【常用】工具栏中的【超级链接】按钮，弹出【超级链接】对话框，输入文本，链接到首页文件，如图4-26所示。

按F12键看一下预览效果，当我们将光标移到“返回首页”的时候，就出现了“按此可以返回到首页”的提示，如图4-27所示。

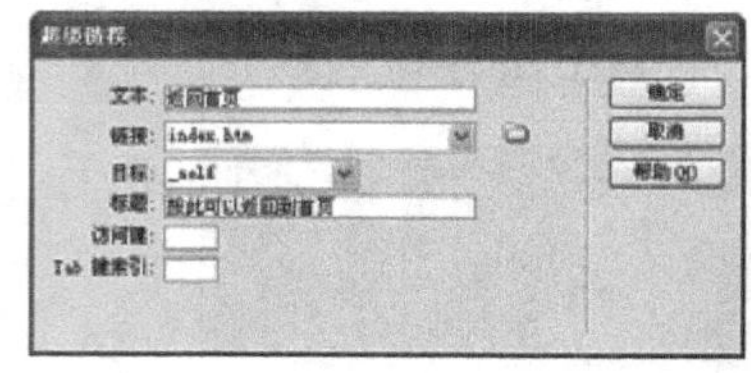

图4-26　【超级链接】对话框

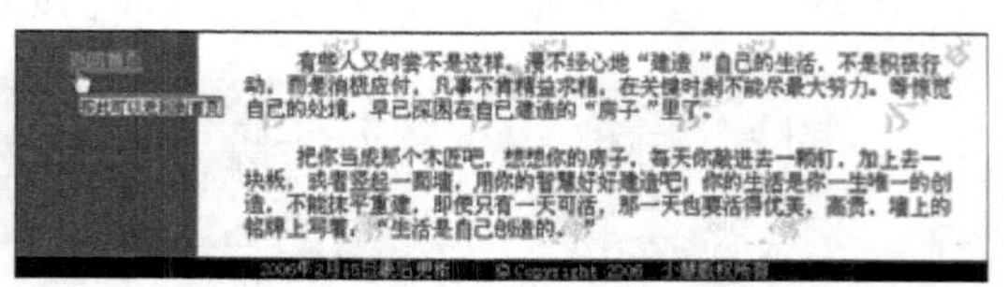

图4-27　出现了“按此可以返回到首页”的提示

4.3　表　　单

4.3.1　表单概述

表单是用户与服务器进行信息交流的主要工具，在网页中有着广泛的应用，如留言板、搜索引擎、注册程序等。

通常一个完整的表单包含表单对象和表单处理程序两部分，表单对象用于在网页中进行描述，由文本和表单控件组成；表单处理程序负责向服务器提交表单，通常由服务器端的脚本语言编写。

一个完整的表单交互包括两个步骤：一是在客户端通过表单收集访问者信息，并提交给服务器，这一步由HTML文件完成，也可以由ASP、PHP等文件完成；二是服务器端的应用程序对这些信息加以处理。

一个网页中可以有多个表单，但一个表单中不能再嵌入其他表单。

使用Dreamweaver可以创建带有文本域、密码域、单选按钮、复选框、弹出菜单、可单击按钮以及其他表单对象的表单。

4.3.2　表单对象

在Dreamweaver中，表单输入类型称为表单对象。用户可以在网页中插入表单并创建各种表单对象，这些表单对象包含文本域、多行文本域、隐藏域、单选按钮、复选框、列表/菜单、跳转菜单、图像域、文本字段和按钮等。

选择【插入】|【表单】命令，或选择【插入】栏中的【表单】选项卡，切换到表单插入栏，如图4-28所示。在表单插入栏中单击要插入的对象类型按钮，或将其拖入文档窗口中即可在网页文档中插入表单对象。

表单 ▾

图4-28　表单插入栏

表单插入栏中各个表单对象按钮的功能如下：

【表单】：用于在文档中插入一个表单。访问者要提交给服务器的数据信息必须放在表单里，数据才能被正确地处理。

【文本字段】：用来在表单中插入文本域。文本域可以接受任何类型的字母、数字项，输入的文本可以显示为单行、多行或星号（用于保护密码）。

【隐藏域】：用于在文档中插入一个可以存储用户数据的域。使用隐藏域可以实现浏览器同服务器在后台隐藏的交换信息，例如：输入的用户名、E-mail地址或其他参数，当下次访问站点时能够使用输入的这些信息。

【文本区域】：用于在表单中插入一个多行文本域。

【复选框】：用于在表单中插入复选框。在实际应用中多个复选框可以共用一个名称，也可以共用一个Name属性值，以实现多项选择的功能。

【单选按钮】：用于在表单中插入单选按钮。单选按钮代表互相排斥的选择，选择一组中的某个按钮，就会取消选择该组中的所有其他按钮。

【单选按钮组】：用于插入共享同一名称的单选按钮的集合。

【列表/菜单】：用于在表单中插入列表或菜单。“列表”选项在滚动列表中显示选项值，并允许用户在列表中选择多个选项。“菜单”选项在弹出式菜单中显示选项值，而且只允许用户选择一个选项。

【跳转菜单】：用于在文档中插入一个导航条或者弹出式菜单。跳转菜单可以使用户为链接文档插入一个菜单。

【图像域】：用于在表单中插入一幅图像。可以使用图像域替换“提交”按钮，以生成图形化按钮。

【文件域】：用于在表单中插入空白文本域和“浏览”按钮。用户使用文件域可以浏览硬盘上的文件，并将这些文件作为表单数据上传。

【按钮】：用于在表单中插入文本按钮。按钮在单击时执行任务，如提交或重置表单，也可以为按钮添加自定义名称或标签。

【标签】：用于在表单中插入一个标签，如用于“单选按钮”、“复选框”等。由于不用标签按钮也可以实现相同功能，所以这个按钮不常用。

【字段集】：用于在表单中插入一个字段集。可以在插入的字段集中输入表单中的解释文字和一些说明。

4.3.3 创建表单

1. 插入表单

在创建表单对象之前，必须先在文档中插入表单。如果没有插入表单，系统会弹出对话框提示是否添加表单。表单是表单对象的载体，网页在提交数据时就是通过检测表单内表单对象的信息来完成的。

插入表单可以采用菜单和按钮两种方法：

（1）菜单方法，确定插入点后，单击【插入】|【表单】|【表单】菜单命令，将在光标当前位置生成一个红色虚线包围起来的表单区域，如图4-29所示。用户可以向表单区域中插入各种表单控件。

（2）按钮方法，确定插入点后，单击【插入】栏的【表单】按钮，将会在插入点处插入一个表单区域。

2. 表单的属性面板

单击表单的轮廓线可选中表单，选中表单或将插入点置于表单区域内部，将显示表单的属性面板，如图4-30所示。

图4-29　插入表单区域

图4-30　表单的属性面板

属性面板中的各参数说明如下:

（1）表单名称，为表单起一个名字，以便在脚本中引用表单。如果不命名，系统会提供一个默认的名字，如form1。

（2）动作，用于指定处理该表单的动态网页或脚本的路径，指向服务器上处理该表单数据的程序文件。可以单击旁边的文件夹图标，在弹出的对话框中选择要运行的程序或带有脚本程序的网页。如果在框中输入以“mailto:”为前缀的邮件地址，则将把表单数据发到该地址的邮箱中。

（3）目标，用于打开一个窗口，并在该窗口中显示被调用程序返回的数据，常用的目标值有：_blank、_parent、_self、_top。

（4）方法，指定将表单数据提交到服务器的方式，包含“默认”、“POST”、“GET”三个选项，其中：

默认，使用浏览器的默认设置将表单数据发送到服务器。通常为GET方法。

POST，使用POST方法发送表单数据，并在HTTP请求中嵌入表单数据。

GET，使用GET方法发送表单数据，并在GET请求中附加表单数据。

（5）MIME类型，指定对提交给服务器的数据使用的MIME编码类型。有两种设置，“application/x-www-form-urlencode”和“multipart/form-data”，第一种设置与POST方式一起使用；第二种设置用于创建文件的上传域。

4.4　使用表单对象

在创建完表单域后，用户就可以根据需要向表单域内添加相应的表单对象，下面介绍几个常用表单对象的使用方法。

4.4.1 文本域

1. 创建文本域

文本域可以用来输入任何类型的文本、数字或字母，输入的内容一般以单行显示。在Dreamweaver 8，文本域可以用“文本字段”和“文本区域”两种方法来创建。文本域有“多行”、“单行”和“密码”三种类型，以满足不同情况下的需要。

（1）文本字段输入的内容一般以单行显示。单击【表单】插入栏中的【文本字段】按钮或执行【插入】|【表单】|【文本域】命令，在打开的【输入标签辅助功能属性】对话框（如图4-31所示）中完成设置后，可创建一个单行文本字段，如图4-32所示。

（2）文本区域可以插入多行文本。单击【表单】插入栏中的【文本区域】按钮或选择【插入】|【表单】|【文本区域】菜单命令，在打开的【输入标签辅助功能属性】对话框（如图4-31所示）中完成标签的设置后，可创建一个多行文本区域，如图4-32所示。

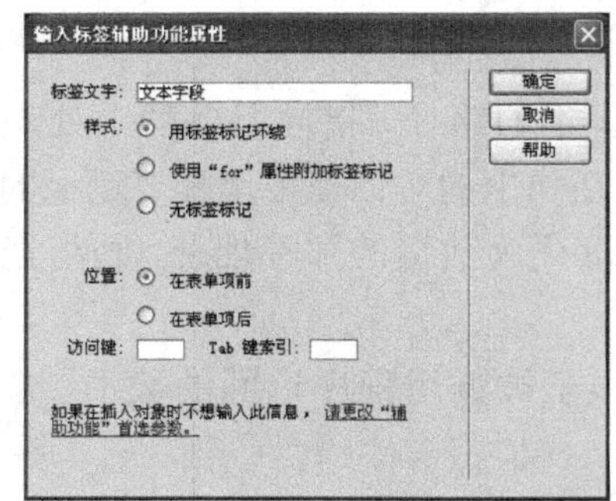

图4-31 【输入标签辅助功能属性】对话框

图4-32 插入【文本字段】和【文本区域】

2. 设置文本域属性

下面以“文本区域为例”介绍文本域属性的设置情况。

在文档中选中“文本区域”后，就可以在属性面板中设置“文本区域”的相关属性，如图4-33所示。

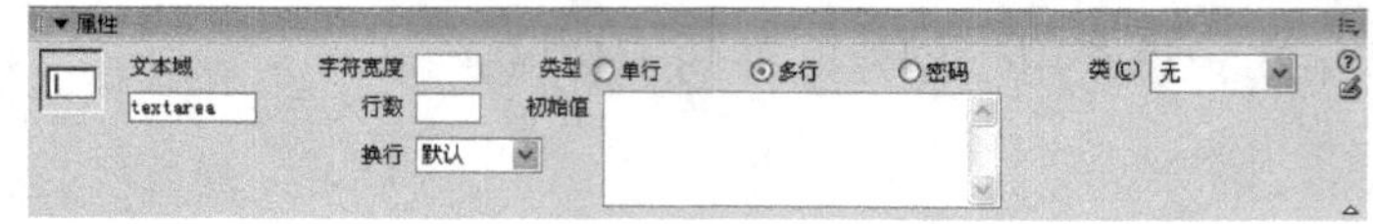

图4-33 “文本区域”的属性面板

“文本区域”属性面板中的各个选项的设置情况如下：

（1）文本域，用于输入文本域的名称。

（2）字符宽度，用来指定文本字段的最大宽度。

（3）类型，可以选择“单行”、“多行”和“密码”选项。由“文本字段”创建的文本域默认为“单行”；由“文本区域”创建的文本默认为“多行”。若选择了“密码”类型，则为“单行”文本，且文本以“*”号形式隐藏出现在网页中，一般用于“密码”文本域。

（4）类，在其下拉列表中可以选择文本字段的样式。

（5）行数，设置文本区域中要显示的最大行数。

（6）初始值，设置在文本字段中显示的默认文本。

（7）换行，用来指定多行文本的换行方式。在其下拉列表中主要有“默认”、“关”、“虚拟”和“实体”选项。其中：

默认，使用默认的自动回行方式。

关，当文本域中的文本超出文本域的宽度时，则会自动为文本域添加水平滚动条来浏览文本。

虚拟，当文本域中的文本超出文本域的宽度时，会自动按照文本域的宽度进行回行，这种回行是虚拟行为，在实际发送的数据中，文本中并没有回行符号。

实体，当文本域中的文本超出文本域的宽度时，会自动按照文本域的宽度进行回行，这种回行是物理行为，在实际发送的数据中，文本中相应位置被添加回行符号。

4.4.2 复选框和单选按钮

“复选框”和“单选按钮”是预先定义的表单对象，访问者只需单击选择即可。利用这样的表单对象，可以限制访问者填写的内容，使收集的信息更加规范，有利于信息的统计。

复选框中提供了多个选项供访问者选择，而单选按钮提供相互排斥的选项值，用户在单选按钮组内只能选择一个选项。

1. 创建复选框

选择【插入】|【表单】|【复选框】菜单命令或单击【插入】栏中的【复选框】按钮，在打开的【输入标签辅助功能属性】对话框中完成标签的设置后，将在文档中创建一个复选框，如图4-34所示。

图4-34 插入“复选框”

2. 设置复选框属性

选中复选框，即可在复选框的属性面板中设置复选框的相应属性，如图4-35所示。

图4-35 “复选框”属性面板

“复选框”属性面板中的各个选项的功能如下：

（1）复选框名称，用于输入复选框的名称。

（2）“选定值”文本框，用于设置复选框选中后控件的值，该值可以被提交到服务器上，以便应用程序处理。

（3）初始状态选项区域，用于设置复选框在文档中的初始选中状态，包括“已勾选”和“未选中”两项。

（4）“类”下拉列表，用来指定该复选框的CSS样式。

3. 单选按钮及单选按钮组

选择【插入】|【表单】|【单选按钮】菜单命令，或在表单栏中单击【单选按钮】按钮，在打开的【输入标签辅助功能属性】对话框中完成标签的设置后，将在文档中创建一个单选按钮，如图4-36所示。

单选按钮

图4-36 插入“单选按钮”

选择【插入】|【表单】|【单选按钮组】菜单命令，或在表单栏中单击【单选按钮组】按钮，将弹出【单选按钮组】对话框，如图4-37所示。

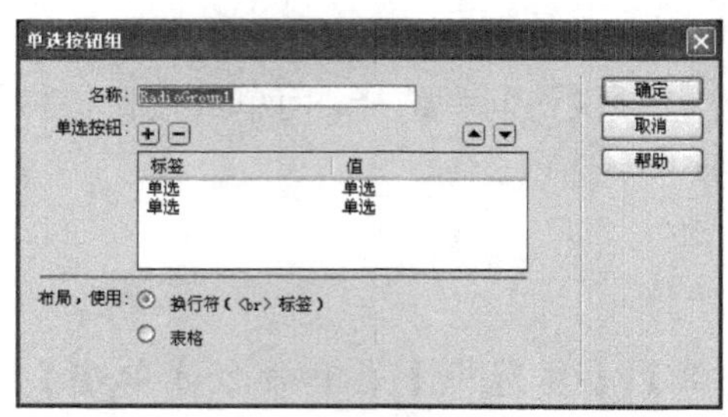

图4-37 【单选按钮组】对话框

在【单选按钮组】对话框中，“名称”文本框用于指定单选按钮组的名称；“单选按钮”列表框中显示的是该单选按钮组中所有的按钮，左边列为按钮的lable（标签），右边是按钮的value（值），相当于单选按钮属性检查中的“选定值”；用户可以通过单击左上角的“加、减号”按钮来增删单选按钮，通过右上角的“上、下箭头”按钮来改变单选按钮的显示顺序；“布局，使用”选项区域用于指定单选按钮间的组织方式，有“换行符”和“表格”两种方式。设置完成后单击“确定按钮即可在文档中插入单选按钮组”，如图4-38所示。

图4-38 插入“单选按钮组”

4. 设置单选按钮属性

选中“单选按钮”后，即可在单选按钮的属性面板中设置单选按钮的相应属性，如图4-39所示。

图4-39 “单选按钮”属性面板

“单选按钮”属性面板中各个选项的功能如下：

(1) 单选按钮文本框，用于输入单选按钮的名称。系统自动将同一个段落或同一个表格中的所有名称相同的按钮定义为一个组，在这个组中访问者只能选中其中的一个。

(2)“选定值”文本框，用于输入单选按钮选中后控件的值，该值可以被提交到服务器上，以便应用程序处理。

(3)“初始状态”选项区域，用于设置单选按钮在文档中的初始选中状态，包括“已勾选”和“未选中”两项。

(4)“类”下拉列表框，指定用于该单选按钮的CSS样式。

4.4.3 创建列表和菜单

列表和菜单也是预定义选择对象的表单对象，用它们可以在有限的空间为用户提供多个选项。列表也称为“滚动列表”，提供一个滚动条，允许访问者浏览多个选项，并进行多重选择。菜单也称为“弹出式菜单”或“下拉列表框”，仅显示一个选项，该项也是活动选项，访问者只能从菜单中选择一项。

1. 创建列表/菜单

选择【插入】|【表单】|【列表/菜单】菜单命令，或在表单栏中单击【列表/菜单】按钮，在打开的【输入标签辅助功能属性】对话框中完成标签的设置后，将在文档中创建一个列表和菜单，如图4-40所示。

图4-40 插入“列表/菜单”

2. 设置列表/菜单属性

选中文档中的一个列表，即可在其属性面板中设置各个属性，如图4-41所示。

图 4-41 “列表 / 菜单” 属性面板

“列表/菜单”属性面板中的各个选项的功能如下：

（1）“列表/菜单”文本框，用于输入“列表/菜单”的名称。

（2）“类型”选项区域，用于选择“列表/菜单”的显示方式，包括“菜单”和“列表”两项。

（3）“高度”文本框，用于输入列表框的高度，单位为字符。该项只有当选择了“列表”类型后才有效。

（4）“选定范围”复选框，用于设置列表中是否允许一次选中多个选项。该项只有在选择了“列表”类型后才有效。

（5）“初始化时选定”列表框，用于设置列表或菜单初始值。

（6）“列表值”按钮，单击后打开【列表值】对话框。在对话框中左边列为“列表/菜单”的项目标签，也就是显示在列表中的名称；右边是该项的值，也就是该项要传送到服务器的值；用户可以通过单击左上角的“加、减号”按钮来增删项目，可以通过右上角的“上、下箭头”按钮来改变项目的显示顺序。图4-42所示为添加了三个项目标签和相应的值后的【列表值】对话框。

（7）“类”下拉列表框，指定用于该“列表/菜单”的CSS样式。

3. 跳转菜单

“跳转菜单”是一种特殊的弹出菜单，用它可以实现网页的跳转。

选择【插入】|【表单】|【跳转菜单】菜单命令，或在表单栏中单击【跳转菜单】按钮，将打开【插入跳转菜单】对话框，如图4-43所示。

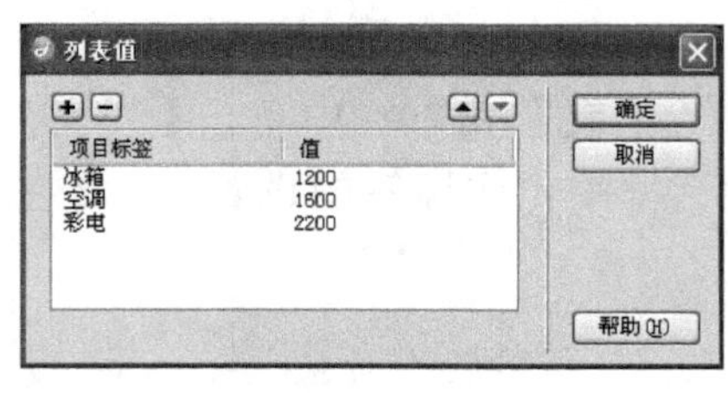

图 4-42 【列表值】对话框

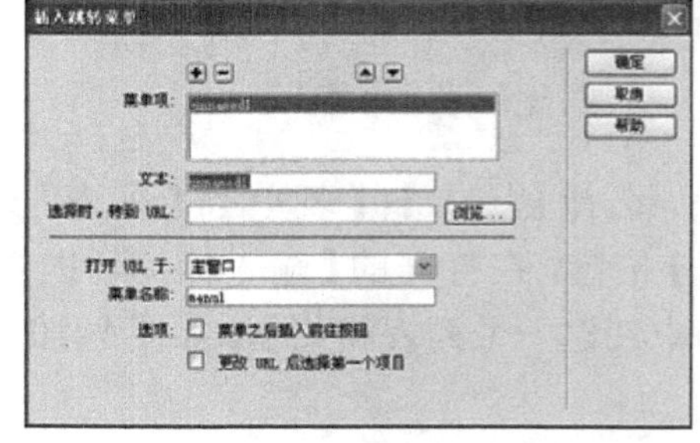

图 4-43 【插入跳转菜单】对话框

在【插入跳转菜单】对话框中，各选项的功能如下：

（1）“加、减号”按钮，单击“加号”按钮将在“菜单项”文本框中添加一个菜单项，选定一个菜单项后单击“减号”按钮将删除该菜单项。

（2）“上、下箭头”按钮，用来向上或向下移动列表中的菜单项。

（3）“文本”文本框，用于输入跳转菜单的名字，也就是显示在网页中的名称。

（4）“选择时，转到URL”文本框，用于输入跳转菜单对应的URL地址，也就是选择该菜单后要跳转到的网址。

（5）“打开URL于”下拉列表框，用于选择文本的打开位置。

（6）“菜单名称”文本框，用于输入菜单项名称。

（7）“菜单之后插入前往按钮”复选框，选择该选项后，可在菜单后面添加一个“跳转”按钮，当访问者选择了菜单，然后单击该按钮后，就进行相应跳转。如果用户不选择该项，则创建出的跳转菜单可以不用位于表单中。

（8）“更改URL后选择第一个项目”复选框，选择该项后，访问者无论如何更改菜单选项，菜单的当前显示项仍是第一个项目标签。

在【插入跳转菜单】对话框中“完成设置后单击【确定】按钮，即可在表单内插入一个跳转菜单，如图4-44所示。

unnamed1

图4-44　插入“跳转菜单”

4. 设置跳转菜单属性

在“跳转菜单”的属性面板中可以对跳转菜单的相应属性进行设置，如图4-45所示。

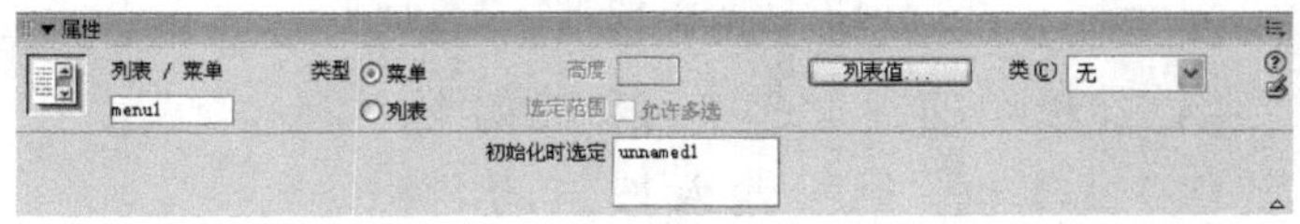

图4-45　“跳转菜单”属性面板

“跳转菜单”属性面板中的各个选项的功能如下：

（1）“列表/菜单”文本框，用于输入跳转菜单的名称。

（2）“类型”选项区域，包括“菜单”和“列表”两个选项，用户可以根据需要将跳转菜单设置成菜单类型和列表类型。

（3）“初始化时选定”列表框，用于显示跳转菜单中选项的初始内容。

（4）“列表值”按钮，用于设置跳转菜单中的列表内容，单击后弹出“列表值”对话框，如图4-46所示。

（5）“类”下拉列表框，指定用于该跳转按钮的CSS样式。

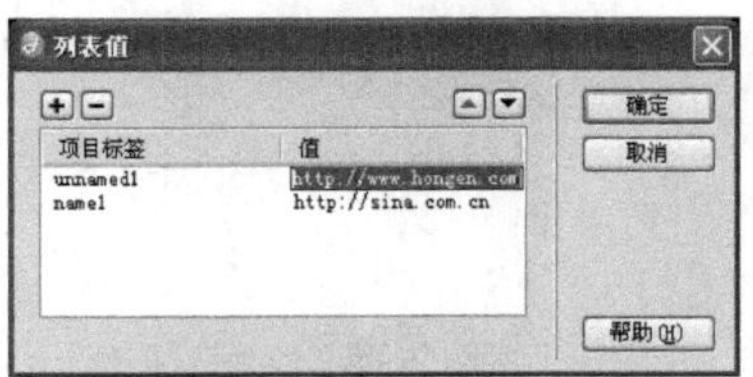

图4-46　“跳转菜单”属性面板

4.4.4　创建表单按钮

表单按钮是表单中一个很重要的表单对象，当用户输入完表单数据后，可以单击表单按钮，将其提交服务器处理。如果对输入的数据不满意，需要重新设置时，可以单击表单按钮重新输入。用户也可以使用表单按钮来执行其他任务。

1. 创建文本表单按钮

文本表单按钮是标准的浏览器默认按钮样式，它包含需要显示的文本，如“提交”、“复制”和“发送”等。

选择【插入】|【表单】|【按钮】菜单命令，或在表单栏中单击【按钮】按钮，在打开的【输入标签辅助功能属性】对话框中完成标签的设置后，将在文档中创建一个表单按钮，如图4-47所示。

图4-47 插入“表单按钮”

2. 设置表单按钮属性

选中文档中的表单按钮后，即可在其属性面板中设置相关的属性，如图4-48所示。

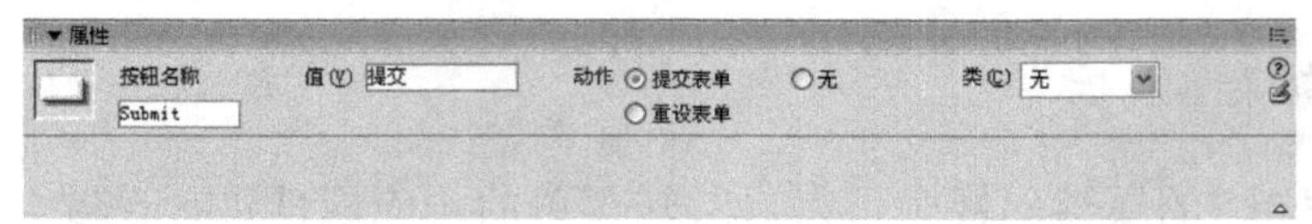

图4-48 “表单按钮”属性面板

“表单按钮”属性面板中的各个选项的功能如下：

(1)“按钮名称”文本框，用于输入按钮的名称。

(2)“Value”文本框，用于输入需要显示在按钮上的文本。

(3)“动作”选项区域，用于选择按钮的行为，即按钮的类型，包含以下三个选项：

① 提交表单，将当前按钮设置为一个提交类型的按钮。单击该按钮，可以将表单内容提交给服务器进行处理。

② 重设表单，将当前按钮设置为一个复位类型的按钮。单击该按钮，可以将表单中的所有内容都恢复为默认的初始值。

③ 无，不对当前按钮设置行为。可以将按钮同一个脚本或应用程序相关联，单击按钮时，自动执行相应的脚本或程序。

4.5 表单应用举例

下面制作一个通过电子邮件发送的表单。将“index.htm”另存为“liuyan.htm”文件，然后去掉一些不必要的素材，开始创建表单。具体步骤如下：

（1）单击【表单】工具栏中的第一个【表单】按钮，插入一个表单，如图4-49所示。

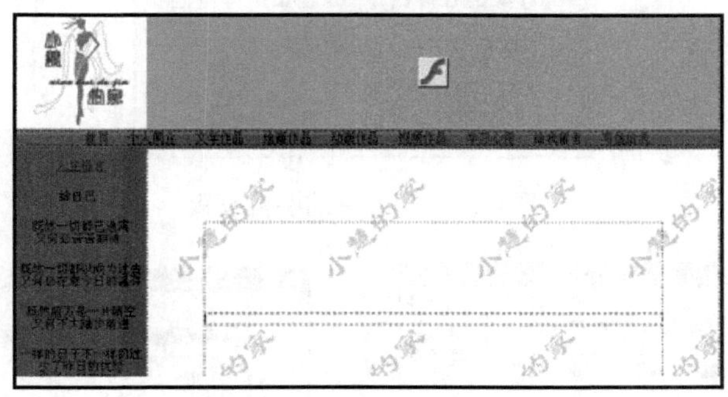

图4-49 插入一个表单的效果

（2）在该表单内插入4行2列的表格（边框为0），并输入相应文字，如图4-50所示。

图4-50 插入4行2列的表格

（3）在表格第1行第2列和第2行第2列分别单击【表单】工具栏中的【文本字段】按钮；在表格第3行第2列单击【表单】工具栏中的【文本区域】按钮；在表格第4行第1列和第4行第2列分别插入【表单】工具栏中的【按钮】，默认的是“提交表单”；将第4行第2列中按钮的【动作】选项改为【重设表单】，对应的【值】自动变为“重置”，如图4-51所示，可以看到页面文档如图4-52所示。

图4-51 将【动作】选项改为【重设表单】

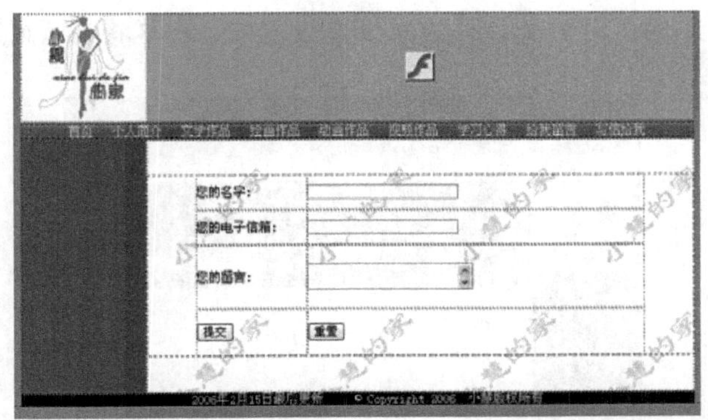

图4-52 页面显示的效果

（4）执行【窗口】|【行为】命令，或者按快捷键Shift+F4，打开【行为】面板，单击按钮，选择其中的【检查表单】命令，开始设置参数，如图4-53～图4-55所示。

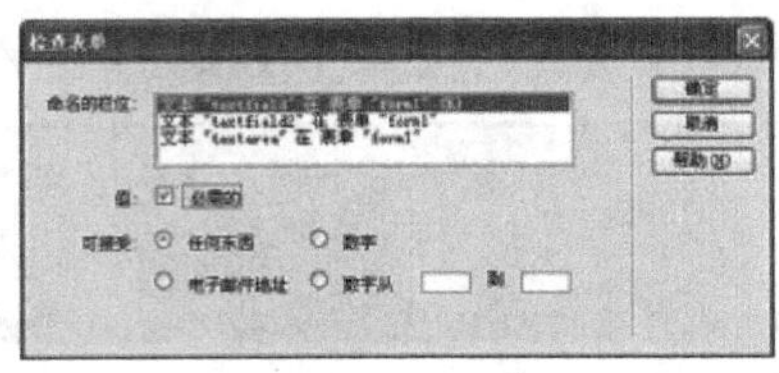

图 4-53　第一条的参数设置

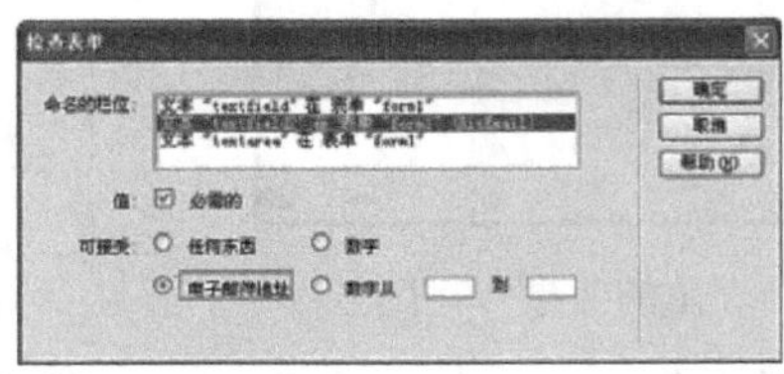

图 4-54　选择【电子邮件地址】单选框

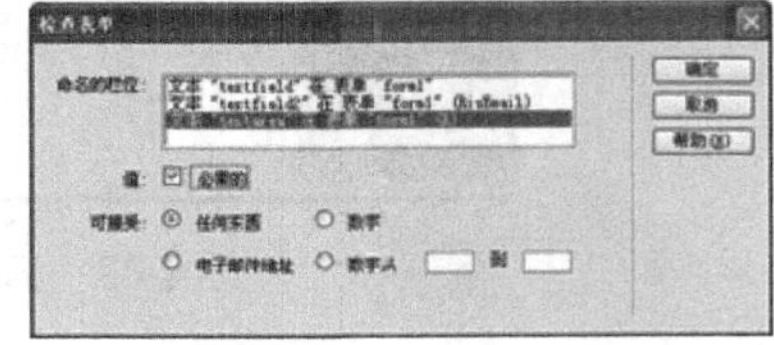

图 4-55　第三条的参数设置

（5）选中整个表单，然后在【属性】面板的【动作】文本框中输入如图 4-56 所示的内容“mailto:cnxiaohui2006@yahoo.com.cn”。如果要以打开新窗口的方式发送，可在【目标】下拉列表中选择“_blank”。如果要为发送的表单添加标题，可以在目标处填上：“mailto:cnxiaohui2004@yahoo.com.cn?subject=我的留言”，其中“我的留言”就是邮件的标题。

图 4-56　设置【属性】面板的【动作】

（6）按键盘上的 F12 键，页面效果如图 4-57 所示，在这里就可以输入信息，提交表单了。

说明　提交的表单是通过发送电子邮件的软件（如 Outlook Express）发送出去的，如果电脑上没有安装任何类似的软件或者没有设置好，表单将无法发送。

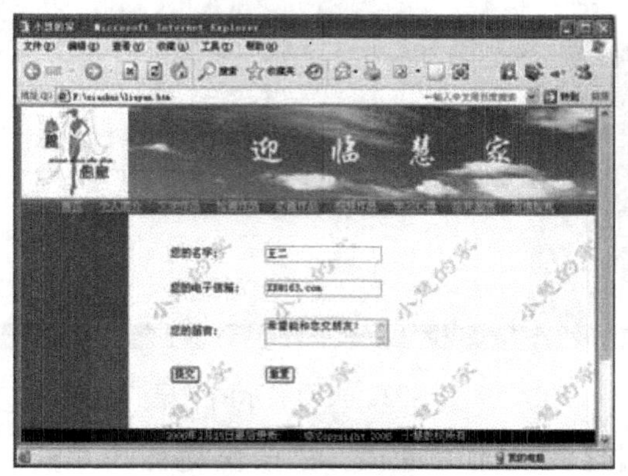

图 4-57　输入信息并提交表单

4.6　习题与上机操作

1. 简答题

（1）如何创建锚点链接？它的用途是什么？

（2）如何设置空链接？

（3）如何创建复选框？

2. 上机操作

制作一个通过电子邮件发送的表单。

第5章　图像的基础及多媒体

教学目标

本章讲述图像和多媒体的基本格式和相关知识，结合实例重点讲解设置图像的属性、图像的编辑以及添加多媒体和参数设置。需要注意的是，在网页中使用媒体对象要注意一般媒体对象的播放都需要插件的支持，在网页上放一个下载相应插件的链接就显得非常必要。

教学重点与难点

插入图像；设置图像的属性；图像编辑；添加多媒体及参数设置。

5.1　网页中使用的图像格式简介

网页中使用的图像可以是GIF、JPEG、BMP、TIFF、PNG等格式的图像文件，而目前使用最广泛的主要是GIF和JPEG两种格式。

GIF格式是由Compuserve公司提出的与设备无关的图像存储标准，也是Web上使用最早、应用最广泛的图像格式。GIF是通过减少组成图像的每个像素的储存位数和LZH压缩存储技术来减少图像文件的大小。GIF格式最多只能是256色的图像，它具有图像文件短小、下载速度快等特点。低颜色数下的GIF图比JPEG图装载得更快，可用许多具有同样大小的图像文件组成动画。在GIF图像中可指定透明区域，使图像具有非同一般的显示效果。

JPEG格式是在目前因特网中最受欢迎的图像格式，JPEG可支持多达16M颜色，它能展现十分丰富生动的图像，还能够压缩。但压缩方式是以损失图像质量为代价的，压缩比越高图像质量损失越大，图像文件也就越小。

在Windows支持的图像格式中，一般情况下，同一图像的BMP格式的大小是JPEG格式的5～10倍。GIF格式最多只能是256色，因此载入256色以上图像的JPEG格式成了因特网中最受欢迎的图像格式。所以网页中的图像格式一般以GIF为主，如果涉及照片类的图像，则选择JPEG格式。

5.2　图像的属性

5.2.1　图像描边的设置

选中图像，在【属性】面板的【边框】文本框中输入数字“1”，可以看到编辑文档中的图像就有边框了，按F12键看一下预览效果，如图5-1所示。当然可以根据需要，将【边框】文本框中的数值增大或缩小来改变图像描边的粗细。

5.2.2　图文混排的设置

有时候在一个页面中必须插入文字和图片，图文混排的效果就显得十分重要。选中图像，在【属性】面板上，单击【对齐】下拉菜单中的【左对齐】命令。或者用鼠标右键单击它，在弹出的快捷菜单中执行【对齐】|【左对齐】命令。设置完毕后，可以拖曳图片到合适的位置，如图5-2所示。这样就实现了图文混排的效果。

图5-1　图像描边效果

图5-2　图文混排的效果

5.2.3　图片提示

前面给文字链接增加过提示，这一次给图片增加提示。首先选中要增加提示的图像，然后在【属性】面板的【替换】文本框中输入提示的内容，例如“这就是我！”。按F12键预览一下效果。当鼠标的光标停留在图像上的时候，就显示出提示的文字了，如图5-3所示。

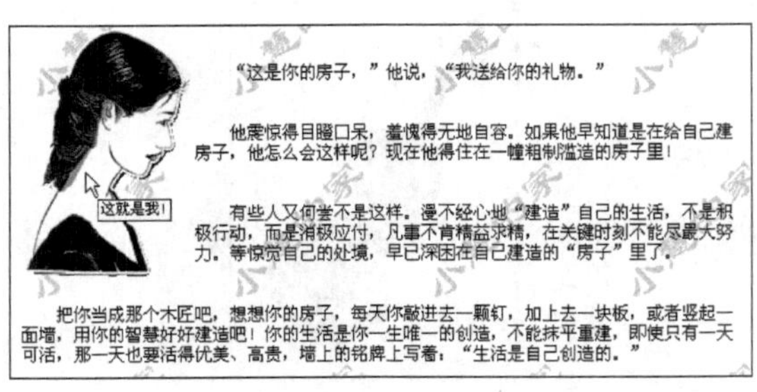

图5-3　给图片增加提示后的效果

5.2.4 图像热区的创建

有时候需要在一幅大的图像中添加许多超级链接，这时可以采用创建图像热区的方法，每一个热区都可以建立一个超级链接。打开"huihua.htm"文件，仍然插入小提琴图像，在【属性】面板中分别单击□○▽3个按钮，可以在图像上建立3种不同形状的热区，如图5-4所示。

选择其中一个矩形的热区，在【属性】面板中修改各参数。在【链接】文本框中输入链接地址"http://www.hongen.com"，在【目标】选项的下拉列表中选择"_blank"，在【替换】文本框中输入"链接到洪恩在线！"。这样，一个图像热区就完成了，鼠标指针经过每个图像热区的时候，都会发生相应的变化，提示这是一个超级链接，如图5-5所示，单击它可以打开所链接的网站或页面。

图5-4 在图像上建立3种不同的热区

图5-5 鼠标指针经过图像热区时发生相应的变化

应用图像热区可以很方便地在一幅图像上创建许多超级链接。换句话说，如果整张网页只由一幅图片组成，可以使用图像热区功能完成该网页的制作，只要根据实际需要利用矩形热点、椭圆形热点和多边形热点工具，创建相应的热区即可。

5.2.5 图像边距的设置

设置图像边距，可以使图像和表格边框产生一个边距，也会与相邻的文字或者其他图片产生一个边距。有时设置边距为一个非0的数值可以起到美观的作用。例如我们在网页中插入一个1行1列的无边框表格，然后在里面插入小提琴图片，选中它，在【属性】面板中，设置【垂直边距】和【水平边距】的值都为"20"。我们发现，小提琴图片明显与表格边框有距离，如图5-6所示。

图5-6 小提琴图片明显和表格边框有距离

说明 有的时候将【属性】面板中的【垂直边距】和【水平边距】的值都设置为“0”，可以使页面紧凑，甚至可以实现图像无缝连接。

5.2.6 图像占位符简介

使用图像占位符顾名思义就是在需要使用图形的地方先插入一个占位图形先“占领”着“地盘”。执行【插入】|【图像对象】|【图像占位符】命令，弹出【图像占位符】对话框，在【名称】和【替换文本】文本框中都输入“top”，【颜色】选为红色，【宽度】和【高度】分别为“750”和“140”，如图5-7所示。

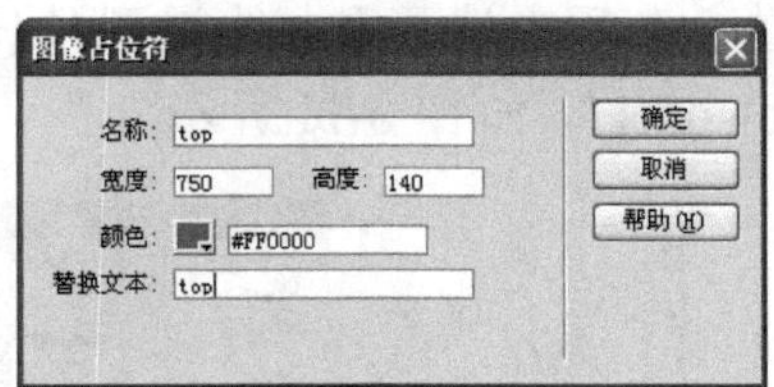

图5-7 【图像占位符】对话框

单击【确定】按钮后，编辑文档中出现了如图5-8所示的效果。

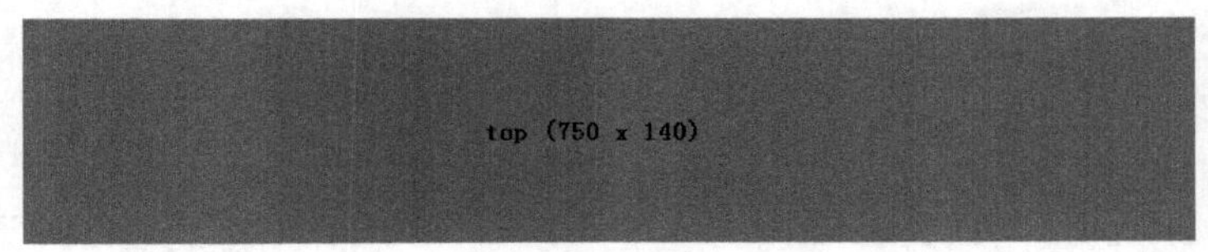

图5-8 图像占位符效果

可以随时在图像占位符的位置上将它替换成真正的图像。只要在【属性】面板的【源文件】文本框中直接输入真正图像地址，或者单击它后面的按钮指向图像文件，或者单击按钮浏览文件，选择图像就可以了。

5.3 对图像进行编辑

插入一幅图像后往往还要进行一系列的编辑，才能达到最后的满意效果。在这一节，我们重点学习在Dreamweaver 8中如何编辑图像。

5.3.1 修改图片的大小

选中图像，在图像的右侧、底边和右下角会出现黑色的控制手柄。拖曳这些控制手柄，就可以调整图像的大小。也可以在【属性】面板中直接修改图像的【宽】和【高】的数值来改变图像的大小，这时候，【宽】和【高】的数值也都加粗显示了。如果要恢复图像原来的大小，只需单击【属性】面板上的按钮，如图5-9所示。

图 5-9　恢复图像原来的大小

5.3.2　编辑图片

在网页中选中图像后，右击鼠标，在弹出的快捷菜单中，选择【编辑方式】命令来对图像进行修改和处理，此处默认的是Fireworks软件，如图5-10所示。

为什么Fireworks是默认的图像处理软件呢？执行【编辑】|【首选参数】命令，在【首选参数】对话框的【分类】选项中选择【文件类型/编辑器】，可以看到扩展名为".gif"的编辑器就是"Fireworks"，如图5-11所示。

图 5-10　选择【编辑方式】修改图像

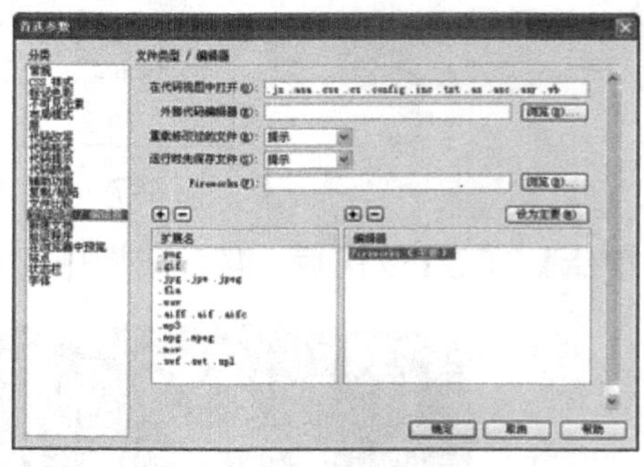

图 5-11　【首选参数】对话框

单击【编辑器】上方的加号按钮，选择外部编辑器——"Photoshop"软件，然后单击【打开】按钮，可以看到【编辑器】中多了"Adobe Photoshop"选项。选中它，然后单击右上方的【设为主要】按钮，"Adobe Photoshop"软件就设置为默认的GIF图像处理软件了，如图5-12所示。

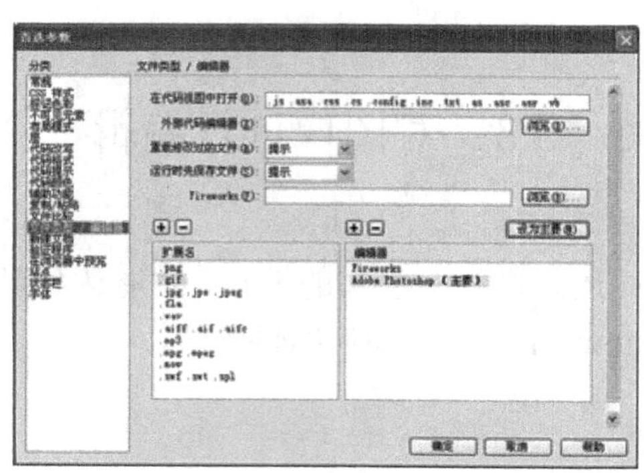

图 5-12　设置默认的 GIF 图像处理软件

在网页中选中图像后，右击鼠标，在弹出的快捷菜单中，可以看到现在是用"Adobe Photoshop"软件对图像进行修改和处理。执行该命令，系统自动打开"Adobe Photoshop"软件，接下来就可以对图像进行处理了。对于JPEG格式的图像，也可以使用这种方法选择读者喜爱的外部编辑器。

5.3.3 裁剪图像

有时候完全可以不借助外部编辑器来对图像进行处理，在【属性】面板的【编辑】后就有一个【裁剪】按钮，如图5-13所示。

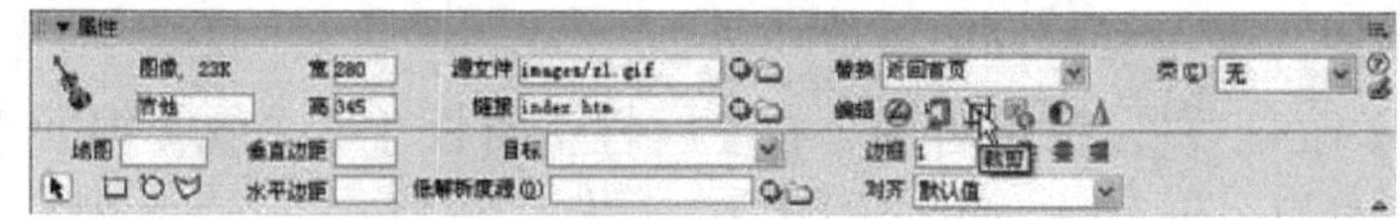

图5-13 单击【属性】面板中的【裁剪】按钮

选中图像后，单击【裁剪】按钮，系统弹出如图5-14所示的对话框，提示“您要执行的操作将永久性改变所选图像。您可以通过选择‘编辑’>‘撤销’撤销所做的任何更改”。单击【确定】按钮，就可以对图像进行裁剪。

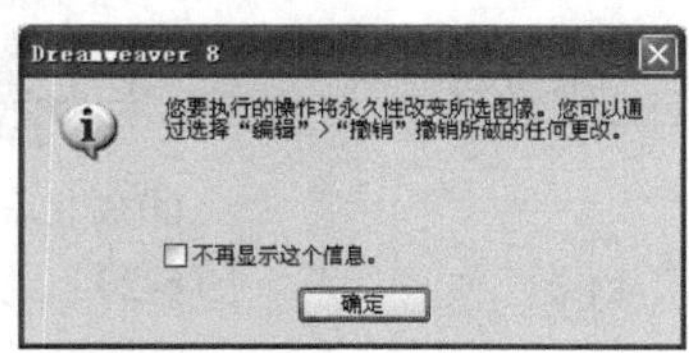

图5-14 系统提示图

这时可以看到所选图像上出现了裁剪选择区域，调整到合适大小，如图5-15所示。双击鼠标后，图像就只剩下选中的区域了。这时候如果重新插入此图像文件，发现插入的图像如图5-16所示。这说明裁剪过程本身就是对该图像文件的操作。如果要撤销操作，可以执行【编辑】|【撤销】命令撤销所做的任何更改。

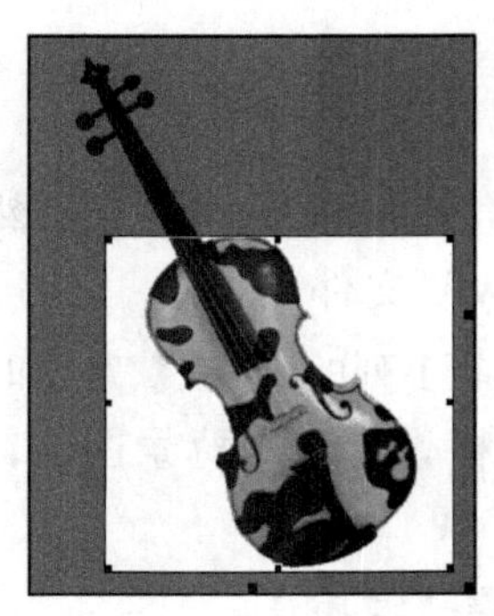

图5-15 调整裁剪大小

图5-16 插入z1.gif后的效果

5.3.4 修改图像的亮度和对比度

在Dreamweaver 8中可以改变图像的亮度和对比度。单击【属性】面板上【编辑】后的【亮度和对比度】按钮，在弹出的【亮度/对比度】对话框中进行相应值的调整，如图5-17所示。修改后的效果与修改前的效果大不相同，如图5-18所示。

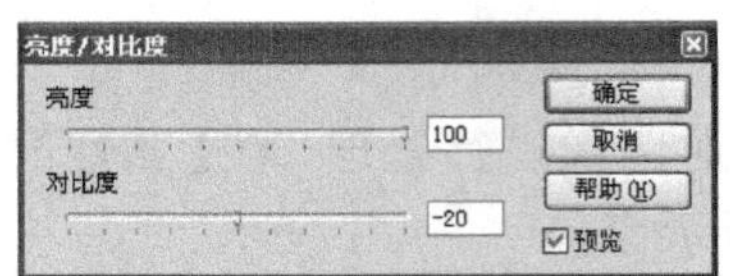

图 5-17　调整亮度和对比度的值

图 5-18　修改后的效果

同样可以修改图像的锐化程度。在【属性】面板中，单击【编辑】后的【锐化】按钮，在弹出的如图5-19所示的【锐化】对话框中进行相应值的调整，对比一下锐化后的效果与锐化前的效果，如图5-20所示。

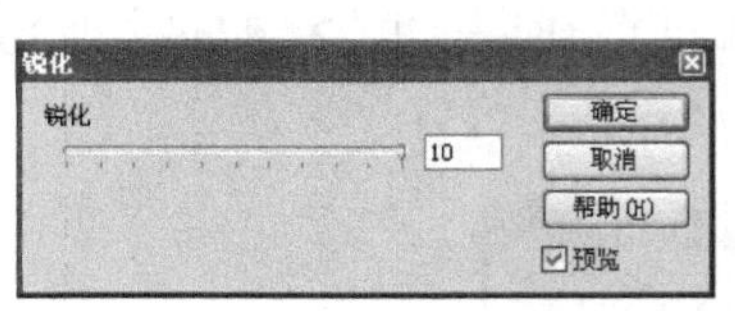

图 5-19　调整【锐化】的值

(a) 锐化后的效果　　(b)锐化前的效果

图 5-20　锐化后的与锐化前的效果对比

5.4　多媒体的添加及参数的设置

前面已经介绍了如何在Dreamweaver 8中处理文本和图像，本节主要介绍如何处理Flash动画和视频。

5.4.1　Flash 动画效果的设置

首先建立一个名为“swf”的文件夹，专门用来存放Flash动画文件，然后准备一个修饰的Flash动画文件“top.swf”，并将它放置在“swf”文件夹中。

打开“donghua.htm”文件，在右边插入一个1行1列的表格，【宽】和【高】的像素值分别为“541”和“160”，在【属性】面板中为表格设置一个背景图像。页面效果如图5-21所示。

图 5-21　编辑页面效果

接着将光标移动到表格内，执行【插入】|【媒体】|【Flash】命令，在表格中插入“top.swf”文件，这时按键盘上的F12键，看到的将是“top.swf”动画的效果，那

么怎么让这个动画透明呢？

选中动画，单击【属性】面板上的【参数】按钮，弹出【参数】对话框。在【参数】下输入“wmode”，在【值】的下面输入“transparent”，如图5-22所示，然后单击【确定】按钮。按F12键，预览一下效果，如图5-23所示，Flash动画的背景已经变成透明的了。

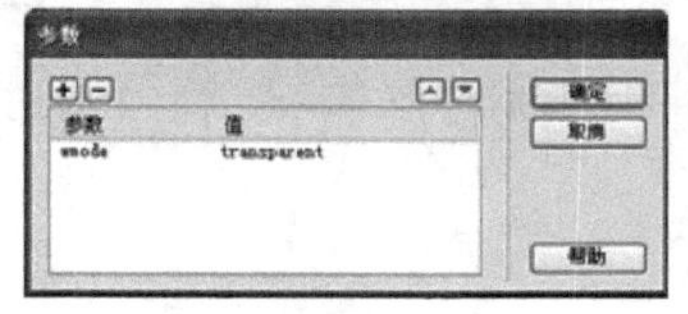

图5-22 【参数】对话框

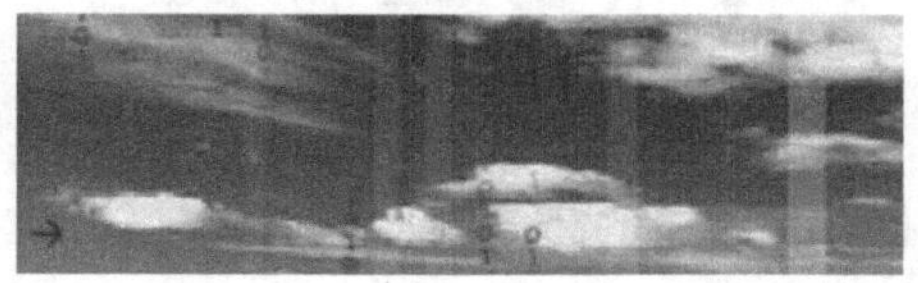

图5-23 Flash动画透明的效果

5.4.2 Flash文本对象的插入

在Dreamweaver中也可以制作文字动画。执行【插入】|【媒体】|【Flash文本】命令，弹出【插入Flash文本】对话框。

在【字体】中设置一种字体，这里选择“隶书”，设置【大小】为“60”，选择【颜色】为“红色”，选择【转滚颜色】为“蓝色”，设置完成后在【文本】文本框中输入文字“请选择动画作品”，在【链接】文本框中选择“donghua.htm”文件，选择【目标】为“_self”，选择【背景色】为“黄色”，在【另存为】文本框中输入文件“text1.swf”，如图5-24所示。单击【确定】按钮后，该站点下就多了一个“text1.swf”文件。

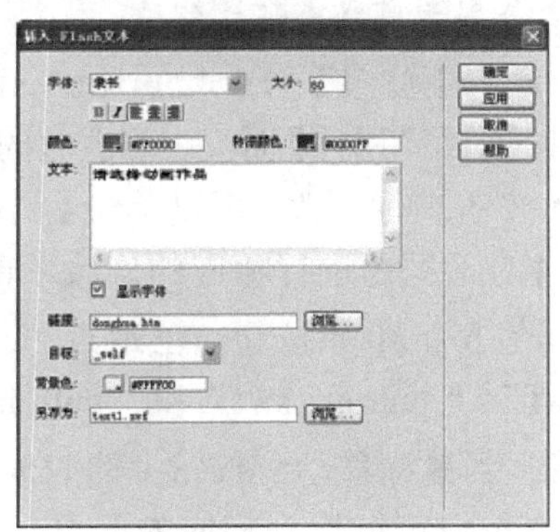

图5-24 【插入 Flash文本】对话框

说明 如果路径存在以中文命名的文件夹的话，将无法实现动画文字的制作，所以建议文件夹名用字母或者数字组成。

如果要对该动画文字进行修改的话，只要选中它，在【属性】面板中单击【编辑】按钮即可，如图5-25所示。

按键盘上的F12键，预览网页的效果，当鼠标在动画文字外时，文字以红色显示，如图5-26所示，而当鼠标停留在动画文字上的时候，文字以蓝色显示，如图5-27所示。

图 5-25 单击【编辑】按钮进行修改

请选择动画作品　　请选择动画作品

图 5-26 鼠标在动画文字外时的效果 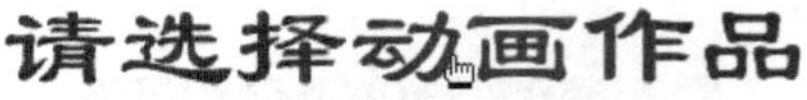　　图 5-27 鼠标停留在动画文字上时的效果

5.4.3 Flash 按钮的简单制作

我们都知道用Flash能够轻松地制作出按钮，其实在Dreamweaver中也能制作Flash按钮。下面就在制作动画作品的网页时制作Flash按钮。

执行【插入】|【媒体】|【Flash按钮】命令，弹出【插入Flash按钮】对话框。在【样式】列表框中选择“StarSpinner”选项，在【范例】中显示出了该样式的大致效果，在【按钮文本】文本框中输入按钮的文字“FLASH作品一”，【字体】选择“黑体”，【大小】为“12”，在【链接】文本框中输入链接地址“donghua1.htm”（输入与该按钮链接的页面），选择【目标】为“_self”选项，在【另存为】文本框中系统默认为“button1.swf”，如果需要也可以对文件名进行修改，如图5-28所示。

说明　与制作动画文字一样，如果路径存在以中文命名的文件夹的话，将无法实现按钮的制作，所以建议文件夹名用字母或者数字组成。

单击【确定】按钮后，该站点下就多了一个“button1.swf”文件。同时，编辑文档中就出现了该Flash按钮，选中它，在【属性】面板中修改它的【宽】和【高】分别为“140”和“40”。如果要对该Flash按钮进行修改，可以单击【属性】面板中的【编辑】按钮，在弹出的【插入Flash按钮】对话框中进行相应的修改，单击【确定】按钮完成修改。

用同样的方法，制作其他5个Flash按钮，在站点下就分别多了“button2.swf”、“button3.swf”、“button4.swf”、“button5.swf”和“button6.swf”这几个文件。

按F12键，预览一下效果，当鼠标移动到按钮上的时候，左边的那颗五角星开始转动起来，如图5-29所示。单击按钮可链接到相应的网页。

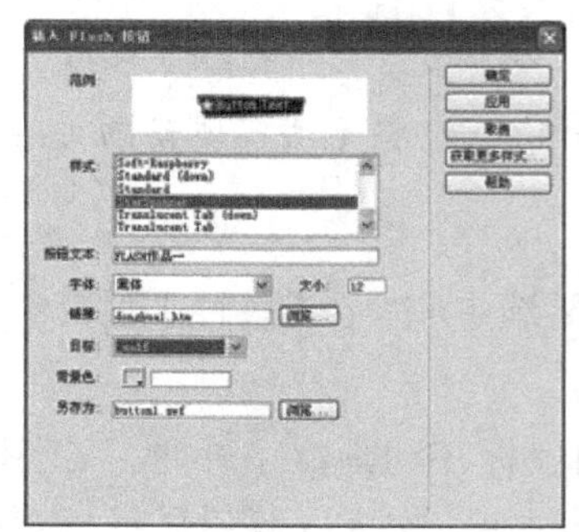

图 5-28 设置【插入Flash按钮】对话框

图 5-29 把鼠标移动到按钮上的效果

5.4.4 多媒体类型的添加

Shockwave也是Macromedia公司开发的软件，可以通过Director创建Shockwave影片，也可以到网上去下载一些Shockwave影片，Shockwave影片文件的扩展名是“dcr”、“dir”、“dxr”，下面来学习如何插入Shockwave影片。

首先将光标定位到要出现影片的位置，然后单击【媒体】下拉菜单中的【Shockwave】选项或者执行【插入】|【媒体】|【Shockwave】命令，在弹出的对话框中选择Shockwave影片的文件路径。其属性面板上的参数与Flash的基本一致，只是少了几项内容。

Shockwave其实就是插件的一员。我们在浏览器中访问其他类型的媒体对象，如Shockwave电影、Flash动画、MIDI音乐等，都必须借助插件，通过下载这些媒体公司为浏览器开发的插件，才可以看到更多的媒体类型。

首先来插入一个MIDI文件“sound.mid”。打开“shipin.htm”文件，然后单击【媒体】下拉菜单中的【插件】选项或者执行【插入】|【媒体】|【插件】命令，在弹出的对话框中选择“sound.mid”文件（声音文件），如图5-30所示。

单击【确定】按钮，选中刚刚插入的MIDI文件，在【属性】面板中，将它的【宽】和【高】分别由原来的“32”设置为“400”和“50”。

我们可以在【插件URL】中输入播放MIDI文件的插件路径，当用浏览器打开该文档时，如果没有播放MIDI文件的插件，则会使用服务器端的插件播放该文件。

按键盘上的F12键，预览一下效果，我们可以看到插件播放器的形状，如图5-31所示。如果不想看到播放器的话，只要将【属性】面板中的【宽】和【高】都设为“0”即可。

图5-30 在【选择文件】对话框中选择文件

图5-31 插件播放器

下面仍然用插入插件的方法给主页添加视频动画。首先准备视频动画文件——“1.wmv”。与插入MIDI文件的方法一样，单击【媒体】下拉菜单中的【插件】选项或者执行【插入】|【媒体】|【插件】命令，在弹出的对话框中选择“1.wmv”文件。单击【确定】按钮，选中插入的wmv文件，在【属性】面板中将它的【宽】和【高】分别由原来的“32”改为“320”。

我们可以在【插件URL】中输入播放wmv文件的插件路径，当浏览器打开该文档时，如果没有播放wmv文件的插件，则会使用服务器端的插件播放该文件。

按键盘上的F12键，预览一下效果，可以看到播放wmv视频动画的效果。

另外，ActiveX的作用与插件是相同的，它可以在不发布浏览器新版本的情况下扩展浏览器的能力，如果载入一个网页，在网页中有浏览器不支持的ActiveX控件，则浏览器会自动安装所需软件，而插件则需要访问者自己安装相应的支持软件。

插入ActiveX和插入插件不但作用基本相同，而且使用方法也基本相同，有兴趣的读者可以自己尝试一下。

5.5 习题与上机操作

1．选择与填空

（1）目前网页中使用最广泛的图像格式有（ ）。

A．GIF　　B．JPEG　　C．BMP　　D．TIFF

（2）网页中的图像格式一般以____________为主，如果涉及到照片类似的图像，则可以选择____________格式。

（3）GIF格式的图像的优点是____________。

2．简答题

（1）如何在你的网页中插入Flash文本和按钮？

（2）如何在你的网页中添加多媒体对象？

3．上机操作

制作一个如图5-32所示的网页效果，并创建热区链接。

图5-32　页面效果图

要求：

① 在猴子身上创建一个矩形热区；

② 在老虎头上创建一个圆形热区；

③ 沿着梅花鹿的形状勾勒出一个多边形热区链接。

第6章　CSS样式表的创建及应用

教学目标

本章主要讲解有关CSS的概念及其在Dreamweaver中的应用。详细介绍如何新建、编辑和套用CSS样式，并结合实例分析如何利用CSS样式实现网站常见效果。

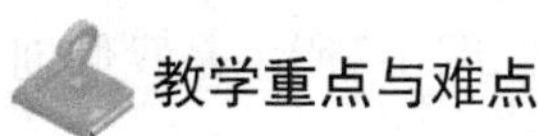

教学重点与难点

创建CSS样式表；套用CSS样式表；编辑CSS样式表。

6.1　创建CSS样式

CSS是cascading style sheets（层叠样式表）的简称。其基本概念在于可将网页要展示的内容与样式设定分开，也就是将网页的外观设定信息从网页内容独立出来，并集中管理。这样，当要改变网页外观时，只需更改样式设定的部分，HTML文件本身并不需要更改。CSS对于设计者来说它是一个非常灵活的工具，不必再把繁杂的样式定义编写在文档结构中，可以将所有有关于文档样式的指定内容全部脱离出来，在行内定义、在标题中定义，甚至可作为外部样式文件供HTML调用。

在Dreamweaver的早期版本中，CSS的编辑功能并不是很强大，有时候不得不借助一些第三方工具来完成CSS的编写。Dreamweaver 8在CSS功能设计上做了很大程度上的改进：

（1）功能更多的CSS支持，CSS的可视化设计，CSS检查工具。

（2）改进CSS直观应用效果，通过增强的设计窗口，可以直接看到复杂的CSS设置效果，实现更多精确实用的可视化操作。

（3）改进的CSS面板，使用增强面板直接在代码内部定义样式，并且可以直观地看到在哪里定义了什么样的样式。

（4）基于文本属性改进的CSS检查工具，不必切换编辑方式直接选取CSS样式，样式下拉列表中内置了所有可用样式的预览显示。

（5）新的基于页面属性的CSS，通过【修改】|【页面属性】获取更多改进的页面

控制属性，例如标题和连接等。

（6）CSS代码提示，在代码窗口中快速查看手工编写的CSS样式的提示。

Dreamweaver 8在CSS方面的功能非常强大。本节首先介绍在Dreamweaver 8中样式表的格式参数。

6.1.1 CSS样式类型的介绍

在【CSS样式】面板中单击鼠标右键，在弹出的快捷菜单中选择【新建】命令，或者直接单击面板下方的按钮，即可打开【新建CSS规则】对话框，如图6-1所示。

在此对话框中需要选择CSS样式的选择器类型，其中有【类】、【标签】和【高级】3种类型。

【类（可应用于任何标签）】，选择此类型后，需要在【名称】文本框中填入一个规则名字，需要注意的是，此类名称必须以“.”开头。这种方式定义的样式可以用来定义绝大多数的HTML对象，这样可以使这些对象有统一的外观。图6-2所示是我们创建的一个“.mystyle”的规则（注意：前面有个小圆点）。

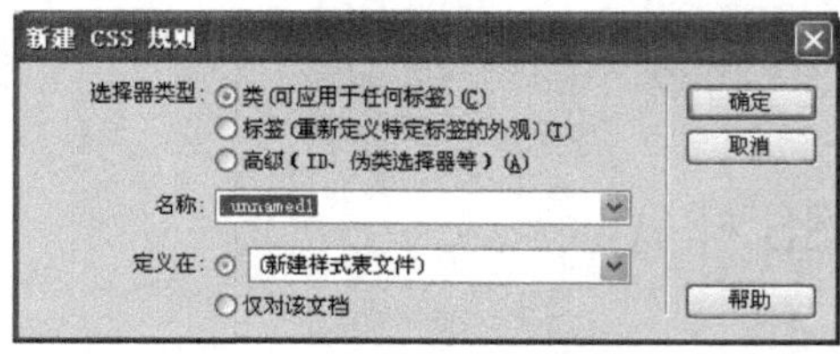

图6-1 【新建CSS规则】对话框

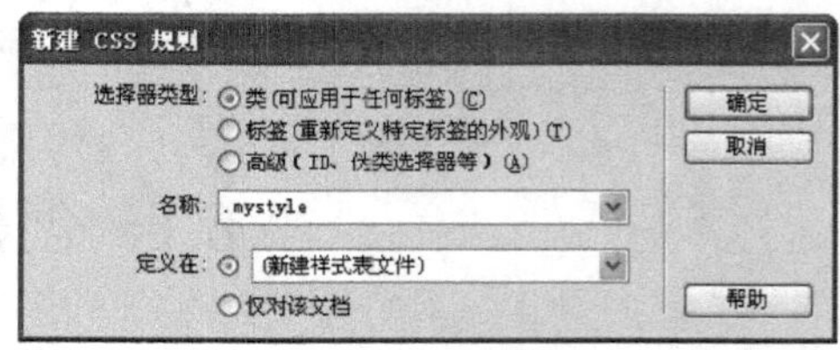

图6-2 创建mystyle规则

【标签（重新定义特定标签的外观）】，选择此选项后，从【标签】下拉框里选择需要重新定义的HTML标识。这个选项将使得文件中具有统一标签的所有内容使用相同的外观。

【高级（ID、伪类选择器等）】，这个选项的功能是可以设定链接文本的样式，如图6-3所示。

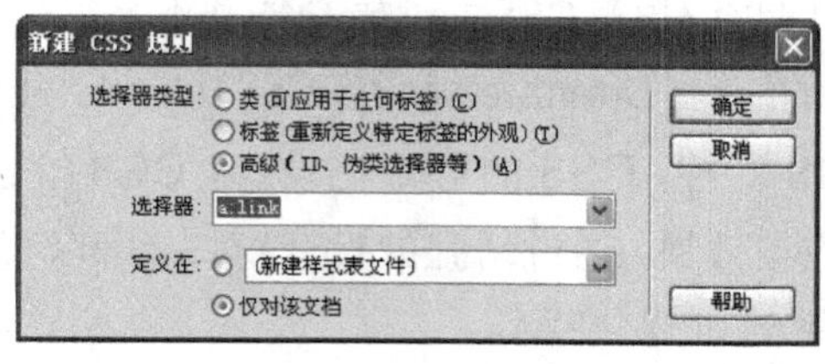

图6-3 选择【高级】

在【选择器】下拉列表中设置了4个选项：

a:link——定义了链接文字的样式。

a:visited——浏览者已经访问过的链接样式。

a:hover——定义了鼠标悬浮在链接文字上时的样式。

a:active——定义链接被激活时的样式，即鼠标已经点击了链接，但页面还没有跳转时。

6.1.2　创建调用脚本的CSS样式

【ID】属性是使用【CSS选择器】样式的常用功能之一，这种方式定义的CSS规则与自定义CSS规则相似。在文档中，可以通过【ID】属性来识别标记和定位文档的位置，这在调用脚本时会经常用到。

按照如下的步骤创建一个CSS规则：

（1）按照上节所讲的方法打开一个【新建CSS规则】对话框，在【选择器类型】中选择【高级（ID伪类选择器等）】，在【选择器】中输入以"#"开头的名称，如图6-4所示。

（2）单击【确定】按钮，然后设置各种参数，假设我们要把样式定义的文档设置成宋体、14像素，如图6-5所示。

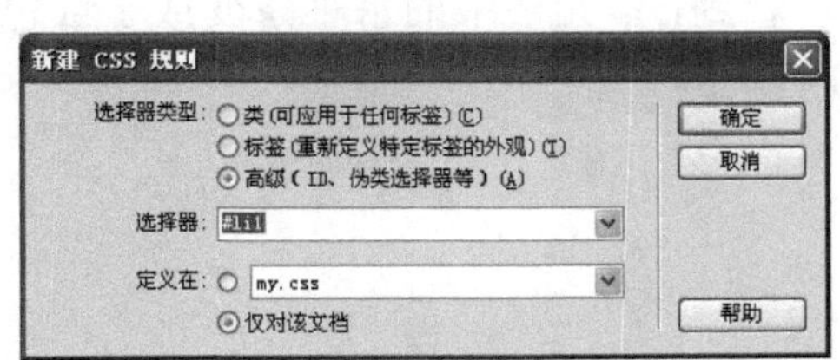

图6-4　创建一个CSS规则

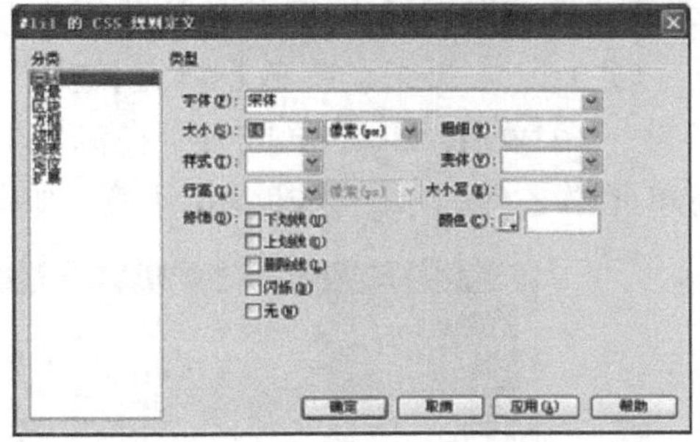

图6-5　CSS规则定义

通过上面的步骤我们定义了一个名字为"li1"的规则，那么怎么应用它呢？

应用规则的方法是：在【标签选择器】中选择要应用规则的【标签】，右击鼠标，在弹出的快捷菜单中选择【设置ID】|【li1】，如图6-6所示。此时设置的规则已经应用到选择的标签范围里了。

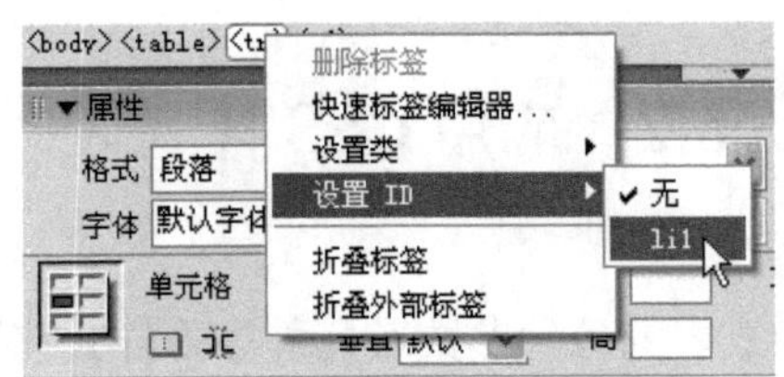

图6-6　设置ID

6.1.3　指定范围内标签样式的定义

使用【高级（ID伪类选择器等）】也能够定义指定范围内的标签规则。例如，我们可以定义单元格中的水平条为红色，而单元格之外的水平条规则保持不变。

打开Dreamweaver 8，创建一个HTML网页，插入一个1×1的表格，在表格里插入水平条，在表格外也插入一条水平条，如图6-7所示。

下面介绍如何让表格内的水平条为红色，而表格外的水平条保持不变。

（1）新建CSS样式。打开【新建CSS样式】对话框，选择【高级（ID上下文选择器等）】类型，在【选择器】参数项中输入“td　hr”，td是单元格的标签，hr是水平条的标签。如图6-8所示。

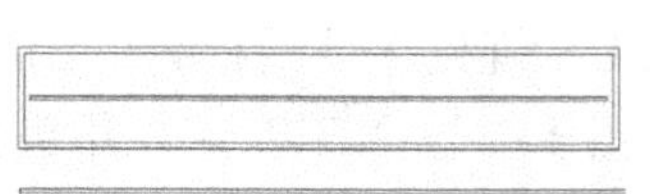

图6-7　表格和水平条

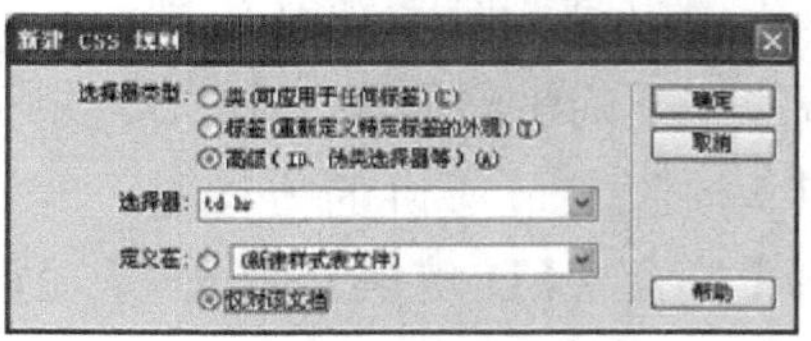

图6-8　新建CSS规则

（2）定义td　hr的CSS样式。单击【确定】按钮后，开始定义样式，只需要定义【类型】面板中的【颜色】项为红色就可以了。如图6-9所示。

（3）预览效果。单击【确定】按钮，定义完成。将文件保存在CSS目录下，取名为：zdfw.html。按F12键，在浏览器中可以看到，单元格中的水平条变成了红色，而单元格之外的水平条却保持不变，如图6-10所示。

图6-9　td hr的CSS样式定义

图6-10　标签样式预览图

6.2　应用CSS样式表

前面学习了设置CSS样式表的各种参数及几种CSS样式在Dreamweaver中的创建和应用。掌握了在使用Dreamweaver的CSS样式功能和一些选项的基本用法以及常用的几种CSS样式的创建和使用。本节将通过实例介绍内部CSS样式表的应用。

6.2.1　设置文字大小

在浏览器中打开前面建立的“小慧的家”网站的文学网页“wenxue.htm”，执行【查看】|【文字大小】|【最大】命令。这时字变大了，段落也乱了，如图6-11所示。

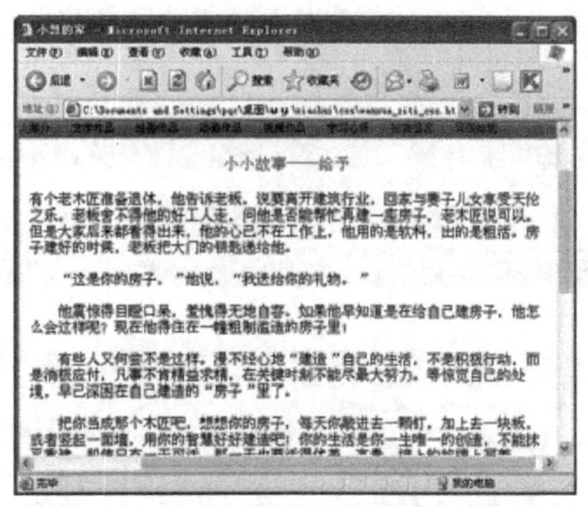

图6-11　设置字体前预览图

在网上浏览一些网页时，不管浏览器中显示字体的大小设置怎样改变，网页中字体尺寸都不发生改变，这是因为在网页制作时使用了CSS样式表技术。要使制作的网页具有良好的“稳定性”，使浏览者在采用不同分辨率和改变浏览器字体大小时都能看到所设定格式的网页，从而始终保持网页版面的整洁美观，就需要使用样式表来“锁定”网页文字。

用Dreamweaver打开文学网页，下面开始来编辑。

1. 新建CSS样式

单击【CSS样式】面板中的【新建CSS规则】按钮，弹出【新建CSS规则】对话框。在【选择器类型】中选择【类（可应用于任何标签）】，在【名称】文字框里输入要定义的CSS规则的名称，本例定义的是字体，为了方便记忆，可以将样式的名称设置为“.ziti”，在【定义在】下拉列表中选择【仅对该文档】后，单击【确定】按钮。

2. 设置CSS样式的类型、区块标签

在【.ziti的CSS规则定义】的对话框中，选择左边【分类】中的【类型】标签，把【大小】设为12像素。选择【分类】中的【区块】标签，把【文字缩进】设为2个字体高，即2个汉字，让每一段落的行首自动空两个汉字。单击【确定】按钮，字体的CSS样式就定义成功了，此时在【CSS样式】面板中可以看到增加了一个“.ziti”的CSS样式，将它应用到网页的文字段落当中。

3. 预览效果

另存网页文件为“wenxue_ziti_CSS.html”，用浏览器预览一下，网页的字体已经很专业了，并且字体尺寸也不会随浏览器字体大小设置而改变了，每段的首位自动空了两个汉字的距离，如图6-12所示。

技巧　在设置文字样式的步骤中，还可以同时设定字体、颜色、文字修饰（如斜体、粗体、下划线）等属性。不过，这些属性最好不要在样式表中设定，因为在样式表中设定过

的属性，将无法用其他操作命令改变；如果不在样式表中进行这些属性的设定，则可以随时使用设置文字属性的相关命令来设定除规格之外的其他文字属性，从而使网页设计更加灵活。

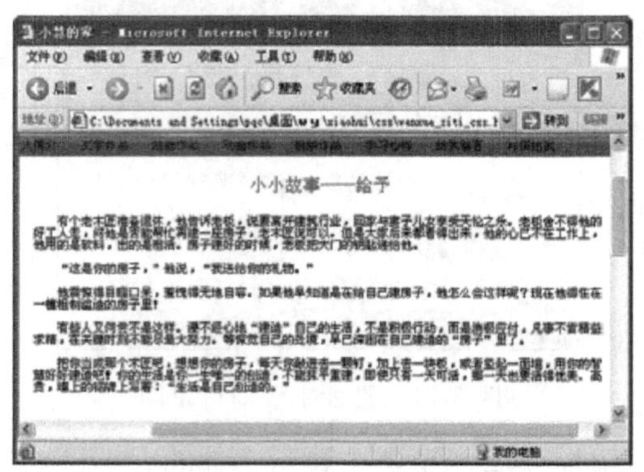

图6-12　设置字体后预览图

6.2.2　行间距的设置

制作网页时，读者会发现根本没办法控制行间距。其实这是用层叠样式表（CSS）来实现的。

在上例中已经为文字定义了样式，如果想设置文字的行间距，只要直接编辑刚才定义的".ziti"样式即可。

1. 编辑CSS样式

在【CSS样式】面板中，选择".ziti"规则，单击【编辑样式】按钮后，将弹出【.ziti的CSS规则定义】对话框，在【行高】右边的两个下拉框中分别选择【值】、【%】，然后，再在【值】框中输入数值，在这里输入150%，作为网页文字的行间距，如图6-13所示。

2. 应用CSS样式

单击【.ziti的CSS规则定义】对话框中的【确定】按钮，网页中的文字行间距会自动的调整为定义的样式。用浏览器预览一下，效果如图6-14所示。

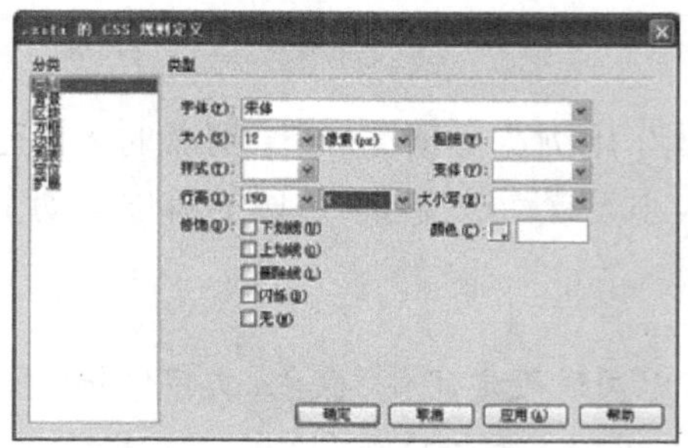

图6-13　.ziti的CSS样式定义

图6-14　预览图

6.2.3　设置图片的边框效果

一些网站的图片周围有一个很细的边框，显得十分精致。当插入图片时，在【属性】面板中选择【Border】边框属性为“1”就制作成功了，它默认的颜色是黑色的，和默认的文字颜色一样。如果希望边框有更多效果时，利用【属性】面板就不能实现了，这时可以借助CSS功能为图片的边框添加更多的效果。

打开文学网页“wenxue_ziti_CSS.html”，下面来为该页的图片加上边框效果。

1. 创建为图片定义的CSS样式

在【CSS样式】面板上单击【新建CSS规则】按钮，弹出【新建CSS规则】对话框，在【选择器类型】中选择【标签（重新定义特定标签的外观）】，再在【标签】下拉列表框中选择【img】标记，如图6-15所示。

2. 图片边框的参数意义

在图6-15中单击【确定】按钮，这时弹出【img的CSS规则定义】对话框，在此对话框的【分类】项中选择【边框】，设置【img的CSS规则定义】标记的边框属性。边框可设定的属性很多，包括样式、宽度和颜色，关键是指定每个边的宽度和每个边的颜色。下面是各属性的大致含义。

【样式】：用以下9个关键词来描述：

无，不画边框，不论边框厚度是多少。

点划线，由点组成的虚线。

虚线，由短线组成的虚线。

实线，实线。

双线，双实线。

槽状，3D沟状。

脊状，3D脊状。

凹陷，3D内嵌。

凸出，3D外嵌。

【宽度】：可以是细、中、粗等值。

【颜色】：颜色值也可以用RGB值（如#ff00ff）。

3. 设置边框参数

我们可以设定【样式】为脊状，【宽度】为中，【颜色】RGB值为#3366FF。

4. 浏览器中的效果

单击【确定】按钮，则定义的样式已应用到网页的图片上。保存网页文件，在浏览器中的效果如图6-16所示。

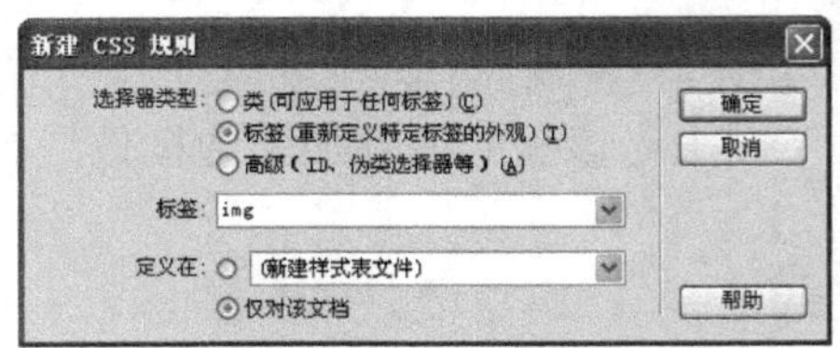

图6-15 新建CSS规则

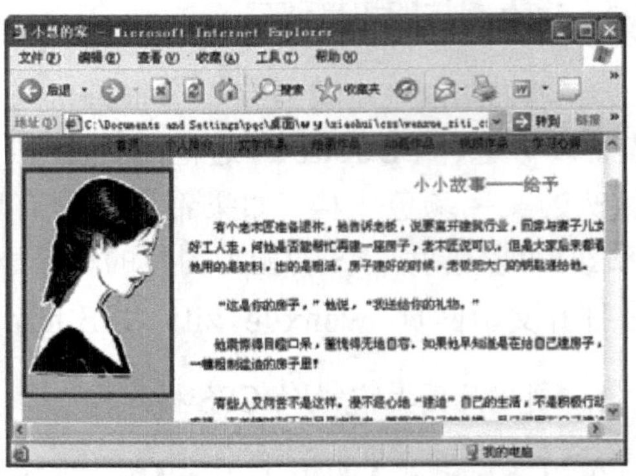

图6-16 为网页中的图片加上边框后的预览图

6.2.4 固定背景

背景图片是很多网页设计者经常添加的东西，当网页内容超出一屏时，拖动滚动条，背景图片会与内容相对静止地一起滚动，那么能否锁定背景不跟随滚动呢？当然可以。下面就来试一下。

1. 设置网页背景

打开Dreamweaver程序，继续编辑网站的文学页面"wenxue_ziti_CSS.html"，执行【修改】|【页面属性】命令，弹出【页面属性】对话框，在【页面属性】对话框中设置背景图像，单击【背景图像】选项右边的【浏览】按钮，找到希望作为背景的图片文件，把"view13_jpg.jpg"文件设为背景。

2. 新建背景的CSS规则

新建一个CSS规则。本例定义的是背景，为了方便记忆，可以设置规则的名称为：.beijing，在【选择器类型】中选择【类（可应用于任何标签）】，在【定义在】下拉列表中选择【仅对该文档】，如图6-17所示。

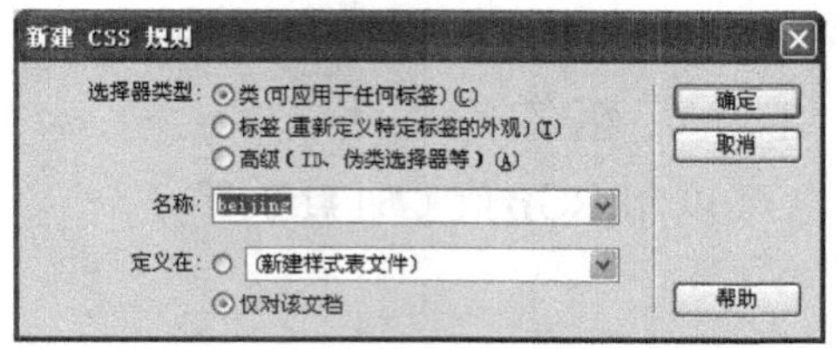

图6-17 创建.beijing的CSS规则

3. 设置固定背景

单击【新建CSS规则】对话框中【确定】按钮，在弹出的【.beijing的CSS规则定义】对话框中，选择左边【分类】中的【背景】标签，其中【附件】有两个选择项，分别为【固定】和【滚动】，设置【附件】为【固定】。

将样式应用于BODY标签，这样，页面中已经把背景锁定了，按F12键浏览效果时发现达到了预期的效果。

技巧　在用定义CSS背景时，背景图像选项一旦选定，即使以前已经定义了背景颜色，背景颜色也将不起作用。

6.3　习题与上机操作

1．选择与填空

（1）在Dreamweaver中，按下Shift＋（　　）键，可打开“CSS样式”对话框。

A．F9　　B．F10　　C．F11　　D．F12

（2）在Dreamweaver中设置或改变选择中文本的字体特征主要使用的工具是______。

2．上机操作

利用CSS样式表设计一个如图6-18所示的页面效果。

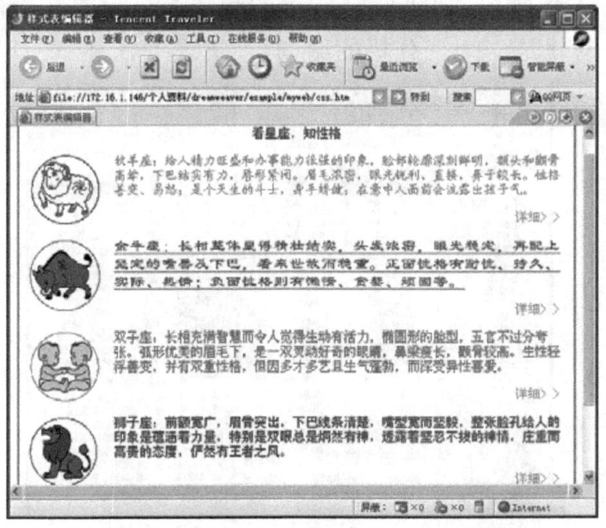

图6-18　页面效果图

第 7 章　网页布局、层排版和模板

教学目标

页面布局是网页设计的一个重要组成部分，在布局模式中使用布局表格和布局单元格可以对网页进行排版，利用布局表格的嵌套可以设计较复杂的版面。除此之外还可以使用层来布局版面。利用Dreamweaver提供的模板不仅可以统一网站风格还可以提高效率。

教学重点与难点

版式设计；layout（布局）运用；应用表格进行布局；应用层进行布局；表格与图层的相互转换；创建模板；编辑模板；应用模板。

7.1　版　　式

设计一个网页，先要规划好版式。常用的版式为分栏式结构，比如二分栏、三分栏、四分栏。新浪网就是一个三分栏的结构，如图7-1所示。

图 7-1　新浪网版式

把新浪网版式简化一下，如图7-2所示。这是一个典型的三分栏结构，第一行分两列，左边单元格放置Logo图片，右边单元格放入导航菜单，由于栏目比较多，所以分成四行排放。第二行为网页主体部分，分成三栏，左边一栏为特色栏目导航，右边两栏分别放置不同的网页内容。下面一行放置版权信息。

个人网页由于内容较少，也可以采用二分栏的结构，如图7-3所示。

LOGO 导航栏目

导航 网页内容 网页内容

版权信息

图7-2 新浪网三分栏版式结构

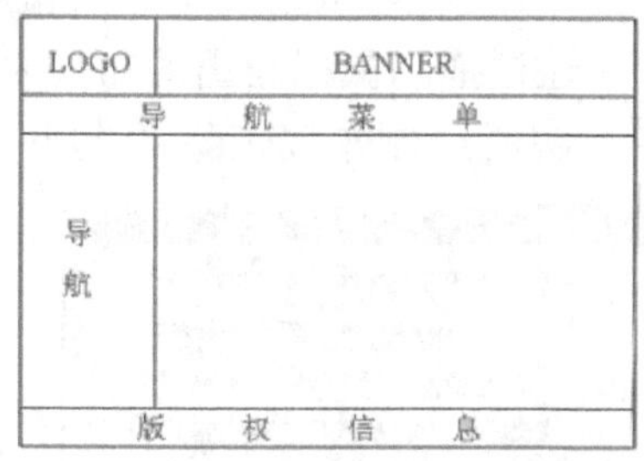

图7-3 二分栏版式结构

“小慧的家”版式就是典型的二分栏的结构。接下来，我们就要在Dreamweaver 8提供的“布局”模式中对版面进行重新布局了。

7.2 布　　局

在绘制布局表格或布局单元格之前，先从【标准】模式切换到【布局】模式。这一章中我们就要完成在【布局】模式中对“小慧的家”重新进行版式的设计，力求达到更加美观的页面效果。首先来认识一下【布局】模式。

7.2.1 布局表格的绘制

首先单击【插入】工具栏中的【布局】项，使此时的工具栏变成【布局】工具栏，如图7-4所示。

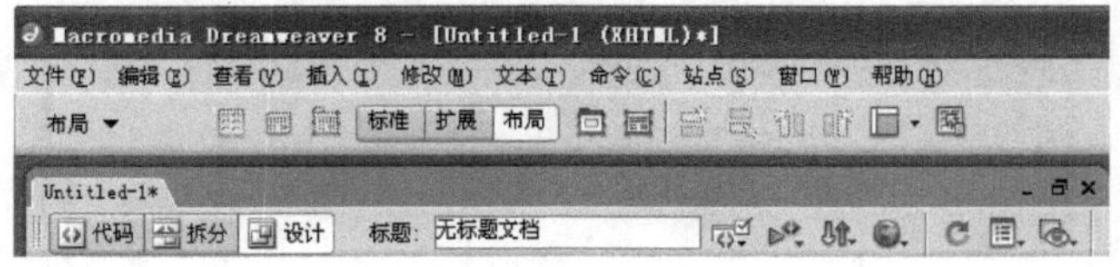

图7-4 【布局】工具栏

然后单击【布局】工具栏中的【布局】按钮，进入【布局】模式，如图7-5所示。

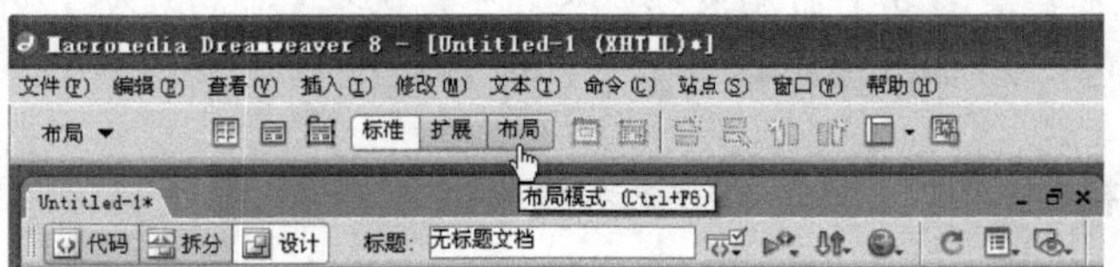

图7-5 切换到【布局】模式

这时，Dreamweaver 8会弹出【从布局模式开始】对话框，如图7-6所示。单击【确定】按钮就进入了布局模式。也可以选择“不要再显示此消息”复选项，让这个对话框在下次切换时不再出现。进入【布局】模式后，就可以在页面上绘制布局单元格和布局表格了。

单击【布局表格】按钮，这时鼠标会变成十字形状，拖曳鼠标就能绘制出一个布局表格了。通过拖动鼠标绘出的布局表格的大小较难控制，我们可以通过查看状态栏中的信息，了解所绘制布局表格的大小，如图7-7所示。

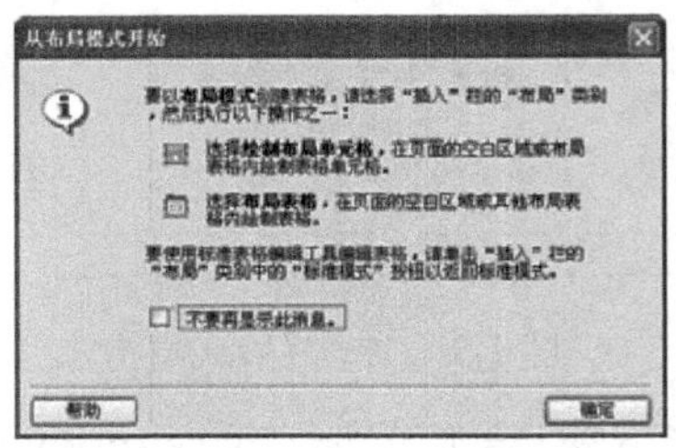

图7-6 【布局】模式切换提示对话框

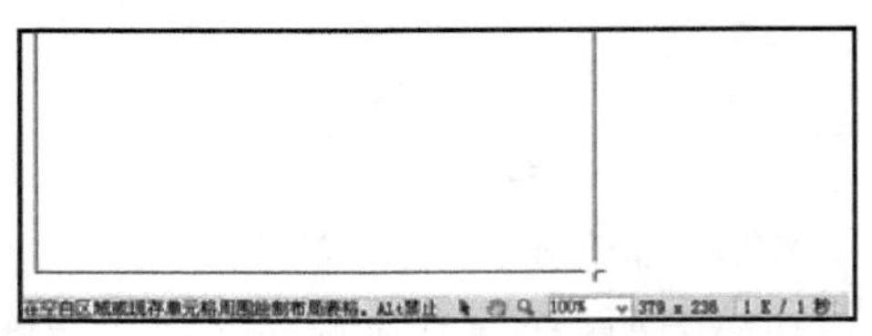

图7-7 在状态栏中查看布局表格的大小

也可以在布局表格的【属性】面板中精确设置布局表格的宽和高，例如，可以把所绘布局表格的【宽】修改为750像素，【高】修改为120像素，如图7-8所示。

图7-8 布局表格的属性设置

修改完成后，布局表格的宽度就会调整为750像素，高度调整为120像素，如图7-9所示。

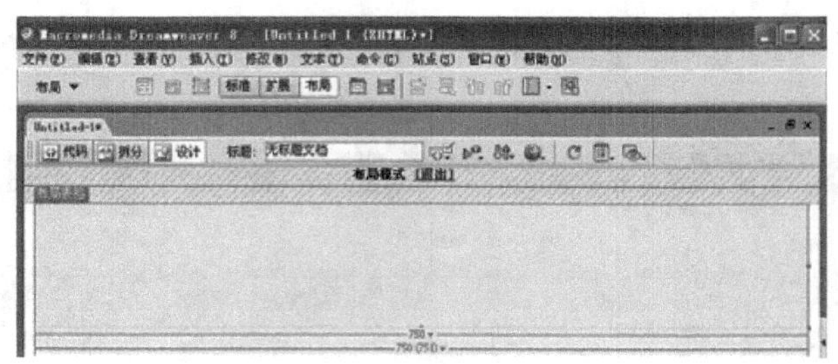

图7-9 修改完成后的布局表格

技巧 如果要绘制多个布局表格，不必重复选择【布局表格】按钮，只要在绘制布局表格时按住Ctrl键，便可以连续绘制出多个布局表格。

7.2.2 布局单元格的绘制

绘制布局单元格与绘制布局表格比较相似。单击【布局】工具栏中的【绘制布局单元格】按钮，拖动鼠标就能绘制出一个布局单元格。页面上显示的布局表格外框为绿色，而布局单元格外框为蓝色。当鼠标指针移动到单元格上时，该单元格将高亮显示。

当选定了表格或表格中有插入点时，布局表格和单元格的宽度（以像素为单位，或按占页宽度的百分比表示）将会出现在该表格的底部。单击宽度旁边的小箭头，可以显示与表格和列相关的一些常用的操作命令，如图7-10所示。

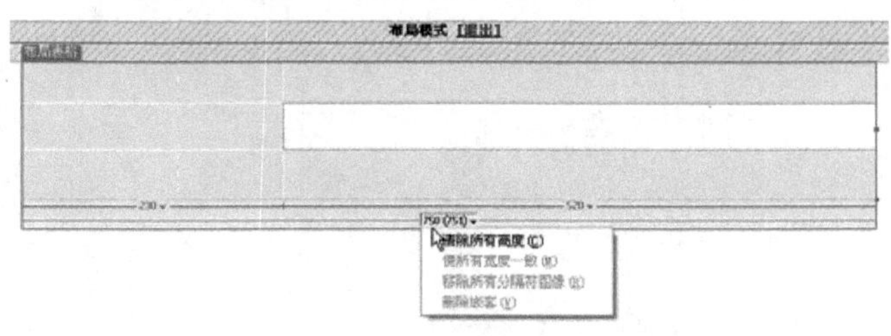

图 7-10　布局表格和布局单元格的可视化助理

如果不希望显示这些内容，只要执行【查看】|【可视化助理】|【隐藏所有】命令，关闭所有可视化助理即可。

技巧　在布局表格中绘制布局单元格时会出现一条明亮的网格线，这些线可以帮助你将新单元格和以前的单元格对齐。Dreamweaver会将新单元格的边缘与旁边现有单元格的边缘自动靠齐（布局单元格不能重叠）。如果绘制的单元格靠近包含它的布局表格的边缘，单元格的边缘也会与该表格的边缘自动靠齐。在布局视图中，可以在页面上绘制布局单元格和布局表格。如果没有在布局表格中绘制布局单元格，Dreamweaver会自动创建一个布局表格以容纳该单元格。布局单元格不能存在于布局表格之外。

7.2.3　嵌套布局表格的绘制

与布局单元格不同，布局表格能够嵌套使用。可以将一个布局表格绘制在另一个布局表格中，而且对外部表格所进行的更改不会影响嵌套表格中的单元格；还可以插入多级嵌套表格，但嵌套布局表格的大小不能超过包含它的表格。

提示　如果在绘制任何布局单元格之前，在页的中央绘制一个布局表格，则绘制的表格将自动嵌套在一个更大的表格中。

把刚才制作的布局表格和布局单元格都删除，用嵌套布局表格来重新设计一下"小慧的家"的布局，最后的效果如图7-11所示。

分析：为了达到这样的效果，可以把上面的布局分为六部分，分别制作。

第一部分为第1行布局表格，放置了3个布局表格，一个大的布局表格用来做框架，其余两个嵌套的布局表格分别用来放置Logo和Banner。

第二部分为第2行布局表格，用来放置导航栏目。

第三部分为第3行布局表格，用来分隔导航栏目和下面的网页内容。

第四部分为第4行布局表格，这个部分比较复杂一些，要在一个大的布局表格中嵌套

3个布局表格，作用分别为放置导航、导航与右侧分栏的分隔以及放置右侧网页内容。

第五部分为第5行布局表格，用来放置友情链接。

第六部分为第6行布局表格，用来放置版权信息。

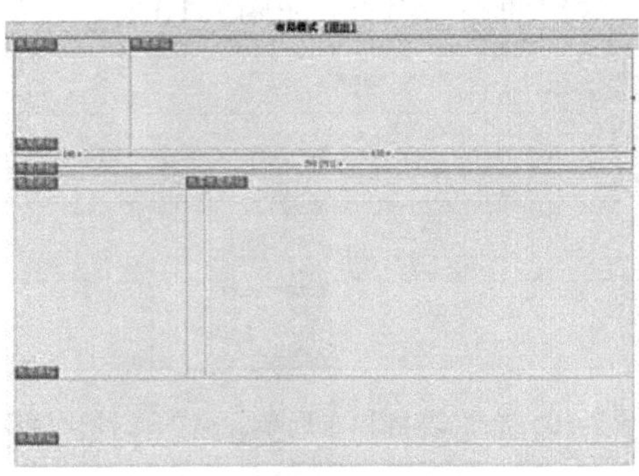

图7-11 “小慧的家”整体布局

7.2.4 布局单元格和表格的调整

为了调整网页的布局，我们需要对布局单元格和嵌套布局表格进行移动并调整它们的大小，但是不能使它们重叠。

（1）移动布局单元格。选择需要移动的单元格，可以单击该单元格的边缘，或者在按住Ctrl键的同时单击该单元格中的任何位置，选中后，则该单元格周围会出现选择控制手柄。然后将该单元格拖曳到另一个位置。

（2）调整布局单元格的大小。可以先选择单元格，然后拖动选择控制手柄来调整单元格的大小。

提示 可以任意选择布局单元格的8个控制手柄分别作不同方向的调整大小，调整过程中单元格边缘会自动与其他单元格的边缘靠齐。最外面的布局表格只能调整大小而不能移动。

如果要移动布局表格，方法同移动布局单元格相似。但要注意的是，只有当布局表格嵌套在另一个布局表格中时，才可以移动该布局表格。

技巧 如果要精确地移动布局表格或布局单元格，可以用键盘来操作。按键盘上的方向键移动该表格，每次移动1个像素。在按住Shift键的同时按方向键移动该表格，每次移动10个像素。在用鼠标进行操作时为了防止移动时边缘靠齐，可以在按住Alt键的同时调整或移动该布局表格或布局单元格。

7.3 层 排 版

层是一种HTML页面元素，是指具有绝对或相对位置的div标签。Dreamweaver的层功能非常强大，可以方便地在页面上创建层并精确地将层定位，还可以创建嵌套层。所以，我们可以用层来布局页面。除此之外，层还可以包含文本、图像或其他任何可在HTML文档正文中放入的内容。创建层后，只需将插入点放置于该层中，就可以像在页面中添加内容一样将内容添加到层中。

1. 插入层

单击【插入】工具栏中的【布局】项，打开【布局】工具栏，并切换到【标准】模式。单击【绘制层】按钮，这时鼠标会变成形状，拖曳鼠标绘制出一个层，如图7-12所示。

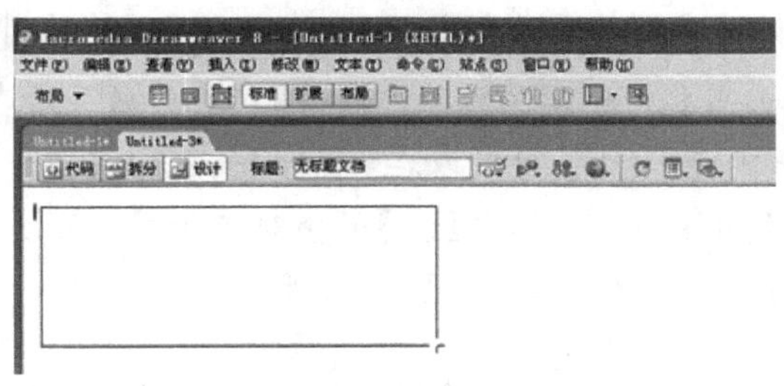

图 7-12　插入层

也可以通过执行【插入】|【布局对象|【层】命令来实现。但通过菜单命令插入的是一个系统默认大小的层，如果要对其进行大小设置，请参阅后面“调整层大小”部分。

提示　如果在【布局】模式中【描绘层】按钮是灰化无效的，必须单击【标准】按钮或【扩展】按钮后【描绘层】才可以使用。通过按住Ctrl键并拖曳鼠标来连续绘制多个层，只要不松开Ctrl键，就可以继续绘制新的层。图层的一个重要功能就是可以使页面元素重叠。

2. 选择、移动层

当调整页面布局时，可以对层进行选择、移动、大小调整和对齐。在对层进行相应操作之前，必须选择该层。选择层有多种方法，比较简便的方法是直接单击层的边框。选中层后，层的左上角会出现选择柄，四周会出现8个选择控制手柄，如图7-13所示。

还可以通过单击一个层的选择柄来选择层。如果选择柄不可见，可以在该层中的任意位置单击，以显示该选择柄。选择层后就可以将它移动到任意的位置了，如图7-14所示。

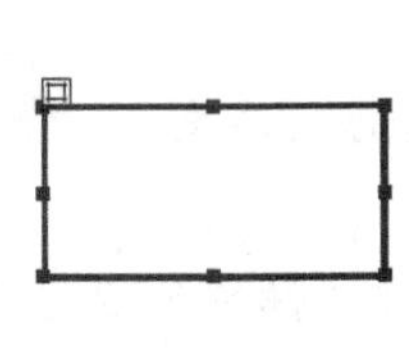

图 7-13　选择层

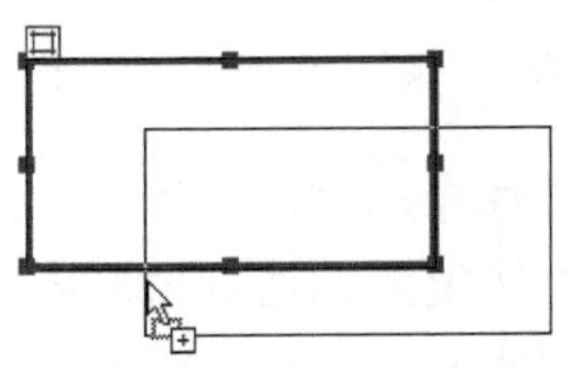

图 7-14　移动层

技巧 如果要精确地移动层的位置，可以用键盘上箭头键移动，每次移动一个像素。

3. 调整层大小

在用层进行布局时，不仅可以调整单个层的大小，还可以同时调整多个层的大小，以使它们具有相同的宽度和高度。

单个层可以通过拖动该层的任一选择控制手柄来调整层的大小，如图7-15所示。

技巧 如果要精确地调整层的大小，可以在按住Ctrl键的同时按键盘上的方向键，每次可调整一个像素。如果要定制层的大小，可以通过选中该层后在属性面板中直接输入层的宽和高的像素值来实现。同样，也可以在【属性】面板中直接定制层在页面中的位置，直接输入【左】和【上】的值就行了，其中【左】的值对应于层距离页面左边的像素值，【上】的值对应于层距离页面上边的像素值。如图7-16所示。

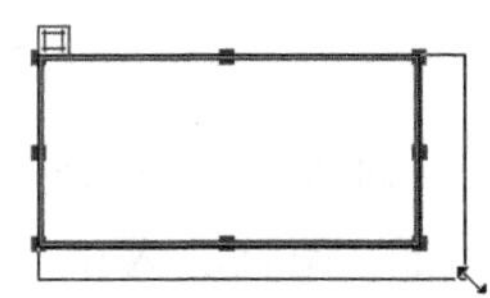

图7-15 调整层的大小

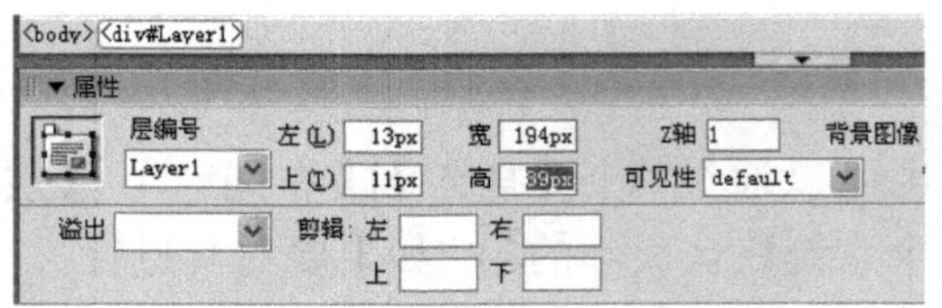

图7-16 精确调整层的大小

还可以同时调整多个层的大小。首先按住Shift键，连续选择两个或更多个层，然后执行【修改】|【排列顺序】|【设成宽度相同】命令，选定的层就会符合最后一个选定层（蓝色突出显示）的宽度或高度。

也可以选中这几个层后，在【属性】面板中输入【多个层】的宽度和高度值，这些值将应用于所有选定层。这样就能一次同时调整几个层的宽度和高度值。例如，将3个层的宽度和高度都设置为200像素，如图7-17所示。

图7-17 设置多个层的宽度值

4. 对齐层

在用层进行布局时，用手工绘制的层并不一定都能很好地对齐，使用对齐层命令就可按最后一个选定层的边框来对齐一个或多个层。

对齐层同样要先选择相应的层，按住Shift键并连续选择两个或更多个层，执行【修改】|【排列顺序】|【左对齐】命令，所有选定层的左边框会与最后一个选定层（边

框为蓝色控制手柄突出显示）的左边框处于同一垂直位置。如果执行【修改】|【排列顺序】|【对齐上缘】命令，所有选定层的上边框会与最后一个选定层（边框为蓝色控制手柄突出显示）的上边框处于同一水平位置。

7.4　表格与图层

精确定位网页中各个元素的位置有两种方法：使用表格或层。使用表格是目前比较通用的做法；层在网页中可以随意放置，因此也可以使用层来进行精确定位。因为层只在最新的浏览器中被支持，所以如果需要支持4.0版之前的浏览器，就一定要将层转换为表格。

由于表格单元格不能重叠，Dreamweaver无法将重叠层转换为表格。所以在【CSS样式】面板上打开【层】选项卡，选中【防止重叠】复选框，用来约束层的移动和定位，使层不会重叠，如图7-18所示。

图 7-18　【防止重叠】选项

提示　即使在启用【防止重叠】选项后，仍可以执行某些操作来将层重叠。

在确保层没有重叠后，就可以在层和表之间来回转换，但是不能转换页面上特定的表格或层，必须将整个页面上的层转换为表格或将表格转换为层。

执行【修改】|【转换】|【层到表格】命令后，层被转换为表格。

同样可以把表格再转换成层，但是将表格转换为层时，空单元格不会被转换为层（除非它们具有背景颜色）。另外，位于表格外的页面元素也会放入层中。

提示　在模板文档或已应用模板的文档中，不能将层转换为表格或将表格转换为层。而应该在非模板文档中创建布局，然后在将该文档另存为模板之前进行转换。另外，从层转换为表格可能会生成大量空单元格。在进行表格和层的相互转换时，最好不要在一个页面中同时使用层与表格，那样可能会出现预料不到的结果，把页面弄得一团糟。

7.5　模　　板

当要制作大量布局基本一致的网页时，使用模板是最好的方法。模板最强大的用途之一在于能够一次更新多个页面，从模板创建的文档与该模板保持连接状态（除非你以后分离该文档）。可以修改模板并立即更新基于该模板的所有文档中的内容。

模板是网页中“固定的”页面布局。我们可以在模板中创建可编辑的区域，如果没有将某个区域定义为可编辑区域，那么模板用户就无法编辑该区域中的内容。

7.5.1 创建模板

1. 打开一个已经存在的网页另存为模板

打开“小慧的家”的主页面，执行【文件】|【另存为模板】命令，如图7-19所示。

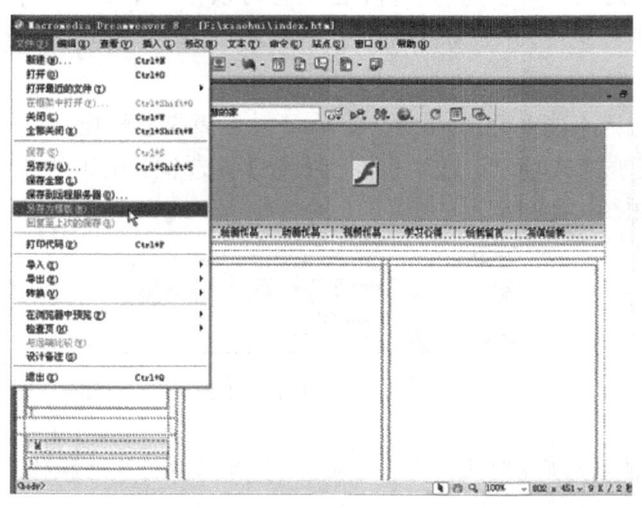

图7-19 执行【另存为模板】命令

这时会弹出【另存为模板】对话框，从【站点】下拉列表中可以选择一个用来保存模板的站点，这里选择默认的“小慧的家”站点，然后在【另存为】文本框中为模板输入一个唯一的名称，仍然用它的默认值index，如图7-20所示。最后单击【保存】按钮，会弹出一个要求更新链接的对话框，单击【是】即可，如图7-21所示。

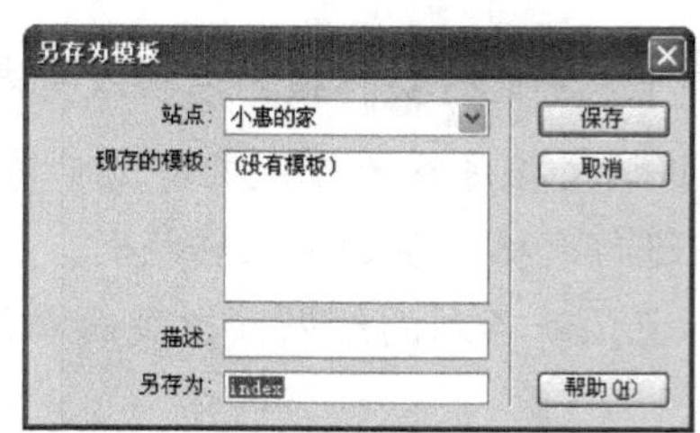

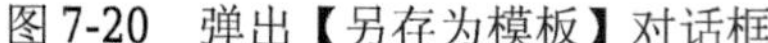

图7-20 弹出【另存为模板】对话框

图7-21 弹出更新链接对话框

Dreamweaver会将模板文件自动保存在站点根目录中的Templates文件夹中，文件的扩展名是.dwt。如果Templates文件夹在站点中还不存在，Dreamweaver会在保存新建模板时自动创建该文件夹。

提示 不要将模板移动到Templates文件夹之外或者将任何非模板文件放在Templates文件夹中。此外，不要将Templates文件夹移动到本地根文件夹之外，这样做将在模板的路径中引起错误。

2. 插入可编辑区域

在要插入可编辑区域的单元格内单击一下，选中这个单元格，在【常用】工具栏中，单击【模板】按钮右侧的下拉按钮，在弹出的下拉菜单中选择【可编辑区域】项。如图7-22所示。这时会弹出【新建可编辑区域】对话框，如图7-23所示。

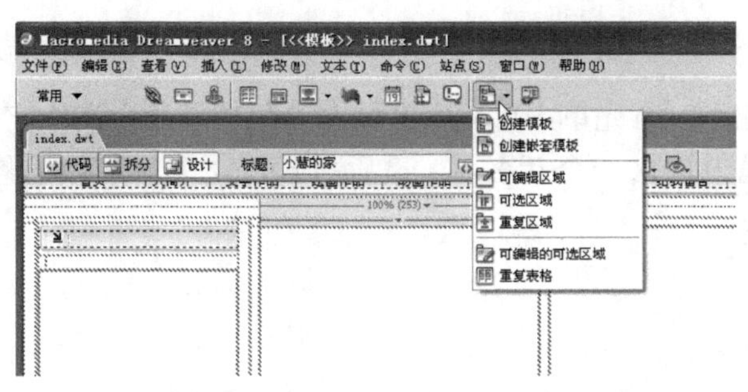

图 7-22 执行创建可编辑区域的命令

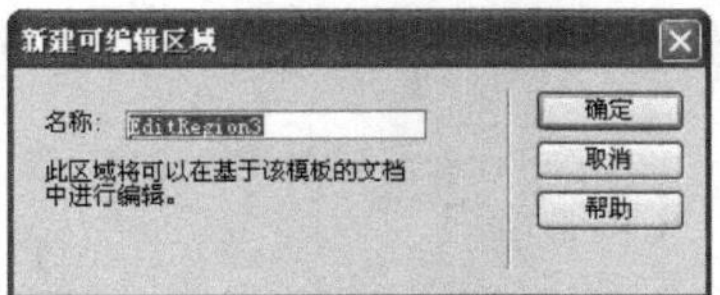

图 7-23 弹出【新建可编辑区域】对话框

在【名称】文本框中为该区域输入唯一的名称。

提示 不要在【名称】文本框中使用特殊字符。在这里我们使用其默认名称，然后单击【确定】按钮即可。

可编辑区域在模板中由高亮显示的矩形边框围绕，该区域左上角的选项卡显示区域名称，如图7-24所示。

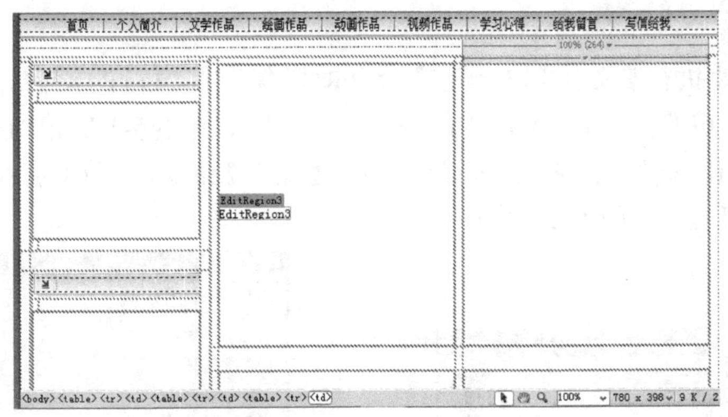

图 7-24 新建可编辑区域完成后出现的标志

这样，一个可编辑区域就新建完成了。如果创建基于index.dwt这个模板的网页，那么带有可编辑区域标志的单元格就可以被用户编辑，其他的区域则不能被用户编辑。

7.5.2 编辑模板

1. 删除可编辑区域

如果已经将模板文件的一个区域标记为可编辑，而现在想要再次锁定它，使它在基于模板创建的文档中不可编辑，可以先单击可编辑区域左上角的选项卡选中它，如图7-25所示。

然后执行【修改】|【模板】|【删除模板标记】命令，就可以删除这个可编辑区域。这样该区域将不再是可编辑区域了。当然也可以在选中可编辑区域后，按Delete键删除所选的可编辑区域。

2. 更改可编辑区域的名称

插入的可编辑区域可以更改它的名称。首先单击可编辑区域左上角的选项卡选中它，然后在【属性】面板的【名称】文本框中输入一个新名称，最后按Enter键使所做的修改生效。如图7-26所示。

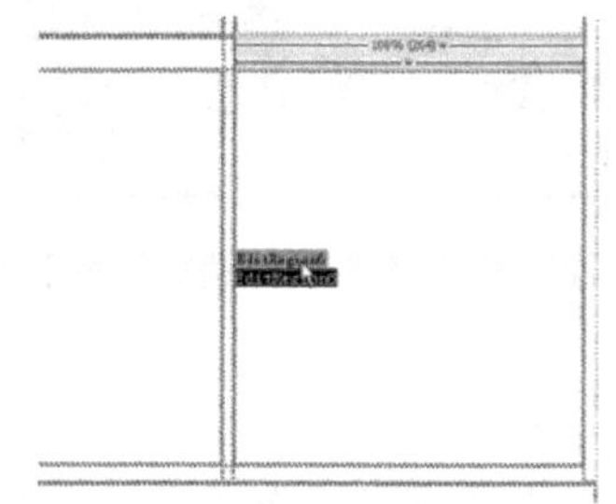

图7-25 选中可编辑区域

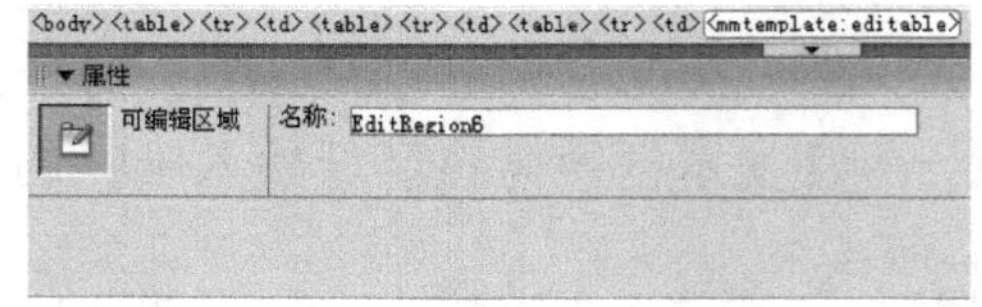

图7-26 更改可编辑区域的名称

提示 对可编辑区域的名称进行更改时，不可与其他可编辑区域的名称重名。

3. 保存更改后的模板

模板修改后执行【文件】|【保存】命令即可保存修改后的模板。

如果在模板更改前，存在3个基于该模板的文件：Untitled-1.html、Untitled-2.html、Untitled-3.html，则模板更改后执行【文件】|【保存】命令，系统会弹出一个更新使用模板文档的对话框，如图7-27所示。

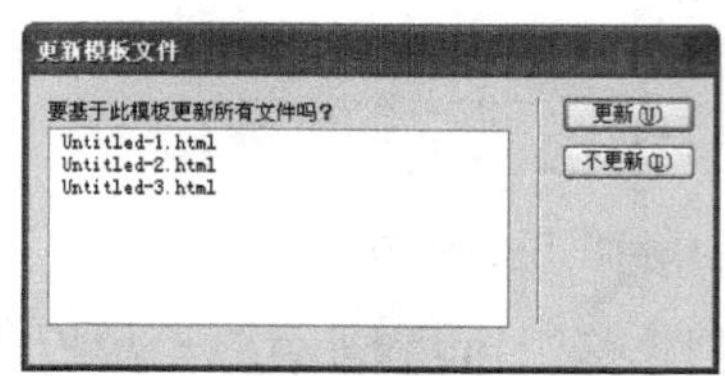

图7-27 更新使用模板文档的对话框

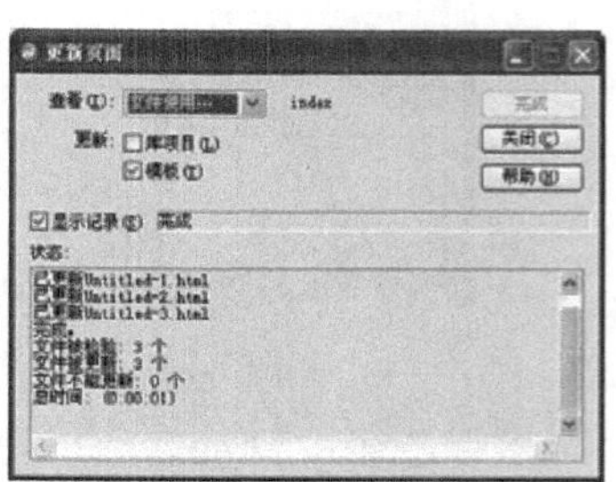

图7-28 【更新页面】对话框

此时单击【更新】按钮就可以更新所选中的基于该模板创建的网页了。更新完毕后会弹出【更新页面】对话框，告诉我们更新的日志，如图7-28所示。

4. 设置模板区域的高亮显示首选参数

在编辑网页时，有可能需要在【代码】视图中直接编辑HTML代码，为了方便在【代码】视图中查看文档时能够轻松区分模板区域，可以为模板自定义代码颜色首选参数，代码颜色首选参数可以控制在【代码】视图中显示文本的颜色、背景颜色和样式属性。

执行【编辑】|【首选参数】命令，弹出【首选参数】对话框。在左侧的【分类】列表框中选择【代码颜色】，在右侧【文档类型】列表中选择【HTML】，然后单击【编辑颜色方案】按钮，会弹出【编辑HTML的颜色方案】对话框，如图7-29所示。

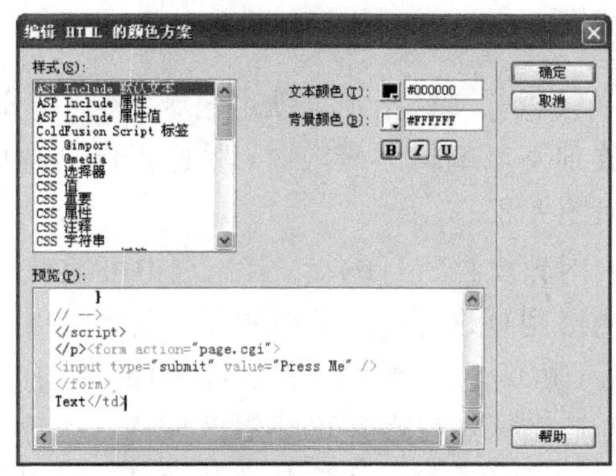

图7-29 【编辑 HTML 的颜色方案】对话框

在【样式】列表框中向下拖动滚动条，选择【Templates标签】，在右边就可以为【代码】视图设置文本颜色、背景颜色和文字的样式属性了。如果想要更改文本颜色，只要在【文本颜色】文本框中输入想要应用于所选文本的颜色的十六进制值，或者使用颜色选择器来选择一种应用于文本的颜色。要更改【背景颜色】，进行相同操作即可。如果想要为所选代码添加样式属性，可以单击【B】(粗体)、【*I*】(斜体)或【U】(下划线)按钮来设置所需样式。最后单击【确定】按钮让所做的修改生效。

7.5.3 应用模板

1. 创建基于模板的页面

模板制作完成后，就可以创建基于该模板的网页了。执行【文件】|【新建】命令，弹出【从模板新建】对话框，单击【模板】选项卡，如图7-30所示。

如果Dreamweaver有多个站点，将在【模板用于】列表中列出。【站点“小慧的家”】列表中列出的是该站点中的模板。如果有多个模板，将在这里显示出来，由于刚才在小慧的家站点中只新建了一个模板，所以在列表中只显示了index这个模板。单击【创建】按钮，就创建了一个基于模板index的文档，如图7-31所示。

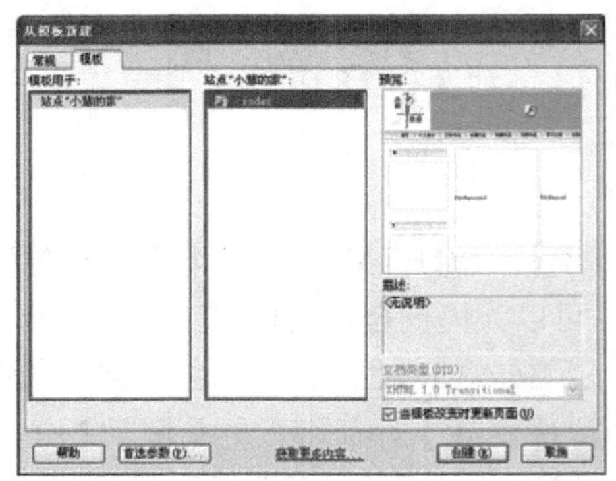

图 7-30 【从模板新建】对话框

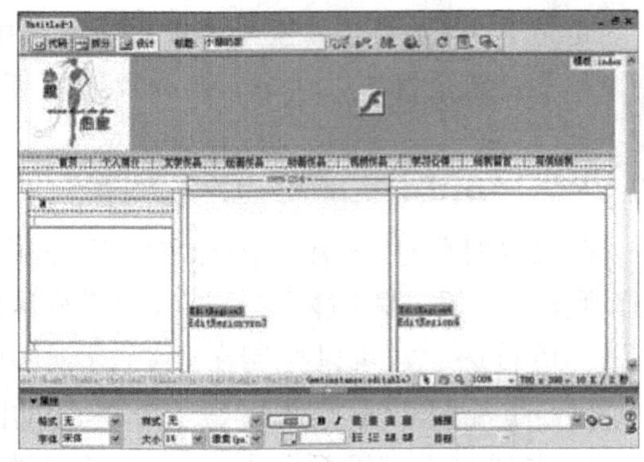

图 7-31 创建基于模板 index 的文档

2. 编辑基于模板的页面

Dreamweaver为基于模板的文档指定了锁定区域(不可编辑区域)和其他可编辑区域,当我们把鼠标指针放到不可编辑区域内时,鼠标指针会变成禁止标志 ,表示不可以对该区域进行编辑,如图7-32所示。

只能在可编辑区域内对该文档进行编辑,首先选中可编辑区域内的文本并删除,然后就可以在可编辑区域内对网页进行任意的编辑了。不要担心可编辑区域很小,在可编辑区域内插入网页内容后,可编辑区域将会被自动撑大。我们可以在可编辑区域内插入一个表格来试一下,首先把光标定位在在可编辑区域内,然后单击【常用】工具栏中的【表格】按钮,插入一个3 × 3的表格,并调整表格大小,可以看到可编辑区域会自动被表格撑大,如图7-33所示。

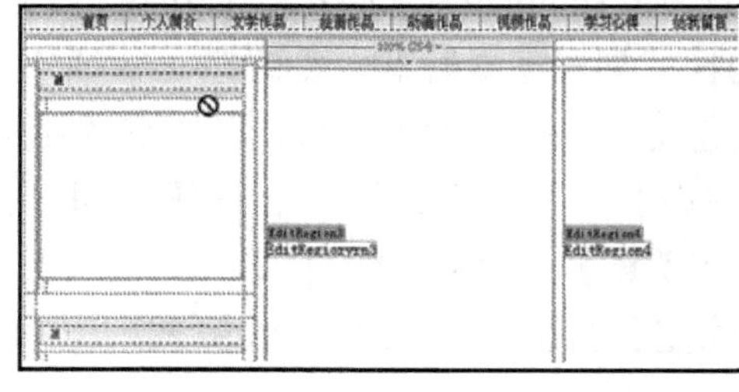

图 7-32 基于模板文档的锁定区域

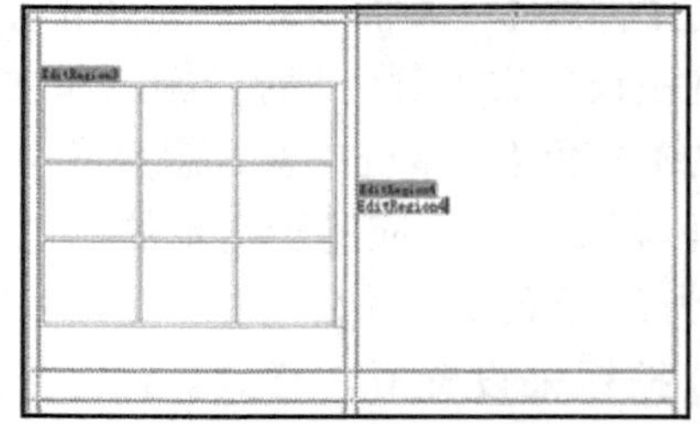

图 7-33 在可编辑区域内插入一个表格

现在可以自由地设计页面了,完成后可执行【文件】|【保存】命令保存即可。

7.6 习题与上机操作

1. 填空题

(1)在Dreamweaver 8中,表格共有__________、__________和__________三种使用模式。

（2）为了简化使用表格进行页面布局的过程，Dreamweaver 8提供了________功能，方便用户进行页面布局。

（3）在网页中要完成表格的“标准模式”和“布局模式”之间的切换，可以使用的快捷键为________。

（4）在按住Shift键的同时按方向键移动布局单元格时，每次移动的距离为________个像素。

（5）在页面中绘制布局单元格时，会自动创建________，用于放置布局单元格。

（6）用户创建的模板存放在本地站点的________文件夹中。

（7）在基于模板的文档代码中，锁定区域的代码的底纹是________颜色。

2．上机操作

（1）利用表格制作如图7-34所示的网页效果，只要结构相同即可，图片可任选。

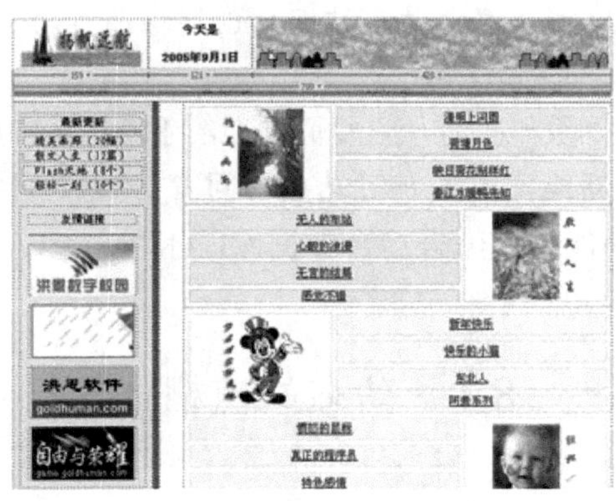

图7-34　页面效果图

（2）创建如图7-35所示的模板。

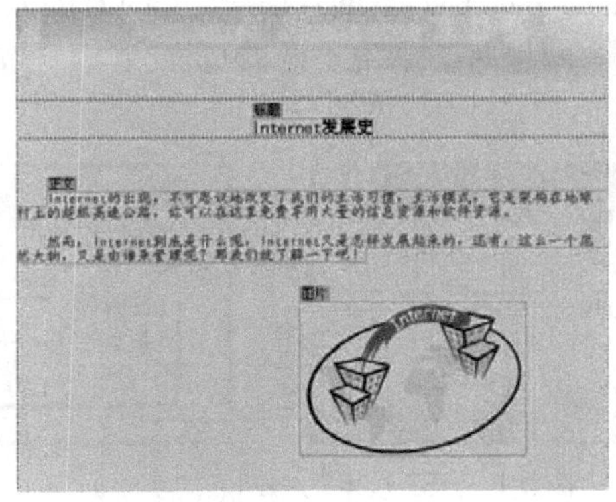

图7-35　模板样式

第 8 章　动态数据库网页

教学目标

前面创建的页面都是静态的，即网页内容“固定不变”。静态网站的致命弱点就是不易维护。动态网站技术可以将网页维护者从重复而烦琐的手动更新中解放出来，并且可以实现诸如留言板、BBS论坛、新闻实时发布等站点访问者与Web服务器交互性很强的页面。

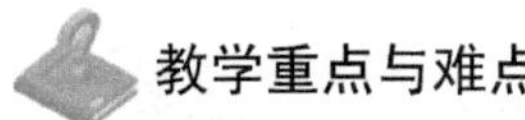

教学重点与难点

配置动态服务器IIS建立；建立动态站点；创建动态页面；创建数据库链接；制作表单文档。

动态网站技术可以将网页维护者从重复而烦琐的手动更新中解放出来，并且可以实现诸如留言板、BBS论坛、新闻实时发布等站点访问者与Web服务器交互性很强的页面。

动态页面最主要的功能就是结合后台数据库，自动更新Web页面。

8.1　动态站点概述

这里所说的动态是一种具有“交互性”的页面效果，即网页会根据用户的要求和选择而动态改变和响应。浏览器作为客户端界面，具有“自动更新”的功能，无须手动更新HTML文档，便会自动生成新的页面。并具有“因时因人而变”的功能，即当不同的时间、不同的人访问同一网址时会产生不同的页面效果。以ASP技术为例，动态网页的实现原理如图8-1所示。

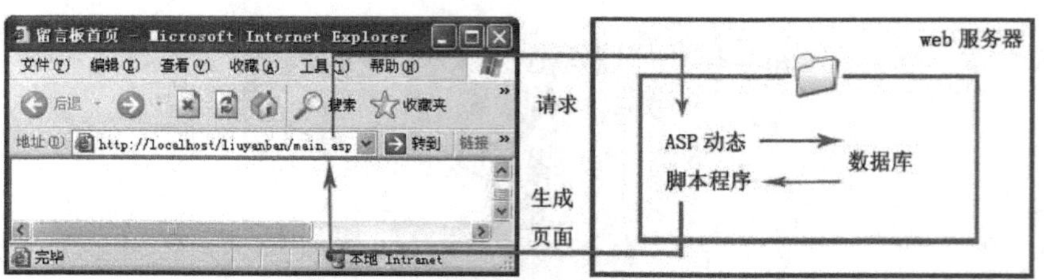

图 8-1　ASP 技术动态站点的实现原理

前面章节介绍的都是怎么设置静态站点，只要在Dreamweaver中制作相应的页面，然后用IE浏览器就可以观看效果了。而动态站点的ASP脚本语言是在服务器端的IIS或PWS中解释和运行，并提取数据库中的数据从而动态生成普通的HTML网页，然后再传到客户端浏览。因此要制作动态网页必须做以下工作：

第一，要在个人电脑上调试动态网页。这就要求我们的电脑具有服务器功能，所以要配置自己的动态服务器。

第二，要满足对数据的存储和提取管理就必须使用数据库技术。我们使用Office办公软件的Acess来建立数据库。

第三，在Dreamweaver中建立动态站点。我们使用ASP VBScript技术来建立一个动态的站点。

8.2　配置IIS服务器

1. 安装IIS服务器

由于目前很多读者已经使用Windows XP系统，下面就以在Windows XP下安装IIS为例讲解一下IIS的配置方法。

首先执行【开始】|【控制面板】命令，打开【控制面板】，如图8-2所示。

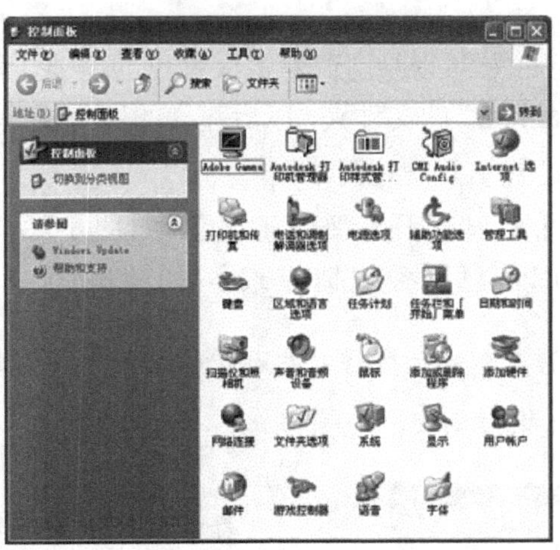

图8-2　【控制面板】窗口

在【控制面板】窗口中双击【添加或删除程序】图标，打开【添加或删除程序】窗口，如图8-3所示。

单击【添加/删除Windows组件】后稍等片刻，出现【Windows组件向导】对话框，在其中的【组件】项中选择【Internet信息服务（IIS）】复选项，如图8-4所示。

单击【下一步】按钮，开始安装IIS服务器，如图8-5所示。安装完成后的窗口如图8-6所示。

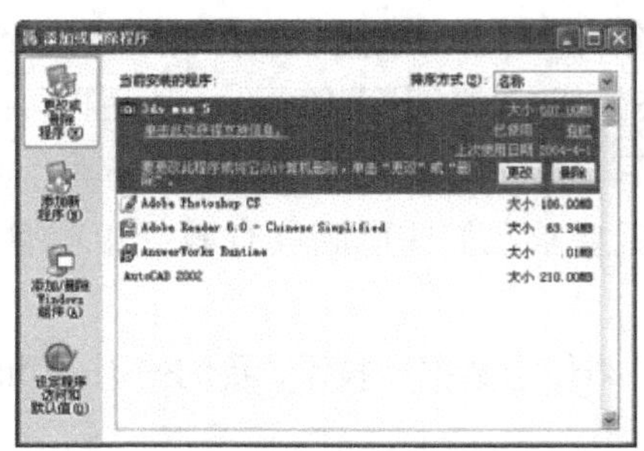

图 8-3 【添加或删除程序】窗口

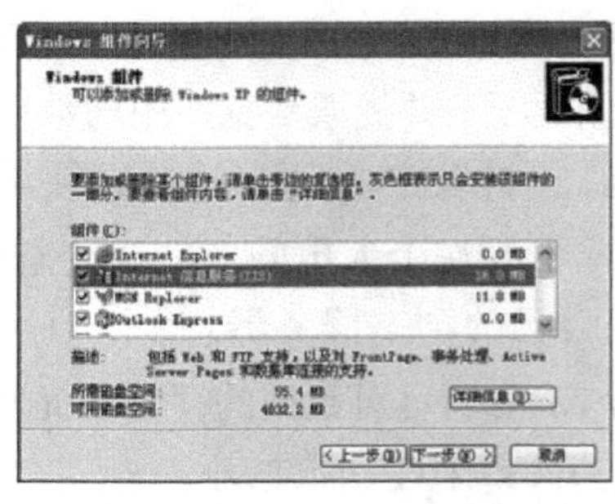

图 8-4 选择【Internet 信息服务（IIS）】组件

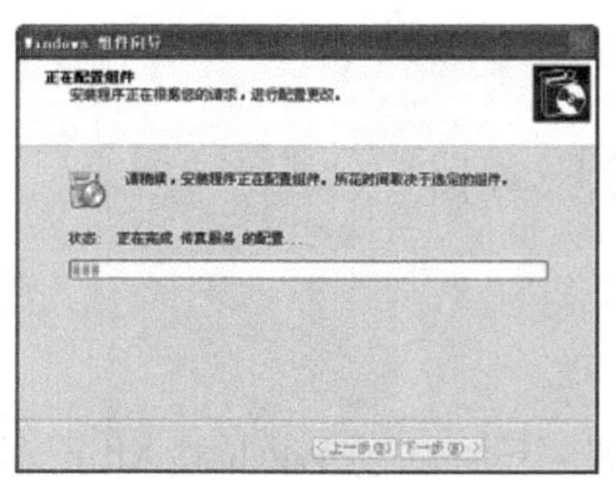

图 8-5 配置组件

图 8-6 完成组件添加

2. 设置 IIS

下面配置IIS以满足将来创建并调试留言板站点的需要。首先打开【我的电脑】，在D盘下面建立一个“liuyanban”的文件夹，以后建立的留言板动态页面文件都放到这里。

通过以下的步骤来设置站点虚拟目录。

（1）从【控制面板】窗口打开【管理工具】，如图8-7所示。在打开的【管理工具】窗口中选择【Internet信息服务快捷方式】，如图8-8所示。

说明 这里选择D盘创建留言板对应的站点文件夹，读者也可以根据自己的情况在计算机的其他硬盘分区进行创建。

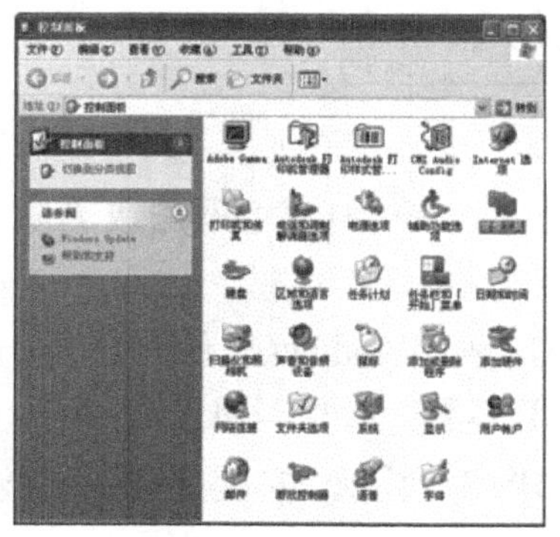

图 8-7 【控制面板】窗口

图 8-8 【管理工具】窗口

（2）双击【Internet信息服务快捷方式】选项，弹出【Internet信息服务】窗口，在左边窗格中，右击【默认网站】项，在弹出的菜单中执行【新建】|【虚拟目录】命令（如图8-9所示），弹出【虚拟目录创建向导】窗口，如图8-10所示。

图 8-9　执行新建虚拟目录命令

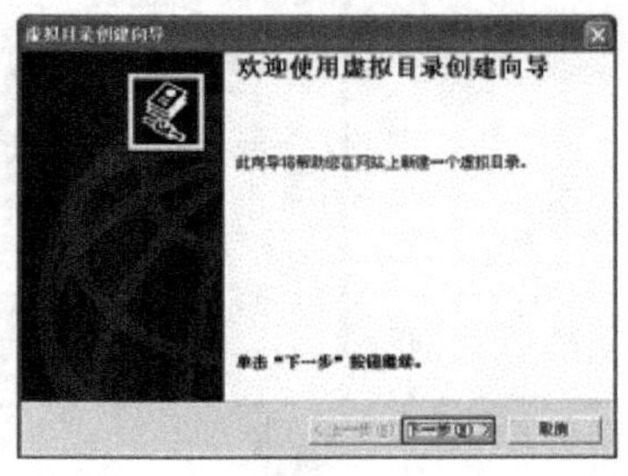

图 8-10　【虚拟目录创建向导】窗口

（3）单击【下一步】按钮继续。如图8-11所示，在【别名】下面的文本框中输入"liuyanban"。单击【下一步】按钮继续。如图8-12所示，在【目录】下边的文本框中输入"D:\liuyanban"，或者单击【浏览】按钮找到D盘的"liuyanban"文件夹。

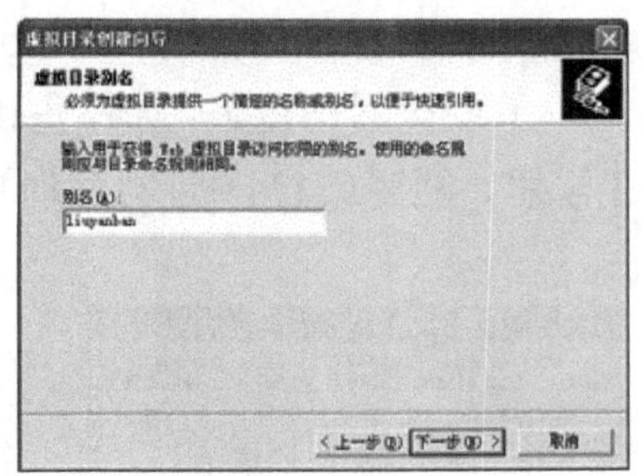

图 8-11　输入别名

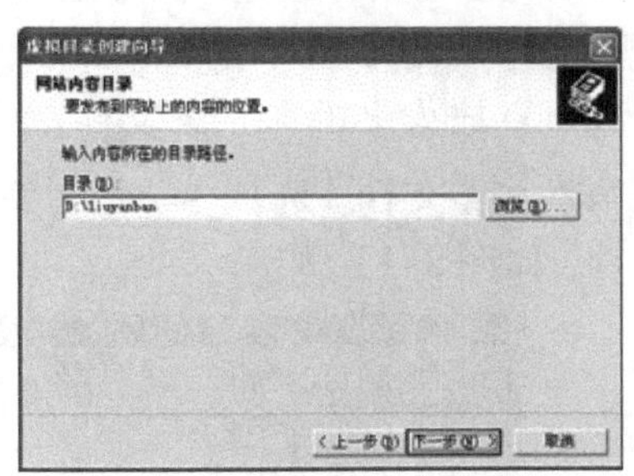

图 8-12　【虚拟目录创建向导】窗口

（4）单击【下一步】按钮继续。在设置【访问权限】时，一定要选择【读取】和【运行脚本】复选项（默认设置），如图8-13所示。单击【下一步】按钮完成创建，如图8-14所示。

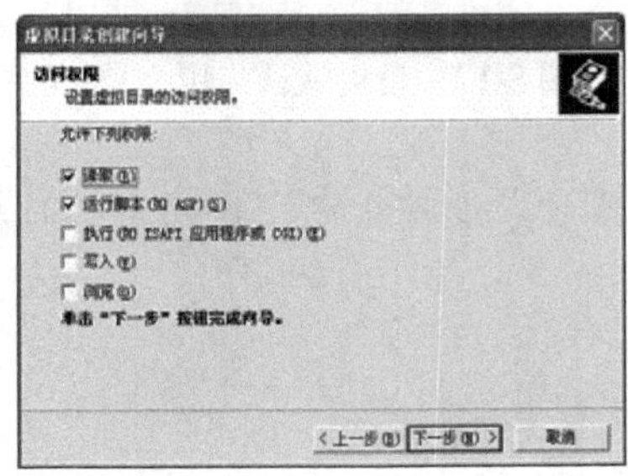

图 8-13　设置访问权限

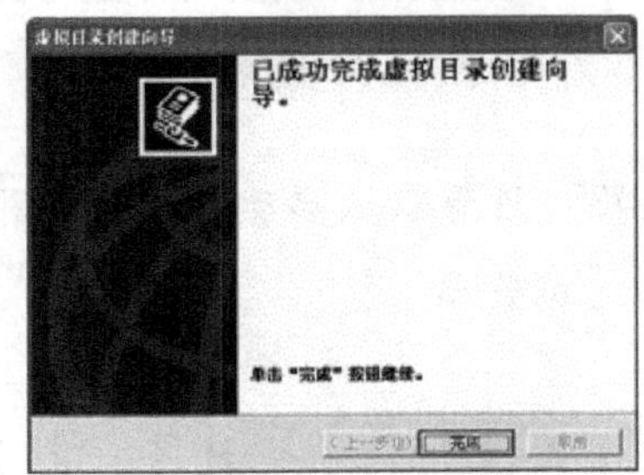

图 8-14　完成虚拟目录配置

至此IIS已经设置完成，然后就可以测试我们自己的ASP动态页面了。

3. 测试ASP动态网页

在【Internet信息服务】窗口右边的窗格中找到建立的ASP动态页面，右键单击后，在弹出的快捷菜单中选择【浏览】项即可，如图8-15所示。

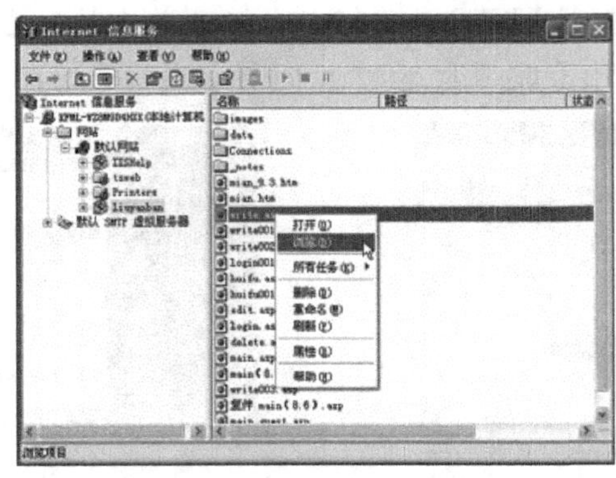

图 8-15 【Inernet 信息服务】窗口

在设置好IIS之后，还要做一下简单的配置。打开【Internet信息服务】窗口，右击【默认网站】项，在弹出的下拉菜单中执行【属性】命令，打开【默认网站 属性】对话框，切换到【主目录】选项卡，在【本地路径】右边的文本框中重新选择网站根目录（这里选择的是D盘下的liuyanban目录），默认是“系统盘:\Inetpub\wwwroot”，因为系统盘不宜放太多的非系统文件，所以在这里重设了默认网站目录，如图8-16所示。

再切换到【文档】选项卡，通过单击【添加】按钮，设置用户访问网站时的默认启用文档，如图8-17所示。

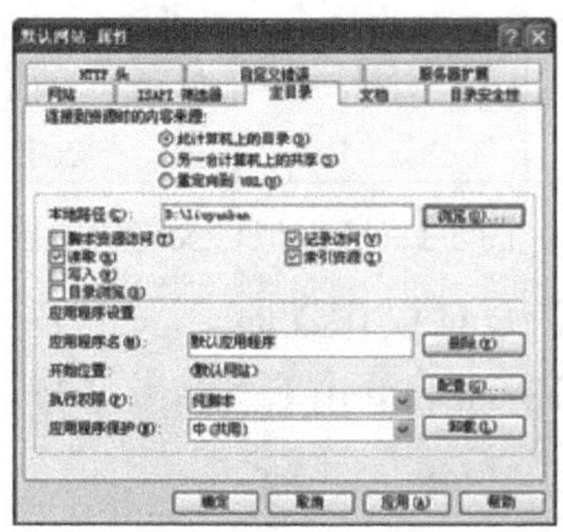

图 8-16 设置站点根目录

图 8-17 设置默认启用文档

说明 设置默认启动文档的作用是在浏览器请求没有指定文档的名称时，将默认文档提供给浏览器。

8.3 创建留言板主页面

8.3.1 建立动态站点

把个人电脑设置成服务器后，还不能对动态网页进行调试，还必须建立一个包含服务器脚本（ASP）的动态站点，把我们建立的所有动态网页文件都要存放在这个站点下，这样才能方便编辑和调试。下面是创建步骤。

（1）定义站点。启动 Dreamweaver 8，执行【站点】|【管理站点】命令，打开【管理站点】对话框。单击【新建】按钮，选择【站点】项，打开【站点定义】对话框，这里给站点起名为“liuyanban”，如图 8-18所示。单击【下一步】按钮继续。

（2）选择服务器技术。在弹出的窗口中进行服务器脚本技术的有关设置，在下拉列表中选择“ASP VBScript”项，完成后如图 8-19所示。单击【下一步】按钮继续。

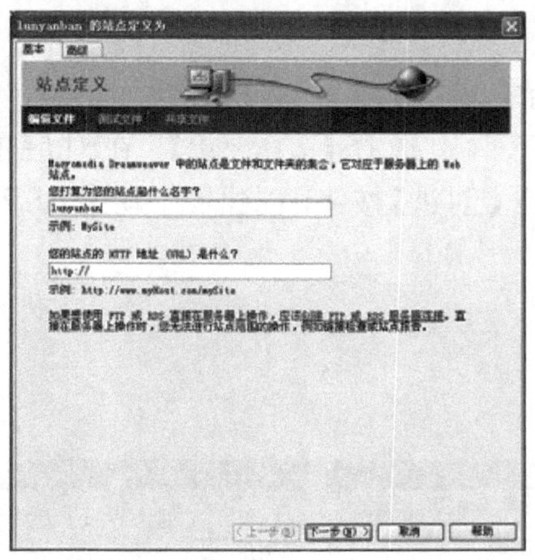

图 8-18　输入站点名称

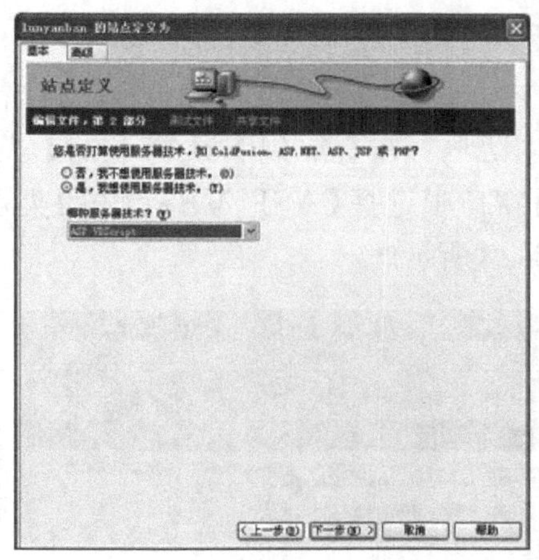

图 8-19　选择服务器技术类型

（3）选择存放的本地文件夹。接着设置站点文件夹，因为现在是在本地测试，而且站点在“D:\liuyanban”文件夹下，所以设置如图 8-20 所示。单击【下一步】按钮继续。

（4）设置本机测试的 URL。现在设置测试的 URL，由于是在本机测试，因此设置本机测试的根目录如图 8-21 所示。

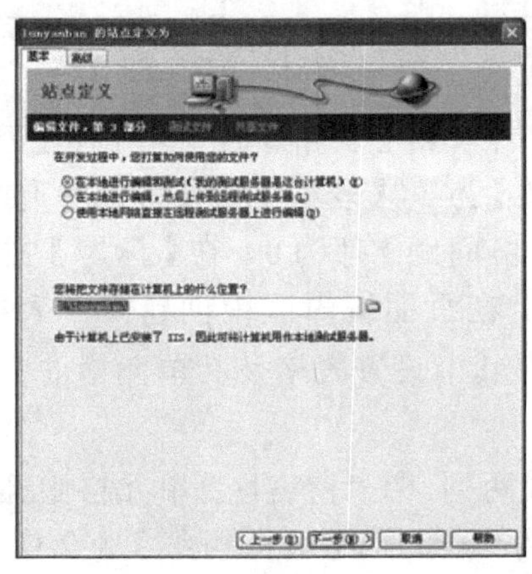

图 8-20　设置站点文件的存储位置

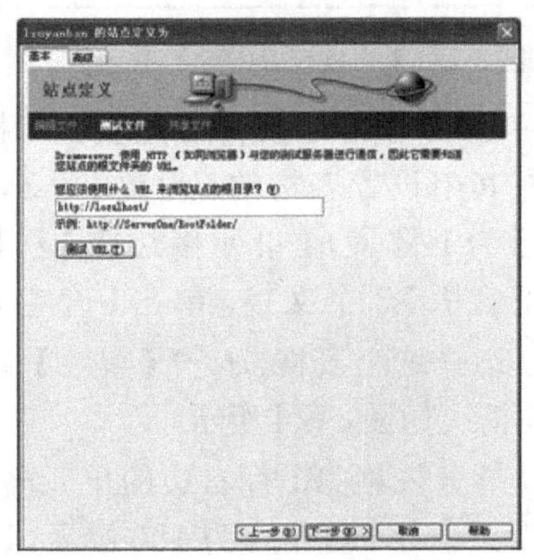

图 8-21　测试的 URL

（5）单击【下一步】按钮继续进行设置。由于是在本机测试，并不需要远程服务器参与，所以选择【否】项，如图 8-22所示。

（6）单击【下一步】按钮继续。窗口显示了刚才所填写的信息，目的是让我们确认一下。如果发现有错，可以单击【上一步】按钮返回修改设置，确认无误后就可以单击【完成】按钮。这时，动态站点就定义完成了，现在可以在Dreamweaver 8中进行动态网页的设计了。

8.3.2 创建留言板页面

下面创建留言板页面的框架。

（1）创建留言板主页面ASP文档。执行【文件】|【新建】命令，弹出【新建文档】对话框，在【常规】标签下的【类别】窗口中选择【动态页】，在对应的【动态页】窗口中选择【ASP VBScript】类别，单击【创建】按钮，创建一个动态ASP文档，如图8-23所示。

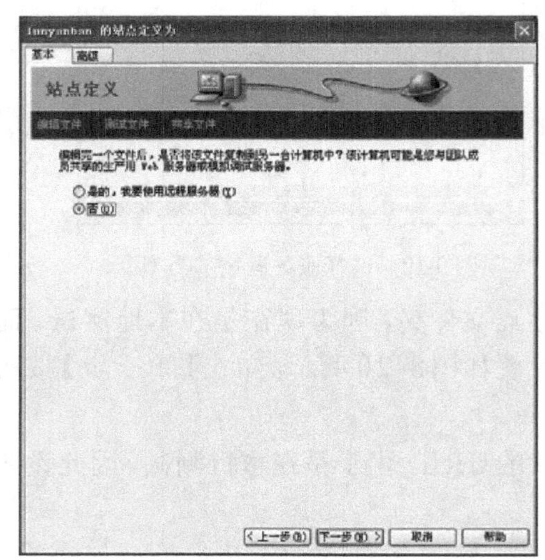

图8-22 【站点设置向导】对话框

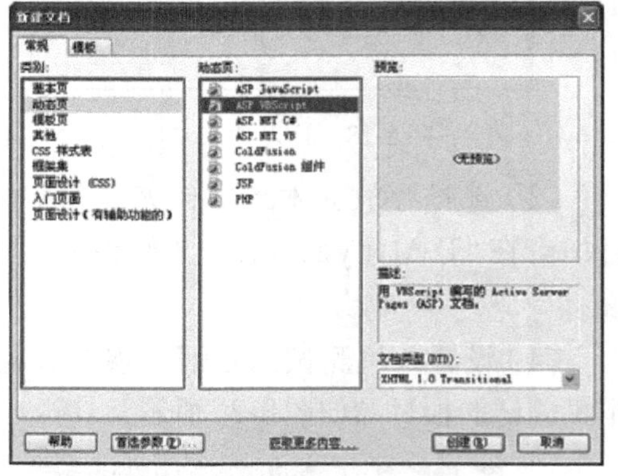

图8-23 新建ASP文档

（2）用表格布局留言板主页面。执行【插入】|【表格】命令，弹出【表格】对话框，在其中设置表格的【行数】为3，【列数】为2，【表格宽度】为600像素，【边框粗细】为1像素，【单元格边距】和【单元格间距】都为0，在【标题】文本框中输入“留言版”3个文字。单击【确定】按钮，在页面编辑区中创建一个表格。

（3）选择这个表格，打开【属性】面板，在其中设置表格及其单元格的宽度和高度。具体情况如图8-24所示。

（4）拆分表格第1行右边的单元格，分成两列。在“留言区”单元格中插入一个表格，设置表格的【宽】为480像素，【高】为90像素，【边框粗细】为0像素，【对齐】方式为【居中对齐】。在“回复区”单元格中也插入一个表格，设置表格的【宽】为480像素，【高】为36像素，【边框粗细】为0像素，【对齐】方式为【居中对齐】，如图8-25所示。

留言板

	高：30像素（信息区）
宽：99像素	高：96像素（留言区）
	高：40像素（回复区）

图8-24　表格效果

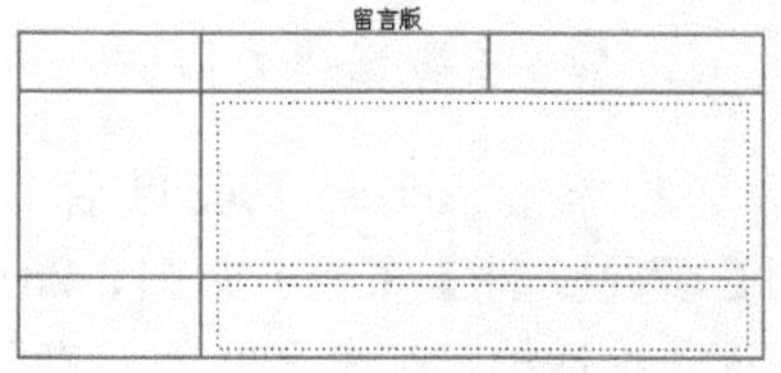

图8-25　嵌套新表格

（5）在表格中插入一些显示元素。打开【文件】面板，右键单击留言板站点，在弹出的快捷菜单中执行【新建文件夹】命令，创建一个名字为“images”的文件夹。然后将事先准备好的一些图像文件复制到这个文件夹中，如图8-26所示。

（6）先将images文件夹下的图片依次插入表格第一行最右边的单元格中，然后分别在每个单元格中输入相应的信息，如图8-27所示。

（7）最后再将整个表格的【背景颜色】设置为浅蓝色（#66CCFF）。

说明　这里输入的一些文字信息并不是留言板页面最终真正需要的信息，这里只是为了更好地演示页面效果而临时加入的。到后面制作真正的留言板动态页面效果时，图中所示的文字信息大多都需要更换。

图8-26　在【文件】面板中创建资源

图8-27　丰富表格内容

8.4　用Access 2003创建数据库

一般情况下动态站点的部署包括两个主要内容：一个是动态脚本程序，另一个是对数据的存储和管理。在本章实例中，前者使用的是ASP技术，后者是常用的数据库技术，用数据库来存储和管理数据是动态网站最高效的选择。本节进行留言板数据库的创建。

Access 2003是微软的Office 2003办公系统中的一个重要组件，也是最常用的桌面数据库管理系统之一。作为用户访问量不是很大的个人小型站点，用Access 2003设计数据库是可行的选择。下面就用Access 2003创建留言板站点中的数据库。

1. 创建空数据库文档

（1）运行Access 2003以后，在右侧的【开始工作】面板中单击【新建文件】，转到【新建文件】面板，如图8-28所示。在其中单击【空数据库】，弹出【文件新建数据库】对话框，搜索文件的保存位置为留言板站点文件夹（liuyanban），在其中新建一个名为data的文件夹，然后将空数据库文件保存在data文件夹下，文件名为liuyanban_data.mdb，如图8-29所示。

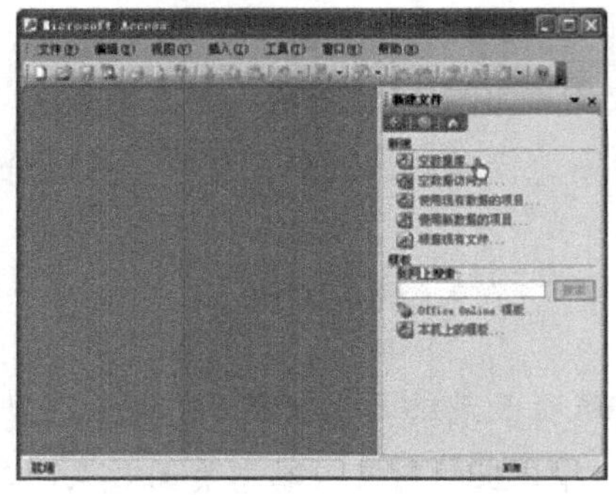
图8-28 新建空数据库

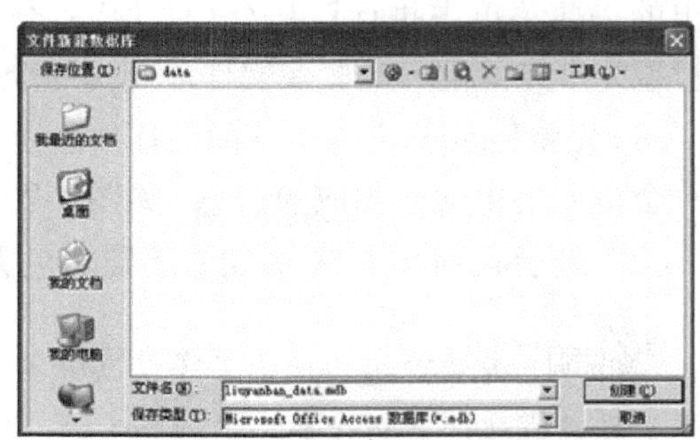

图8-29 保存空数据库文件

（2）单击【创建】按钮以后，就创建好了一个名为liuyanban_data的数据库文件，同时出现一个相应的数据库设计窗口，如图8-30所示。我们将在这个窗口中完成对数据库的设计。

（3）双击【使用设计器创建表】命令，弹出一个表设计器窗口，如图8-31所示。我们将在其中完成表的结构设计。

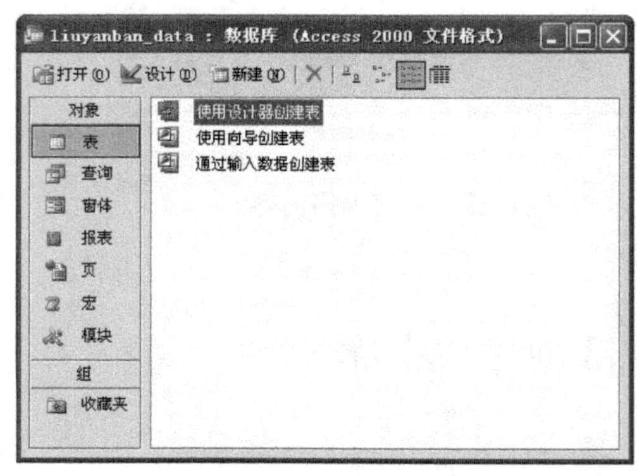

图8-30 数据库设计窗口

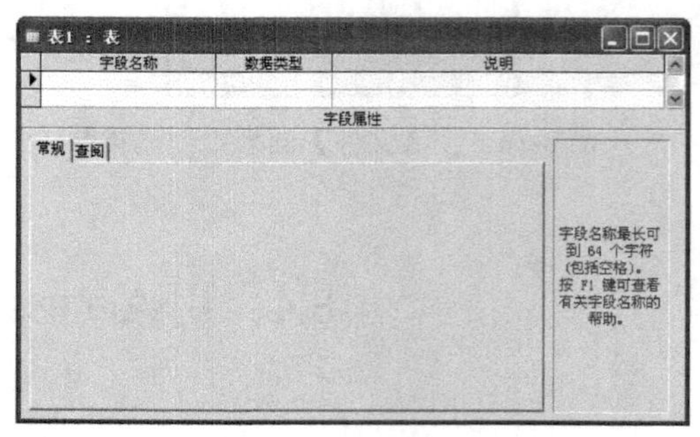

图8-31 表设计器窗口

2. 创建留言板用户信息表

（1）创建字段（域）。在如图8-31所示的表设计器窗口第1行的【字段名称】下面输入“y_id”，然后在【数据类型】中选择【自动编号】，在【说明】下面输入对这个字段的说明信息。完成后的效果如图8-32所示。

说明　y_id字段在用户注册信息中是看不到的，这里它可以在数据库中按照加入的顺序自动编号。将来还要将这个字段设置成主键。

按照上面的方法继续在表中添加字段，最后的结果如图8-33所示。

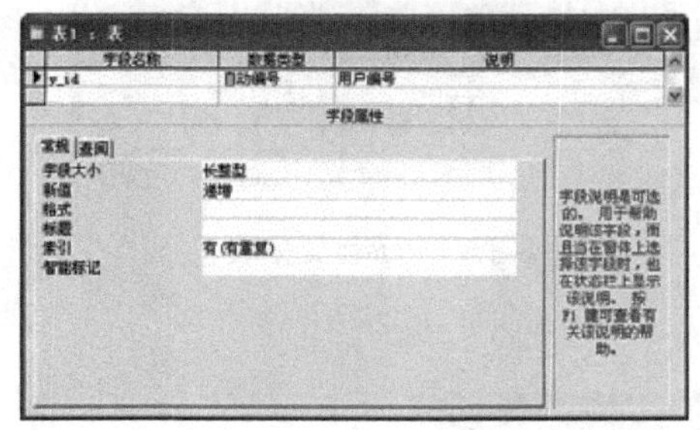

图8-32　创建第一个字段y_id

图8-33　用户信息数据表的设计结果

（2）设置用户信息数据表的主键字段。右击y_id字段，在弹出的快捷菜单中执行【主键】命令，这样在y_id字段前就会出现一个小钥匙图标，表示y_id字段已经被设置成数据表的主键了。执行【文件】|【保存】命令，在弹出的【另存为】对话框中，将数据表保存为yonghu。

（3）设置字段属性。在用户信息数据库表中设置了11个字段，这些字段大部分属性都保持默认值即可，其中有2个字段需要自定义它们的属性：y_time字段的属性定义如图8-34所示；g_huifu字段的属性定义如图8-35所示。

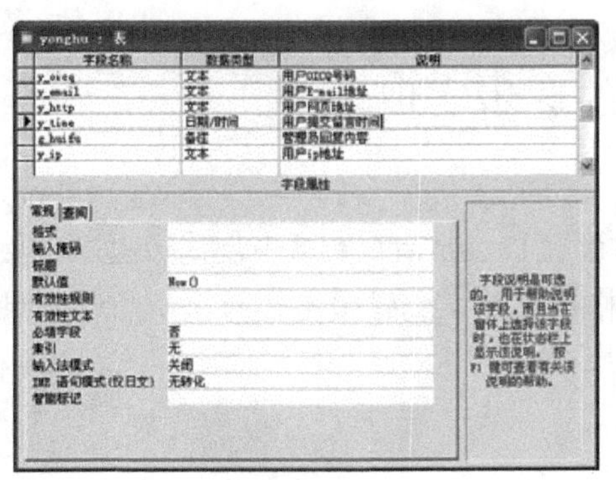

图8-34　y_time字段属性

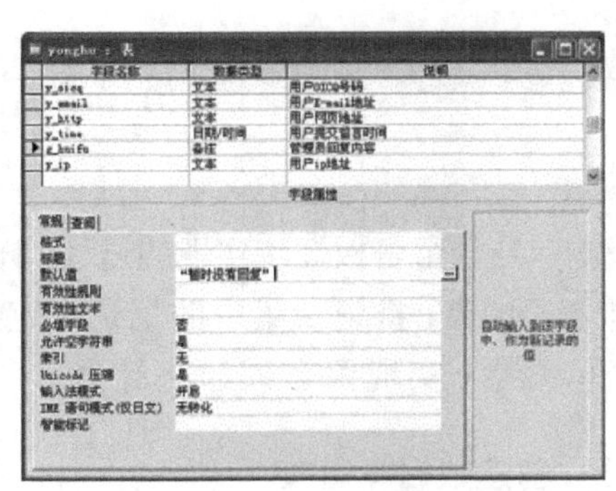

图8-35　g_huifu字段属性

当按照以上步骤将用户信息数据表设计完成以后，就可以关闭表设计器窗口。这时可以看到数据库设计窗口中多了一个名字为yonghu的数据表，如图8-36所示。

3. 创建管理员信息数据表

再次双击【使用设计器创建表】，按照上面的方法再创建一个名字为_guest的数据表，创建结果如图8-37所示。这个数据表用来存储和管理留言板管理员的信息，管理员具有编辑留言记录的权利。

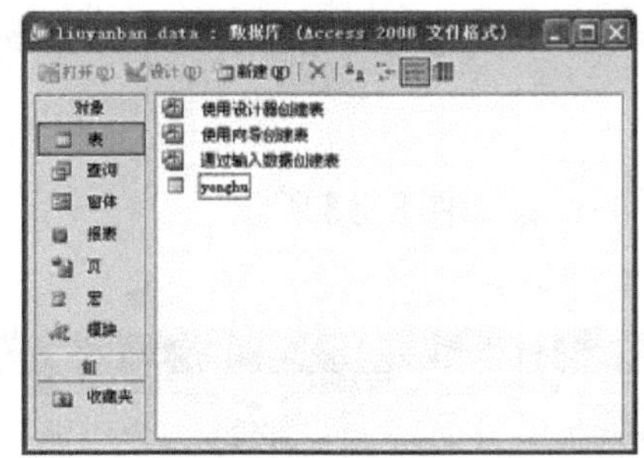

图 8-36　创建完 yonghu 数据表

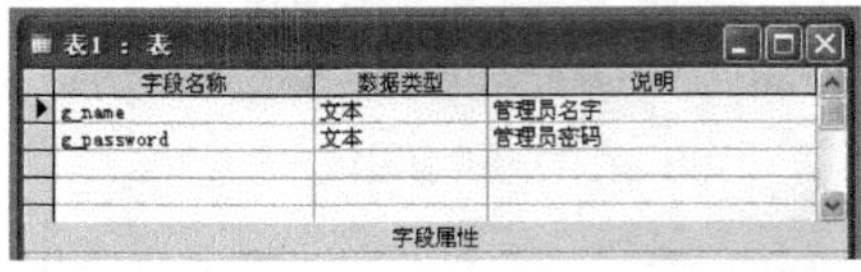

图 8-37　_guest 数据表

完成以后的数据库设计窗口如图 8-38 所示。

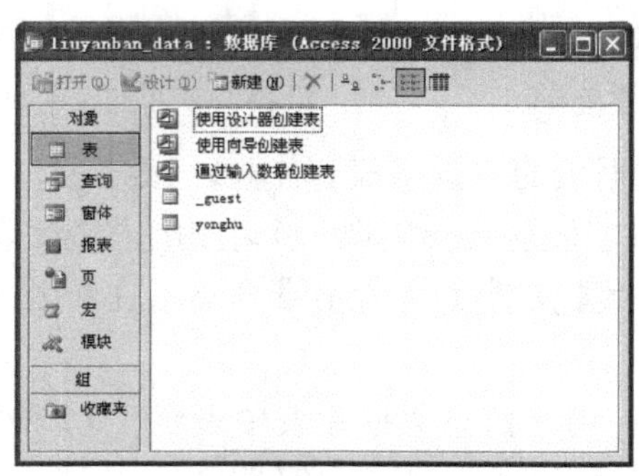

图 8-38　数据库设计窗口

8.5　留言板的逐步实现

本节结合留言板逐步实现的过程，详细讲解在 Dreamweaver 8 中创建数据库链接、绑定建立记录集、将记录集中的记录绑定到表格单元格、加载服务器行为、插入记录、创建表单元素、实现留言板导航等内容。

8.5.1　创建数据库链接

在前面的介绍中已经创建了留言板站点的数据库文件，下面就该创建动态脚本程序了。在创建动态脚本程序之前，需要将数据库和留言板站点连接在一起，从而使动态脚本程序能够很方便地读、写数据库中的数据。

下面以 Windows XP 为例来讲解通过 DSN（数据源名称）实现连接。

1. 定义系统 DSN

（1）打开【控制面板】，双击其中的【管理工具】图标，在转换到的【管理工具】窗口中可以看到一个【数据源（ODBC）】图标。

（2）双击【数据源（ODBC）】图标，打开【ODBC数据源管理器】对话框，切换到【系统DSN】选项卡，如图8-39所示。

（3）下面添加一个新的系统DSN名称。单击【添加】按钮，弹出【创建新数据源】对话框，在其中选择“Driver do Microsoft Access(*.mdb)”项，如图8-40所示。

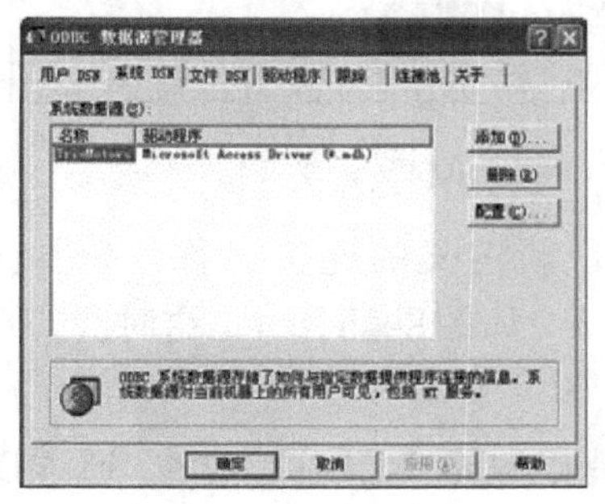

图8-39 【ODBC数据源管理器】对话框

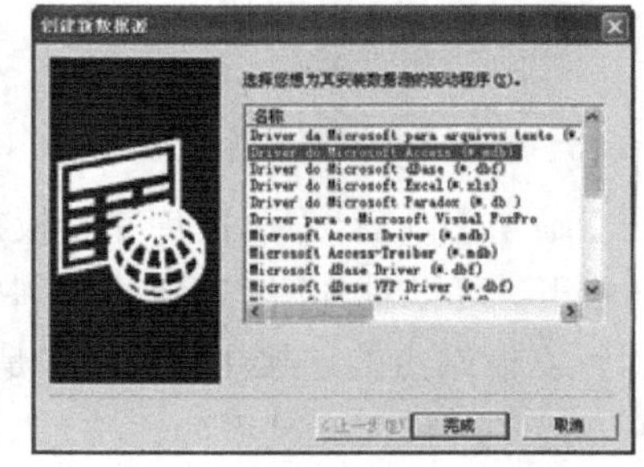

图8-40 【创建新数据源】对话框

（4）单击【完成】按钮以后，弹出【ODBC Microsoft Access安装】对话框，我们要在其中定义数据源名并选取数据库文件。在其中的【数据源名】文本框中输入“liuyanban”，作为数据源名，在【说明】参数项后面的文本框中输入一些说明性文字。单击【选择】按钮，在弹出的【选择数据库】对话框中搜索到本地硬盘上的留言板数据库文件，如图8-41所示。

（5）单击【确定】按钮，完成数据库的选择，这时的【ODBC Microsoft Access安装】对话框如图8-42所示。

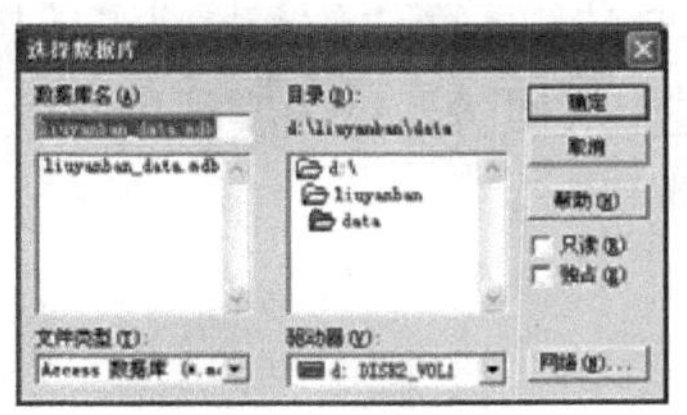

图8-41 选择数据库

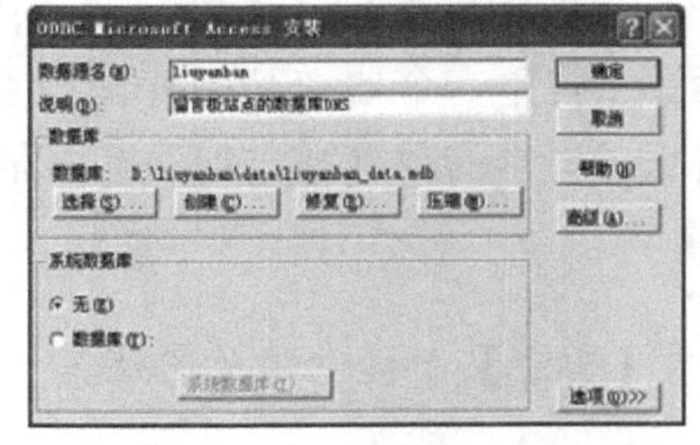

图8-42 【ODBC Microsoft Access安装】对话框

（6）经过上面步骤的操作以后，在图8-42所示的对话框中就会显示一个新定义的数据源名称。在后续的介绍中，我们在Dreamweaver中就用这个数据源名称建立连接。最后连续单击【确定】按钮即可。

2. 通过DSN（数据源名称）实现连接

在Dreamweaver中打开留言板站点的主页面文档（main.asp）。在【应用程序】面板中的【数据库】面板下单击加号按钮，在弹出的下拉菜单中单击【数据源名称】项，如图8-43所示。弹出【数据源名称】对话框，在【连接名称】文本框中输入数据源连接名称，在【数据源名称】下拉列表中选择名字为“liuyanban”的DSN，其他参数保持默认值，如图8-44所示。

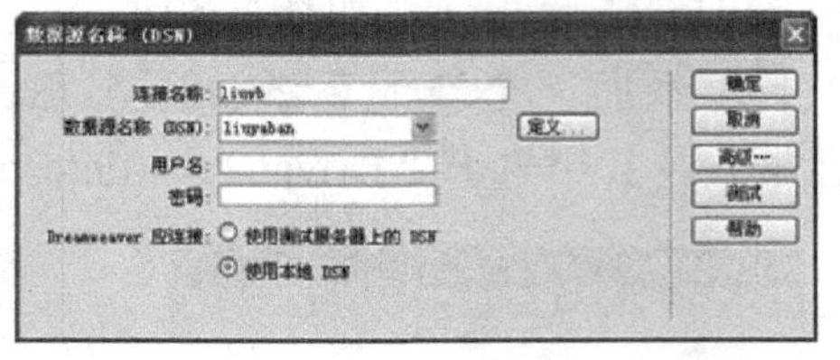

图8-43 执行【数据源名称】命令　　图8-44 定义连接

单击【确定】以后，【数据库】面板就会出现新定义的连接名称，单击它前面的加号按钮展开，可以看到留言板数据库中的两个表，如图8-45所示。这时我们已经完成数据库和留言板站点的连接了，连接名是liuyb。

以上完成了数据库和站点的连接，它的建立是通过定义DSN完成的。通过DSN建立数据库连接的特征是：

（1）对数据库的管理十分方便。比如，数据库的物理路径发生了改变，只需重新定义DSN，不需涉及脚本程序的更改。

（2）如果采取通过DSN建立数据库连接，必须能控制站点服务器的DSN定义。也就是说应该能够满足以下两种情况：①站点服务器由用户自己管理；②是用户租用的服务器，但用户可以及时通知ISP服务商帮用户定义需要的DSN。

8.5.2 留言板主页面的动态效果

现在数据库中的数据还不能直接应用到页面中，要将数据库用作动态网页的内容源时，必须首先创建一个要在其中存储检索数据的记录集。下面讲解记录集的创建方法以及如何将记录集中的数据绑定到动态页面中，再通过定义服务器行为实现留言板主页面的动态效果。

1. 在【绑定】面板中定义记录集

在Dreamweaver中打开留言板站点主页面（main.asp）。打开【绑定】面板，单击加号按钮，在弹出的下拉菜单中执行【记录集（查询）】命令，如图8-46所示。

图8-45 完成数据连接后的【数据库】面板　　图8-46 执行【记录集（查询）】命令

在弹出的【记录集】对话框中，定义记录集【名称】为i、选择数据库【连接】

名为liuyb、选择数据库中的【表格】为yonghu、选择表中的字段（域）、定义记录排序的方法等，如图8-47所示。

按照前面的步骤操作完成以后，在【绑定】面板中就会出现新定义的记录集，单击它前面的加号按钮，可以展开记录集，如图8-48所示。

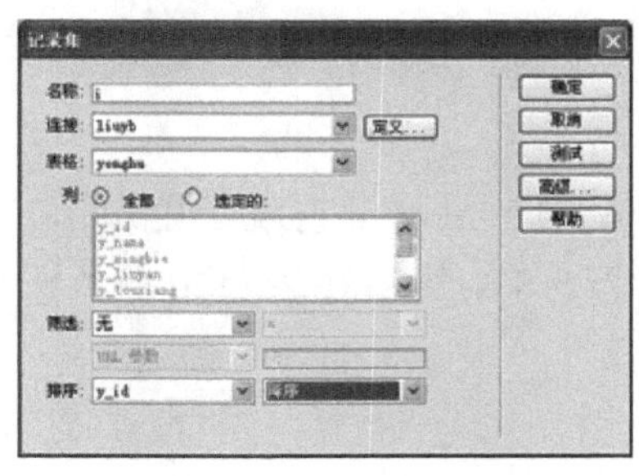

图8-47 定义记录集

图8-48 创建完成的记录集

说明 要在【排序】列表中选择y_id，排序方式选择为【降序】。

2. 将记录集中数据绑定到表格域

（1）重新编辑留言板主页面。对留言板主页面（main.asp）中的表格重新编辑，并删除单元格中的一些文字和图片，如图8-49所示。

（2）将记录集中的数据域（字段）绑定到表格相应的单元格中。打开【绑定】面板，展开记录集。用鼠标将记录集中的y_name字段拖放到页面表格的左上角中，用同样的方法将其他数据域（字段）拖动到相应的单元格中，结果如图8-50所示。

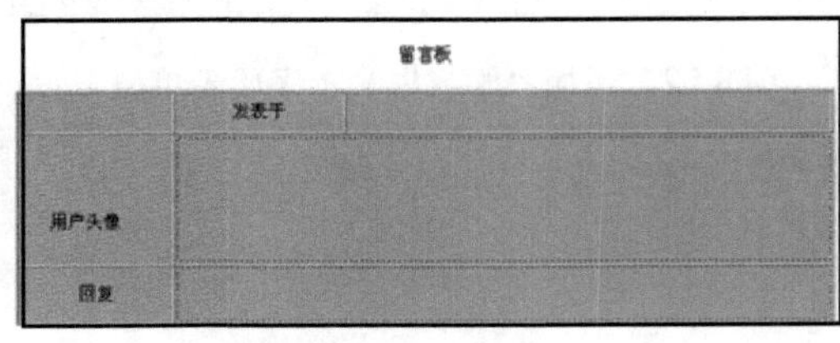

图8-49 主页面中显示留言信息的表格

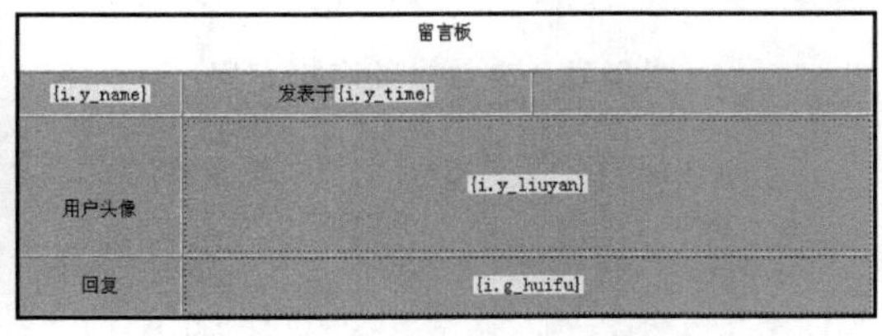

图8-50 将记录集中的数据绑定到单元格

说明 这里没有将OICQ、个人主页、E-mail、IP等字段绑定到单元格中，如果读者想绑定这些字段的话，可以另外拆分一些单元格，然后将这些字段绑定到相应的单元格中。

8.5.3 创建用户留言页面

经过上面的步骤已经实现了留言板主页面main.asp的一些功能，这个主页面将显示访问留言板的用户留言信息和其他相关信息。这些用户信息需要访问留言板的用户进行提交，这样就必须设计一个用户留言页面，通过这个页面的交互操作，让用户的留言信息和其他相关信息提交给留言板程序。

用户留言页面是一种表单文档。一般的网页文档都根据网页设计者的意图单向对外发布信息，相反，表单文档让访问者根据网页制作者制作的特定样式输入并传送个人信息，这些信息将传送到交互型网页文档中。具有代表性的表单文档有会员注册、登陆画面、定购单、留言页面等。

1. 添加表单并布局表格

新建一个动态页面，并将其保存为“write.asp”，它就是用户留言页面。在【表单】工具栏中单击【表单】按钮，插入一个表单。然后在表单中插入一个表格，表格布局如图8-51所示。

2. 添加表单域

（1）添加“姓名”文本字段。将光标定位在“姓名”右边的单元格中，单击【表单】工具栏中的【文本字段】按钮，在单元格中就出现一个“文本字段”表单域，如图8-52所示。保持这个文本字段表单域处在选中状态，在【属性】面板中【文本域】下面的文本框中定义这个文本字段的名字为name，如图8-53所示。

图8-51 表单中的表格布局

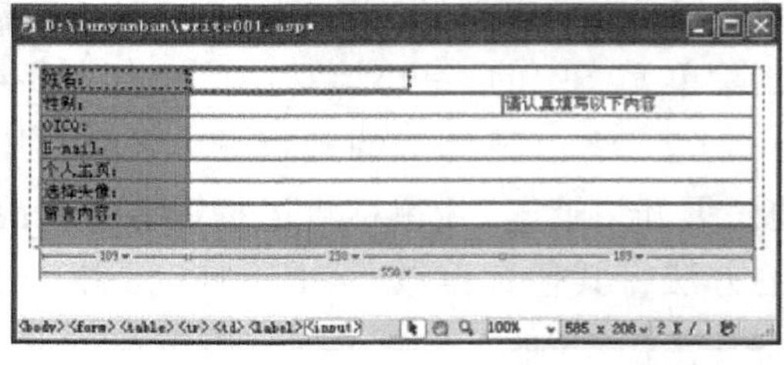

图8-52 添加“姓名”文本字段表单域

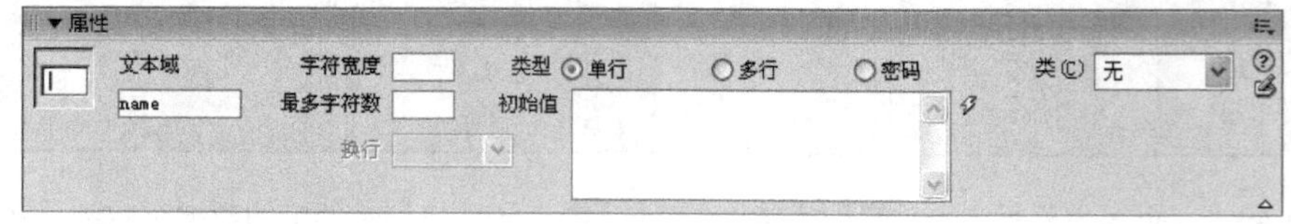

图8-53 定义文本字段的名字

（2）添加OICQ、E-mail、个人主页文本字段。OICQ、E-mail、个人主页表单域的添加方法同上，均为文本字段，在【属性】面板中各个文本字段的命名情况是：

OICQ文本字段：oicq；E-mail文本字段：mail；个人主页文本字段：homepage。

（3）添加“性别”单选按钮表单域。将光标定位在“性别”右边的单元格中，输入文字“男”，然后单击【表单】工具栏中的【单选按钮】，在【属性】面板中定义这个单选按钮的名字为sex，【选定值】为男，【初始状态】选择为【已勾选】，其他参数保持默认值，如图8-54所示。

图8-54　在【属性】面板设置单选按钮属性

在单元格中继续输入文字“女”，然后按照同样的方法再添加一个单选按钮，并在【属性】面板中，设置这个单选按钮的属性：名字为sex，【选定值】为女，【初始状态】选择为【未选中】。完成以后的页面效果如图8-55所示。

（4）添加“选择头像”表单域。因为“选择头像”右边的单元格中要有若干备选的头像图片，所以我们应该事先制作或者搜集一些卡通头像图片。复制以后的【文件】面板情况如图8-56所示。

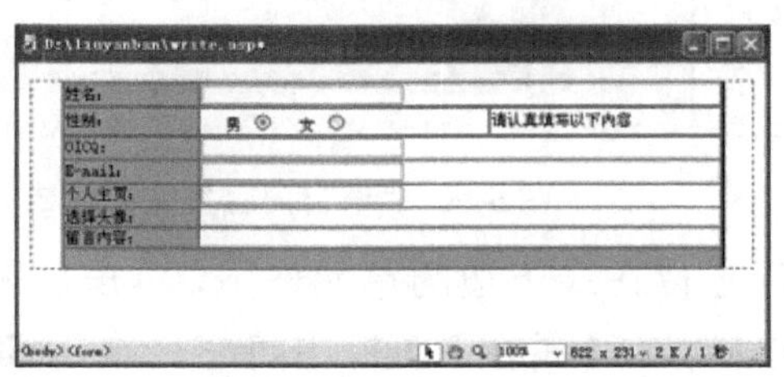

图8-55　“性别”单选按钮表单域

图8-56　【文件】面板

将光标定位在“选择头像”右边的单元格中，分两行插入8个头像图片。然后在每幅图片的右边添加一个单选按钮。

在【属性】面板中分别设置这些单选按钮的属性。它们的名字统一定义为tx，第一个单选按钮的【初始状态】选择为【已勾选】，其他的单选按钮为【未选中】，每个单选按钮【选定值】属性的设置稍微麻烦一些，以第1个单选按钮为例，先选中这个单选按钮前面对应的头像图片，在【属性】面板中复制这个图片【源文件】地址，如图8-57所示。

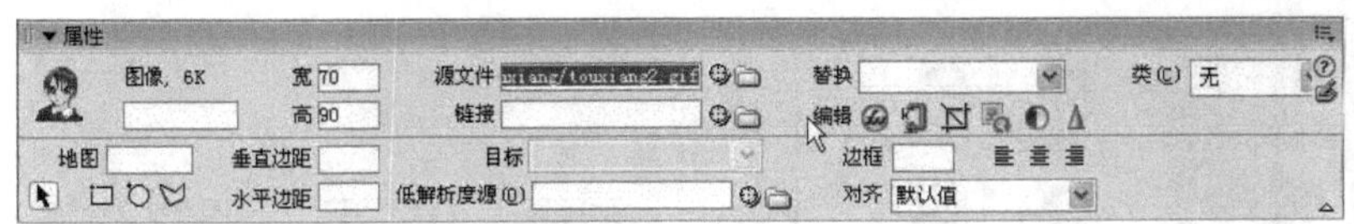

图8-57　复制源文件地址

再选中与头像对应的单选按钮，在【属性】面板的【选定值】处粘贴刚才复制的头像图片源文件地址，如图8-58所示。

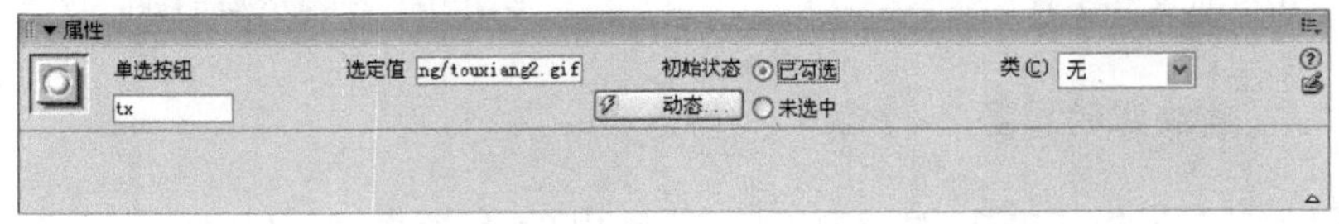

图8-58　粘贴源文件地址

其他7个单选按钮的【选定值】属性都按照同样的方法进行设置。最后编辑页面效果如图8-59所示。

（5）添加“留言内容”文本区域。将光标定位在“留言内容”右边的单元格中，单击【表单】工具栏中的【文本区域】按钮，在【属性】面板中定义名为liuyan，【字符宽度】为60，【行数】为5，其他保持默认值，如图8-60所示。

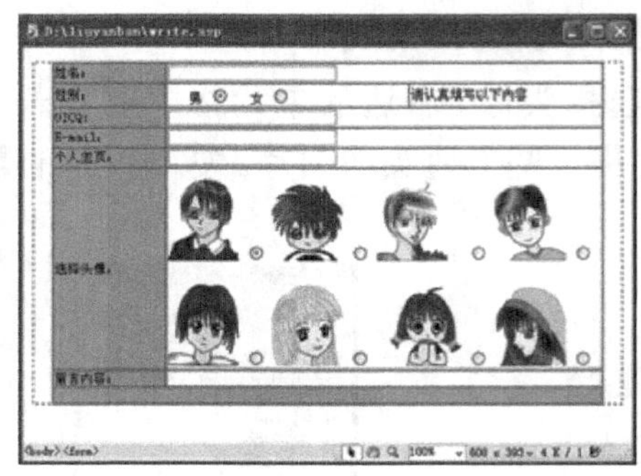

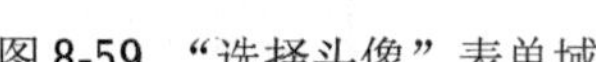

图8-59 “选择头像”表单域

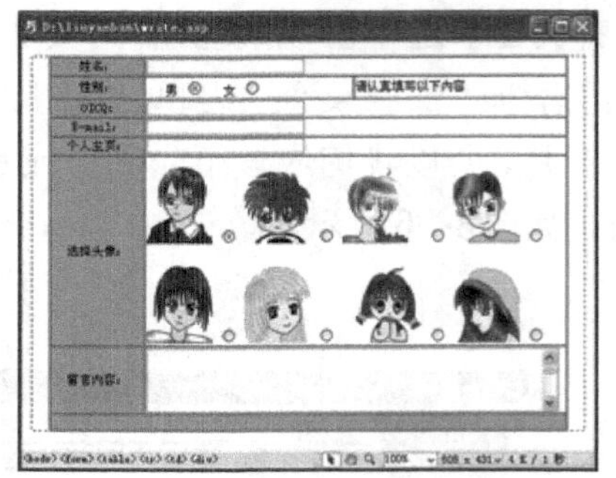

图8-60 “留言内容”文本区域

（6）添加提交和重置按钮。将光标定位在最下边的单元格中，单击【表单】工具栏中的【按钮】，添加一个按钮表单域，在【属性】面板中将它命名为Submit，其他属性保持默认值，也就是【值】为“提交”，【动作】为“提交表单”。按照同样的方法再添加一个按钮表单域，然后在【属性】面板中将它命名为Submit2，【值】为“重置”，【动作】选择为“重设表单”。完成以后的页面效果如图8-61所示。

（7）添加隐藏区域。将光标定位在“提交”按钮的左边，单击【表单】工具栏中的【隐藏域】按钮，在【属性】面板中，定义它的名字为ip，在【值】文本框中输入代码：<%= Request("remote_addr") %>，如图8-62所示。

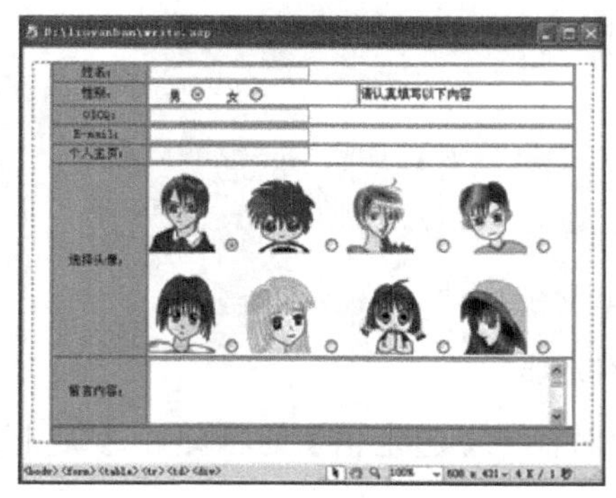

图8-61 提交和重置按钮

图8-62 隐藏区域的属性设置

3. 定义提交按钮的服务器行为

打开【绑定】面板，单击加号按钮，在弹出的下拉菜单中执行【记录集（查询）】命令，按图8-47所示的方法绑定【记录集】。

选中整个表格，打开【服务器行为】面板，单击加号按钮，在弹出的菜单中选择【插入记录】命令。在打开的【插入记录】对话框中设置表单域与数据库字段名一一对应，在【表单元素】中分别依次选中元素，在下面的【列】中选择与数据库相对应的域，如图8-63所示。

4. 在【行为】面板定义表单提交的错误检查

在签写留言内容时为避免错误信息写入，需要添加表单提交的错误检查功能。设置如下：选中【提交】按钮，打开【行为】面板，单击加号按钮，在弹出的菜单中选择【检查表单】命令。

设置表单域和检查事件：name选择【必需的】；ociq选择【数字】；mail选择选择【必需的】；【电子邮件地址】，homepage不选；liuyan选择【必需的】，如图8-64所示。最后单击【确定】按钮，事件为onClick。

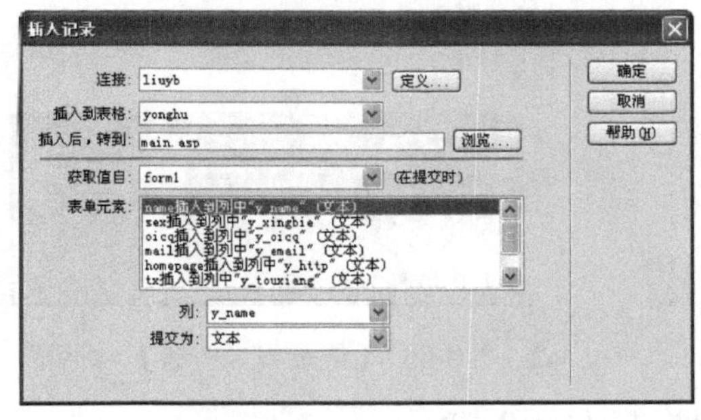

图8-63 【插入记录】对话框

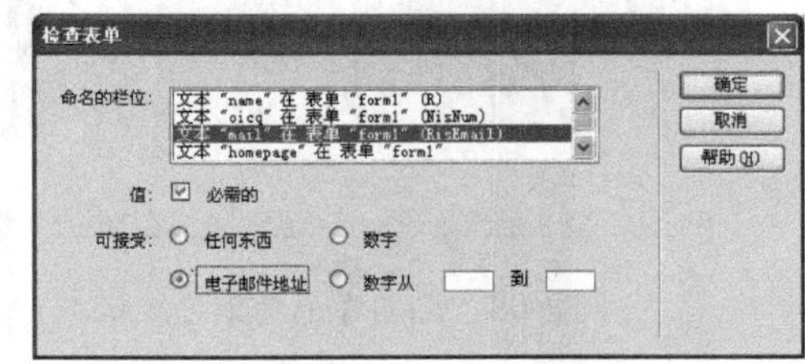

图8-64 检查表单

8.5.4 在留言板主页面实现留言记录导航

前面在用户留言页面实现了签写留言、提交表单和检查表单的功能，下面再回过头来充实一下main.asp的页面功能，实现留言记录导航并对显示留言的单元格进行处理。

1. 实现留言记录导航

在main.asp页面实现留言记录导航主要包括控制一页显示留言数和翻页按钮（上一页、下一页、最前一页、最后一页）。这个功能主要使用【应用程序】工具栏来完成。将工具栏切换到【应用程序】工具栏后得应用程序按钮如图8-65所示。

图8-65 【应用程序】工具栏

这里主要应用【记录集分页】按钮和【记录集导航状态】按钮。单击【记录集分页】按钮弹出如图8-66所示的下拉列表框，单击【记录集导航状态】按钮弹出如图8-67所示的对话框。

图 8-66 【记录集分页】下拉列表框

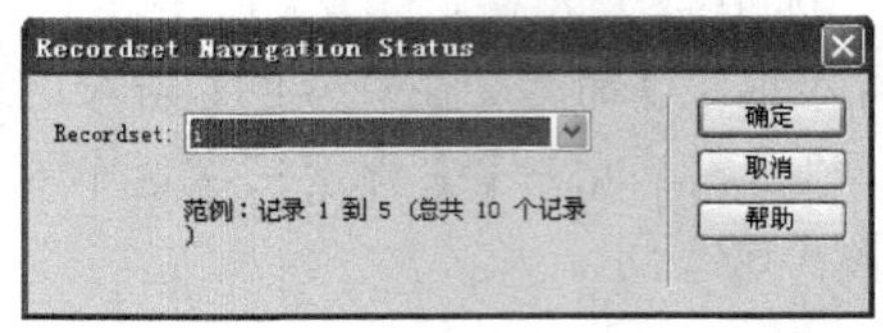

图 8-67 【记录集导航状态】对话框

下面为留言板主页面添加记录导航功能：

（1）将光标定位在编辑页面的下边，单击【记录集导航状态】按钮，弹出【记录集导航状态】对话框，单击【确定】按钮后页面如图8-68所示。

（2）再回车另起一行，单击【记录集分页】按钮，弹出【记录集导航条】对话框，如图8-69所示。单击【确定】按钮，记录导航条将以文字方式显示。

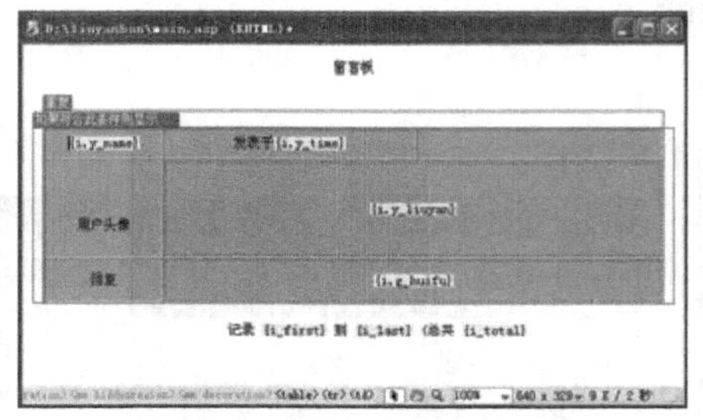

图 8-68 添加【记录集导航状态】

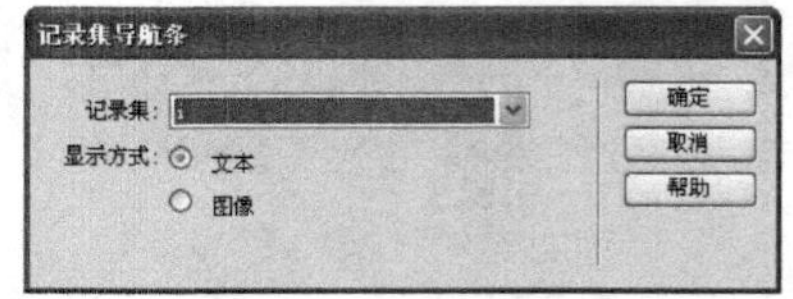

图 8-69 【记录集导航条】对话框

这样就完成了显示留言数量和翻页的按钮，如图8-70所示。

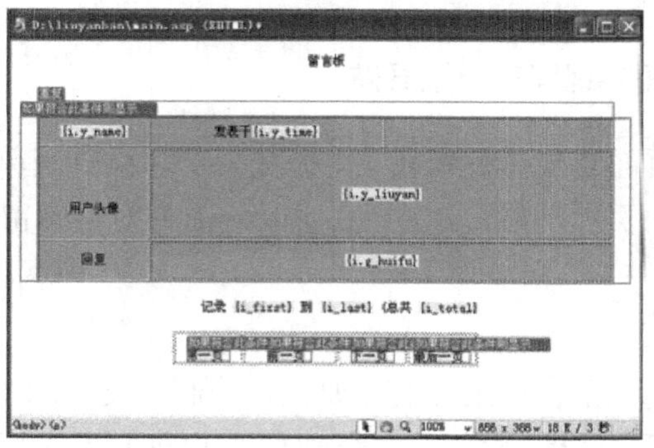

图 8-70 留言数量和翻页按钮页面

2. 留言内容显示问题的解决

为了使留言内容不支持html代码，且防止留言很长时main.asp页面上的表格被自动撑大（文字不会自动换行），需要进行以下操作：

（1）将原来绑定到留言内容单元格中的记录集字段（<%=(i.y_liuyan)%>）删除，然后在这个单元格中添加【文本区域】表单域，添加好后的文本区域如图8-71所示。

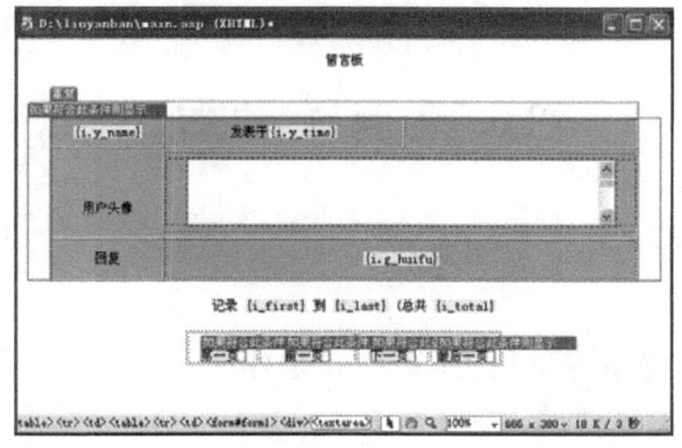

图8-71 添加了文本区域的main.asp页面

（2）选中刚才添加的文本区域，在【属性】面板中设置【字符宽度】为66，【行数】为5，然后单击【绑定到动态源】按钮，如图8-72所示。

图8-72 在【属性】面板中单击【绑定到动态源】按钮

（3）单击【绑定到动态源】按钮以后，会弹出【动态数据】对话框，在其中的【域】中，选择记录集中的y_liuyan，如图8-73，单击【确定】按钮。这样就将y_liuyan字段绑定到留言内容文本区域了，如图8-74所示。

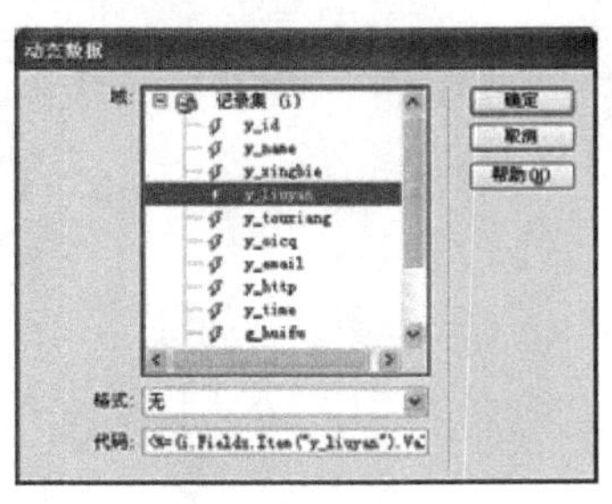

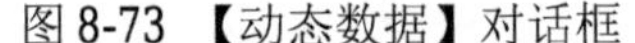

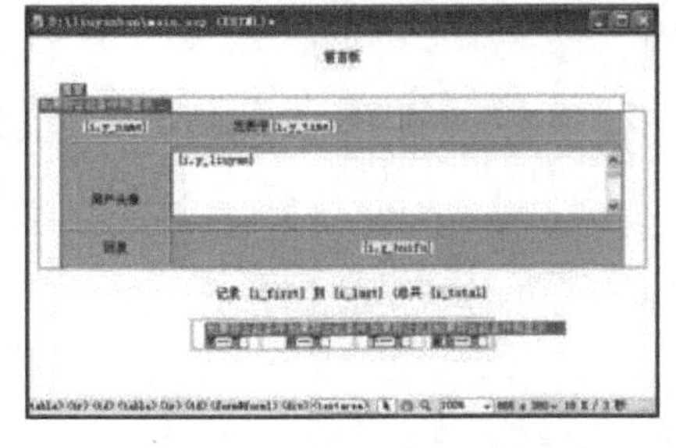

图8-73 【动态数据】对话框　　图8-74 将留言数据绑定到文本区域后的页面

经过以上操作以后，再次测试留言效果时，会发现留言内容能自动换行了，而且不支持html代码。

通过前面制作，留言板站点已经初步实现了一些站点功能，用户可以通过留言页面填写和提交用户信息和留言内容，在留言板主页面可以显示用户留言信息，并可以显示留言数以及实现了导航翻页功能。

由于篇幅有限，此处不再深入介绍，感兴趣的读者可以继续完善和扩充留言板站点的功能，可以创建管理员登陆和管理留言页面，使留言板主页面和留言页面的功能更加完善。

8.6　习题与上机操作

1．简答题

（1）动态网页与静态网页相比，其特点是什么？

（2）简述安装IIS组件的过程。

2．上机操作

（1）为你的计算机配置IIS服务器。

（2）建立一个数据库，并建立数据库与站点的链接。

第 9 章　用 HTML 编写网页

教学目标

本章介绍了HTML语言概述，HTML语言的基本结构，用HTML代码编写网页上的基本元素。着重讲解了表格以及表格相关的代码编写方法。并介绍了如何用手写代码制作复杂框架结构的页面，最后介绍了HTML语言的常用标识。

教学重点与难点

表格以及表格相关的代码编写方法。

用网页制作工具制作出的页面总是很难完美，许多问题还必须通过手动添加HTML代码来最终解决。本章将向读者讲解一些HTML语言的基本知识。

9.1　初识HTML

1. HTML语言简介

HTML是英文Hyper Text Markup Language的缩写，翻译成中文是“超文本标识语言”。HTML是一种建立网页文件的语言，语法命令简洁，通过对各种标记式的指令（Tag）、元素、属性、对象等的定义，将影像、声音、图片、文字等连接显示出来。

HTML标记是由< 和 > 所括住的指令，主要分为单标记指令、双标记指令（由< 起始标记 >和< / 结束标记 >所构成），通常有以下三种形式：

（1）<标记>，这种形式是非封闭的类型。在HTML语言中，非封闭类型很少，最常用的如换行标记
。

（2）<标记>对象</标记>，这种形式是封闭类型。HTML语言中的大多数标记都是封闭类型的。封闭类型的标记都是成对出现，在对象内容的前面以标记开始，后面以标记元素前加反斜杠线结束，表示一个完整标记，结束了对对象的控制。

（3）<标记属性1=参数1　标记属性2=参数2>对象</标记>，这种形式是封闭类型的扩展形式，后面的各种属性参数可以进一步设置对象在某方面的内容。

几乎所有的HTML代码都是由上面三种形式组合而成的，标记之间可以相互嵌套，形成更为复杂的语法。

通常情况下，一个完整的HTML文件由head和body两部分组成，其中head中包含标题、网页语言等基本信息，还可包含作者信息、网页关键字、网页说明等；body中的内容是网页显示的主要内容，由表格、图片、表单等各种对象组成。

说明 习惯上一个网站的首页名称通常为index.htm或index.html，这样只要浏览网站，浏览器便会自动地找出index.htm文件。

由于HTML是纯文本类型的语言，因此可以使用任何文本编辑器打开、浏览、编辑代码，最简单的是Windows自带的记事本。HTML文件编辑完成后以.htm或.html为文件后缀保存，可由浏览器打开显示，若测试没有问题则可以放到服务器（Server）上，对外发布信息。

2. HTML文件基本架构

HTML文件的基本架构为：

```
<HTML> 文件开始
<HEAD> 文件头开始
<TITLE>...</TITLE> 标题区
</HEAD> 文件头结束
<BODY> 文本区开始
 ......   文本区内容
</BODY> 文本区结束
</HTML> 文件结束
```

从html文件的基本结构可以看出，html代码分为以下三个部分：

（1）<html>表示这个文件是HTML格式的文件，也就是网页文件。整个HTML文件的所有内容都应包含在一对<html></html>标识之间。也就是说，HTML文件必须以<html>开始，以</html>结束。

（2）<head></head>标识表示一个网页的头部。在一对<head></head>代码之间，一般要有一对<title>与</title>标识，写在<title>与</title>中间的内容就是显示在浏览器标题栏中的文字。

（3）<body>和</body>表示的是网页的主体内容。一个网页的头部内容放在<head>标识中，而具体的内容就要写在<body>中了。

9.2 HTML的简单应用

1. 编写第一个网页

下面使用记事本编写第一个网页，步骤如下：

（1）选择【开始】|【所有程序】|【附件】|【记事本】命令，打开记事本程序，如图9-1所示。

（2）在记事本中输入以下的HTML代码:

```
<html>
<head>
<title>初识HTML语言</title>
<meta http-equiv="Content-Type" content=text/html; charset=gb2312>
</head>
<body>
<p>我的第一个HTML文件</p>
</body>
</html>
```

这就是一个HTML文件最基本的结构。其中的<html><head><title><body>是HTML语言的结构标识，它们通常都是“双向标识”，书写格式是<标识名>内容</标识名>。以上的四个标识就可以构成一个最简单的网页。

说明　在<head>和</head>中间的一段代码:“<meta http-equiv="Content-Type" content=text/html; charset=gb2312>”。其中charset=gb2312代表这个网页采用的编码是简体中文，简体中文版的Windows系统都很好地支持这种编码，保证你的网页在被浏览的过程中不出现乱码;另外两句代码“meta http-equiv="Content-Type" content=text/html;”意义比较复杂，在这里就不详细说明它们的用法了，只要记住在每个网页文件中，都写上这样一句话就行了。

（3）选择记事本程序中的“文件/保存”命令，在弹出的“另存为”对话框中选择存盘的文件夹，在保存类型中选择【所有文件】，在编码中选择ANSI，这里将文件名设置为“myfirst.htm”，然后单击【保存】按钮。

（4）关闭记事本，回到存盘的文件夹，双击myfirst.htm文件，就可以在Internert Explore浏览器中看到如图9-2所示的页面。

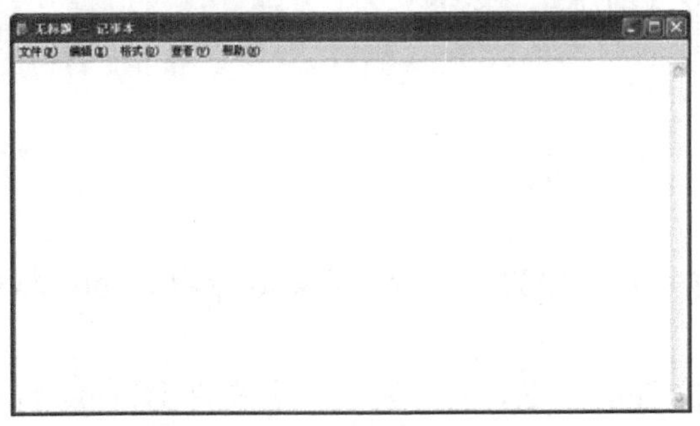

图9-1　记事本

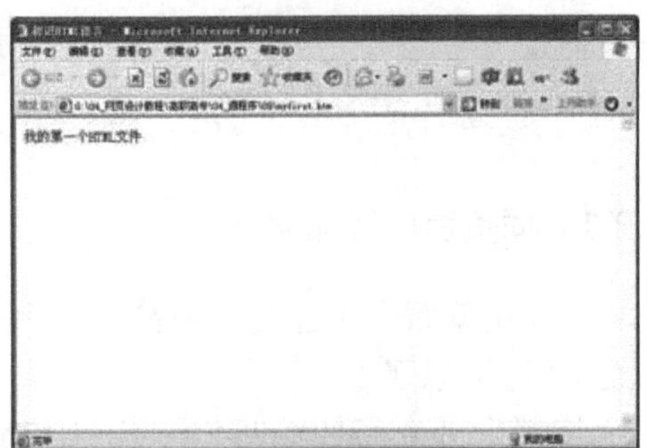

图9-2 “初识HTML语言”页面效果图

2. 注意事项

通常在编写HTML文件的时候，要注意以下几点：

（1）“< ”、“> ”是任何标记的开始和结束。元素的标记要用这对尖括号括起来，并且结束的标记总是加上一个斜杠线。

（2）标记与标记之间可以嵌套，如下所示：

```
<BODY><H1>我的第一个HTML文件</H1></BODY>
```

（3）在源代码中不区分大小写，如以下的几种写法都是正确并且相同的标记：

```
<title>
<TITLE>
<Title>
```

（4）任何换行和空格在源代码里面不起作用。为了代码清晰，建议不同的标记之间换行编写。

（5）HTML标记中可以放置各种属性，如下所示：

```
<H1 ALIGN="LEFT">我的第一个HTML文件</H1>
```

其中ALIGN为属性，LEFT为属性值，元素属性出现在元素的< >内，并且和元素名之间有一个空格分隔。属性值可以直接书写，也可以使用引号括起来，如下面的两种写法都是正确的。

```
<H1 ALIGN="LEFT">我的第一个HTML文件</H1>
<H1 ALIGN=LEFT>我的第一个HTML文件</H1>
```

（6）为了方便其他人阅读代码，可以在源代码中添加注释，注释以“<!--”开始，以“--> ”结束。例如：

```
<!--    文件说明：我的第一个HTML文件    -->
```

注释语句只出现在源代码中，而不会在浏览器中显示。

9.3 添加各种网页元素

9.3.1 向页面中添加文字

（1）在页面中添加文字很简单，只要将需要添加的文字输入到<body>与</body>标识之间就可以了。

按照上节介绍的编写“myfirst.htm”文件的方法，重新建立一个文件1.htm。将一段话输入到<body>与</body>之间，并分好段，如图9-3所示。保存后到浏览器中查看效果，如图9-4所示。

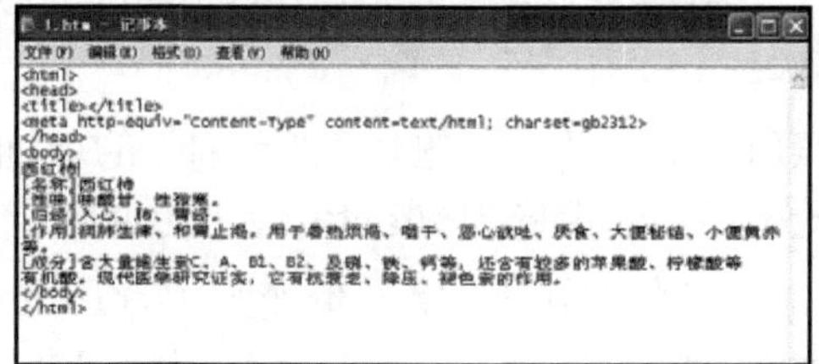

图9-3　在网页中加入文字

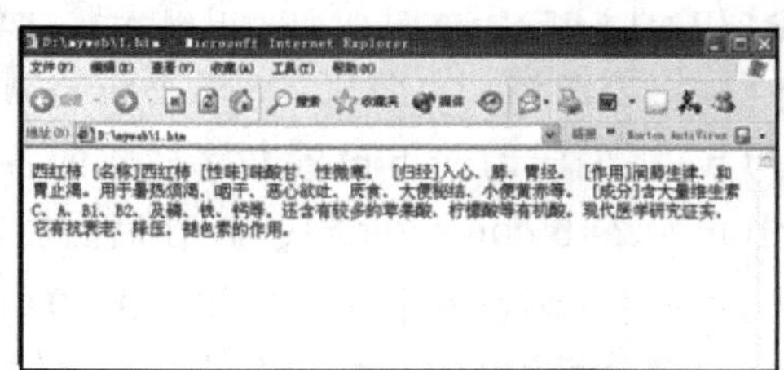

图9-4　浏览器中的效果

在浏览器的窗口中出现了刚才输入的文字，不过记事本中的回车符号在HTML文档中是不起作用的，所以即使在记事本中分好了段落，存为HTML文件后仍然会合为一段显示。

（2）<pre></pre>是“原样显示文本”的标识，被这个标识括起来的文本，在页面上会原封不动地显示它的内容和格式。

在文本的开头和结尾处加上<pre></pre>这对标识，如图9-5所示。保存后，到浏览器中查看效果，如图9-6所示。

这次就是分好段的了。但是我们并不推荐使用这种方式，因为这种方式是机械地将文本置入网页，文本不会随着浏览器窗口的大小自动换行。如果一行文本很长，还需要拖动页面的滚动条，才能将这行文字看完整。

（3）
称为行中断标识，浏览器在遇到这个标识的时候，会把标识后面的内容另起一行显示。下面在记事本文件中将上述<pre></pre>这对标识删除，在每个要换行的段尾处加入“
”标识，如图9-7所示。此时浏览器中的效果如图9-8所示。

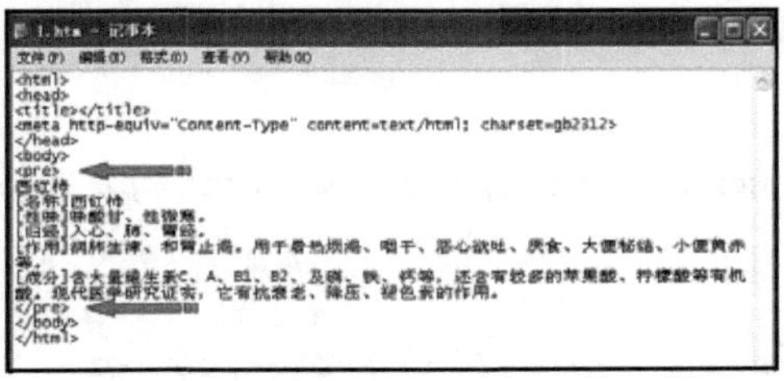

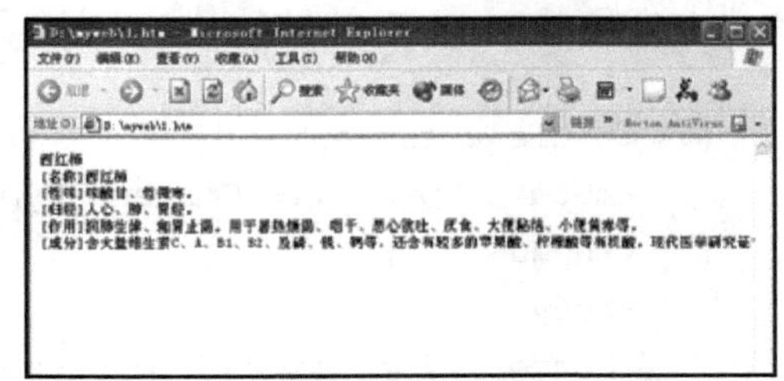

图9-5　添加<pre></pre>标识

图9-6　带格式的文本

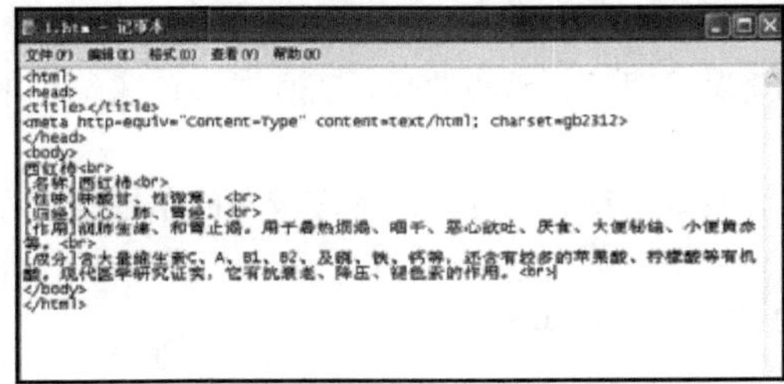

图9-7　在段尾处添加
标识

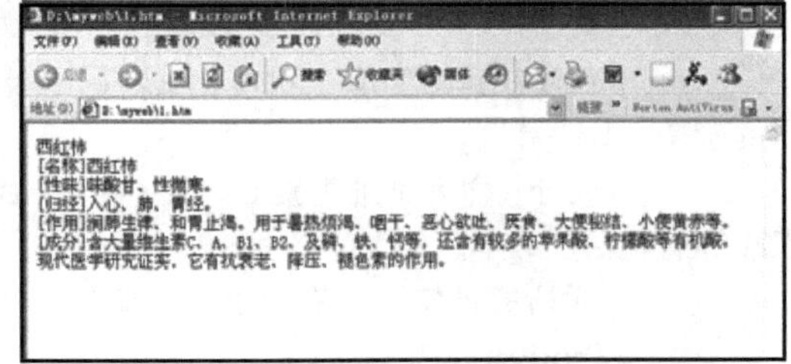

图9-8　添加
后浏览器中的效果

这次也是分段显示的，而且窗口大小发生改变时，文字会自动随之换行。

（4）在HTML语言中还有一个段落标识<p></p>，<p>和</p>分别放在段首和段尾。

<p></p>比
多一行空行，也就是空一行，再另起一行显示文本内容。读者可以参考
标识举例试一下效果，这里不在举例讲解。

（5）下面学习一下设置文字样式的各种HTML标识。在题目“西红柿”的前面加入<font size=6 color=red>代码，在后面加入<font>的结束标识</font>，如图9-9所示。

此时对应浏览器中的效果如图9-10所示。文字变为红色，字号也变大了。<font></font>是字体标识，它对标识中的文本字体起控制作用，“size”是<font>标识的属性，表示字体的大小。“color”也是<font>标识的属性，表示字体的颜色。

（6）在文字前后加上<b></b>标识，可以使文字加粗显示，<b></b>为粗体显示标识。<i></i>为斜体显示标识；<u></u>为带下划线显示标识。

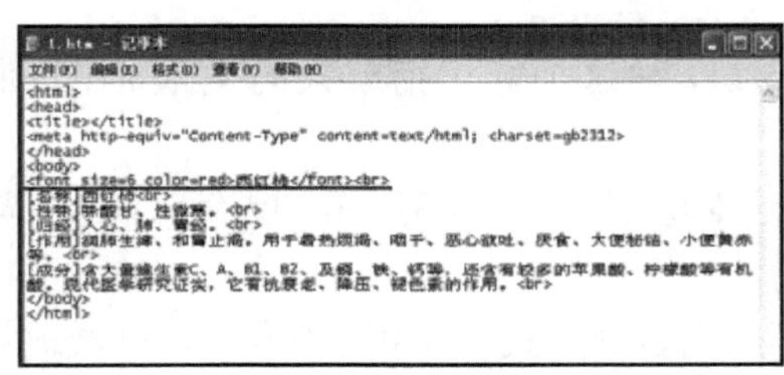

图9-9　设置文字样式

图9-10　设置文字样式后的效果

（7）如果想让文字居中显示，还可以在<font></font>标识外分别加上<center>与</center>标识。<center>与</center>是居中显示标识。

现在这个文件的完整源代码是这样的：

```
<html>
<head>
<title></title>
<meta http-equiv="Content-Type" content=text/html; charset=gb2312>
</head>
<body>
<center><font size=6 color=red><b>西红柿</b></font><br></center>
[名称]西红柿<br>
[性味]味酸甘、性微寒。<br>
[归经]入心、肺、胃经。<br>
[作用]润肺生津、和胃止渴。用于暑热烦渴、咽干、恶心欲吐、厌食、大便秘结、小便黄赤等。<br>
[成分]含大量维生素C、A、B1、B2、及磷、铁、钙等，还含有较多的苹果酸、柠檬酸等有机酸。现代
医学研究证实，它有抗衰老、降压、褪色素的作用。<br>
</body>
</html>
```

对应浏览器中的效果如图9-11所示。

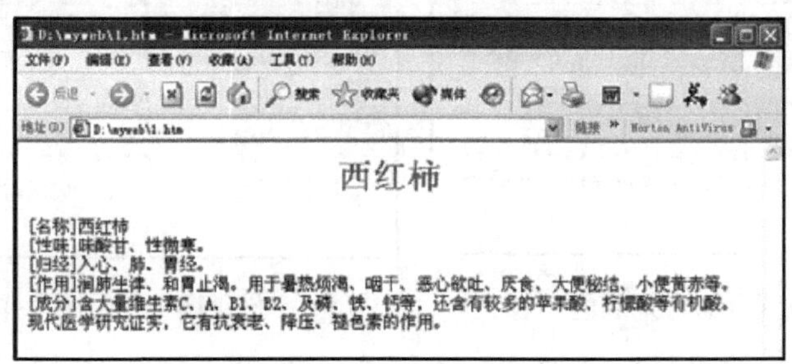

图 9-11　最终代码对应的浏览器效果图

9.3.2　设置页面中的标题

和用 Dreamweaver 制作网页一样，应该为每个页面设置标题，也就是在浏览器标题栏中显示的文字。用手写 HTML 代码编写网页时，这项功能很容易就可以做到。只要在<title></title>标识中，输入这个网页的标题文字就可以了，我们输入：“蔬菜中的黄金——西红柿”，如图 9-12 所示。将这个文件保存后，到浏览器中观看时标题栏的文字变化如图 9-13 所示。在 Dreamweaver 中输入的标题文字实际就是被解析到了<title></title>标识中。

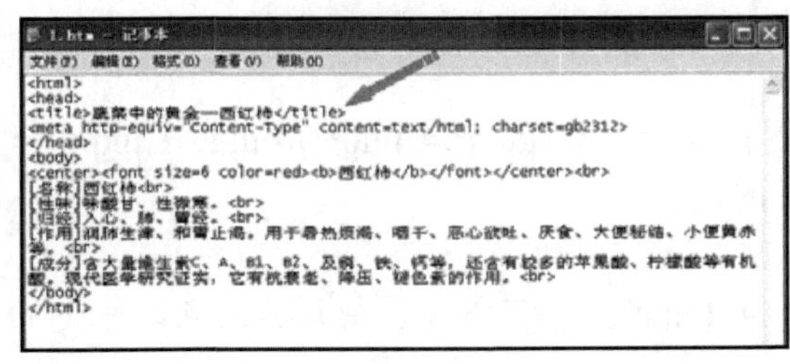

图 9-12　设置页面标题

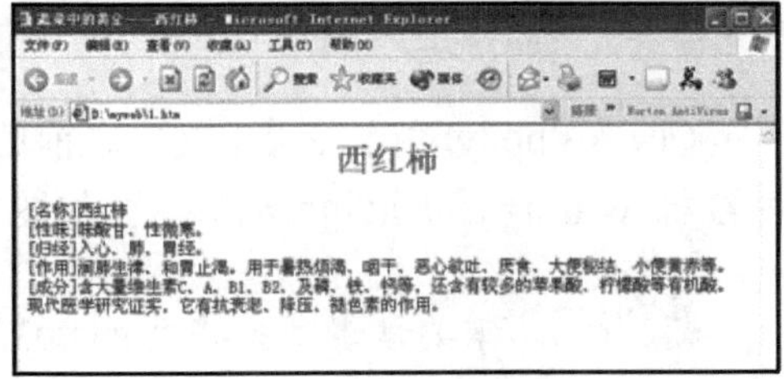

图 9-13　标题栏中的文字

9.3.3　设置页面的背景颜色和背景图片

为页面设置 bgcolor 属性就可以设置页面的背景颜色了。在<body>的尖括号中加入一句代码“bgcolor=yellow”，如图 9-14 所示。保存后，切换到浏览器中。页面的背景变成了黄色。这里的“yellow”是 bgcolor 属性的值。“bgcolor=yellow”的意思就是将页面的背景设为黄色。如果输入“bgcolor=red”或者“bgcolor=blue”，那页面的背景就能按照输入显示成红色或者蓝色。

图片也可以作为背景，只要对页面的 background 属性进行设置即可。其代码编写方法为：使用教学光盘的“tomato.gif”图片作为页面的背景图，先将这个文件复制到用户站点文件夹下的“\img\1”目录中。将刚添加的“bgcolor=yellow”背景颜色的代码改为“background=img/1/tomato.gif”，如图 9-15 所示。

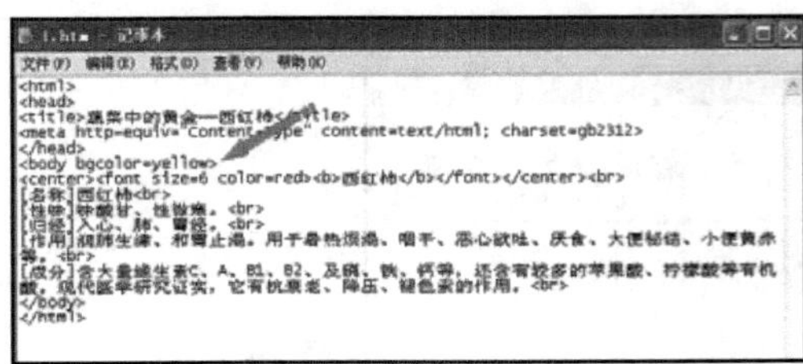

图 9-14 设置页面背景颜色

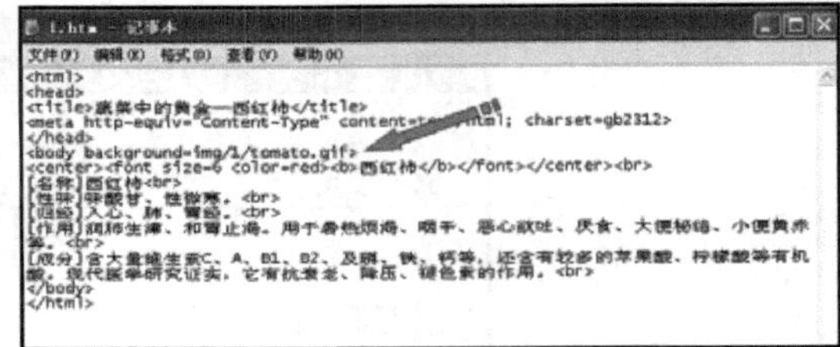

图 9-15 使用图片作为页面背景

这里的背景图片的路径“img/1/tomato.gif（此处使用的是相对路径）”是background的值。将这个文件存盘后，到浏览器中看一下，效果如图9-16所示。

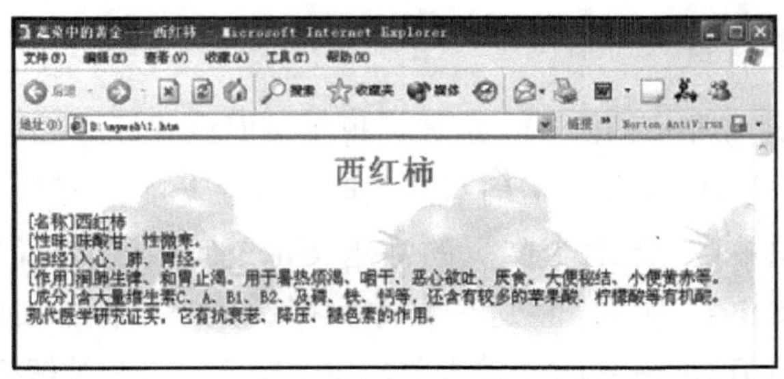

图 9-16 “图片作为页面背景”的效果图

9.3.4 在页面中插入图片

（1）在<body>标识之后，文字之前的位置输入代码<img src= img/1/tomato1.jpg alt=西红柿 width=150 height=112>”，如图9-17所示。

说明 需要读者事先将“tomato1.jpg”和“tomato1.jpg”图片复制到其站点文件夹下的“\img\1”目录中。

（2）先到浏览器中看一下效果，如图9-18所示。

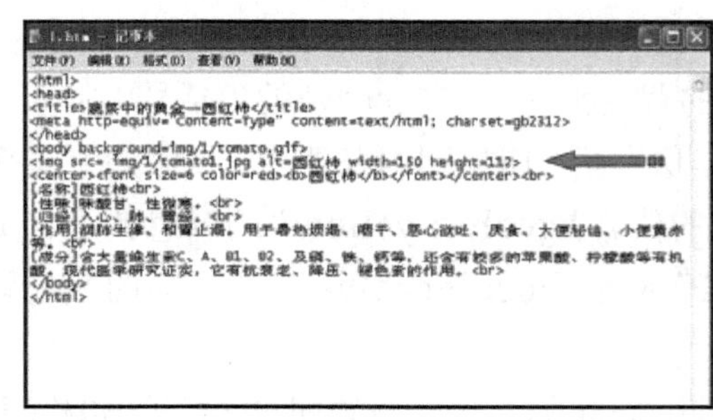

图 9-17 插入图片

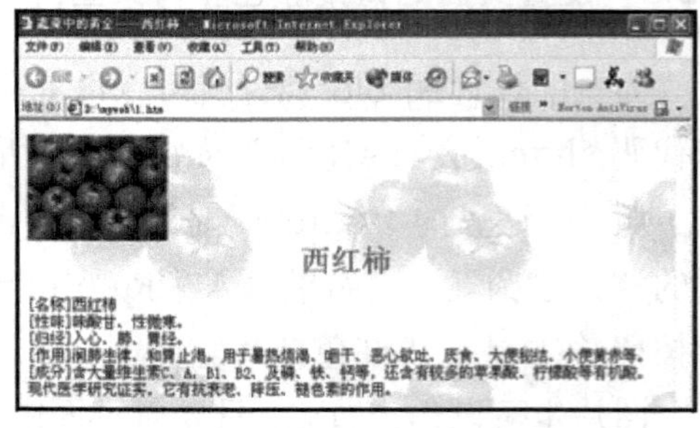

图 9-18 插入图片后的效果

可以看到页面上多了一张图片，这就是<img>标识的作用——插入图片。“img”表示插入一张图片，“src= img/1/tomato1.jpg”表示插入的是与本文件在同目录下的“img\1\tomato1.jpg”文件。“src”属性的值是图片文件的路径，它是英文“source”

（来源）的缩写。“alt”后面是图片的说明文字，在浏览器中当鼠标移到图片上时会显示出图片的说明文字。“width”和“height”是图片的宽度和高度信息，单位是像素。应该养成为图片加上高度和宽度信息的习惯。

（3）现在这个图片单独占据一行，怎么让它和文字在同一行呢？在<img>标识中加入“align=left”代码即可，如图9-19所示。在浏览器中查看时，图片移到了行的最左面，文字移到了与图片同一行，如图9-20所示。“align”是图片的位置属性，还可以将“align”的值设为“right”，图片会出现在行的最右侧。

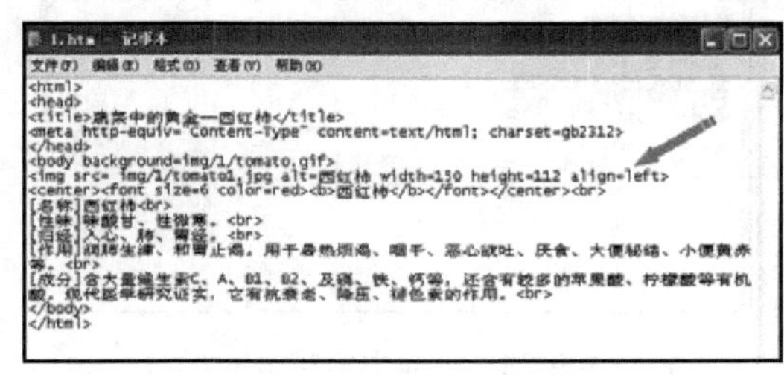

图9-19　设置图片的位置属性

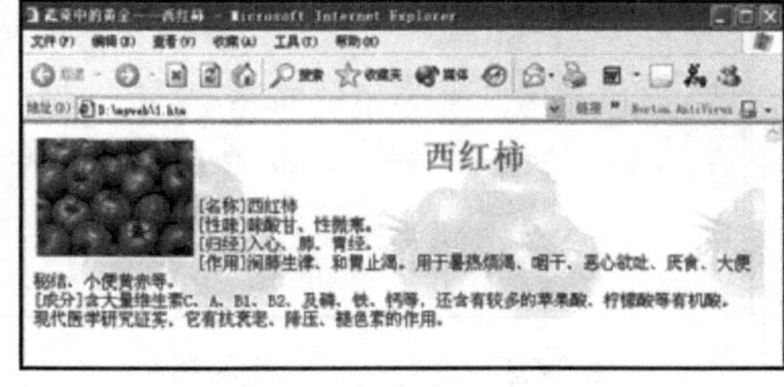

图9-20　图片居左显示

（4）在页面中可以插入很多图片，想在哪里插入，就将<img>标识放到哪里，同时里面写好图片的各种信息。例如我们在“[作用]”这段文字后再插入一张图片，同样在“[作用]”这两个文字后加入<img src= img/1/tomato2.jpg alt=西红柿 width=150 height=112 align=right>代码，如图9-21所示。

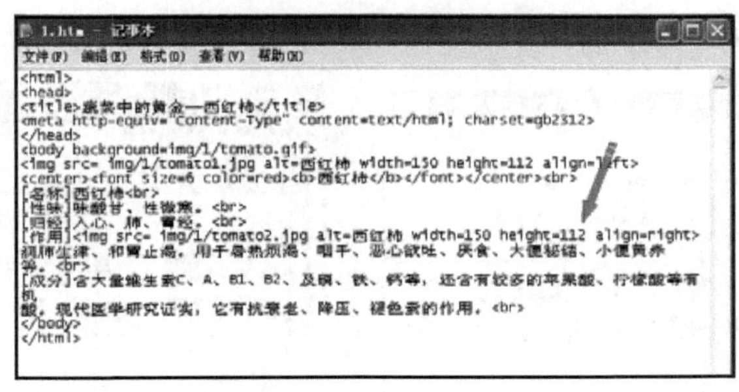

图9-21　在页面中插入多张图片

到浏览器中，你会发现在“[作用]”这段文字所在行的右侧又插入了一张图片。

这就是在页面中插入图片的代码编写方法，读者可以试着在页面中插入几张图片，将它们的属性设置为不同的值，体会一下各个属性的含义。

9.3.5　设置文字和图片链接

为文字和图片设置超级链接，是网页制作的核心内容。

1. 设置文字链接

（1）在HTML语言中，超级链接的标识是<a href=链接目标路径>链接文字或图片

</a>。例如我们为“维生素C”文字加上链接。首先需要读者将文件“vc.htm”复制到你的站点文件夹下。

（2）在“维生素C”文字的前面加上<a href=vc.htm>，在文字后加上</a>代码，也就是将要链接的文字包含在这对标识中间，如图9-22所示。“a href=”后面的地址表示链接目标文件的路径。保存文件后，到浏览器中进行查看，结果如图9-23所示。

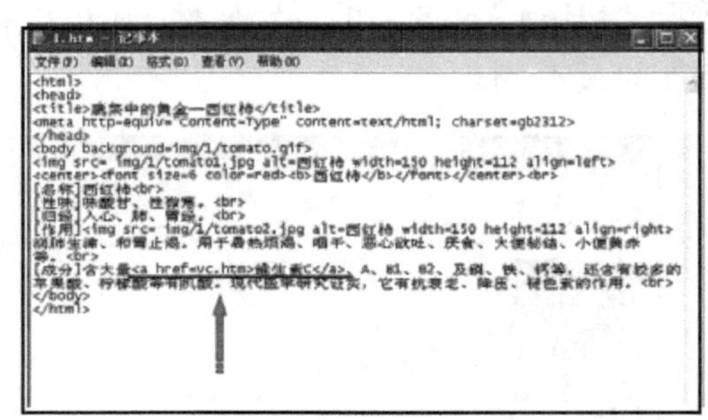

图9-22　设置文字的超级链接

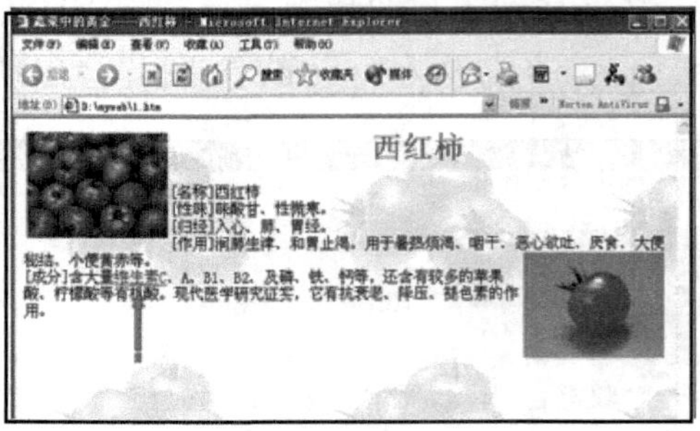

图9-23　页面中的超级链接

（3）“维生素C”文字已经带上了下划线，用鼠标单击一下，在原窗口中打开了“vc.htm”文件。

（4）还记得在Dreamweaver中，要使链接文件在新窗口中打开，需要设置一个“Target=_blank”属性。在这里，我们将这句代码加在<a href=vc.htm>标识中，如图9-24所示。将文件保存，再到浏览中看一下效果。如图9-25所示。这次链接文件就在一个新弹出的窗口中打开了。

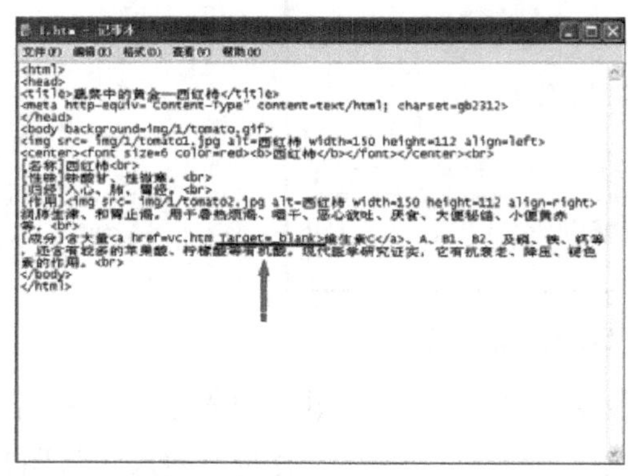

图9-24　设置target属性

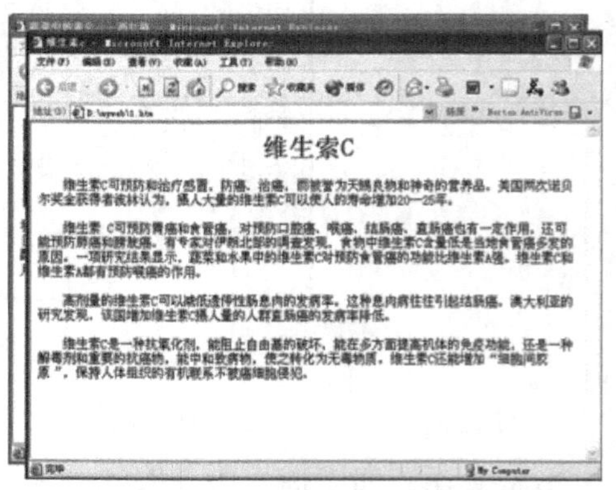

图9-25　在新窗口中打开链接文件

2. 设置图片链接

下面为前面添加进去的是小图片设置一个链接，将它链接到一张比较大、且更为清晰的图片。

（1）首先需要将文件“tomato_big.jpg”复制到站点文件夹下的“\img\1”目录中。

（2）在<img src= img/1/tomato2.jpg alt= 西红柿 width=150 height=112 align=right>代码前加入<a href= img/1/tomato_big.jpg >，后面加入</a>，如图9-26所示。

同样用<a href= 链接目标路径> </a>这对标识将图片信息包含在其中。浏览器中的效果如图9-27所示。将鼠标移到图片上，鼠标变成小手形，单击一下后，一张大图就出现在了原窗口中。

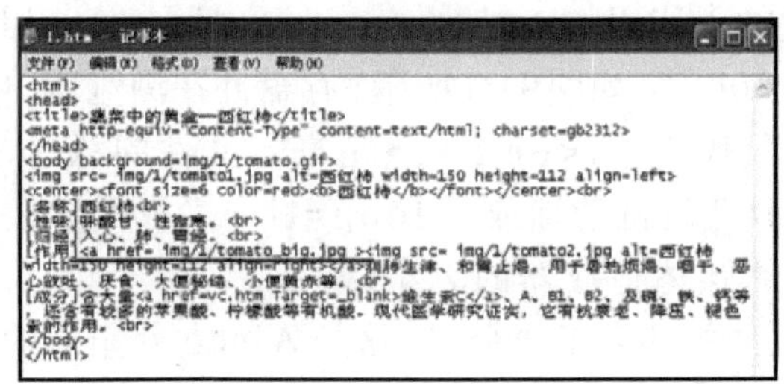

图9-26　为图片添加链接

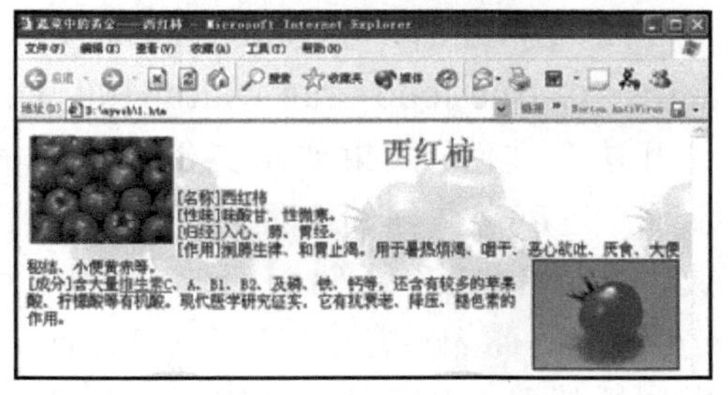

图9-27　图片添加链接后的效果

（3）添加了超级链接的图片周围会出现一个蓝色边框，这是因为没设置图片的“border”属性的缘故。将“border=0”这句代码加到<img src= img/1/tomato2.jpg alt= 西红柿 width=150 height=112 align=right>尖括号中，如图9-28所示。

（4）要让这张大图在新窗口中打开，同样在<a href= img/1/tomato_big.jpg >标识中加入“Target=_blank”，如图9-29所示。

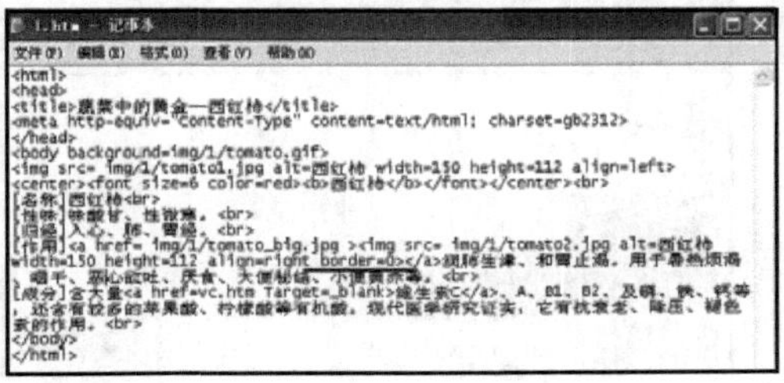

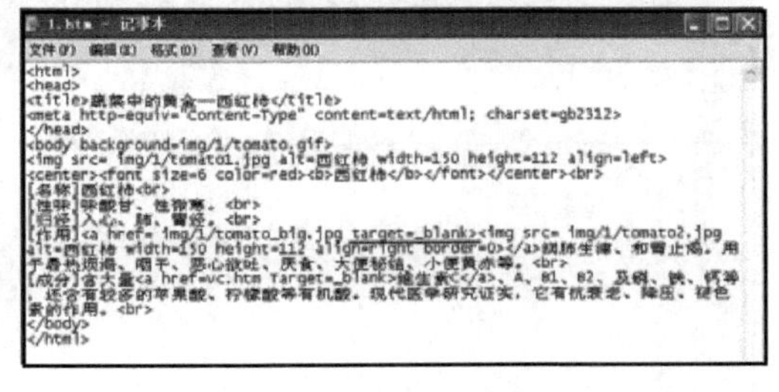

图9-28　去掉链接图片的边框

图9-29　设置图片链接的target属性

在浏览器中查看时图片的边框不见了，大图也会在新窗口中打开，如图9-30所示。

图9-30　图片链接效果

9.3.6　给网页加上声音

现在这张网页已经有图片和文字了，但是要达到“声情并茂”的效果，还需要加入声音。

（1）首先将音乐文件“music.mid”复制到读者的站点文件夹的相应目录下。

（2）在<body>与</body>之间任何位置加入代码“<embed src=sound/music.mid autostart=true loop=true width=100 height=100>”，如图9-31所示。存盘并在浏览器中打开这个文件，效果如图9-32所示。在这段代码中，<embed>是嵌入文件的意思，“src”是声音文件的路径，“autostart=true”是自动播放，“loop=true”是循环播放，而“width”和“height”限制了调出的媒体播放器的大小。

页面一装载，音乐声就会响起，而且在页面中还多了一个图，这是Windows里面的媒体播放器，它可以控制音乐的播放、暂停和停止。

（3）如果觉得媒体播放器的图形放在页面里很不好看，只要在刚才的代码中再加入一个隐藏属性“hidden”，这个图形就不会在页面中出现了，但是依旧会有声音。

到这里第一个页面就做完了。我们已经学习了如何用手写HTML代码的方式建立一个空白网页，如何改变它的背景颜色，如何加上背景图片、音乐，以及在页面中加入文字、图片，并给文字、图片加上链接等。

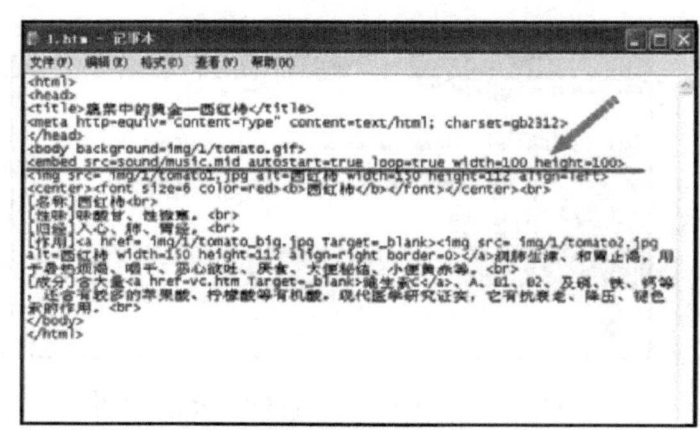

图9-31　在页面中插入声音

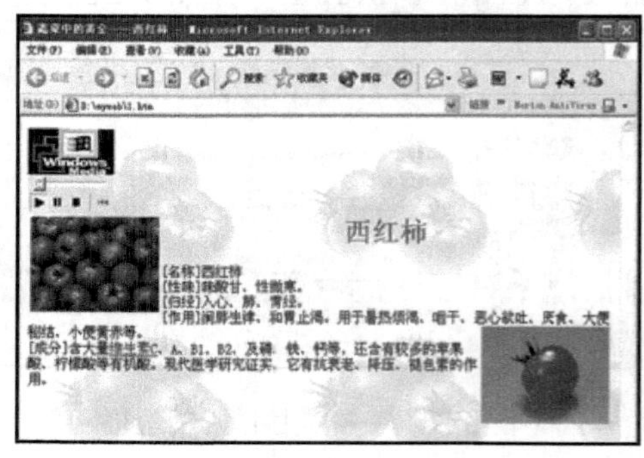

图9-32　出现媒体播放器的页面

9.4　表格的使用

9.4.1　插入表格

表格在网页制作中有着举足轻重的地位，现在就来学习一下如何手写代码制作表格，做一个课程表。

（1）用记事本新建一个文件，在里面输入一个网页文件所应具有的几个基本标识：

```
<html>
<head><title></title>
```

```
</head>
<body></body>
</html>
```

将这个文件保存在读者的站点所在的文件夹下，起名为“plan.htm”。

（2）在<title>与</title>标识中输入这个网页的标题“课程表”。

（3）在HTML语言中，表示表格的标识是<table>与</table>，与表格相关的标识还有<tr></tr>与<td></td>。<tr></tr>是表行标识，也称行标识，一个表格中有几对<tr></tr>，就表示这个表格有几行；<td></td>是表列标识，也称为列标识，它们也是成对出现的，表格中的内容就写在<td></td>之间。表格标识<td></td>必须要包含在成对的表行标识<tr></tr>中间。

（4）将一段代码加到<body>与</body>之间，如图9-33所示。

在图9-33所示的代码中有一对<tr></tr>标识，说明这个表格有一行；一对<tr></tr>标识中有六对<td></td>标识，说明这一行被分为六列。

在<table>标识中的“border=1”表示这个表格的边框宽度是1个像素；“align=center”表示这个表格居中显示；“width=600”表示这个表格的宽度是600像素。

将这个文件存盘，进入浏览器中看一下效果。如图9-34所示。

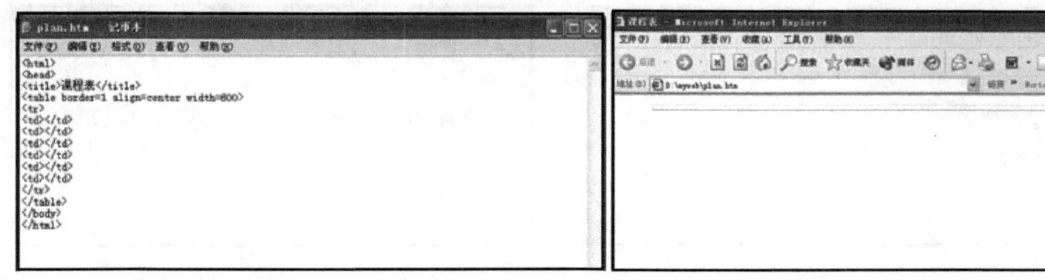

图9-33 插入表格　　图9-34 浏览器中的效果

（5）从图9-34所示的页面可以看出，并没有像预计的那样出现一个1行6列的表格，这是因为表格中没有内容，所以单元格显示不出来。

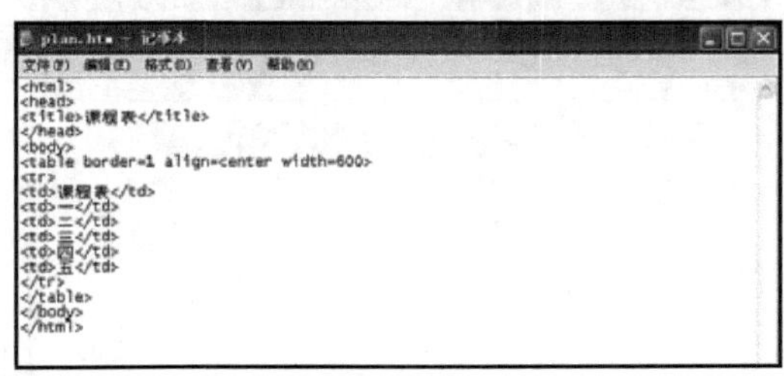

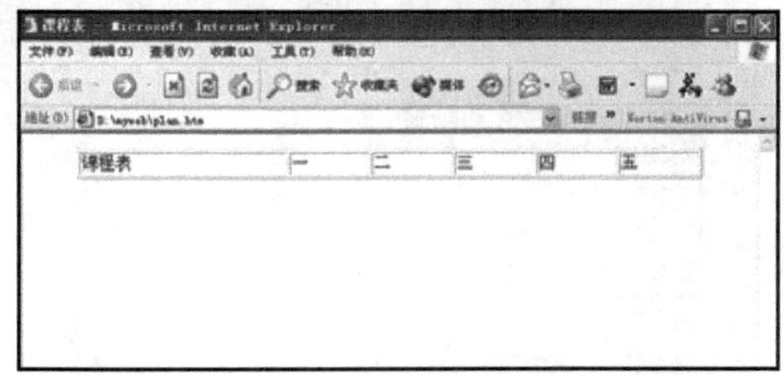

图9-35 在表格中填入内容　　图9-36 在表格中填充内容后浏览器的效果

在单元格中添加一些内容，如图9-35所示。加好内容后，再到浏览器中看一下，这次单元格内容显示出来了，如图9-36所示。

（6）还可以设置表格的背景色、表格中文字的对齐方式以及行高和列宽。在<tr>

标识的尖括号中加入< align=center bgcolor=orange height=40>这句代码，如图9-37所示。其中“align=center”表示单元格中的文字居中显示；“bgcolor=orange”表示单元格的背景色为橘黄色；“height=40”表示这一行的行高为40个像素。图9-37所示的文件对应浏览器中的效果如图9-38所示。

设置列宽，在每个<td>标识中写上“width=列宽”这样的代码就可以了，将这个表格的列宽设为如图9-39所示的数值。切换到浏览器中查看，表格已经按照我们设置的数值发生了变化，如图9-40所示。

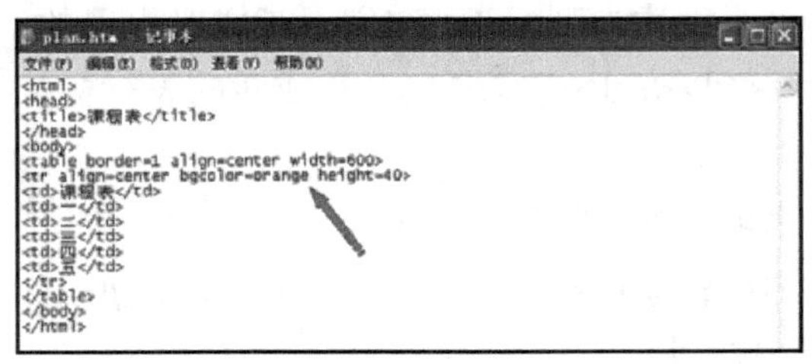

图9-37　设置行高及单元格背景色

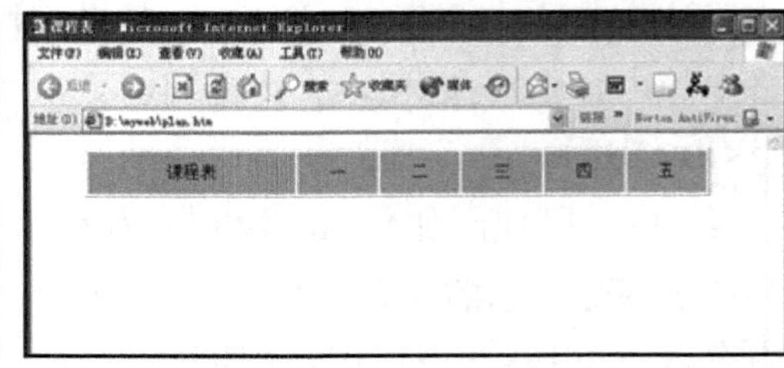

图9-38　设置行高及单元格背景色后对应的页面效果

说明　一个表格中各列的列宽和应该和表格的总宽度一致。

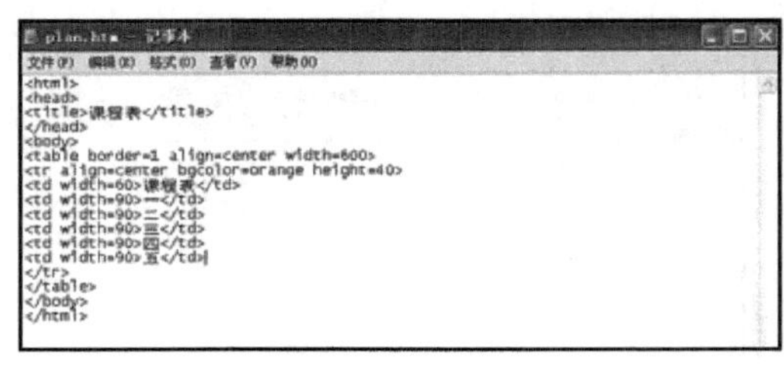

图9-39　设置列宽

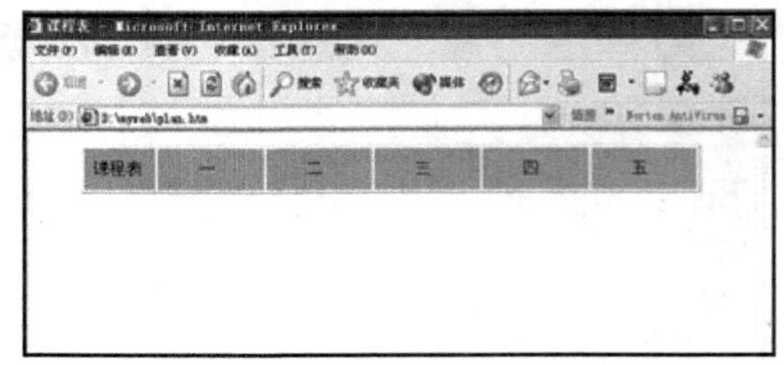

图9-40　设置列宽的效果图

（7）再为这个表格添加两行。在刚才那行的</tr>的行结束标识后再添加两行表格，代码和刚才类似，添加后的文件如图9-41所示。对应的浏览器中的效果如图9-42所示。

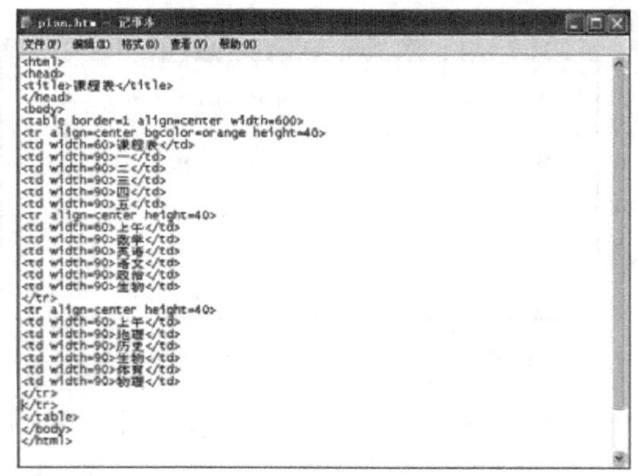

图9-41　再添加两行表格

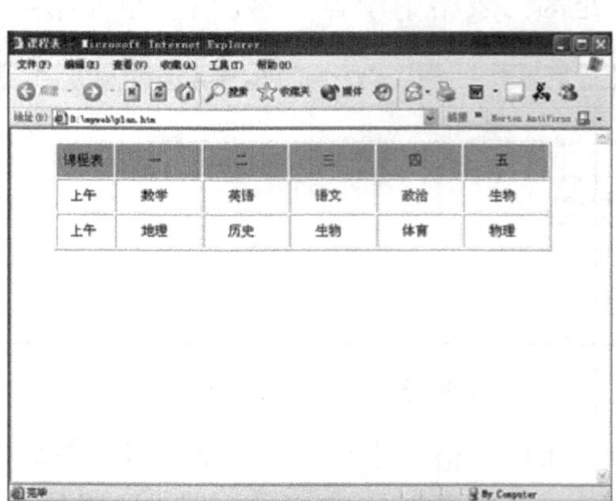

图9-42　添加两行表格的效果

说明　<tr></tr>标识不能嵌套。

（8）按照同样的步骤，再添加两行，添加后的文件如图9-43所示。对应浏览器中的效果如图9-44所示。

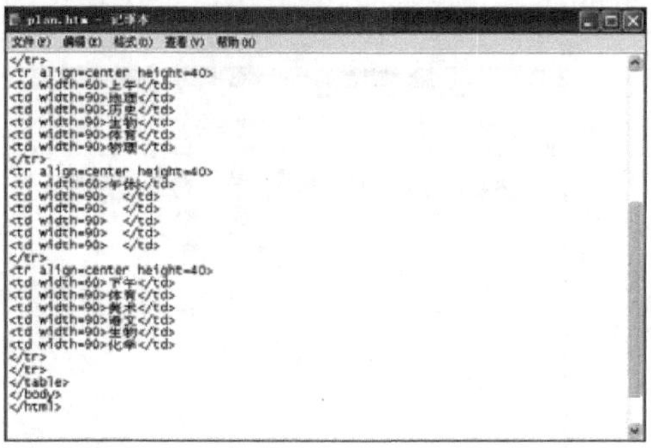

图9-43　继续添加两行表格后的文件

图9-44　最终的表格在浏览器中的效果

9.4.2　合并单元格

用HTML语言是如何实现单元格的合并的呢？先来看一下列合并的代码编写方法。

（1）将"午休"这一行的后5个单元格合并为1个单元格。在"午休"后面的第一个单元格的<td>标识中输入"colspan=5"，"colspan"是进行列合并处理的代码，"colspan=5"就是让1个单元格占有5列单元格的宽度，实际上就是将这5个单元格合并为一列，既然这个单元格已经占有了后面5个单元格的宽度，所以需要将后面四对<td></td>去掉，这一行的代码变为如下的形式：

```
<tr align=center height=40>
<td width=60>午休</td>
<td width=90 colspan=5>  </td>
</tr>
```

此时对应的文件如图9-45所示。将这个文件存盘，到浏览器中查看，后面的5个单元格已经合并为1个单元格，如图9-46所示。

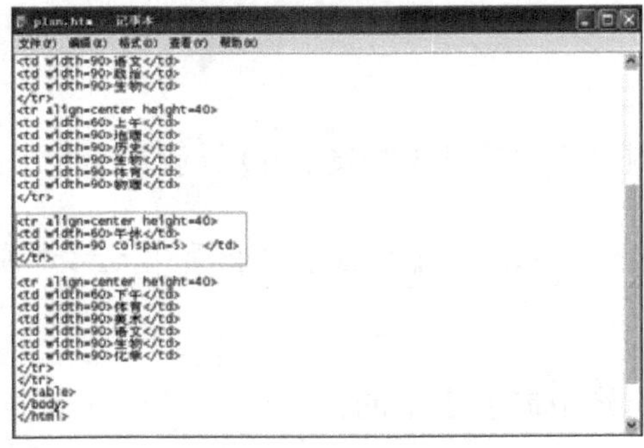
图9-45　合并单元格

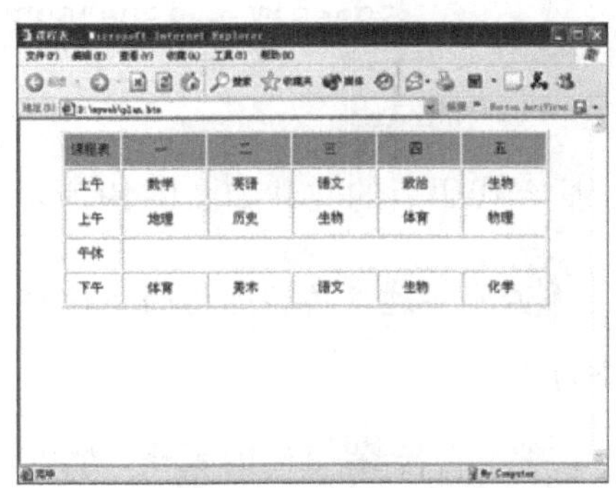
图9-46　列合并的效果

（2）再来看一下，行与行之间的单元格的合并。将左侧两个“上午”单元格合并。在上面的“上午”单元格的<td>标识中输入“rowspan=2”，“rowspan”是进行行合并处理的代码，“rowspan=2”就是让一个单元格占有2行单元格的高度，所以将下一行的“上午”单元格所在的<td></td>列标识删除，源代码窗口如图9-47所示。对应的浏览器中的效果如图9-48所示。

图9-47　行单元格合并

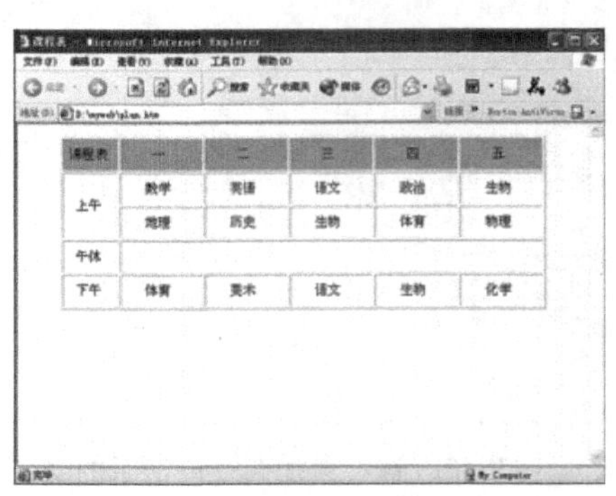

图9-48　行单元格合并的效果

9.4.3　拆分单元格

手写代码在拆分单元格时需要反复地使用“colspan”和“rowspan”这两个属性，但这样做，表格的结构不容易分辨。所以用手写代码编写网页时，遇到拆分单元格的情况，一般都使用在单元格中嵌套表格的方法。

例如，想把一个单元格分为2行，就在这个单元格中，插入一个2行1列的表格，下面具体看一下代码，我们就将“午休”后面的这个空白单元格分为2列。

找到这个单元格的<td></td>标识，在里面插入如下所示的一个2行1列表格的代码：

```
<table width="500" border="0" >
  <tr>
    <td><div align="center">冬季：12：00~~1：30</div></td>
  </tr>
  <tr>
    <td><div align="center">夏季：12：00~~2：00</div></td>
  </tr>
</table>
```

插入代码后的文件如图9-49所示。对应浏览器中的效果如图9-50所示。

说明　这里要将表格的边框宽度设为0，这样从浏览器中就看不出是单元格中嵌套表格的了。

其他一些复杂结构的表格，都可以使用表格中嵌套表格的方法制作出来。

关于手写代码制作表格就讲到这里了，要想熟练掌握HTML语言，一方面要自己多多练习，另一方面还可以研究别人做得好的网页的源代码，从中吸取精华的东西。

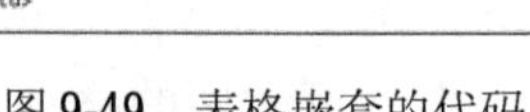

图 9-49　表格嵌套的代码

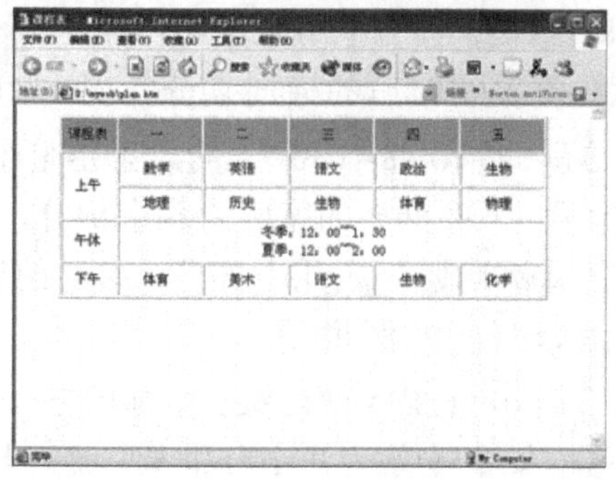

图 9-50　表格嵌套的效果

9.5　框架结构页面的制作

在用 Dreamweaver 8 制作网页的过程中，讲过框架结构页面实际是由一个总的框架页面和各个分框架页面构成。用手写代码制作框架结构页面时，各个分框架页面和总框架文件都要单独编写。分框架页面其实就是一个个普通的网页文件，这里我们主要讲总框架页面的编写方法。

9.5.1　基本结构

（1）首先将 5 个分框架文件"frametop.htm"、"framedown.htm"、"frameleft.htm"、"framecenter.htm"和"frameright.htm"复制到读者的站点文件夹下。

（2）用记事本新建一个文件，并保存在读者站点文件夹下，取名为"frame_whole.htm"。

（3）将下面这段代码，拷贝到"frame_whole.htm"文件中：

```
<head>
<title>框架结构</title>
<meta http-equiv="Content-Type" content=text/html; charset=gb2312>
</head>
<frameset rows=150,*>
<frame src=frametop.htm name=top>
<frame src=framedown.htm name=down>
</frameset>
</html>
```

（4）一个网页中本来应该必须有<body></body>标识，但是在框架结构的页面中用<frameset></frameset>标识来代替<body></body>。

<frameset></frameset>标识代表包含分框架的总框架。<frameset>有“rows”和“cols”属性，它们是用来说明屏幕上划分窗口的数量以及各个窗口的大小的。“rows”属性的值说明窗口的横向划分情况；“cols”属性的值则说明窗口纵向划分情况。

这里的“rows=150,*”的意思是整个窗口划分成上下两个框架，上面框架的宽度是150像素，下面框架的宽度为剩余部分，也可以具体指定数值。Rows属性后面有几个数字，窗口就被划分成几个部分。这里的数字可以使用像素、百分比以及“*”号作为单位。在后面会举例说明。

（5）<frameset></frameset>标识与<frame>标识要配合使用，<frame>是单个框架的标识。总框架中被分为几个分框架，就有几个<frame>标识。

<frame>标识中的“src”属性用来指定这个框架中网页文件的路径，“name”属性是一个框架的名称，后面在设定框架之间的链接时将用到这个属性。

对应的框架结构的页面如图9-51所示。

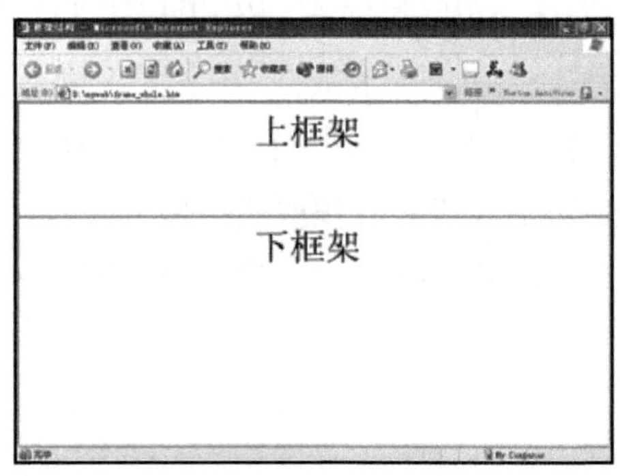

图9-51　框架结构的页面

（6）<frameset></frameset>标识可以嵌套使用，就是<frameset></frameset>中再加入<frameset></frameset>，这样可以满足在框架中再分框架的要求，将前面那段代码改为如图9-52所示的代码。对应浏览器中的效果效果如图9-53所示。

图9-52　增加框架

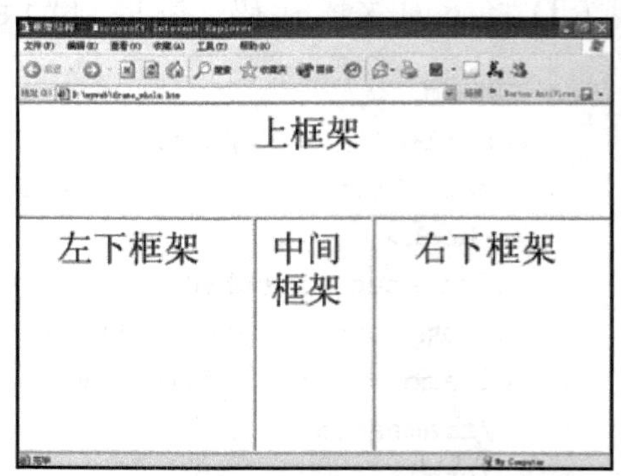

图9-53　浏览器中的多框架结构效果

再来仔细观察这段代码，原来表示下框架的<frame src=framedown.htm name=down>代码，被一段包含3个页面的大框架代替了。

```
<frameset cols=2*,*,2*>
        <frame src=frameleft.htm name=left >
        <frame src=framecenter.htm name=center>
        <frame src=frameright.htm name=right>
   </frameset>
```

这个大框架被分为左、中、右3个框架，这3个框架的宽度比例是2∶1∶2，就是“cols=2*,*,2*”这句代码的体现。

按照这种方法可以制作出十分复杂的页面结构。

9.5.2 框架的各种属性

前面我们制作的是最基本的框架结构的页面，下面再来为这个页面设置一些常用的属性。

（1）切换到浏览器中，将鼠标移到框架的边框线上，光标会变成双箭头形，拖动它可以随意地改变边框的大小，如果不想让浏览者能改变边框的大小，那么在相应的分框架标识即<frame>尖括号中，加上“noresize”这个属性就可以了，如图9-54所示。

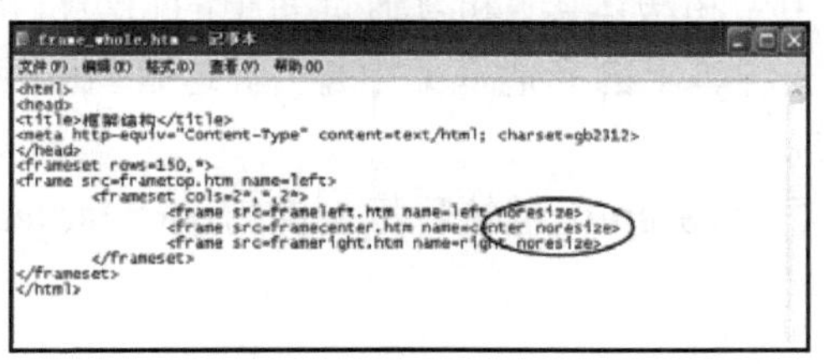

```
<html>
<head>
<title>框架结构</title>
<meta http-equiv="Content-Type" content=text/html; charset=gb2312>
</head>
<frameset rows=150,*>
<frame src=frametop.htm name=left>
        <frameset cols=2*,*,2*>
                <frame src=frameleft.htm name=left noresize>
                <frame src=framecenter.htm name=center noresize>
                <frame src=frameright.htm name=right noresize>
        </frameset>
</frameset>
</html>
```

图9-54　防止调整框架大小的代码

（2）还可以控制边框线的有无，以及边框的粗细和颜色。在<frameset>标识的尖括号中加上“frameborder=0”这个属性，可以隐藏这个框架中各个分框架的边框线，如图9-55所示。“frameborder”属性的值也可以是“yes”或“no”，设为“yes”时显示边框线，设为“no”时将隐藏边框线，如图9-56所示。

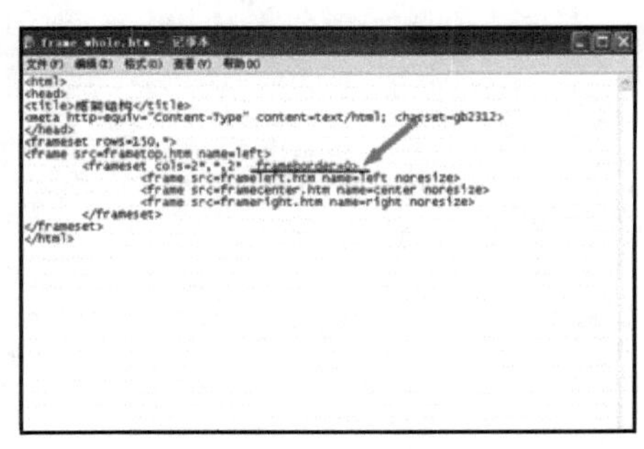

```
<html>
<head>
<title>框架结构</title>
<meta http-equiv="Content-Type" content=text/html; charset=gb2312>
</head>
<frameset rows=150,*>
<frame src=frametop.htm name=left>
        <frameset cols=2*,*,2* frameborder=0>
                <frame src=frameleft.htm name=left noresize>
                <frame src=framecenter.htm name=center noresize>
                <frame src=frameright.htm name=right noresize>
        </frameset>
</frameset>
</html>
```

图9-55　隐藏边框线

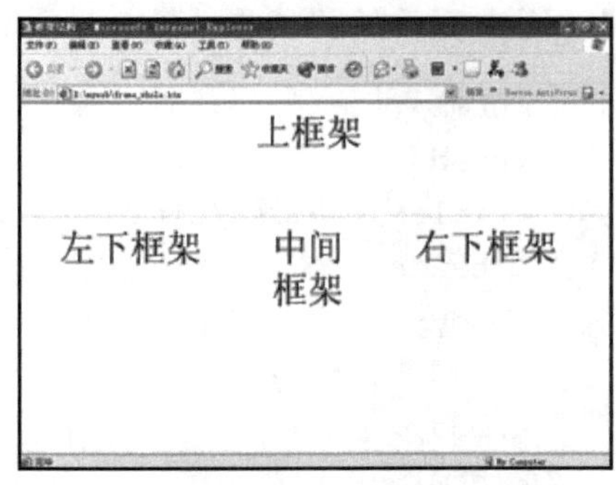

图9-56　隐藏边框线的效果

（3）要想改变边框的粗细，需要先将“frameborder”属性设为“yes”，然后再设置一个“border”属性，将它的数值设为具体宽度数值即可，例如要设置边框的宽度为10个像素，代码这样写："frameborder=yes border=10"，如图9-57所示。对应的效果图如图9-58所示。

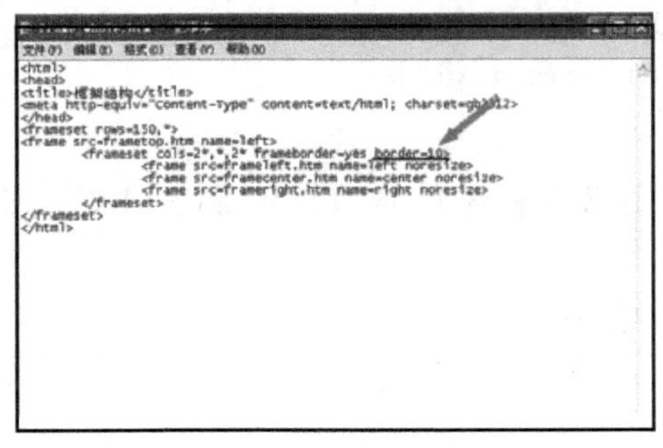
图9-57　设置边框线的粗细

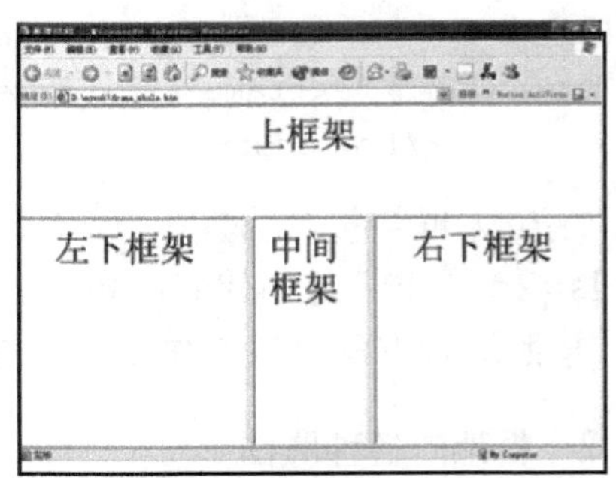

图9-58　加粗边框线

（4）还可以改变边框线的颜色，这需要在<frameset>标识的尖括号中再加一个"border-color"属性，它的值可以是英文单词，也可以是16进制的RGB颜色值。

9.5.3　框架结构之间的链接

在框架结构的页面中做超级链接，和普通页面中的超级链接类似，只是框架结构页面的超级链接可以在同一屏幕上的其他框架中打开，这时"target"属性的值要设为目标框架的"name"属性的值。

HTML的代码一般是："<a href=链接目标文件的路径 target=目标框架名称>链接文字或图片</a>"。

9.6　其他HTML标记一览

HTML的功能是十分强大的，在这里由于篇幅的限制，不可能详细地讲解每一个标识的使用，所以下面给出一些常用的格式标识。

1. Web页面结构纲要

```
<html>
<head>
<title>页面标题</title>
</head>
<body>
……网页主体内容
</body>
</html>
```

2. 链接标识

外部链接：<a href=目标文件路径>链接文本</a>

锚点链接：<a name=锚点名称>链接文本</a>
电子邮件：<a href = "mailto:电子邮件地址">链接文本</a>

3. 列表标识

（1）编号列表。

```
<UL>
<LI>第一项
<LI>第二项
……
</UL>
```

（2）符合列表。

```
<OL>
<LI>第一个符号
<LI>第二个符号
……
</OL>
```

4. 格式化标识

粗体：<B>要显示为粗体的文本</B>
斜体：<I>要显示为斜体的文本</I>
下划线：<U>要显示为带下划线的文本</U>
预格式化：<PRE>定义好的文本</PRE>
上标字：^{要显示为上标的文本}
下标字：_{要显示为下标的文本}

5. 段落类标识

新段落：<P></P>
水平线：<HR>
换行符：

6. 位置类标记

居中显示：<center>要居中显示的文本</center>
居左显示：<p align=center>要居左显示的文本</p>
居右显示：<p align=right>要居右显示的文本</p>

7. 表格类标识

（1）基本表格标识。

```
<table>
<tr>
```

```
    <td>第一个单元格中的内容 </td>
    <td> 第二个单元格中的内容</td>
</tr>
</table>
```

（2）表格中的位置标识。

```
水平对齐：<td align=left|center|right>内容</td>
垂直对齐：<td valign=top|middle|bottom>内容</td>
```

8. 表单类标识

```
表单标识：<form></form>
插入单行文本输入栏：<input type="text" name="textfield">
插入多行文本输入栏：<textarea name="textfield"></textarea>
插入密码输入栏：<input type="password" name="textfield">
插入单选按钮：<input type="radio" name="radiobutton" value="radiobutton">
插入复选框：<input type="checkbox" name="checkbox" value="checkbox">
插入下拉列表框：
<select name="select">
            <option>a</option>
            <option>b</option>
                ……
</select>
插入文件选择框：<input type="file" name="file">
插入提交按钮：<input type="submit" name="Submit" value="Submit">
插入清除按钮：<input type="submit" name="Reset" value="Submit">
```

9.7 使用Dreamweaver编写HTML代码

9.7.1 Dreamweaver中的HTML源码编辑窗口

Dreamweaver 8为用户提供了两种源代码编辑窗口的显示方式。单击【代码】按钮，则在整个窗体显示代码窗口；单击【拆分】按钮，就会使窗体分为上下两个界面，上部是代码窗口，下部是设计窗口。如此一来，就可以看到当前编辑文档的源代码，用户可以像使用其他文本编辑器那样使用它。

启动Dreamweaver 8后，单击编辑状态切换按钮，即可启动源代码的编辑窗口，如图9-59所示。

9.7.2 使用代码窗口的快捷菜单

1. 快捷菜单

在HTML源代码编辑器的窗口中，单击鼠标右键，可以打开一个快捷菜单。该菜单允许用户进行文本的复制、粘贴、剪切以及查找、替换等操作，如图9-60所示。

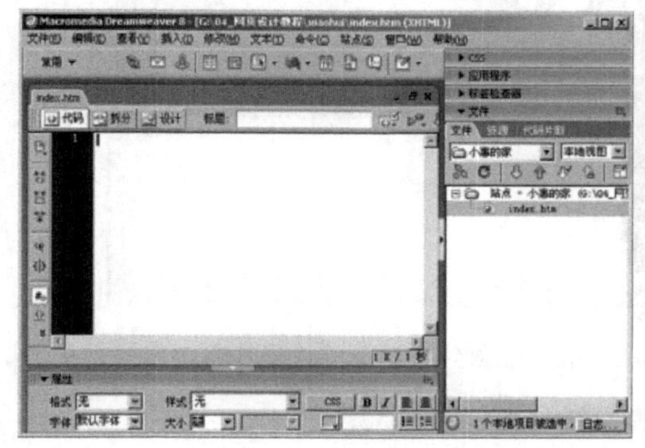

图9-59 启动HTML源代码编辑窗口

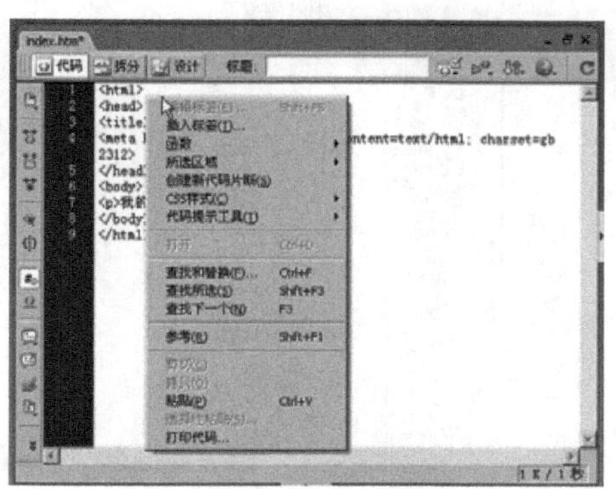

图9-60 快捷菜单

2. 显示行号

在HTML源代码编辑器窗口中，单击【视图选项】按钮，在下拉列表中选中【行数】命令，则在源代码检视器窗口中对每个HTML语句自动显示行号，以便于定位。

3. 自动换行

在HTML源代码编辑器窗口中进行代码编辑时，常常会出现一行代码过长而不得不通过横向滚动才能完全看到的情况，非常麻烦。这时可以单击【视图选项】按钮，在下拉列表中选中【自动换行】命令，激活窗口的自动换行特性。这时，如果一行代码过长，则会自动在窗口的边缘回行。

9.7.3 代码片断面板

1. 用代码片断面板插入代码片断

打开代码片断面板，如图9-61所示。在代码片断面板中可以存储HTML，JavaScript，CFML，ASP，JSP的代码片断，这样当需要重复使用这些代码时，就可以很方便地重用这些代码，或者创建并存储新的代码片断。在代码中选择希望插入的代码片断，然后直接单击面板上的【插入】按钮，即可将代码片断插入至页面。

使用Dreamweaver 8预先存储的代码片断，可以快速创建一些页面元素。例如，想要在页面插入一个关闭页面的按钮，则可以选定代码片断面板中的【表单元素】/【关闭窗口按钮】，在文档中定位插入点，然后在代码片断面板中双击【关闭窗口按钮】或直接拖曳它到文档中。打开代码窗口，可以看到文档中插入了如图9-62所示的HTML代码。

添加代码后，在浏览器中预览时的页面效果如图9-63所示，此时单击【Close Window】按钮即可关闭窗口。

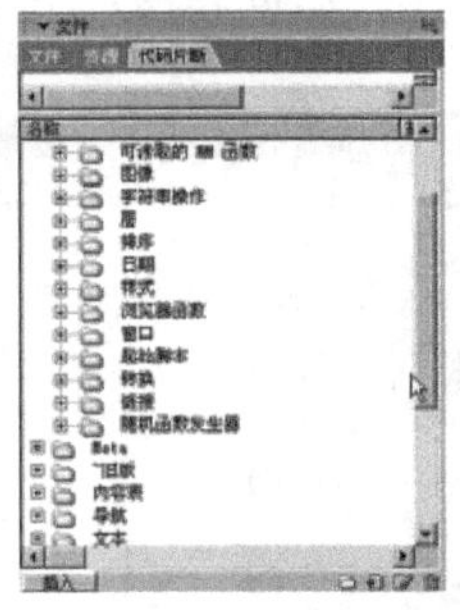

图 9-61 代码片断面板

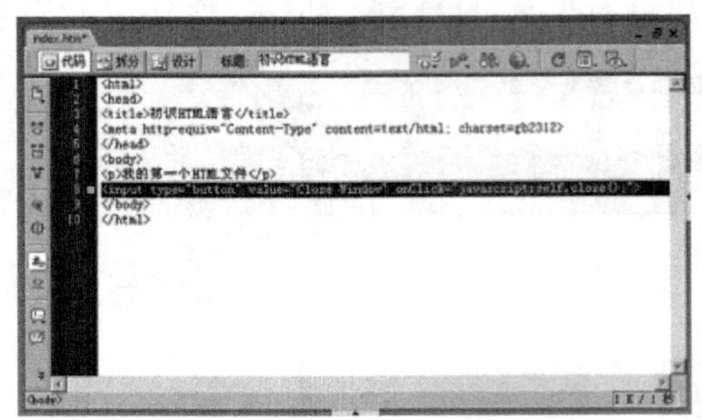

图 9-62 插入到页面中的代码片断内容

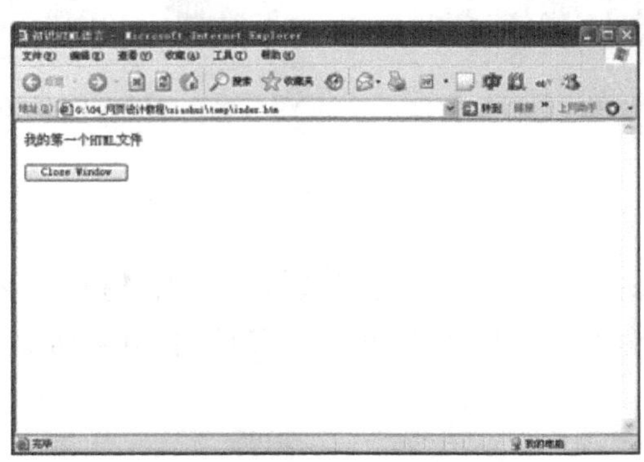

图 9-63 页面效果

2. 创建自己的代码片段

如果用户自己编写了一段代码，并希望在其他页面中重复使用，可通过使用代码片断面板创建自己的代码片断，从而实现代码的重复使用，具体的操作方法如下：

（1）在该面板中单击【新建代码片段文件夹】按钮，创建一个名为user的文件夹，然后单击面板下方的【新建代码片段】按钮，如图9-64所示。

（2）在弹出的【代码片段】对话框中填写好各项内容，然后单击【确定】按钮，就可以把自己的代码片段添加到代码片段面板。这样，就可以在设计任意网页时随时取用，如图9-65所示。

图 9-64 【代码片段】对话框

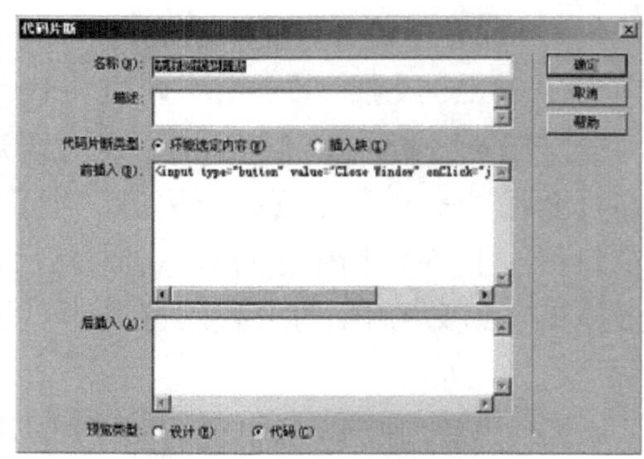

图 9-65 创建新代码片段

3. 编辑和删除代码片段

编辑和删除代码片段面板中代码片断的操作方法是：在代码片段面板中，选择要编辑和删除的代码片段，然后单击该面板下方的【编辑代码片段】或【删除】按钮，或在选定的代码片段上右击，从弹出的菜单中选择【编辑】或【删除】命令，如果选择的是【编辑】命令，则接着会弹出【代码片段】对话框，在此就可以编辑原来的代码了。

9.8　习题与上机操作

1．填空和选择

（1）HTML标记是由＿＿＿＿＿＿和＿＿＿＿＿＿所括住的指令。

（2）用来创建表格中的行的HTML代码是（ ）。

A. <table></table>　　B. <td></td>

C. <tr></tr>　　D. <th></th>

2．简答题

通常情况下，一个完整的HTML文件由哪两部分组成？各包含哪些内容？

3．操作题

（1）用html代码编写一个课程表。

（2）用html代码制作一个框架页。

第10章　行　　为

教学目标

浏览网页时经常会看到变化的图像、滚动的新闻和弹出的公告等，这些动态效果一直被很多网友所钟爱，这也成为网站具有生命力的原因之一。本章利用行为扩展功能，可以非常容易地实现这些动态效果。

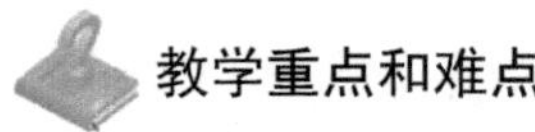

教学重点和难点

有关行为的概念；弹出警示对话框和通告页；状态栏上显示文字；制作下拉菜单和跳转菜单。

10.1　行为简介

Dreamweaver提供了二十几种行为。这些行为能够实现为网页添加诸如播放音乐、显示/隐藏层、弹出消息和打开新浏览器窗口等功能。

一个行为是由一个事件（Event）所触发的动作（Action），所以把行为又称为对事件的响应，是被用来动态响应用户操作、改变当前页面效果或是执行特定任务的一种方法。事件是浏览器产生的有效信息，也就是访问者对网页所做的事情。例如，单击某个图像、鼠标经过指定的元素等，浏览器便会生成相应的onMouseronClick（鼠标单击）、onMouseronOver（鼠标经过）等事件。这些事件通过调用事先已经写好的与此事件关联的JavaScript语言来响应这个动作，使网页发生预先定义好的种种变化。有些事件在没有用户交互时也可以生成，例如设置页面每10秒钟自动重新载入。

事件依赖于元素（物件）的存在而存在，如果想应用某事件，必须选中页面中的元素。一个事件也可以触发许多动作，可以通过时间的设定来定义动作执行的先后顺序。

提示　不同的浏览器、同一个浏览器的不同版本对事件支持不尽一致，通常来说，高版本的浏览器支持的事件要比低版本支持的多，而IE比Netscape支持的事件多。

首先需要明确行为的概念，所谓行为，就是一段预定义好的程序代码通过浏览器的解释并响应用户操作的过程。如果读者擅长JavaScript语言，也可以自己编写行为。

10.1.1 附加行为

理解了行为的概念，我们可以将行为附加到整个文档，即附加到body标签，还可以附加到链接、图像、表单元素或多种其他HTML元素中的任何一种。

1. 添加行为

在页面上选择一个需要添加行为的对象，例如一个图像或一个链接，执行【窗口】|【行为】命令，打开【行为】面板，如图10-1所示。单击【行为】面板上的【添加行为】按钮，从弹出的菜单中（见图10-2）选择一个动作，如【弹出信息】命令，在打开的相应动作设置对话框中设置好各个参数后返回到【行为】面板。

图10-1 【行为】面板

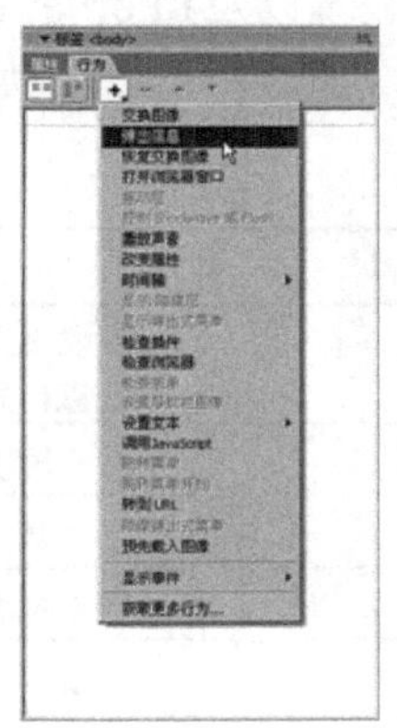

图10-2 【添加行为】菜单

2. 定义事件

动作设置好以后，就要定义事件了。在【行为】面板中，单击【事件】栏右侧的下拉按钮，在弹出的下拉列表框中选择一个合适的事件，如图10-3所示。

这样完成操作以后，和当前所选对象相关的行为就会显示在行为列表中，如果设置了多个事件，则按事件的字母顺序进行排列。如果同一个事件有多个动作，将以在列表上出现的顺序执行这些动作。如果行为列表中没有显示任何行为，就表示没有行为附加到当前所选的对象。如图10-4所示的【行为】面板中显示了3个行为。

图10-3 选择事件

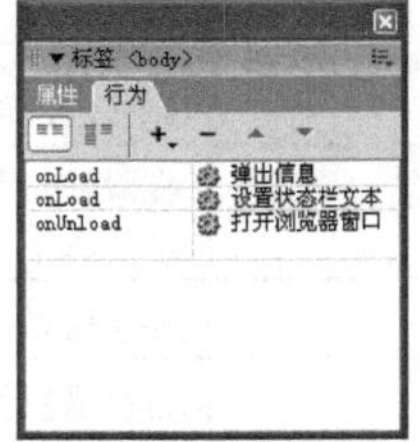

图10-4 【行为】面用HTML编写网页板中定义的行为列表

在为某一对象附加了行为之后，还可以改变触发动作的事件、添加或删除动作以及改变动作的参数等。修改行为的具体操作为：选择一个附加了行为的对象，执行【窗

口】|【行为】命令，打开【行为】面板，然后执行下列操作之一。

（1）删除行为。将其选中然后单击【删除事件】按钮 - 或按Delete键。

（2）改变动作参数。双击该行为名称或将其选中并按Enter键，然后更改对话框中的参数，最后单击【确定】按钮。

（3）改变给定事件的动作顺序。选择某个动作然后单击【降低事件值】按钮 ▼ 或者单击【增加事件值】按钮 ▲ 。也可以选择该动作，然后剪切它，并粘贴到所需的位置。

10.1.2 动作概述

Dreamweaver 8内置了多个行为动作，这些自带的行为动作是为了在Netscape Navigator 4.0和更高版本以及Internet Explorer 4.0和更高版本中使用而编写的。下面对常用动作的名称及其功能进行说明，如表10-1所示。

表10-1 动作列表

动作名称	动作的功能
交换图像	发生设置的事件后，用其他图片来取代选定的图片。此动作可以实现图像感应鼠标的效果
播放声音	设置事件发生后，播放连接的声音
打开浏览器窗口	在新窗口中打开URL，可以定制新窗口的大小
弹出信息	设置事件发生后，显示警告信息
调用JavaScript	事件发生时，调用指定的JavaScript函数
改变属性	改变选定客体的属性
恢复交换图像	此动作用来恢复设置“交换图像”，却又因为某种原因而失去交换效果的图像
检查表单	此动作能够检测用户填写的表单内容是否符合预先设定的规范
检查插件	确认是否设有运行网页的插件
检查浏览器	根据访问者的浏览器版本，显示适当的页面
控制Shockwave或Flash	本动作作用于控制Shockwave或Flash的播放
设置导航条图像	制作由图片组成菜单的导航条
设置文本	（1）设置层文本：在选定的层上显示指定的内容 （2）设置框架文本：在选定的框架页上显示指定的内容 （3）设置文本域文字：在文本字段区域显示指定的内容 （4）设置状态条文字：在状态栏中显示指定的内容
时间轴	用来控制时间轴的动作。可以播放、停止动画，或者移动到特定的帧上
跳转菜单	制作一次可以建立若干个链接的跳转菜单
跳转菜单开始	在跳转菜单中选定要移动的站点后，只有单击【开始】按钮才可以移动到链接的站点上
拖动层	使层可以被拖动，当浏览者在层上按下鼠标不放并拖动时，层会跟随鼠标移动
显示—隐藏层	根据设置的事件，显示或隐藏特定的层
显示弹出式菜单	此动作专门用来制作一个响应事件的弹出式菜单
隐藏弹出式菜单	此动作与【显示弹出式菜单】对应使用
预先载入图像	为了在浏览器中快速显示图片，事先下载图片，然后显示出来
转到URL	选定的事件发生时，可以跳转到指定的站点或者网页文档上

10.1.3 常见事件类型简介

事件决定了为某一页面元素所定义的动作在什么时候被执行，即在何时触发一个动作。需要注意的是不同版本的浏览器所支持的事件类型也不相同。根据所选对象在【显示事件】菜单（选中某一对象后单击【行为】面板中的加号按钮，从弹出菜单中选择【显示事件】项）中所选择浏览器的不同，显示在【行为】面板的【事件】弹出菜单的事件将有所不同，如图10-5所示。例如对于同一个元素，Internet Explorer 4.0比Netscape Navigator 4.0具有更多的事件。

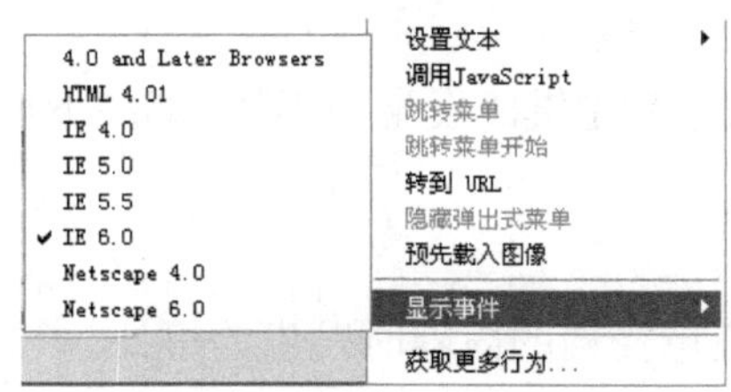

图10-5 浏览器版本的选择

技巧 选择的浏览器版本越高，所支持的事件就越多。但并不是事件越多就越好，因为并不是所有人都使用的是最高版本的浏览器。

下面分类说明Dreamweaver 8中的一些主要事件。

1. 有关窗口的事件

onAbort：在浏览器中停止加载网页文档操作时发生的事件。

onMove：移动窗口或者框架窗口时发生的事件。

onLoad：选定的对象出现在浏览器中时发生的事件。

onResize：访问者改变窗口或者框架窗口的大小时发生的事件。

onUnload：访问者退出网页文档时发生的事件。

2. 有关鼠标和键盘的事件

onClick：用鼠标单击选定元素的一瞬间发生的事件。

onBlur：鼠标指针移动到窗口或者框架窗口外部，即在这种非激活状态下发生的事件。

onDragDrop：拖动并放置选定元素的一瞬间发生的事件。

onDragStart：拖动选定元素的一瞬间发生的事件。

onFocus：鼠标指针移动到窗口或者框架窗口上，即在激活以后发生的事件。

onMouseOver：鼠标位于选定元素上方时发生的事件。

onMouseUp：按下鼠标再放开左键时发生的事件。

onMouseOut：鼠标移开选定元素时发生的事件。

onMouseDown：按下鼠标时（不放开左键）发生的事件。

onMouseMove：鼠标指针经过选定元素上方时发生的事件。

onScroll：当浏览者拖动滚动条时发生的事件。

onKeyDown：在键盘上按住特定键时发生的事件。也就是按下特定键还没有松手时发生的事件。

onKeyPress：按键盘上特定键时发生的事件。即按下特定键并马上松手时发生的事件。

onKeyUp：在键盘上按下特定键时发生的事件。即按下特定键松开手时发生的事件。

3. 有关表单的事件

onAfterUpdate：更新表单文档的内容时发生的事件。

onBeforeUpdate：改变表单文档的项目时发生的事件。

onChange：访问者修改表单文档的初始值时发生的事件。

onReset：将表单文档重新设置为初始值时发生的事件。

onSubmit：访问者传送表单文档时发生的事件。

onSelect：访问者选定文本字段中的内容时发生的事件。

4. 其他事件

onError：在加载文档过程中，发生错误时发生的事件。

onFilterChange：运用于选定元素的字段变化时发生的事件。

Onfinish Marquee：用Marquee功能来显示的内容结束时发生的事件。

Onstart Marquee：开始应用Marquee功能时发生的事件。

10.2 应用行为

通过上一节的介绍，我们对Dreamweaver 的行为有了一个概括的了解，本节将通过4个简单实例的讲解，使读者掌握Dreamweaver 8行为的基本应用。

10.2.1 弹出警示对话框

“弹出信息”行为的使用方法比较简单而且非常有用，所以是一个常用的行为。利用这个行为，可以在网页中弹出信息框，比如弹出警告信息等。下面以“小慧的家”站点主页面文档为例，制作一个加载网页文档时显示欢迎词的效果。操作步骤如下：

（1）打开“小慧的家”站点主页面文档。首先打开“小慧的家”站点的主页面文档“ index.htm”。

（2）添加“弹出信息”行为。在【标签选择器】中单击<body>标签，选定整个网页文档，在【行为】面板中单击【添加行为】按钮，在弹出的菜单中执行【弹出信息】命令。在【弹出信息】对话框的【消息】文本区域中输入“欢迎您访问小慧的家网站！”文字，如图10-6所示，最后单击【确定】按钮。

（3）设置事件。为了在加载网页文档时显示弹出信息，在【行为】面板中把事件设置为“onLoad”。完成后的【行为】面板如图10-7所示。

保存页面文档，按F12键在浏览器中查看效果，会发现在加载网页文档的同时弹出信息。弹出的信息框如图10-8所示。

图10-6 【弹出信息】对话框

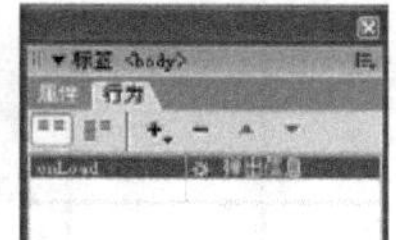

图10-7 【行为】面板

图10-8 弹出信息

10.2.2 弹出通告页

在访问网页的时候经常可以遇到这样的情况：打开网站页面时，同时会弹出写有通知事项或特殊信息的小窗口。利用“打开浏览器窗口”行为就可以制作这种效果。制作通告页的操作步骤如下：

（1）制作网页文档。新建一个网页文档，将其保存为window.htm。创建好后的页面效果如图10-9所示，用户可以根据自己的需要来创建相应内容的页面。

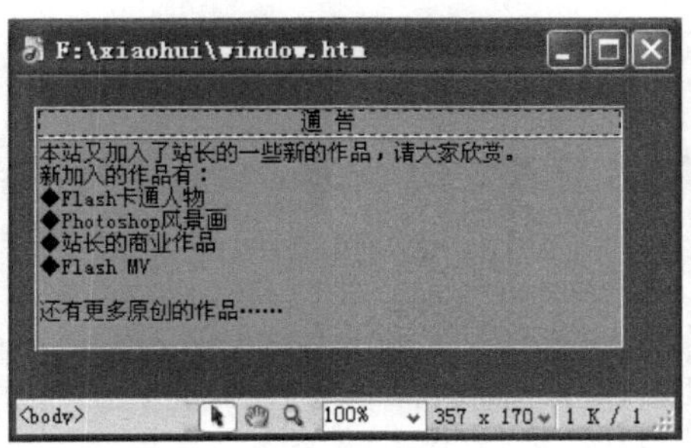

图10-9 window.htm页面效果

提示 在制作通告页的网页文档时，一定要考虑将来弹出窗口的大小。如果用做通告的内容比弹出窗口大，那么在弹出窗口中只截取部分内容来显示。因此，一般情况下应该将用做通告的内容制作得比弹出窗口稍微小一些，这样可以保证在弹出窗口中全部显示。

（2）添加“打开浏览器窗口”行为。另外打开一个页面文档，比如就是“小慧的家”站点的主页面文档index.htm。在【标签选择器】中单击<body>标签来选定整个网页文档，在【行为】面板中单击【添加行为】按钮，在弹出的菜单中选择【打开浏览器窗口】，在弹出的【打开浏览器窗口】对话框中单击【浏览】按钮，打开【选择文件】对话框，如图10-10所示。在【选择文件】对话框中选择“window.htm”文件。

（3）单击【确定】按钮，返回到【打开浏览器窗口】对话框，在其中设置【窗口宽度】为340，【窗口高度】为400，如图10-11所示。

按照前面的步骤在【行为】面板上添加了动作以后，为了在加载网页时显示弹出窗口，将事件设置为onLoad。现在读者可以测试一下网页效果。

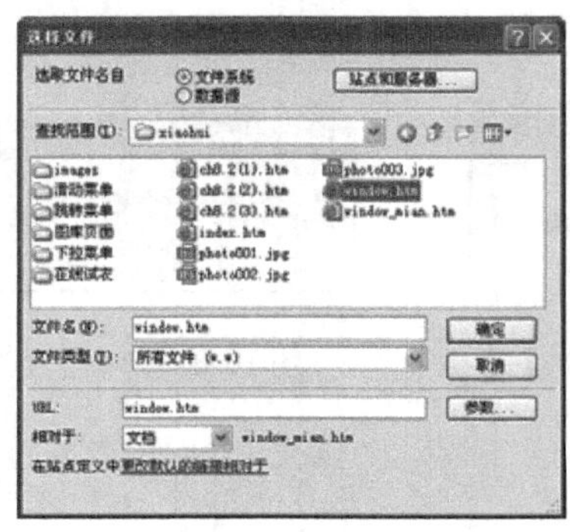

图10-10 【选择文件】对话框

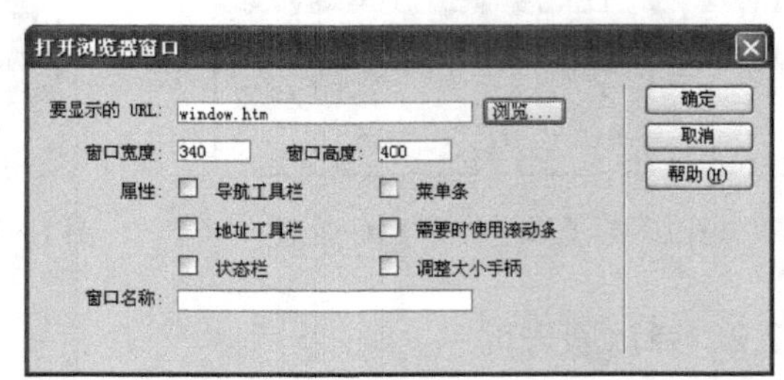

图10-11 【打开浏览器窗口】对话框

10.2.3 设置状态栏

“设置状态栏文本”行为也是一个很常用的行为，利用它可以制作加载网页文档时在状态栏显示欢迎词。或者将鼠标指向网页中的某个元素时，在状态栏显示相关的文字说明。

制作一个网页文件，如图10-12所示。

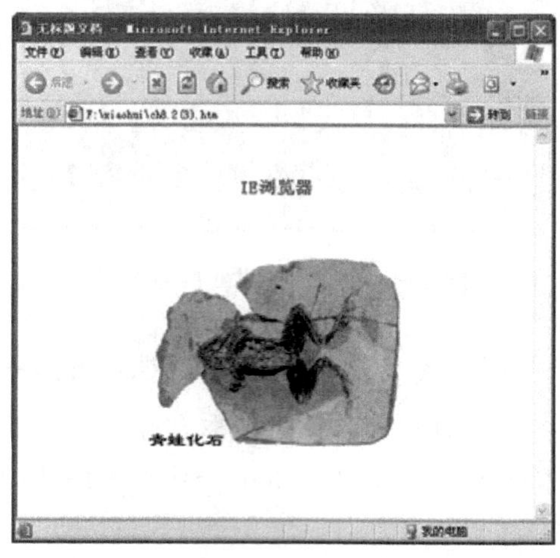

图10-12 制作好的网页效果

具体操作如下：

（1）添加“设置状态栏文本”行为。选择动物化石图片，在【行为】面板中单击【添加行为】按钮，在弹出的菜单中选择【设置文本】下的【设置状态栏文本】项，之后弹出【设置状态栏文本】对话框，在其中的【消息】文本框中输入相关的提示文字，如图10-13所示。单击【确定】按钮以后，“设置状态栏文本”行为就出现在【行为】面板中了。

（2）设置事件。为了实现把鼠标指针放在图片上以后所执行的动作，把事件设置为“onMouseOver”。这时的【行为】面板如图10-14所示。按F12键进行测试，当鼠标移动到图片上时，状态栏将显示出如图10-12所示的相关文字信息。

图10-13 【设置状态栏文本】对话框

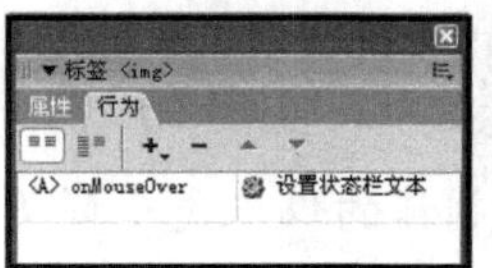

图10-14 【行为】面板

10.3 创建交互菜单功能

利用Dreamweaver 8的行为可以创建丰富灵活的交互菜单功能。

10.3.1 制作下拉菜单

本实例是制作一个简单实用的下拉菜单，页面效果如图10-15所示。

当鼠标移到导航栏上的“动画作品”文字时，弹出下拉菜单。这个下拉菜单效果是利用“显示弹出式菜单”行为实现的。下面介绍本实例的制作过程。

1. 打开实例页面文档

打开要实现下拉菜单效果的页面文档，“小慧的家”站点主页面index.htm。

2. 添加菜单项

在打开的页面上选择“动画作品”文字，在【行为】面板中单击【添加行为】按钮，在弹出的菜单中执行【显示弹出式菜单】命令，弹出【显示弹出式菜单】对话框，在其中的【文本】参数中输入“卡通动画”，这就是下拉菜单的第一个菜单项；然后单击【菜单】右边的【添加项】按钮新增加一个菜单项，在【文本】参数中输入“Flash MV”，这就是下拉菜单的第二个菜单项。按照这样的方法，共添加4个菜单项，如图10-16所示。

图10-15　下拉菜单效果

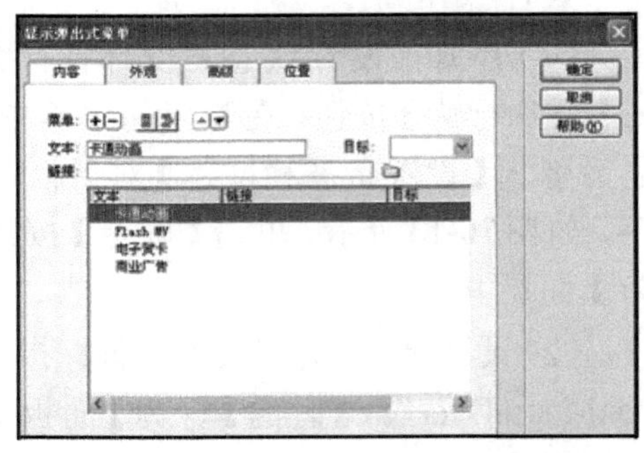

图10-16　添加菜单项

提示　在图10-16所示的【链接】参数中可以设置每个菜单项对应的链接URL。因为现在制作的仅仅是个简单的范例，所以这个参数都是空的，没有给出具体的链接URL。

3. 设置下拉菜单外观

切换到【外观】选项卡，在面板中设置下拉菜单的字体、大小、颜色和背景颜色等参数，如图10-17所示。

4. 设置下拉菜单边框的厚度和颜色

切换到【高级】选项卡，在面板中可以设置下拉菜单边框的宽度和颜色等参数，如图10-18所示。这里我们采用默认值。

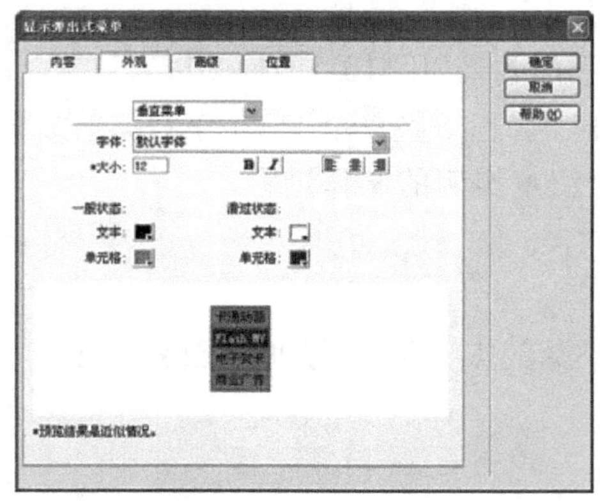

图10-17　设置下拉菜单的外观

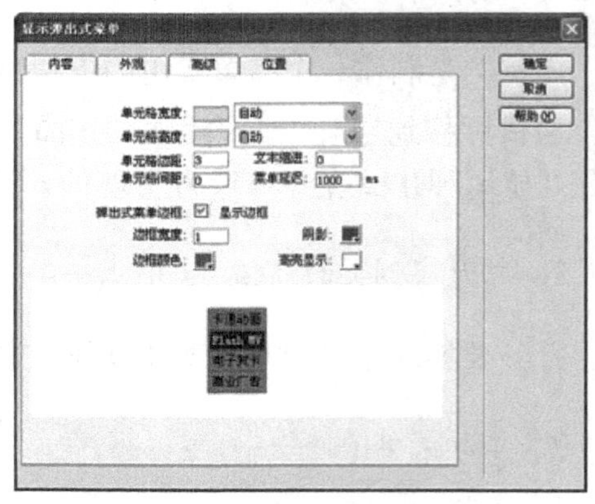

图10-18　【高级】选项卡

5. 设置下拉菜单的位置

切换到【位置】选项卡，在面板中可以设置下拉菜单的坐标位置。在【菜单位置】参数右边选择第一个图标，然后设置【x】坐标值为10，【y】坐标值为20，如图10-19所示。最后，单击【确定】按钮完成本实例制作。这时【行为】面板的情况如图10-20所示。

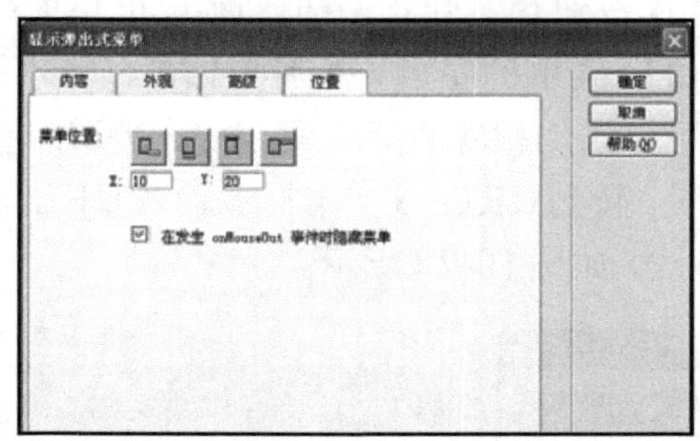

图10-19　设置下拉菜单位置

图10-20　【行为】面板

10.3.2　跳转菜单的制作

1. 打开实例页面

为了制作这个实例，我们事先制作了一个框架页面，如图10-21所示。这是一个包括上下两个框架的页面，页面文档名称为“jumpmenu1.htm”；下框架页面文档名称为“jumpmenu2.htm”；上框架页面文档名称为“jumpmenu3.htm”。读者可以任意制作一个类似结构的网页。

图10-21　事先制作好的实例页面

本实例制作完成以后，当单击跳转菜单中的某个菜单项时，会打开相应的页面文档，这里也事先制作了一个对应某个菜单项的页面文档，文件名是“jumpmenu4.htm”。

2. 创建跳转菜单

打开“jumpmenu1.htm”页面文档，将光标定位在页面右边的空白单元格中，切换到【表单】工具栏，在当前光标处插入一个表单，效果如图10-22所示。

单击【表单】工具栏上的【跳转菜单】按钮，弹出【插入跳转菜单】对话框，在【文本】文本框中输入“小提琴”作为跳转菜单的主题，然后单击【添加项】按钮，添加跳转菜单中的菜单项。根据具体需要可以添加相应的菜单项。如果想实现选择菜单项后跳转到某个特定网页，可以在【选择时，转到URL:】文本框中输入URL地址（也可以单击【浏览】按钮查找得到URL地址），如图10-23所示。

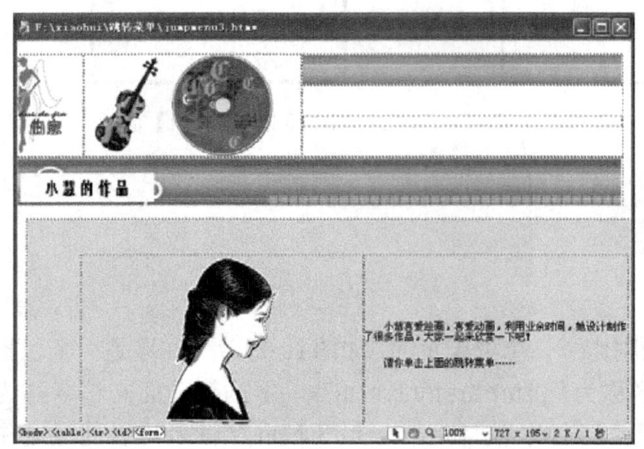

图10-22 插入表单

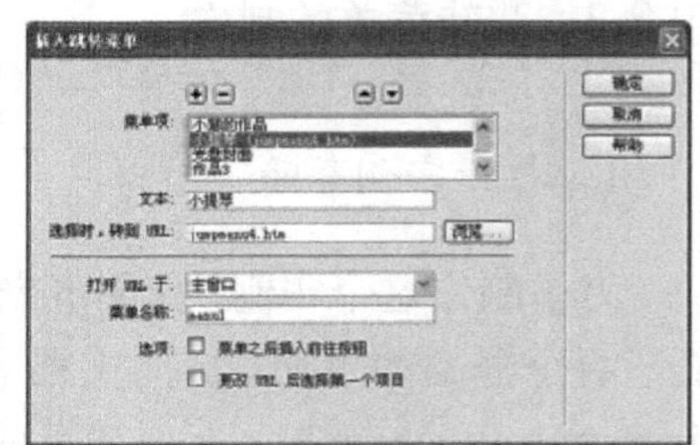

图10-23 添加跳转菜单项图

其他参数都保持不变，最后单击【确定】按钮。保存所有文档以后，在浏览器中测试跳转菜单的效果。在跳转菜单的下拉列表中选择“小提琴”菜单项，如图10-24所示。

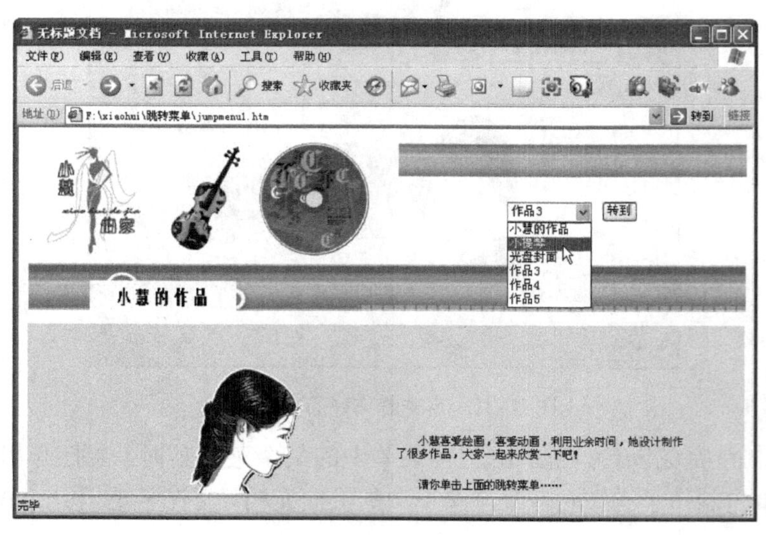

图10-24 选择“小提琴”菜单项

当选择“小提琴”菜单项后，整个框架页面消失，随即在浏览器窗口中出现链接的网页文档（jumpmenu4.htm），如图10-25所示。

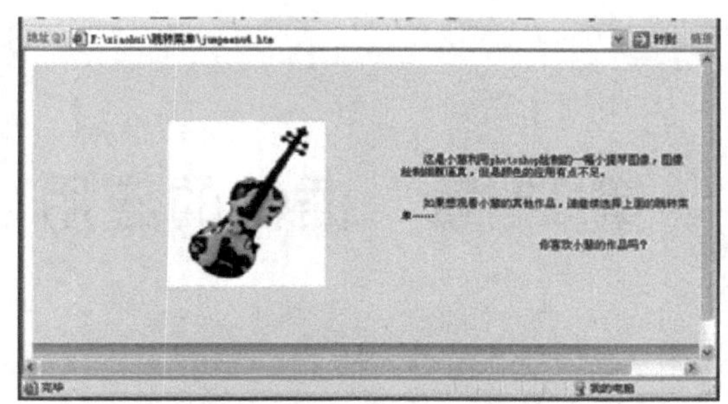

图10-25 单独显示jumpmenu4.htm页面

10.4 习题与上机操作

1．简答题

（1）什么是行为？利用行为可以实现什么功能？

（2）如何用行为实现在网页中弹出信息框的效果？

（3）如何利用行为设置状态栏显示的内容？

2．上机操作

（1）制作一个精彩的下拉菜单。

（2）制作一个页面或者打开一个已有的页面，利用行为制作动态网页效果。

要 求：

① 打开网页时，状态栏显示“欢迎光临我的网页”；

② 打开网页时，弹出“好消息”小窗口；

图10-26所示为制作后的参考效果图。

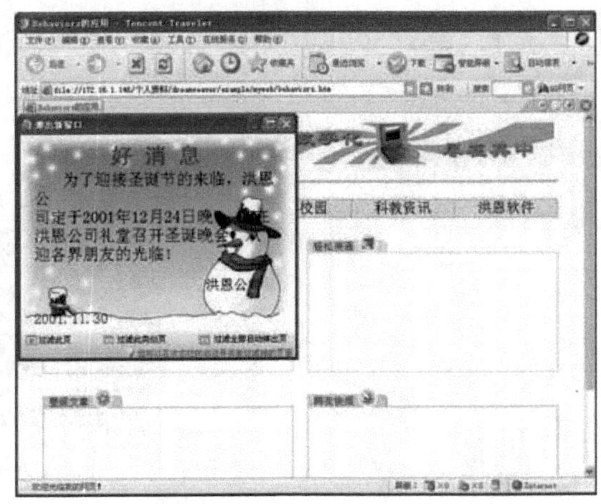

图10-26 页面效果图

第 11 章　插件的应用

教学目标

Dreamweaver易学易用、功能强大，已经成为许多网页制作者的必备工具。如果加入一些插件，更是锦上添花，可以制作出非常精彩的网页。本章要讲的插件是一个以mxp为后缀的文件，它是通过一个扩展管理器来对插件进行管理的，用它可以轻松地管理上百个甚至上千个插件。

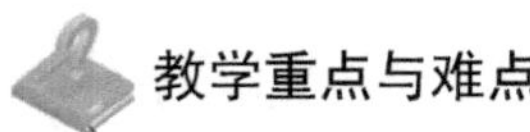

教学重点与难点

添加背景音乐；动态改变窗口大小；插入新增的Flash Button；插入Real视频和音频文件。

11.1　背景音乐的添加

我们事先准备了一个sound.mxp文件，它是一个声音插件，利用它可以给网页添加背景音乐，可设置循环次数。执行【命令】|【扩展管理】命令，弹出【Macromedia扩展管理器】对话框，如图11-1所示。

单击图11-1中的按钮，选择sound.mxp文件后，系统出现提示，单击【接受】按钮继续，如图11-2所示。

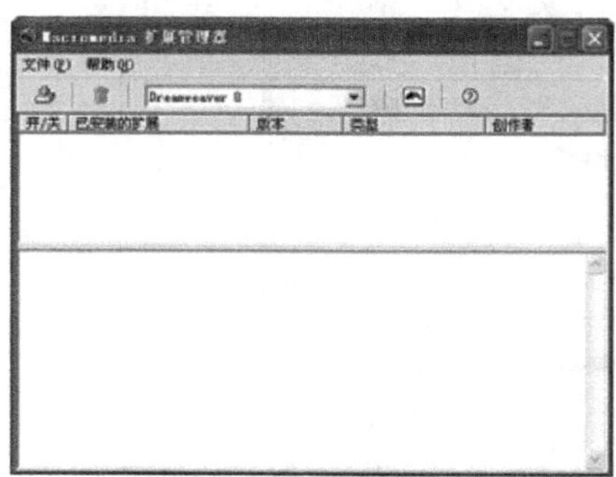

图 11-1　【Macromedia 扩展管理器】对话框

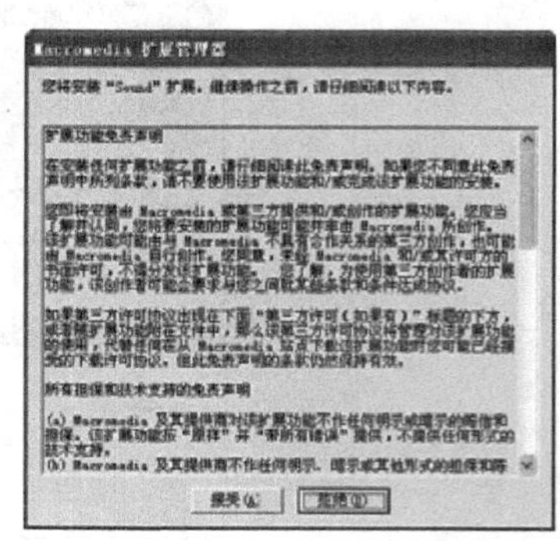

图 11-2　单击【接受】按钮

安装成功后，弹出如图11-3所示的提示框。

图11-3　安装成功提示

单击图11-3中的【确定】按钮后，【Macromedia 扩展管理器】对话框中就多了一个插件，如图11-4所示。另外还有关于这个插件的版本、类型和创作者的信息。

这时【常用】工具栏上就多了一个【Sound】按钮，单击该按钮，弹出【Sound】对话框，单击【Browse】按钮来选择“sound.mid”文件，选择【No of times】单选框，在下面的文本框中输入“2”，表示循环次数为两次。如图11-5所示。

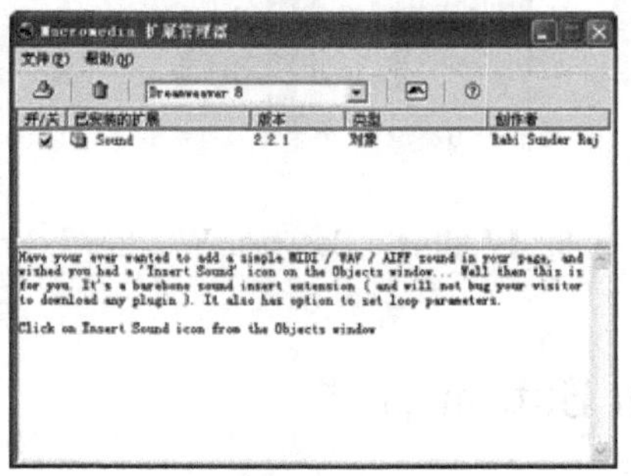
图11-4　Sound插件

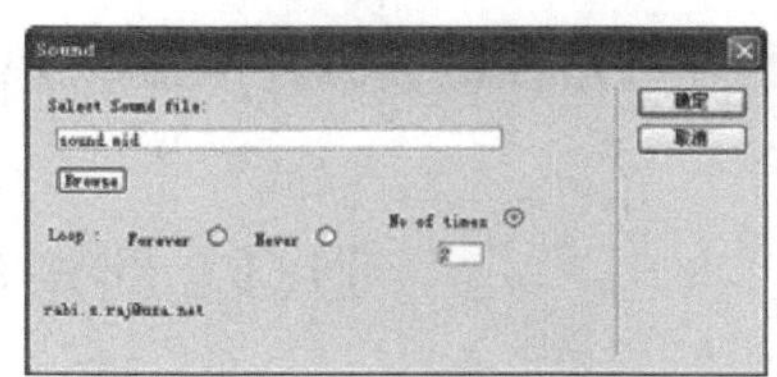
图11-5　【Sound】对话框的设置

将文件保存为“test6.htm”。按F12键进行测试，在打开网页的同时可以听到动听的音乐。

11.2　窗口尺寸的动态改变

利用“animate_window.mxp”插件，可以动态改变窗口的尺寸，改变成固定尺寸或者扩展到全屏。安装过程很简单，这里不再详述。安装该插件后，如图11-6所示。

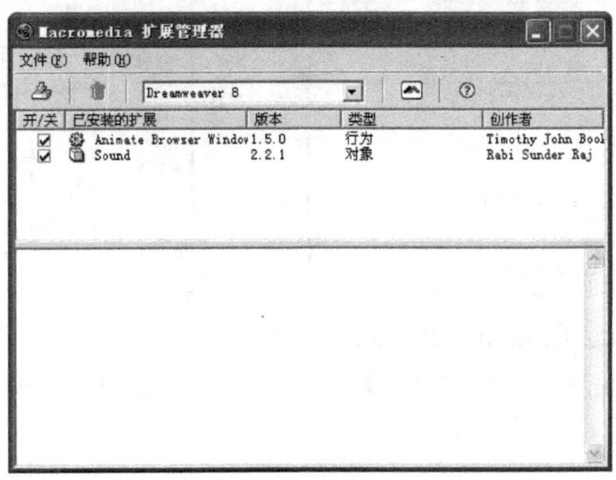
图11-6　安装“animate_window.mxp”插件后的【Macromedia 扩展管理器】

新建一个页面文档并保存为“test7.htm”。单击【行为】面板中的加号（+）按钮，下拉菜单中多了一个【Animate Browser Window】命令，如图11-7所示。

单击【Animate Browser Window】命令，弹出【Animate Browser Window】对话

框，输入开始窗口的大小、结束窗口的大小和改变窗口大小的步长值，如图11-8所示。

保存文档后进行测试时，可以看到窗口由小变大的效果。

图11-7 【Animate Browser Window】命令

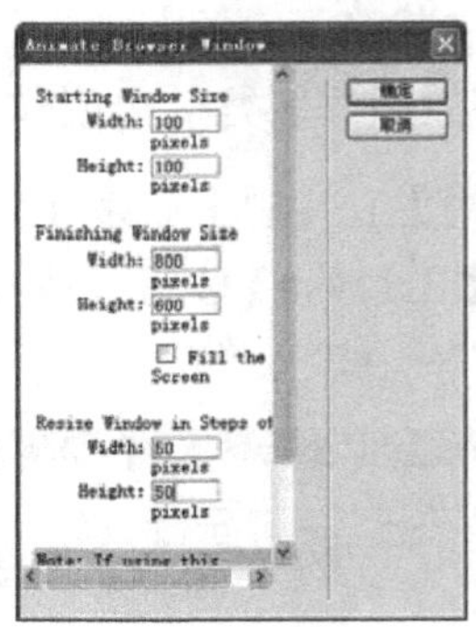

图11-8 【Animate Browser Window】对话框

11.3 新增的Flash Button样式

利用“vmkp_flash_buttons.mxp”插件，可以新增一些Flash Button样式，安装该插件，如图11-9所示。

新建一个页面文档，将文件保存为“test8.htm”。执行【插入】|【媒体】|【Flash按钮】命令，弹出【插入Flash按钮】对话框，可以看到【样式】里多了一些Flash按钮样式，如图11-10所示。可以在编辑页面中制作一些按钮。

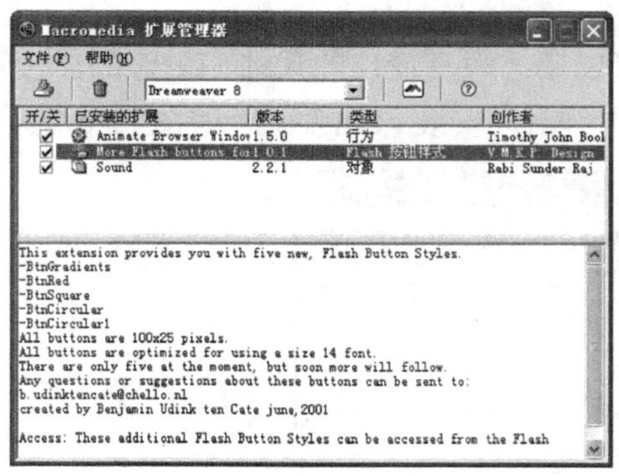

图11-9 安装“vmkp_flash_buttons.mxp”插件后的【Macromedia扩展管理器】

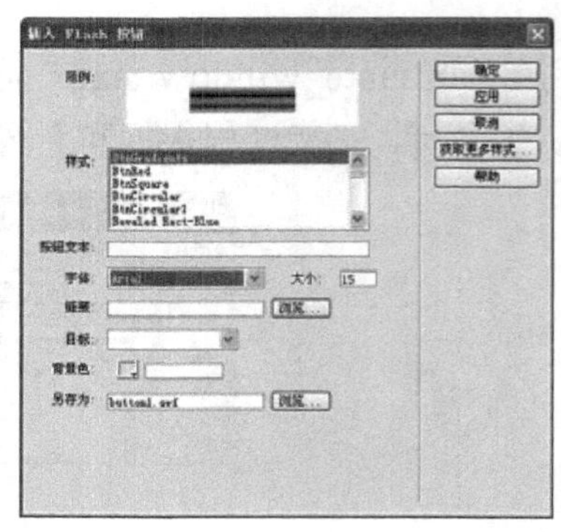

图11-10 【插入Flash按钮】对话框

11.4 Real视频和音频文件的插入

利用“real_networks.mxp”插件，可以在页面中插入流式播放的Real视频和音频文件，安装该插件，如图11-11所示。安装成功后，【插入】工具栏中多了一个【RealAudio】

选项，如图11-12所示。单击该选项可以打开【RealAudio】工具栏。

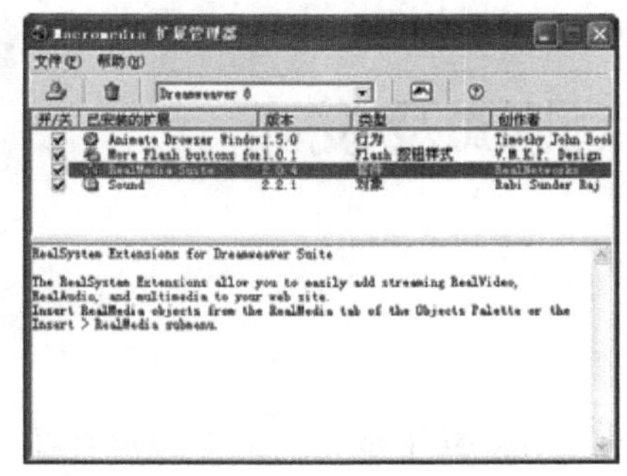

图11-11 安装“real_networks.mxp”插件

图11-12 面板中的【RealAudio】选项

新建一个页面文档，并保存为“test9.htm”（注意必须先保存页面文档，否则按钮将无法使用）。单击【RealMedia Control】按钮，在页面中就添加了一个RealMedia插件。再单击【RealVideo】按钮，选择“clock.rm”媒体文件，如图11-13所示。按F12键后就可以播放RM格式的视频或音频文件了。

图11-13 应用插件

Dreamweaver 的一个重要功能就是支持外挂的插件，而且现在网上有各式各样的插件，并且它们都是免费的。通过使用这些插件，就可以轻而易举地实现许多复杂的网页特效。

11.5 习题与上机操作

上机操作

（1）自己制作一个网页，使用“sound.mxp”插件为网页添加背景音乐。

（2）使用“vmkp_flash_buttons.mxp”插件在网页中插入更精彩的Flash按钮。

（3）使用“real_networks.mxp”插件在网页中插入视频和音频文件。

第12章　站点测试及发布

教学目标

本章主要讲解站点测试的内容和具体的方法，对在网上申请域名和租用服务器空间采取了默认的做法。站点测试是站点制作中一个必不可少的组成部分，只有经过详细全面的测试才能够保证站点能够正确地投入使用，供访问者浏览和使用站点提供的服务。

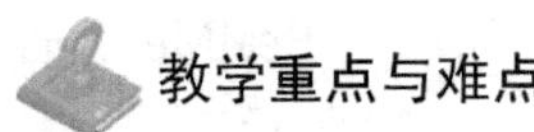

教学重点与难点

站点测试；站点发布。

12.1　IP地址和域名地址

IP地址由4个0~255的数字组成，各个数字之间用圆点隔开（如192.1.1.127）。因特网上的每个站点都有唯一的一个地址。域名地址由几个具有一定意义的英文单词组成（如www.hongen.com），字母不区分大小写，除字母之外还可以使用阿拉伯数字、减号和下划线。

域名地址和IP地址代表同一个网站，访问该站点时输入哪种地址都可以。两种地址之间的相互转换由DNS（域名服务器）完成。用户输入一个域名地址时，DNS会自动搜索对应的IP地址，打开该地址的网站。IP地址和域名地址在因特网上都是唯一的。

域名分级别，从右向左级别依次降低。最右边为顶级域名，通常用3个字母代表网站类型，称为机构域。用2个字母代表主机所在的国家，称为地理域，如表12-1和表12-2所示。

表12-1　机构域

域　名	类　型
.com	商业网站
.org	非盈利性组织机构网站
.gov	政府部门网站
.mil	军事部门网站
.edu	教育部门网站
.net	网络组织或机构网站

表12-2　地理域

域　名	国家和地区	域　名	国家和地区
CN	中国大陆	NZ	新西兰
HK	中国香港	AU	澳大利亚
TW	中国台湾	CA	加拿大
MO	中国澳门	IT	意大利
UK	英国	RU	俄罗斯
US	美国	MX	墨西哥
FR	法国	IL	以色列
DE	德国	EG	埃及
JP	日本	ES	西班牙
KR	韩国	BR	巴西
SG	新加坡	IN	印度
MY	马来西亚	EA	南非

通常将没有国家代码的域名称为国际域名。国际域名用域名的第二层代表机构名或公司名，如ibm.com中的ibm。对于有国家代码的域名，则用第三层代表机构名或公司名，如cctv.com.cn中的cctv。

12.2　站点的测试

站点创建好以后，在上传到服务器空间前需要对站点进行测试。测试内容一般包括以下几点：

（1）网页测试。网页测试包括网页内容、链接的正确性和在不同浏览器中的兼容性。

（2）程序及数据库测试。对于站点中用到的动态网页程序，需要在本机上首先建立服务器环境（Windows 98使用PWS，Windows XP/2000使用IIS），并测试程序是否能正确执行和使用。特别要注意站点使用的数据库的安全。

（3）服务器稳定性、安全性。对于个人的站点服务器，需要测试其稳定性和安全性，以保证访问者能够顺利地访问站点内容并保证站点的安全。对于大多数人来说，使用的站点服务器是租用ISP（Internet服务提供商）的空间，在租用前要详细了解服务器空间的各项技术指标（包括空间大小、是否支持动态网页程序等）以满足实现站点功能的要求。

利用Dreamweaver提供的【结果】面板，可以自动测试站点中的无效链接、得到站点测试报告、检查浏览器的兼容性等。

12.2.1　检测无效链接

执行【窗口】|【结果】命令，打开【结果】面板，单击【链接检查器】选项卡，然后单击左侧【检查链接】按钮图标，在弹出的下拉菜单中选择【为整个站点检查链

接】命令，这样Dreamweaver就会对站点中的所有链接进行自动测试，如图12-1所示。经过上面的步骤，测试的站点中的无效链接就会在【结果】面板中的“断掉的链接”项目下列出断掉的链接、外部链接和孤立链接的详细信息。

图12-1　为整个站点检查链接

根据检查结果，如果要修正某个断掉的链接，可以单击【断掉的链接】下的某一个链接，然后单击最右边黄色的文件夹图标，选择正确的链接文件，对相关网页中的链接进行编辑，修改无效链接即可，如图12-2所示。

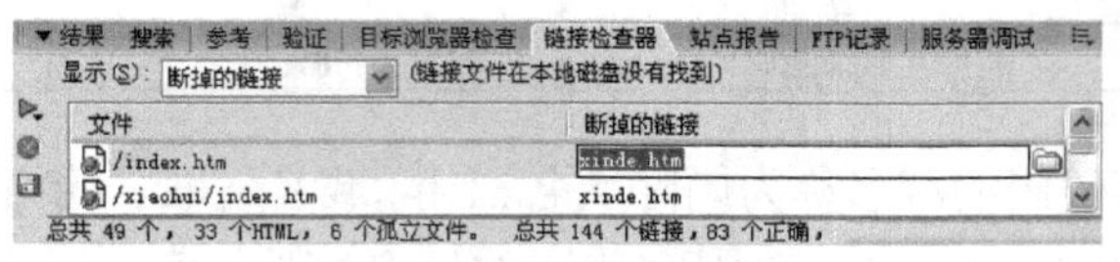

图12-2　修改断掉的链接

12.2.2　站点报告

可以对当前文档、选定的文件或整个站点的工作流程或HTML属性（包括辅助功能）运行站点报告。下面以【整个当前本地站点】的【设计备注】测试为例，测试步骤如下：

（1）在【结果】面板中，单击【站点报告】选项卡。如图12-3所示。

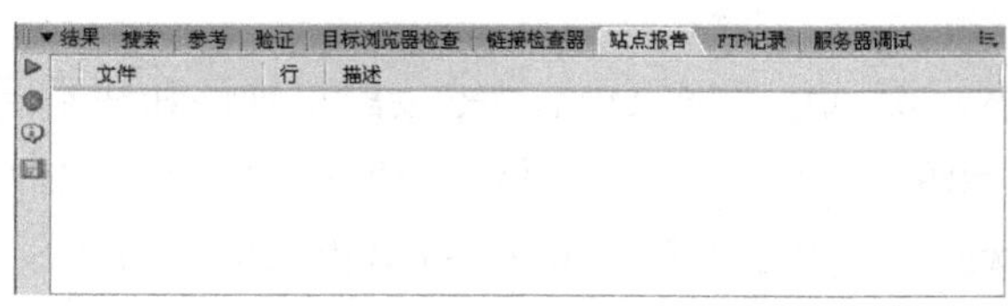

图12-3　选择【站点报告】选项卡

（2）单击左侧【报告】按钮，弹出【报告】对话框，单击【报告在】右侧的下拉按钮，在弹出的下拉列表框中选择【整个当前本地站点】选项，然后在【选择报告】项目中选择要报告的项目，单击【运行】按钮，获得运行报告，如图12-4所示。

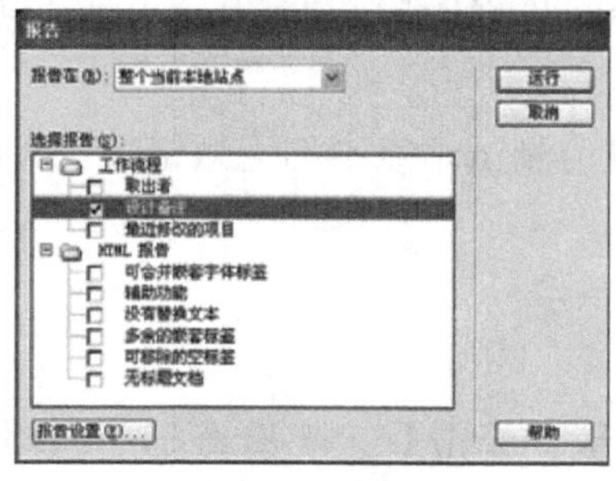

图12-4　【报告】对话框

提示　必须定义远程站点连接才能运行“工作流程”报告。

12.2.3　浏览器兼容性的检查

对于网页兼容性的测试，最简单的方法是安装不同的浏览器并在其中浏览网页效果，测试站点在不同的浏览器中是否可以正确地显示。使用Dreamweaver中的【目标浏览器检查】命令可以更准确地测试网页的兼容性并查看详细信息。下面我们讲解一下具体的测试步骤。

在【结果】面板中，单击【目标浏览器检查】选项卡，激活【目标浏览器检查】面板，然后单击左侧的【检查目标浏览器】按钮，在弹出的下拉菜单中单击【检查整个当前本地站点的目标浏览器】，将自动检查浏览器的兼容性，完成后在列表中显示详细信息，如图12-5所示。

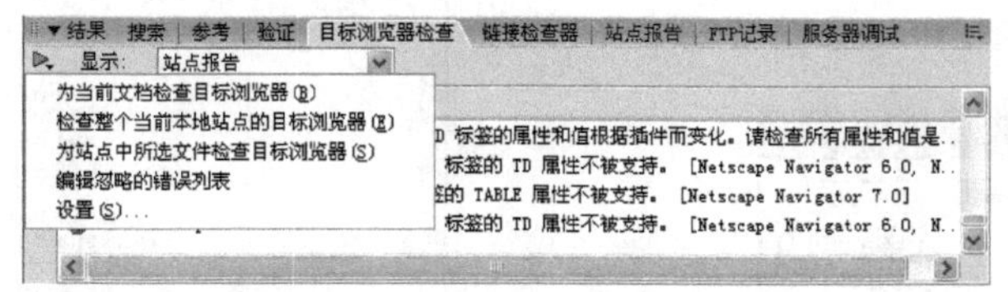

图12-5　检查浏览器的兼容性

12.3　站点的发布

经过详细的检测，并完成最后的站点编辑工作后就可以发布站点了。首先需要申请站点的国际域名和租用服务器空间，然后通过FTP工具把网站上传到服务器上，这样就可以让世界上每一个角落的访问者浏览到该站点的内容。本节默认已经申请好国际域名和租用服务器空间，并获得上传的用户名和密码。

对于服务器空间的各种参数，最重要的是明确空间的大小、价格、稳定性、安全性和是否支持动态网页程序（或者支持哪一种）。对于一般的用户或是初学者来说，更希望使用免费的域名和个人空间，一些网络服务公司提供了免费的域名服务，一般都是二级域名（即域名中包含提供服务的公司的信息）。免费空间的缺点是稳定性不高、一般不支持动态网页程序，有的还有广告和种种使用限制。

如果读者使用的是代理服务器，那么为自己的网站租用一个支持动态网页程序的服务器空间还是很必要的。选择一种空间类型后就可以进入网站服务条款页面，按网站的提示按部就班地操作，就可以完成租用过程。选一种合适的结算方式付款，供应商收到汇款后会发送用户名和密码到用户信箱，用户可以使用该用户名和密码通过相关的工具把网站上传到服务器空间。

使用Dreamweaver内置的远程登录程序和一些FTP工具，如著名的CuteFTP软件等都可以实现网站的上传。

12.3.1　远程站点的配置

配置远程站点的操作步骤如下：

（1）执行【站点】|【管理站点】命令，弹出【管理站点】对话框，如图12-6所示。

（2）在站点列表中选择要上传的站点，例如选择“小慧的家”，单击【编辑】按钮，弹出【小慧的家 的站点定义为】对话框，选择【高级】选项卡，在左侧的“分类”列表中选择【远程信息】，在【访问】的下拉列表框中选择【FTP】，弹出扩展设置部分，如图12-7所示。

图12-6 【管理站点】对话框

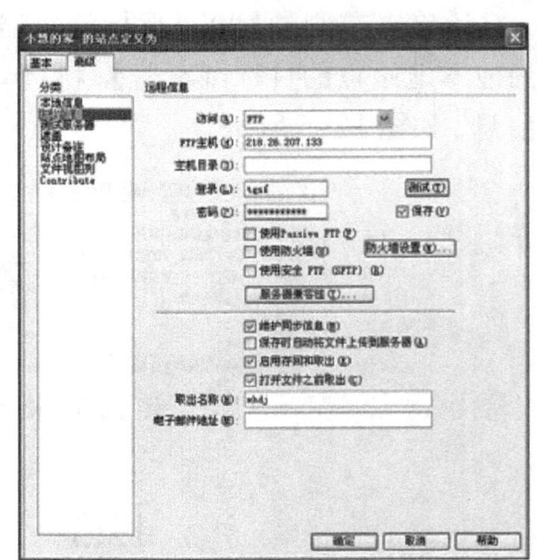

图12-7 【远程信息】设置对话框

设置部分解释如下：

◆FTP主机：上传站点的目标FTP服务器地址名称。

提示 名称中不能包括协议，一般格式为ftp.domain.com或者IP地址。例如输入：218.26.207.133。

◆主机目录：服务器保存文件的目录，一般是主机目录的一个子目录。如果没有特别规定，则为空。

◆登录：登录FTP的名称，即你的用户名。例如填写tgsf。

◆密码：登录FTP的密码，星号显示以保证信息的安全，根据网络服务提供商给你的密码填入。例如填写88888888888。

下面的复选框分别表示：是否使用被动式FTP（通过本机的软件而不是服务器来建立连接）、是否使用防火墙（对于上传和下载文件要求特殊的安全保障时使用）、是否使用SFTP加密安全登录（保证登录信息的安全性），可按照需要选择。设置完全部参数后，单击【确定】按钮，返回到【管理站点】对话框，单击【完成】按钮。

（3）进入【文件】面板，单击【连接到远端主机】按钮，就可连接到远程主机，并出现【状态】对话框，如图12-8所示。

连接完毕后就可在站点面板中看到远程服务器上的目录，单击【扩展/折叠】按钮，就可以同时看到远端站点和本地站点窗口，如图12-9所示。

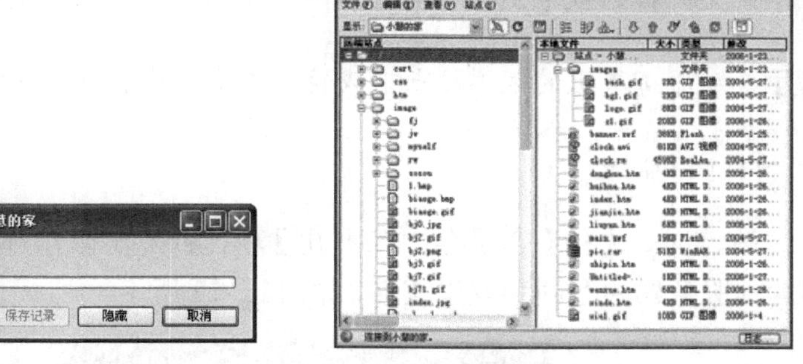

图12-8　【状态】对话框　　　　图12-9　远端站点和本地站点窗口

12.3.2　上传和下载功能简介

无论是使用提供商提供的网站空间，还是在本地Web服务器上定义远程站点，在站点定义完成后，即可以将本地站点上传到服务器上的远端站点，从而完成站点的发布。

连接完毕之后，就可以在【文件】面板中看到远程服务器上的目录，选择文件后，使用【上传文件】按钮 或【获取文件】按钮 就可以上传或下载文件了。

1. 上传功能

在【文件】面板中，单击【连接到远端主机】按钮 。连接成功后，选择要上传的文件，单击【上传文件】按钮 ，完成文件的上传。如图12-10所示。

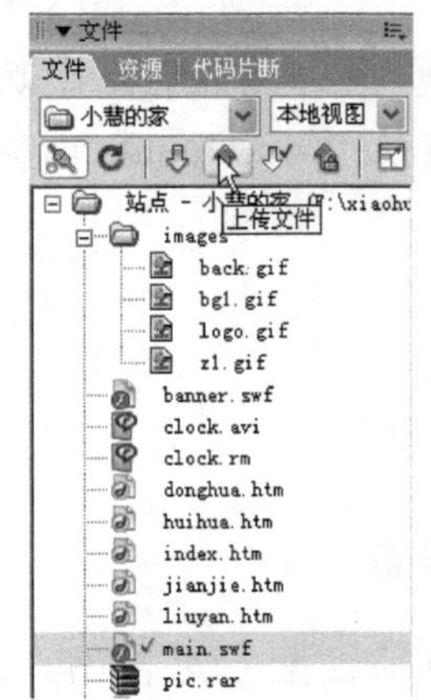

图12-10　【上传文件】完成文件的上传

提示　在定义站点时，选择【保存时自动将文件上传到服务器】，以后更新网页、更新模板、更新库，都可以自动上传到服务器。使用Dreamweaver上传功能，可以使站点维护变得非常简单。

2. 下载功能

一个网站并不是发布到网上就算万事大吉，如果不能经常对网站进行维护和更新，必然会使网站失去魅力，从而影响网站的访问量，也达不到很好的宣传效果。

下面介绍如何将整个远端站点或远端站点上的部分文件下载到本地站点。

在【文件】面板中，选择要下载的文件（既可以在远程视图中选择这些文件，也可以在本地视图中选择文件），然后单击【文件】面板上的【获取文件】 按钮，或者单击鼠标右键，在弹出的快捷菜单中选择【获取】命令。

当选择整个站点作为获取对象时，会弹出一个对话框，询问是否下载整个站点；当选择包含相关文件作为获取对象时，将弹出一个对话框，询问是否下载相关文件。

提示 从服务器上的远端站点下载的文件将覆盖本地站点中文件名相同的文件。

3. 启用存回和取出

在定义站点时，选择【启用存回和取出】项，那么在协作环境中工作时，就可以从本地和远程服务器中存回和取出文件，如图12-11所示。

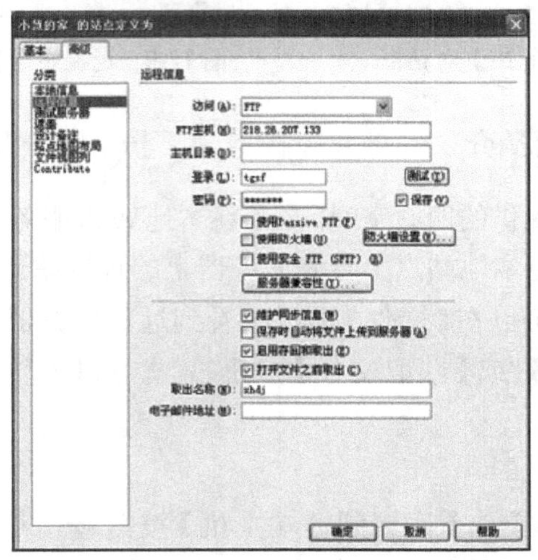

图12-11 选择【启用存回和取出】复选框

到此，一个站点的制作就完成了。打开浏览器，在地址栏内输入读者申请的域名，例如http://www.xiaohui.cn，就可欣赏自己的杰作了。

12.4 习题与上机操作

1. 简答题

（1）简述配置远程站点的过程。
（2）如何上传和下载站点？
（3）如何自动检测无效链接？

2. 上机操作

将读者自己已经制作好的网站进行测试并发布。

第13章　Flash 8的入门

教学目标

Flash 8是Macromedia公司推出的一种交互式的动画设计工具，可以制作和编辑各种以动画形式显示的网页标志、网页横幅和网页广告等。通过本章的学习，使读者了解该软件的工作界面以及各部分的作用，从而为制作Flash动画打下基础。

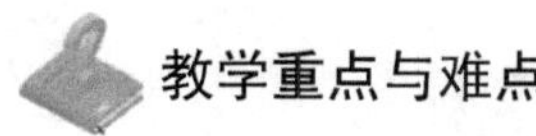

教学重点与难点

了解工作界面；理解时间轴的作用；常用面板的用途；网格、辅助线及标尺的使用。

13.1　初识Flash 8

13.1.1　Flash 8开始界面

运行Flash 8，首先映入读者眼帘的是操作的“开始”页面。页面中列出了一些常用的任务，左边是打开最近用过的项目，中间是创建各种类型的新项目，右边是从模板创建各种动画文件，如图13-1所示。

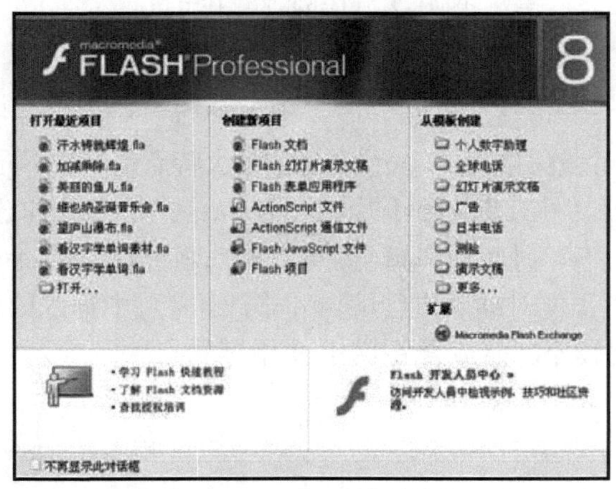

图13-1　“开始”页面

（1）【打开最近项目】：列表中显示最近操作的文件，可选择一项打开。单击列表中的【打开】图标，可选择并打开列表没有列出的Flash文件。

（2）【创建新项目】：单击【创建新项目】下的【Flash文档】就可以创建一个新的动画文件。

（3）【从模板创建】：选择一个模板，可以创建基于该模板的文档。

13.1.2 Flash 8 工作窗口

Flash 8的工作窗口由几大部分组成，最上方的是“主菜单栏”，执行【窗口】|【工具栏】|【主工具栏】命令，可在“主菜单栏”下方打开“主工具栏”；“主工具栏”的下方是“文档选项卡”，用于切换打开的当前文档；“时间轴”和“舞台”位于工作界面的中心位置；左边是功能强大的“工具箱”，用于创建和修改图形内容；多个“面板”围绕在“舞台”的下边和右边，包括常用的【属性】、【动作】和【滤镜】面板，还有【颜色】面板和【库】面板等，如图13-2所示。

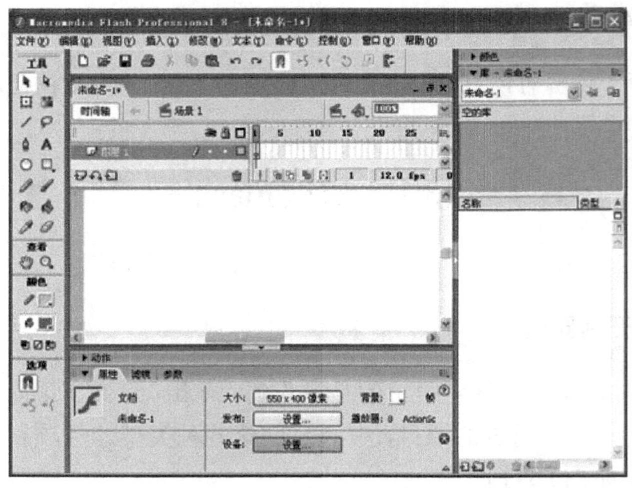

图13-2　Flash 8的工作窗口

13.1.3 Flash 文件

用Flash制作的文件是矢量动画，矢量图像的最大特点是能在不同分辨率的输出设备上显示且不会失真。Flash文件有fla和swf两种格式，fla格式是Flash的源程序格式，打开这种格式的文件能看到层、库、时间轴和舞台，可以对动画进行编辑，swf格式是Flash打包后的格式，只用于播放，不能对动画进行编辑和修改。网页中插入的Flash文件都是.swf格式。Flash文件通常比较小，很适合在网上使用。

13.1.4 文档选项卡

新建或打开一个文档时，在“时间轴”的上方会显示出“文档选项卡”。如果打开或创建多个文档，“文档名称”将按文档创建的先后顺序显示在“文档选项卡”中，单击文档名称，可以在多个文档之间进行快速切换。

用鼠标右键单击“文档选项卡”，在弹出的菜单中可以快速实现【新建】、【打开】、【保存】等功能，如图13-3所示。

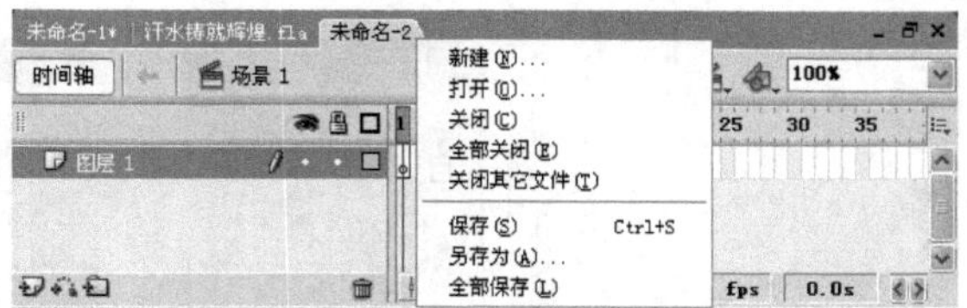

图13-3 文档选项卡

13.1.5 时间轴

“时间轴”用于组织和控制文档内容在一定时间内播放的图层数和帧数。“图层”就像堆叠在一起的多张幻灯胶片一样，每个层中都排放着自己的对象。

我们经常看到的卡通影片，都是事先绘制好一帧一帧的连续动作的图片，然后让它们连续播放，利用人眼的“视觉暂留”特性，在大脑中形成动画效果。

Flash动画的制作原理也一样，它是把绘制出来的对象放到一格格的帧中，然后再来播放。

时间轴的一些功能介绍如图13-4所示。

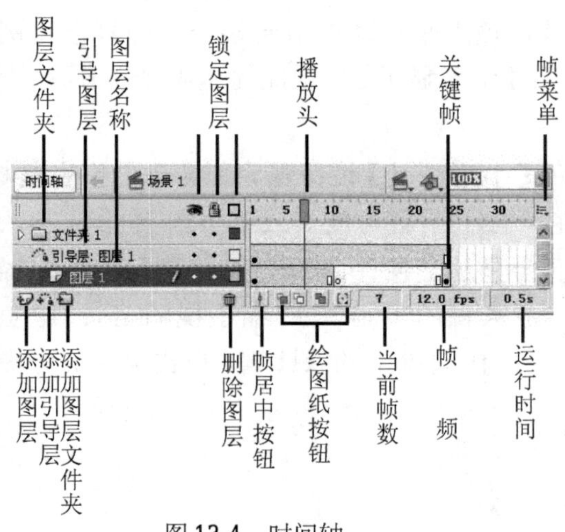

图13-4 时间轴

13.1.6 工具箱

工具箱是Flash中最常用的一个面板，用鼠标单击能选中各种工具，如图 13-5所示。

用户可以自定义工具箱中的工具编排，执行【编辑】|【自定义工具面板】命令，打开【自定义工具栏】对话框，可根据需要重新安排和组合工具的位置，如图13-6所示。在【可用工具】列表框中选择工具，单击【增加】按钮就可以将选择的工具添加到【当前选择】列表中。单击【恢复默认值】按钮就可以恢复系统默认的工具设置。

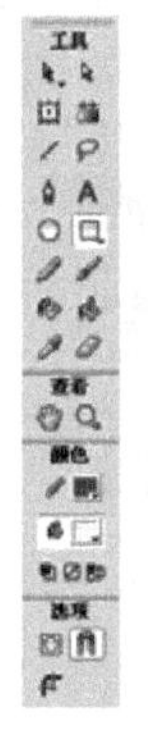

图 13-5 工具箱

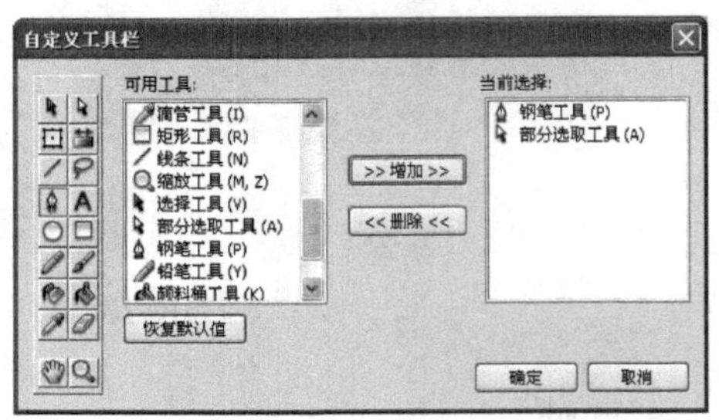

图 13-6 【自定义工具栏】对话框

13.1.7 舞台

“舞台”位于工作界面的正中间部位，是放置动画内容的区域。这些内容包括矢量插图、文本框、按钮、导入的位图或视频剪辑等。可以在【属性】面板中设置和改变“舞台”的大小，默认状态下，“舞台”的宽为550像素，高为400像素，如图13-7所示。

根据需要可以改变“舞台”显示的比例大小，可以在“时间轴”右上角的“显示比例”中设置显示比例，最小比例为8%，最大比例为2000%。在下拉菜单中有3个选项，【符合窗口大小】选项用来自动调节到最合适的舞台比例大小；【显示帧】选项可以显示当前帧的内容；【全部显示】选项能显示整个工作区中包括在“舞台”之外的元素，如图13-8所示。

选择工具箱中的【手形工具】按钮，在舞台上拖曳鼠标可平移舞台。选择【缩放工具】按钮，在舞台上单击可放大或缩放舞台的显示。选择【缩放工具】后，在工具箱的【选项】下会显示出两个按钮，它们是【放大】按钮和【缩小】按钮，分别单击它们可在“放大视图工具”与“缩小视图工具”之间切换，如图13-9所示。选择【缩放工具】后，按住键盘上的Alt键，单击舞台，可快捷缩小视图。

图 13-7 舞台

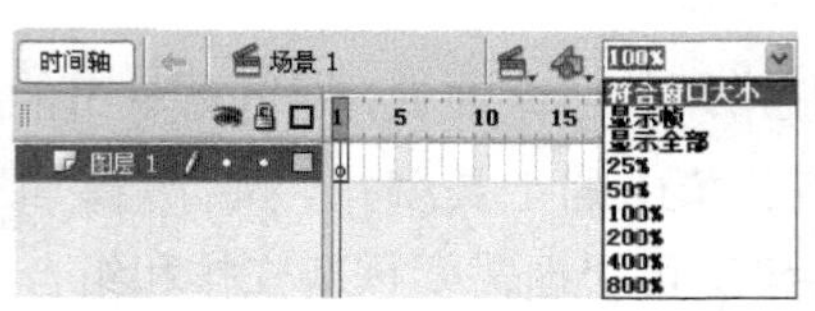

图 13-8 设置舞台显示比例

图 13-9 缩放工具的选项

13.2 常用面板简介

Flash 8有很多面板，默认状态下，在“舞台”的正下方有4个比较常用的浮动面板，分别是【动作】面板、【属性】面板、【滤镜】面板和【参数】面板。单击面板的“标题栏”，可以依次展开它们，如图13-10所示。

再次单击标题栏，可最小化面板。拖曳面板左侧的按钮到舞台上，可将面板独立出来，成为窗口显示模式。展开面板后，单击面板右上角的按钮，在弹出的面板选项菜单中选择【关闭面板组】命令，可将面板关闭，想再次打开面板时，执行【窗口】菜单中的相关命令即可。如果想回到默认时的面板布局状态，可以执行【窗口】|【工作区布局】|【默认】命令。

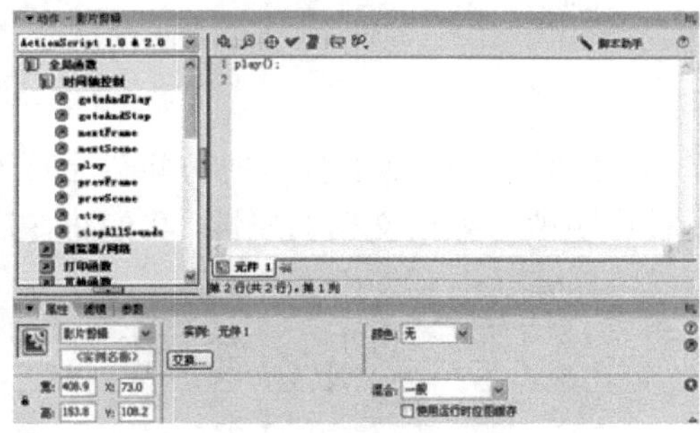

图13-10　展开的常用面板

1.【滤镜】面板

【滤镜】面板提供了7种滤镜效果，可以对文字、影片剪辑和按钮进行美化和修饰，使其更有趣味，如果与补间动画结合起来，还可以制作出各种丰富的动画效果。

这7种滤镜效果是【投影】、【模糊】、【发光】、【斜角】、【渐变发光】、【渐变斜角】和【调整颜色】，每种滤镜效果都可以调整各种参数，从而产生更多的变化。各种滤镜效果还可以结合使用，并可将自己喜欢的效果保存成自定义滤镜，方便下次使用。图13-11显示的是【投影】滤镜效果的参数。

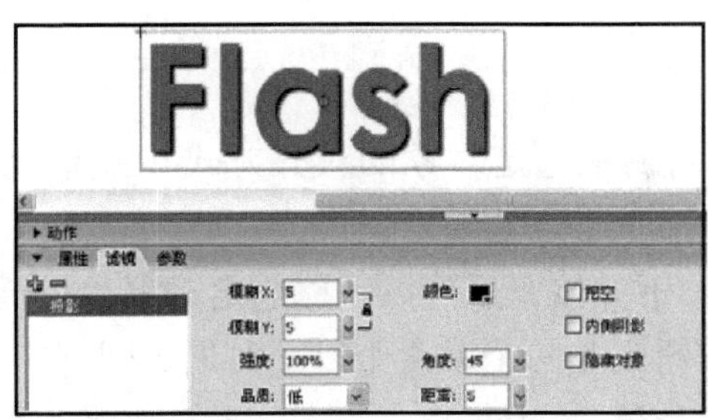

图13-11　【滤镜】面板

2.【动作】面板

【动作】面板是主要的“开发面板”之一，是动作脚本的编辑器，如图13-12所示。

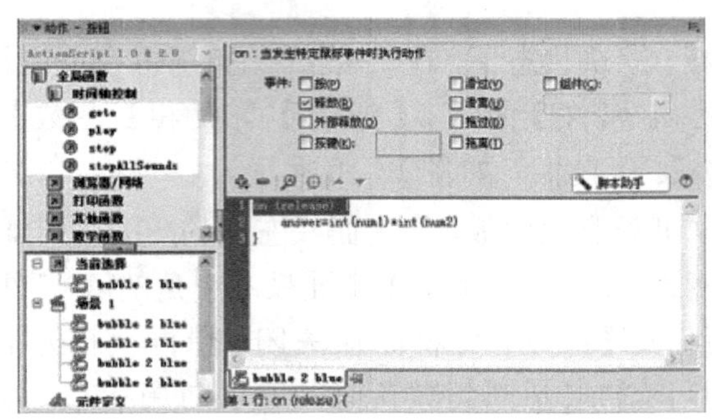

图13-12 【动作】面板

3.【属性】面板

【属性】面板（如图13-13 所示）可以很容易地访问舞台或时间轴上当前选定项的最常用属性，也可以在面板中更改对象或文档的属性，我们将在后面的章节中具体应用。

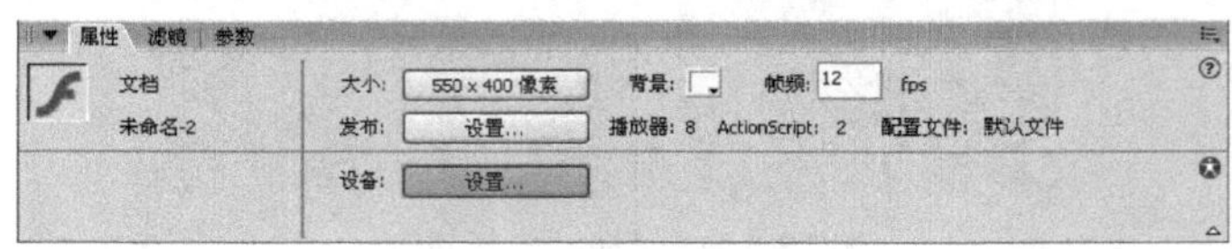

图13-13 【属性】面板

13.3 设计面板组

打开【窗口】菜单，可以看到所有的面板被横线分成了几个组，第4组是一些与设计、绘画有关的面板，使用这些面板，可以完成绘制图形、调整位置、改变颜色等工作。“设计面板组”中包括【对齐】面板、【颜色样本】面板、【混色器】面板、【信息】面板和【变形】面板。此外，【场景】面板因与设计有关，也在本节一起讲解。

1.【对齐】面板

【对齐】面板可以重新调整选定对象的对齐方式和分布。【对齐】面板分为如下的5个区域：

◆【相对于舞台】：按下此按钮后可以调整选定对象相对于舞台尺寸的对齐方式和分布，如果没有按下此按钮则是两个或两个以上对象之间的相互对齐和分布。

◆【对齐】：用于调整选定对象的左对齐、水平中齐、右对齐、上对齐、垂直中齐和底对齐。

◆【分布】：用于调整选定对象的顶部、水平居中和底部分布，以及左侧、垂直居中和右侧分布。

◆【匹配大小】：用于调整选定对象的匹配宽度、匹配高度或匹配宽和高。

◆【间隔】：用于调整选定对象的水平间隔和垂直间隔，如图13-14所示。

2.【颜色样本】面板

【颜色样本】面板为用户提供了最为常用的“颜色”，并且能“添加颜色”和“保存颜色”。用鼠标单击可选择需要的常用颜色，如图13-15所示。

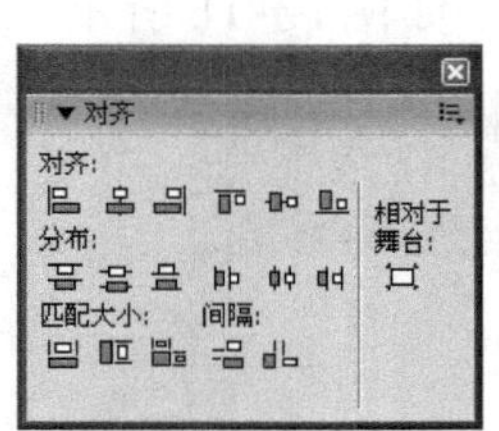

图13-14 【对齐】面板

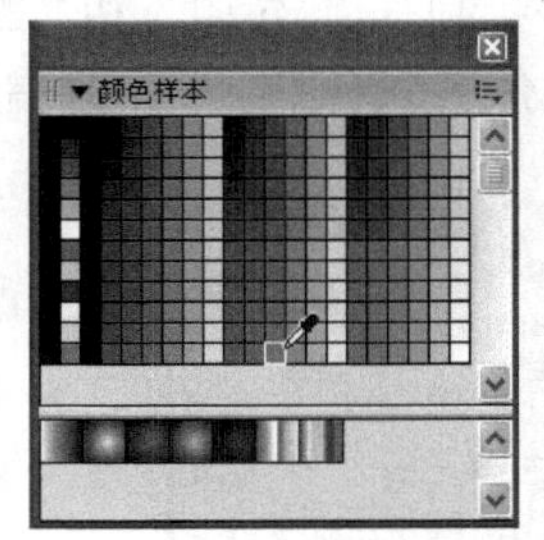

图13-15 【颜色样本】面板

3.【混色器】面板

用【混色器】面板可以创建和编辑“笔触颜色”和“填充颜色”。默认为RGB模式，显示红、绿和蓝的颜色值，“Alpha值”用来指定颜色的透明度，其范围在0%～100%，0%为完全透明，100%为完全不透明。“十六进制编辑文本框”显示的是以“#”开头十六进制模式的颜色代码，可直接输入。可以在面板的“颜色空间”单击鼠标，选择一种颜色，上下拖动右边的“亮度控件”可调整颜色的亮度，如图13-16所示。

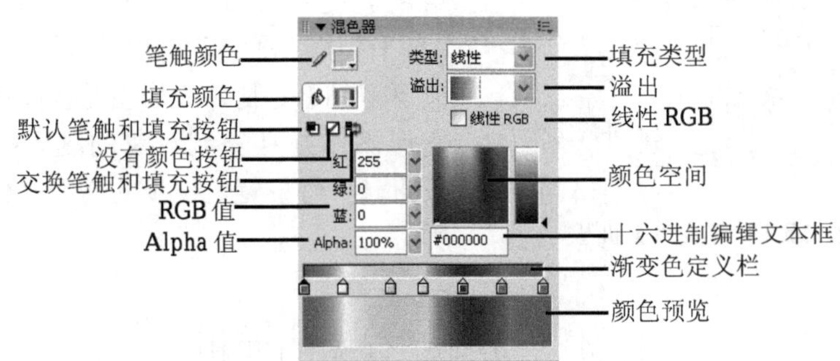

图13-16 【混色器】面板

4.【信息】面板

【信息】面板可以查看对象的大小、位置、颜色和鼠标指针的信息。面板分为4个区域：左上方显示对象的【宽】和【高】信息；右上方显示对象的【X】轴和【Y】轴坐标信息，要显示对象注册点（中心点）的坐标，单击“坐标网格”的中心方框，要显示左上角的坐标，单击“坐标网格”中的左上角方框；左下方显示在舞台中鼠标位置处的颜色值与Alpha值；右下方显示鼠标的【X】轴和【Y】轴坐标信息，如图13-17所示。

5. 【场景】面板

一个动画可以有多个场景组成，【场景】面板中显示了当前动画的场景数量和播放的先后顺序。当动画包含多个场景时，将按照它们在【场景】面板中的先后顺序进行播放，动画中的“帧”是按“场景”顺序连续编号的。例如：如果影片中包含两个场景，每个场景有10帧，则场景2中的帧的编号为11～20。单击【场景】面板下方的3个按钮可以执行“复制”、“添加”和“删除”场景的操作。双击“场景名称”可以重新命名，上下拖动“场景名称”可以调整场景的先后顺序，如图13-18所示。

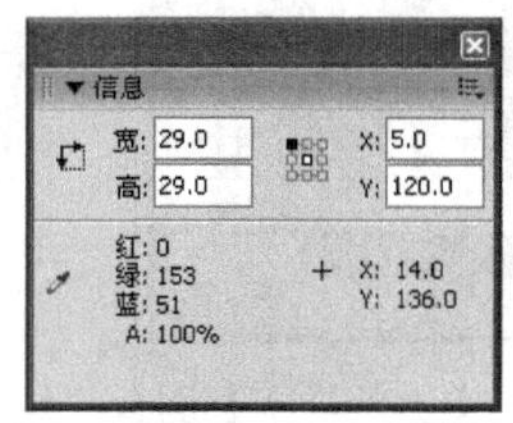

图13-17 【信息】面板

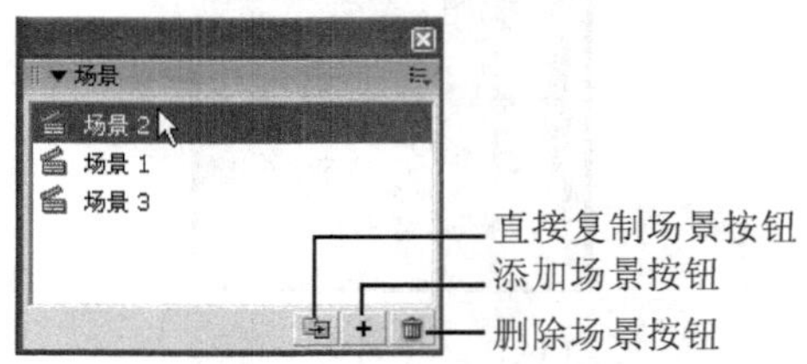

图13-18 【场景】面板

6. 【变形】面板

【变形】面板可以对选定对象执行缩放、旋转、倾斜和创建副本的操作。【变形】面板分为3个区域：最上面的是缩放区，可以输入“垂直”和“水平”缩放的百分比值，选中【约束】复选框，可以使对象按原来的长宽比例进行缩放；选中【旋转】，可输入旋转角度，使对象旋转；选中【倾斜】，可输入“水平”和“垂直”角度来倾斜对象；单击面板下方的【复制并应用变形】按钮，可执行变形操作并且复制对象的副本；单击【重置】按钮，可恢复上一步的变形操作，如图13-19所示。

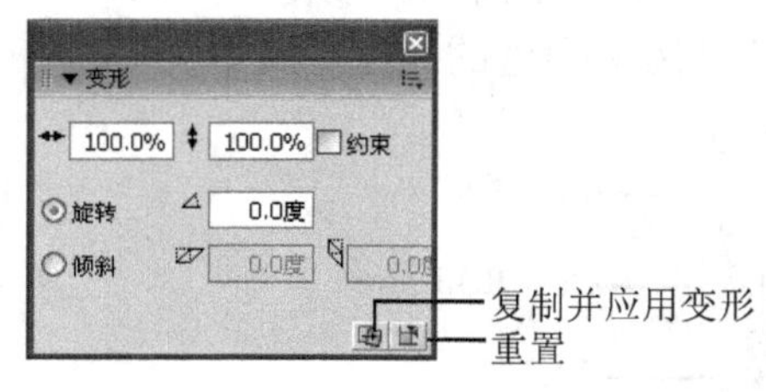

图13-19 【变形】面板

13.4 与编程有关的面板

与编程有关的面板与编写ActionScript程序有关。在这些面板中可以编辑ActionScript语句和完成对程序的调试，还有一些预置好的动画效果。单击面板的名字可以打开或关闭相应的面板。和编程有关的这一组面板包括【动作】、【组件】、【组件检查器】、【调试器】、【输出】、【行为】和【Web服务】面板等。【动作】面板在前面已经介绍过了，下面来分别介绍其他6个面板的功能和使用方法。

1.【组件】面板

利用【组件】面板可以查看所有组件，并可以在创作过程中将组件添加到动画中。组件是应用程序的封装构建模块，使设计人员在没有动作脚本时也能使用和自定义这些功能。一个组件就是一段影片剪辑。所有组件都存储在【组件】面板中，包含数据组件、媒体组件和用户界面（UI）组件，如图13-20所示。

2.【组件检查器】面板

在【组件】面板中，将组件拖动到舞台上，可创建该组件的一个实例，选中组件实例，可以在【组件检查器】面板中查看组件属性、设置组件实例的参数等，如图13-21所示。

图13-20 【组件】面板

图13-21 【组件检查器】面板

3.【调试器】面板

使用【调试器】面板可以发现影片中的错误。执行【控制】|【调试影片】命令，激活【调试器】面板。在测试模式下使用【调试器】面板可以对本地文件进行测试，也可以测试远程位置的Web服务器上的文件。可以在【调试器】面板设置动作脚本中的“断点”，以便产生正确的结果，如图13-22所示。

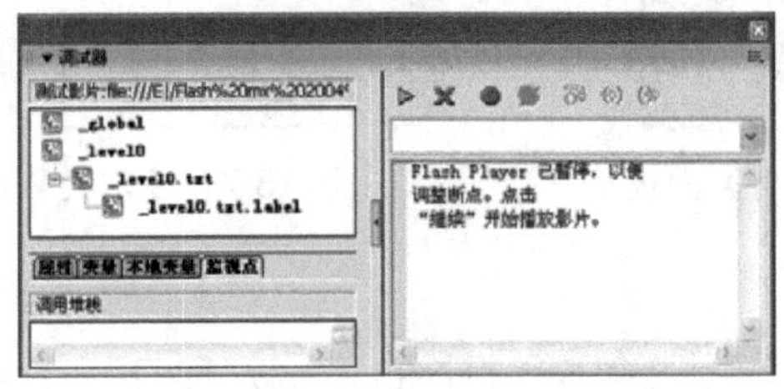

图13-22 【调试器】面板

4.【输出】面板

【输出】面板在测试文档模式下，窗口可以自动显示一些提示信息，例如：语法错误有助于排除影片中的错误。如果在脚本中使用“trace”动作，影片运行时，可以向【输出】面板发送特定的“信息”，并在面板中显示出来，这些信息包括影片状态说明或者表达式的值。通过使用“对象列表”和“变量列表”命令可以显示其他信息，如图13-23和图13-24所示。

5.【行为】面板

利用【行为】面板，无须编写代码即可为动画添加交互性，如链接到Web站点、载入声音和图形、控制嵌入视频的回放、播放影片剪辑以及触发数据源。通过单击面板上的【添加行为】按钮来添加相关的事件和动作，添加完的事件和动作显示在【行为】面板中，如图13-25所示。

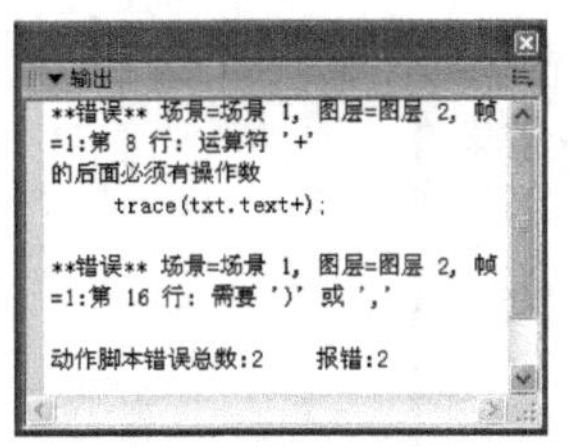

图13-23 【输出】面板错误提示

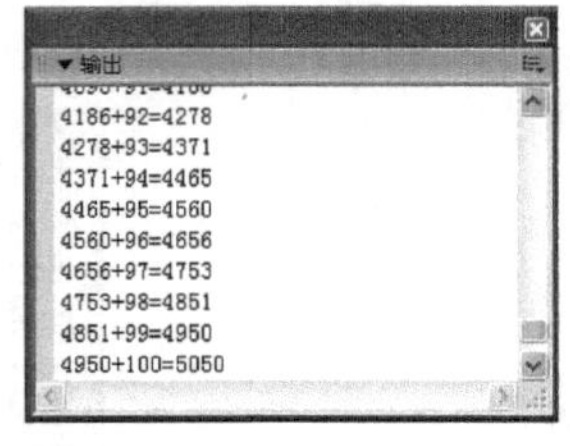

图13-24 【输出】面板输出信息

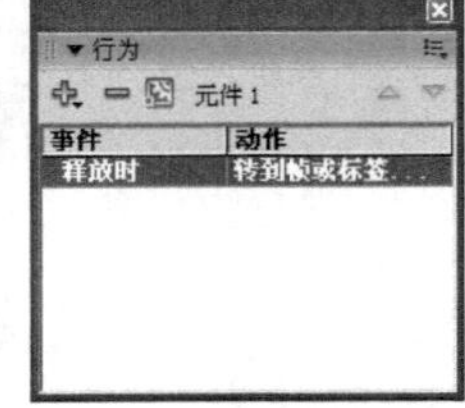

图13-25 【行为】面板

6.【Web服务】面板

通过【Web服务】面板，开发人员可以使用Web 服务作为客户机和服务器之间的数据交换机制，使用简单对象访问协议（SOAP）来实现前台与后台程序之间的数据交换。单击【Web服务】面板上的【定义Web 服务】按钮，弹出【定义Web 服务】对话框，可在此对话框中添加和删除Web 服务的URL，如图13-26和图13-27所示。

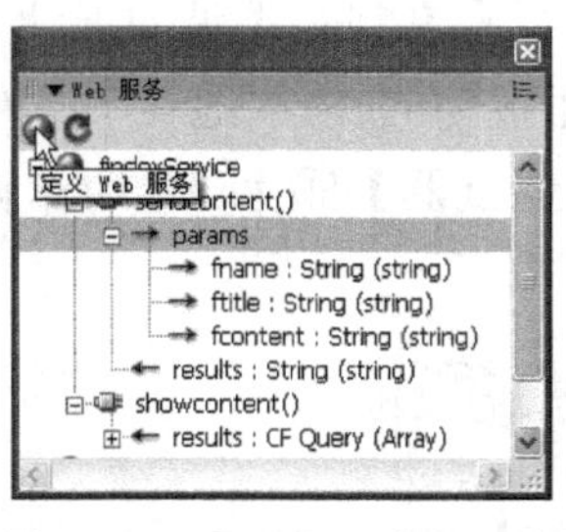

图13-26 【Web服务】面板

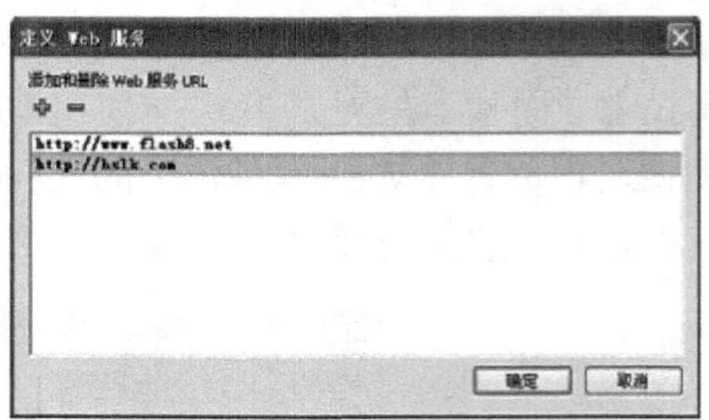

图13-27 【定义Web服务】对话框

13.5 其他面板简介

Flash中还有一些其他面板，单击这些面板的名称可以打开相应的面板。其他面板包括【辅助功能】、【影片浏览器】、【历史记录】、【字符串】和【公用库】5个面板。

1.【辅助功能】面板

【辅助功能】面板可为个别 Flash 对象或整个 Flash 应用程序设置辅助功能选项。在【舞台】上选择一个对象，打开【辅助功能】面板，可以设置“使对象可访问”和“使子对象可访问”，并且指定访问对象的“名称”、“描述”、“快捷键”和“Tab 键索引”，如图13-28所示。

2.【历史记录】面板

【历史记录】面板能跟踪操作，显示自创建或打开某个文档以来，执行的步骤列表。列表中的数目默认情况下为100，可以在Flash的“首选参数”中设置撤销和重做的级别数，使用【历史记录】面板可以一次撤销或重做个别步骤或多个步骤。单击右上角的 按钮，在弹出的菜单中选择【保存为命令】，可以将一个步骤或一组步骤保存为可重复使用的命令，如图13-29所示。

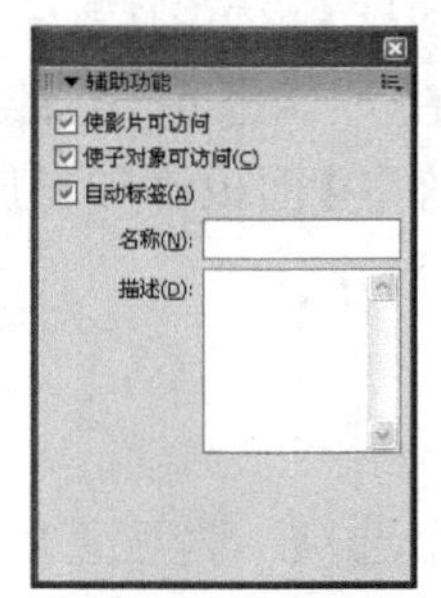

图13-28 【辅助功能】面板

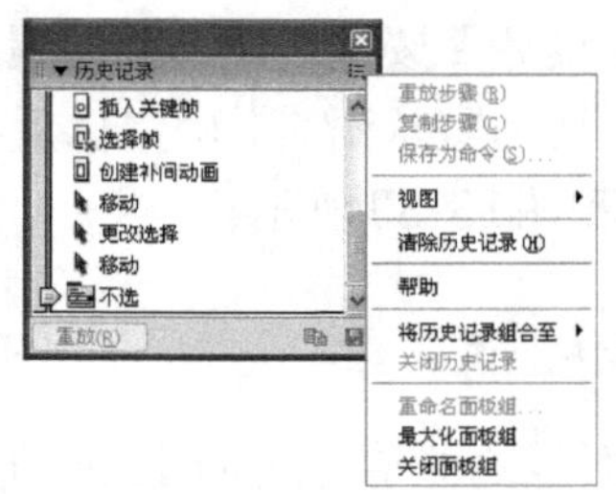

图13-29 【历史记录】面板

3.【影片浏览器】面板

利用【影片浏览器】面板可以轻松地查看和组织文档的内容，以及在文档中选择元素进行修改。可以在【影片浏览器】中有选择地查看文档中的项目类别，项目包括“文本”、“按钮、影片剪辑和图形”、“动作脚本”、“视频、声音和位图”和“帧和图层”，包含当前使用元素的“显示列表”，该列表显示为一个可导航的分层结构树。可以展开和折叠导航树，如图13-30所示。

单击【影片浏览器】面板上的最后一个【自定义要显示的项目】按钮，打开【影片管理设置】对话框，在对话框中可以设置需要显示的内容和上下文，如图13-31所示。

4.【字符串】面板

【字符串】面板提供了简化的多语言文本创作流程。可以实现用一种语言创作FLA文件，以多种语言发布Flash内容。用其他语言输入的任何文本必须位于“动态文本”或“输入文本”字段内。还可以为每种指定的语言创建外部XML文件。首先要单击【字符

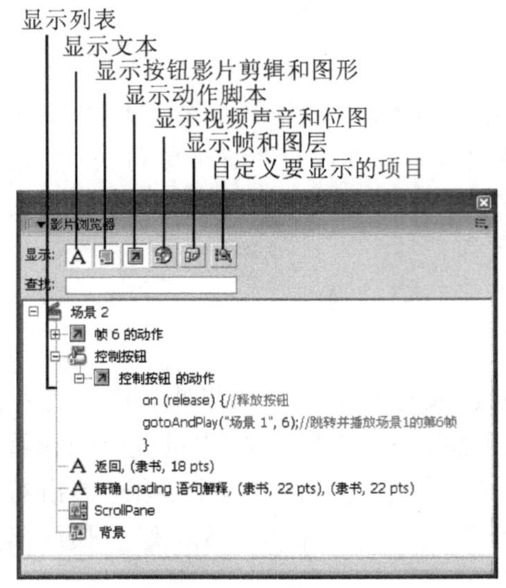

图 13-30 【影片浏览器】面板

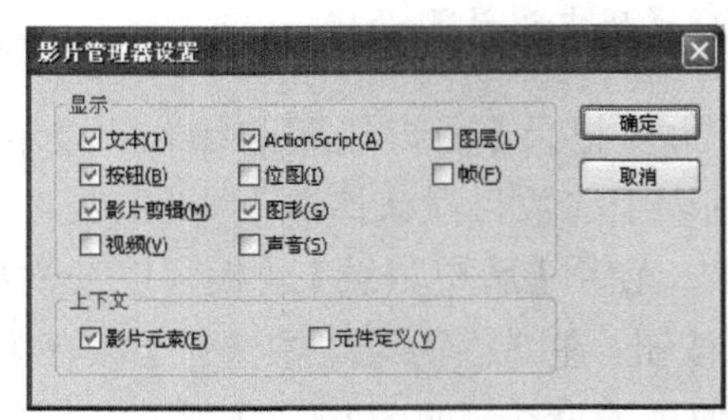

图 13-31 【影片管理器设置】对话框

串】面板上的【设置】按钮，打开【设置】对话框，在对话框中选择要发布的语言，并将其中的一种选为默认语言，确定以后再回到【字符串】面板添加对应语言的文本内容。如图13-32和图13-33所示。

5. 【公用库】面板

【公用库】面板用来存放系统提供的元件。有3个选项：学习交互、按钮和类。单击【窗口】|【公用库】|【按钮】菜单命令可以打开如图13-34所示的【按钮】公用库面板。

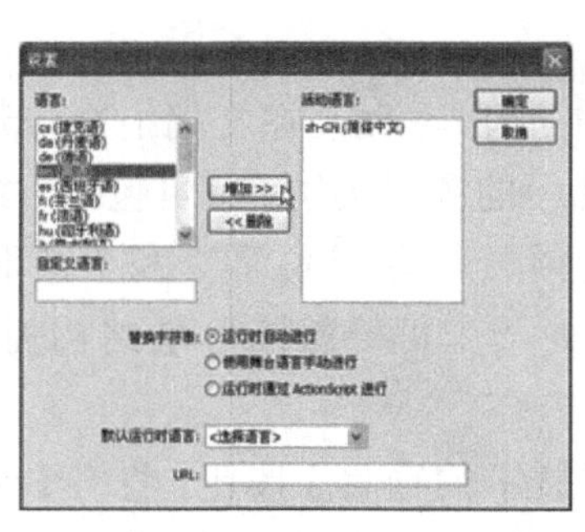

图 13-32 【设置】对话框

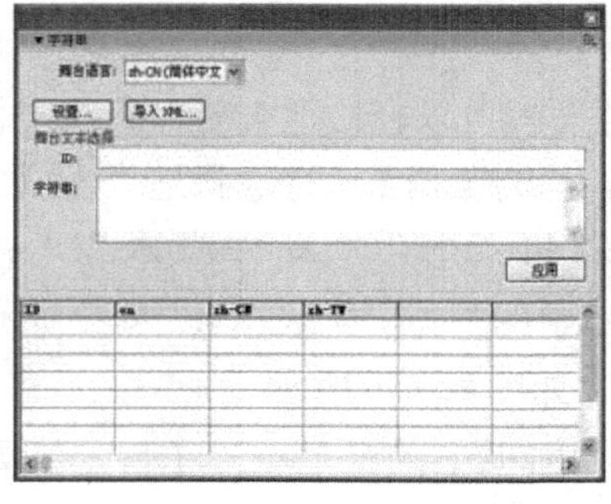

图 13-33 【字符串】面板

图 13-34 【按钮】公用库

13.6 网格、辅助线和标尺的概述

网格、标尺和辅助线可以帮助我们精确地勾画和安排对象。

13.6.1 网格

对于网格的应用主要有“显示网格”、“编辑网格”和“对齐网格”3个功能。执行【视图】|【网格】|【显示网格】命令，可以显示或隐藏“网格线”，如图13-35所示。

执行【视图】|【网格】|【编辑网格】命令，打开编辑【网格】对话框，在对话框中可编辑网格的各种属性，如图13-36所示。完成“网格”的编辑后，制作一些规范图形将变得很方便，可以提高工作效率。

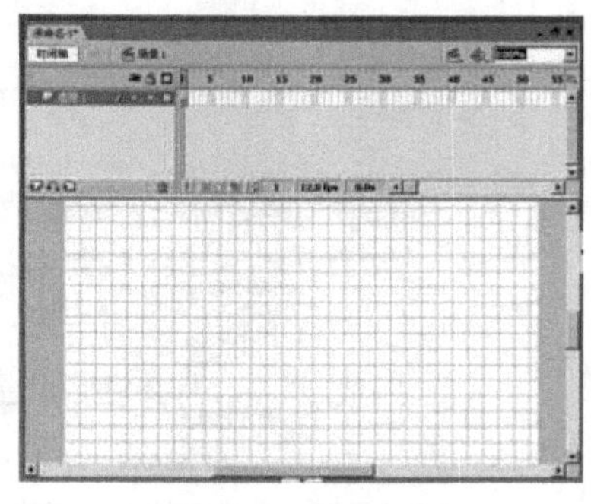
图13-35 显示网格

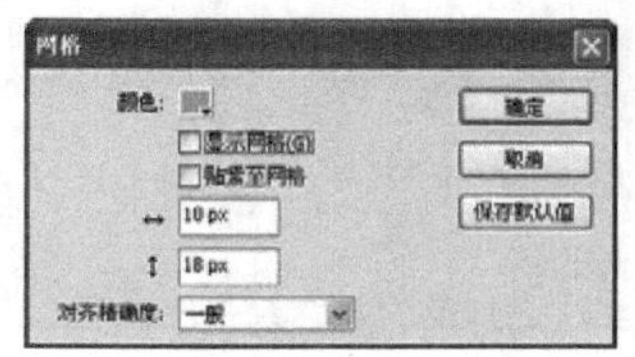

图13-36 【网格】对话框

13.6.2 标尺

我们可以使用“标尺”来度量对象的大小比例。执行【视图】|【标尺】命令，可以显示或隐藏【标尺】。显示在工作区左边的是“垂直标尺”，用来测量对象的高度；显示在工作区上边的是“水平标尺”，用来测量对象的宽度。舞台的左上角为“标尺”的“零起点”，如图13-37所示。执行【修改】|【文档】命令，打开【文档属性】对话框，在【标尺单位】下拉列表框中可选择合适的单位，如图13-38所示。

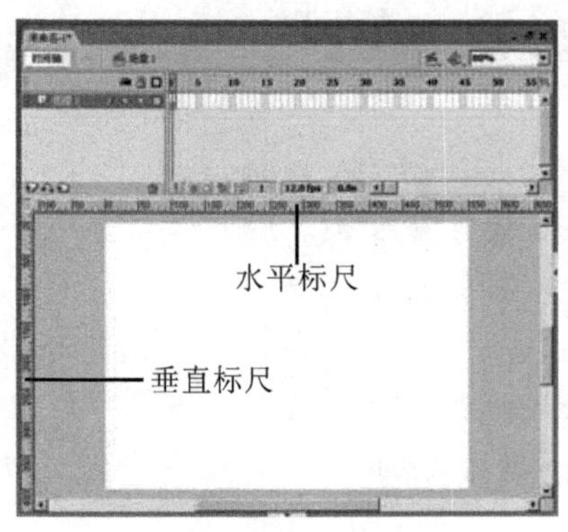

图13-37 使用标尺

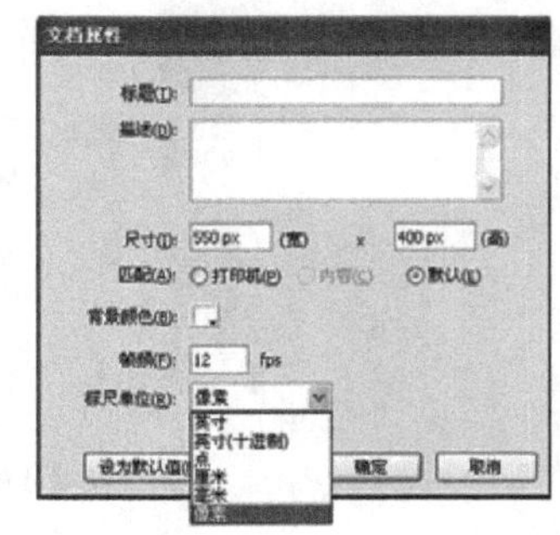

图13-38 设置“标尺单位”

13.6.3 辅助线

首先要确认“标尺”处于显示状态，在“水平标尺”或“垂直标尺”上按下鼠标并拖动到舞台上，“水平辅助线”或者“垂直辅助线”就被制作出来了。【辅助线】默认的颜色为“绿色”，如图13-39所示。

执行【视图】|【辅助线】|【编辑辅助线】命令，打开如图13-40所示的【辅助线】对话框。可以在该对话框中编辑【辅助线】的颜色，选择是否【显示辅助线】、【对齐辅助线】和【锁定辅助线】。在【对齐精确度】下拉菜单中还可设置“辅助线”的“对齐精确度”。

执行【视图】|【辅助线】|【锁定辅助线】命令，可以将辅助线锁定。

执行【视图】|【贴紧】|【贴紧至辅助线】命令，可以使对象贴紧至辅助线。

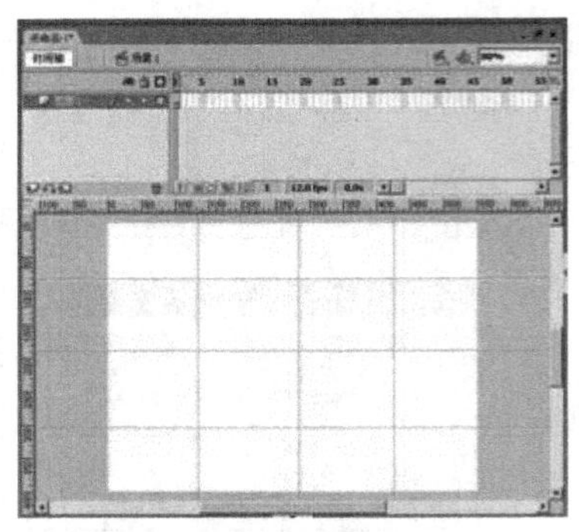

图13-39 拖出“辅助线”

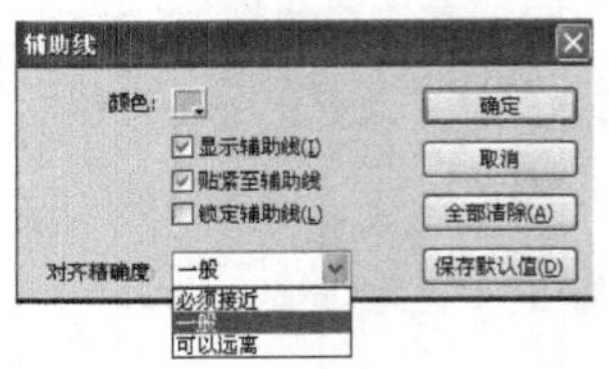

图13-40 【辅助线】对话框

在【辅助线】处于解锁状态时，选择工具箱中的【选择工具】，拖动“辅助线”可改变辅助线的位置，拖动“辅助线”到舞台外可以删除辅助线，也可以执行【视图】|【辅助线】|【清除辅助线】命令来删除全部的辅助线。

我们可以应用“辅助线”来对齐一些不规则的对象，如图13-41所示。

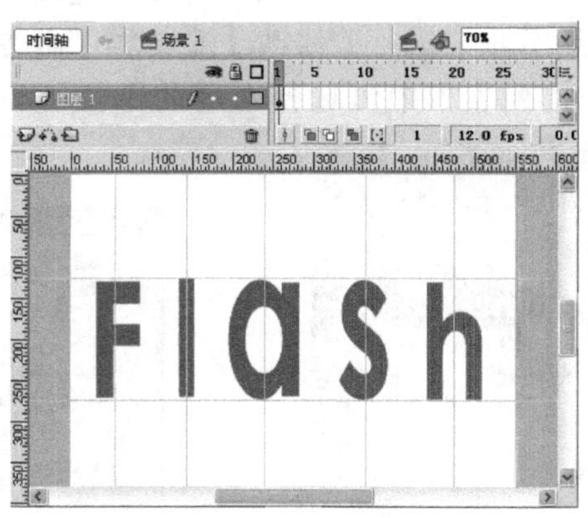

图13-41 “辅助线”的应用

13.7 Flash 8 新增功能

1. 属性面板的改进

在“属性”面板的右侧增加了两个新的选项“属性”和“滤镜”。另外，在属性面板中还增加了一个设备“设置”按钮。

说明　设备“设置”按钮在Flash 8 Player环境中不能使用，需要Flash Lite 1.0或Flash Lite 1.1的支持才可以运行。

2. 新增滤镜效果

Flash 8的一大亮点是新增的“滤镜”面板，使用Flash 8的滤镜可以制作出许多意想不到的效果。单击“滤镜”面板中的“+”按钮可以显示滤镜列表，包括投影、模糊、发光、斜角、渐变发光、渐变斜角和调整颜色等。

说明　滤镜只能应用于文本、影片剪辑和按钮。

3. 运行时位图缓存

Flash 8还新增了一种功能为“位图缓存”。将任何影片剪辑符号都可以指定为一个位图，这样使用Flash 8 Player运行时就会获得缓冲，从而达到提高影片播放速度的目的。

4. FlashType字体呈现方法

在Flash 8中新增了字体的渲染引擎功能，可以根据自己的需要选择不同的字体呈现方法，改善文字的显示状态。通过自定义消除锯齿，可以指定在各个文本字段中使用的字体粗细和字体清晰度。

5. 自定义缓入/缓出功能

通过Flash 8新增的“自定义缓入/缓出”功能，可以更进一步精确控制补间动画的补间的位置、旋转、缩放、颜色和滤镜的缓入/缓出属性。

6. 混合模式

利用Flash 8中新增的“混合模式”可以像在Photoshop中一样处理对象之间的混合模式。在Flash 8种提供了图层、变暗、色彩增殖、变亮、荧幕、叠加、强光、增加、减去、差异、反转、Alpha和擦除等混合模式。

7. 线条的变化

在以前的Flash版本中，线条的端点都为圆角，这在实际应用中非常不便，如果想绘制一个尖头形状的图形，很需要一番周折。在Flash 8中，对这方面进行了改进，当绘制了一条线段以后，在“属性”面板中会发现多了几项属性选项，包括端点、接合和尖角。

8. 全新的视频编码技术

在Flash 8中采用了一种新的视频编码技术，并且扩展了面向Web的视频解码选项，可以选择使用Soreson Spark编码或新的On2 VP6编码。在导入视频的时候，Flash 8还提供了优化视频内容质量和文件大小的高级选项。

除了上述新增功能以外，Flash 8还有另外一些新鲜功能，如SWF元数据、脚本助手、对象绘制模型、交互式移动设备模拟器、视频播放组件、增强的文本工具、增强的描边属性和高级渐变控制等。

13.8 习题与上机操作

1．选择

（1）用于控制屏幕显示的各种命令位于____________________菜单中。

（2）在制作动画的过程中，因操作失误需要取消上一步操作，可选择“编辑”菜单中的____________________命令。

（3）在【文本】菜单中，可以设置文本的（ ）属性。

A．文本的字体　　B．文本的大小

C．文本的类型　　D．文本的对齐方式

2．上机操作

（1）将白色背景的舞台改为黑色背景。

（2）将文档大小改为750像素×600像素。

第14章　绘制动画时的常用工具

教学目标

Flash 8工具栏中提供了多种工具，本章将重点讲述制作Flash动画时常用的工具，包括线条、刷子、椭圆、矩形、铅笔、钢笔、部分选取、填充以及套索等，通过本章的学习，使读者掌握以上各种工具的基本功能及用法。

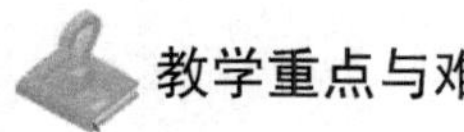

教学重点与难点

绘图工具；选择工具；修饰工具。

Flash 提供了很多工具，如图14-1所示。应用这些工具可以绘制各种图形，对对象进行上色、编辑等。

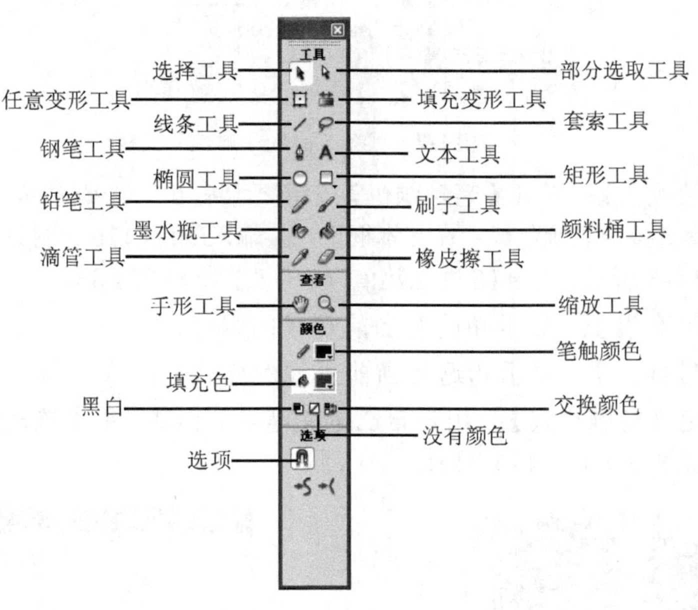

图14-1　绘图工具箱

14.1 线条工具简介

14.1.1 绘制线条

【线条工具】是Flash中最简单的工具。现在我们就学习一下绘制直线的操作过程。

(1)用鼠标单击【线条工具】按钮，这时光标在场景中变成一个十字形形状。

(2)在直线的起点位置按下鼠标左键并拖曳。

(3)在直线的终点位置释放鼠标，即可完成一条直线的绘制。

用【线条工具】能画出许多风格各异的线条来，所以在制作动画过程中，直线的作用已经变得非常重要。

14.1.2 设置线条的属性

绘制一条直线后，可以在舞台下面的【属性】面板中定义直线的颜色、粗细和样式。如图14-2所示。

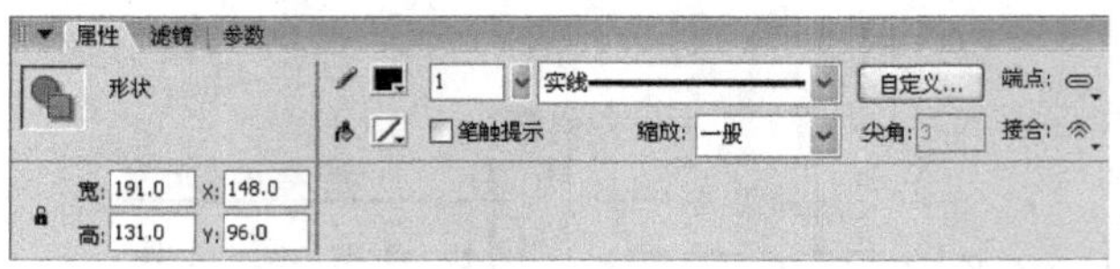

图14-2 线条工具的【属性】面板

◆【笔触颜色】：单击【笔触颜色】按钮会弹出一个调色板，此时鼠标变成滴管状。用滴管直接拾取颜色或者在文本框里直接输入颜色的16进制数值就可完成颜色的设置，如图14-3所示。其中16进制数值以#开头，如#99FF33。

◆【笔触高度】：显示和改变当前直线的宽度。

◆【笔触样式】：显示和选择当前直线的样式。

◆【自定义笔触样式】：用户自己定义笔触的样式。单击该按钮，弹出一个【笔触样式】对话框，如图14-4所示。

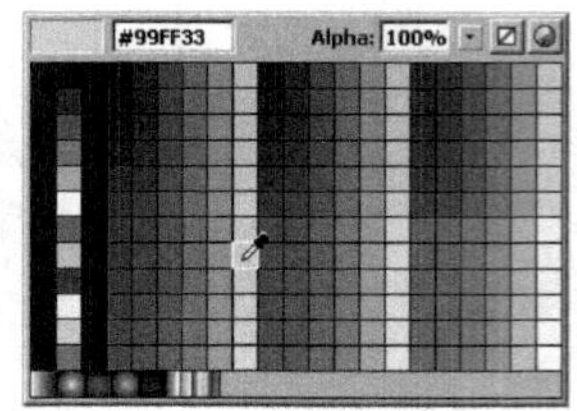

图14-3 笔触调色板

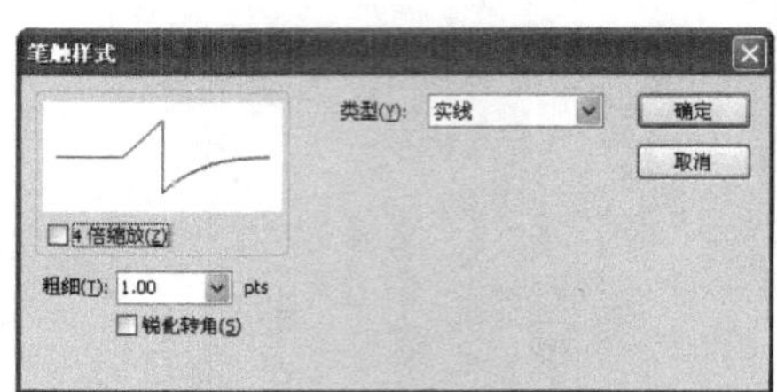

图14-4 【笔触样式】对话框

为了方便观察，把【粗细】设置为3pts，在【类型】中选择不同的线型和颜色，设置完后单击【确定】按钮。现在来看看设置不同笔触样式后画出的线条，如图14-5所示。

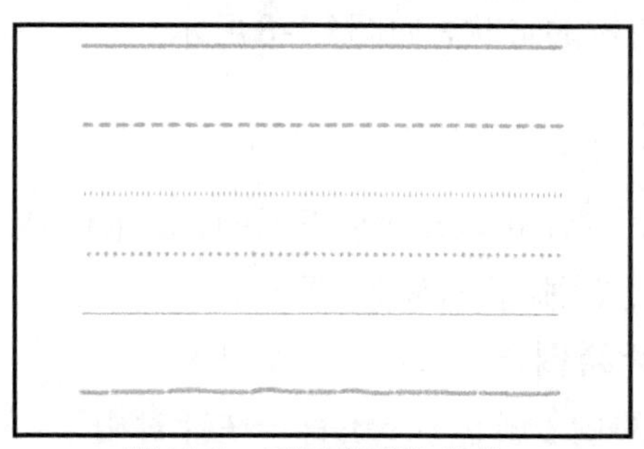

图14-5　不同类型的线条

提示　多试试改变线条的各项参数，会对绘图能力的提高有很大帮助。

【滴管工具】和【墨水瓶工具】可以很快地将一条直线的颜色样式套用到别的线条上。用【滴管工具】单击上面的直线，【属性】面板显示的就是该直线的属性，此时，所选工具自动变成了【墨水瓶工具】。使用【墨水瓶工具】单击其他样式的线条，可以看到，所单击线条的属性都变成了当前在【属性】面板中所设置的属性了。

如果需要更改线条的方向和长短，可以用【选择工具】来实现。【选择工具】的作用是选择对象、移动对象、改变线条或对象轮廓的形状。

在工具箱中选择【选择工具】，然后移动鼠标到直线的端点处，指针右下角变成直角状，这时拖动鼠标就可以改变线条的方向和长短，如图14-6所示。

将鼠标指针移动到线条上，指针右下角会变成弧线状，拖动鼠标，可以将直线变成曲线。这是一个很有用的功能，它可以帮助我们画出所需要的各种曲线形状，如图14-7所示。

图14-6　改变线条方向和长短的鼠标形状

图14-7　改变线条为弧线状的鼠标形状

14.2　刷子工具概述

使用【刷子工具】按钮可以随意地画出刷子形状的图案。

14.2.1　用刷子工具绘制图案

（1）单击工具箱中的【刷子工具】，光标将变成一个图案，图案的样式是在舞台中绘图的笔头样式。

（2）按住鼠标左键不放，拖曳鼠标，在图形终点处释放左键，即可完成刷子图案的绘制。

不妨试着绘制一根树枝的形状，如图14-8所示。

14.2.2 设置笔刷的属性

在使用刷子工具绘图之后，可以在舞台下面的【属性】面板中对刷子的属性进行设置。

◆【填充颜色】：设置刷子的绘制颜色。

◆【平滑】：设置所绘图形轮廓的平滑程度。

除了【属性】面板中的刷子颜色外，还有一些针对刷子特有的设置，如图14-9所示。

◆【刷子模式】：在选项区中的第1个按钮，可以选择刷子绘画模式，其中有5种可供用户选择。如图14-10所示。

图14-8 树枝效果

图14-9 刷子工具的选项区

图14-10 刷子的填色模式

◆【刷子大小】：有10种尺寸可供用户选择，用于确定刷子笔头的大小，如图14-11所示。

◆【刷子形状】：有9种笔头形状可供选择，用于确定刷子绘制是笔头的形状，如图14-12所示。

◆【锁定填充】：它是一个开关按钮，当使用渐变色作为填充色时，按下此按钮，可将上一笔触的颜色变化规律锁定，作为这一笔触周边区域的色彩变化规范。

不妨在前面完成的树枝图案上添加树叶，制作一棵小树。如图14-13所示。

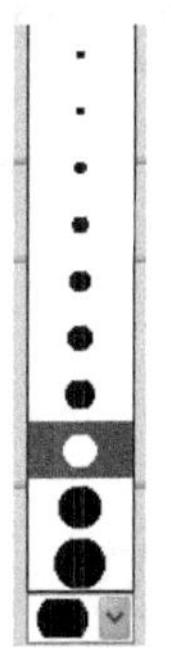

图14-11 刷子大小

图14-12 刷子形状

图14-13 完成后的树效果

14.3　椭圆工具和矩形工具简介

14.3.1　绘制椭圆和矩形

1. 绘制椭圆

选择工具箱中【椭圆工具】按钮，将鼠标移动到场景中，拖曳鼠标可绘制出椭圆或圆形。

2. 绘制矩形

选择【矩形工具】按钮，在场景中拖动鼠标可绘制出方角或圆角的矩形。

在【属性】面板中可以设定填充的颜色及外框笔触的颜色、粗细和样式，这与【线条工具】的属性设置一样。

14.3.2　应用椭圆和矩形

单击【椭圆工具】，在【属性】面板中，选择【笔触颜色】为红色，【粗细】为5像素，【笔触样式】为圆点样式，【填充颜色】为黄色，在舞台上拖曳鼠标，观看效果。试用同样的方法画矩形。注意，按住Shift键的同时拖动鼠标可以将形状限制为圆形和正方形。

利用【矩形工具】还可以绘制出圆角的矩形。【矩形工具】中"圆角矩形"的角度可以这样设定：选择【矩形工具】后，单击工具箱下的【边角半径设置】按钮，也可用鼠标双击工具箱中的【矩形工具】，弹出【矩形设置】对话框，如图14-14所示。

在【边角半径设置】中输入数值，使矩形的边角呈圆弧状。如果数值为零，则创建的是方角。也可在场景中拖动【矩形工具】时按住上下方向键，以调整圆角半径。

按住【矩形工具】一会儿，会弹出一个菜单。单击【多角星形工具】，在【属性】面板中可以设置多边形边的数量和形状。在属性面板中单击【选项...】按钮，弹出【工具设置】对话框，如图14-15所示。打开【样式】下拉菜单，可以选择【多边形】或【星形】，可以在对话框中定义多边形的边数，数值为3～32之间。

用不同样式和颜色随意画出的图案，如图14-16所示。读者可以试着选择不同颜色和不同样式，多画些图形，以加深印象。

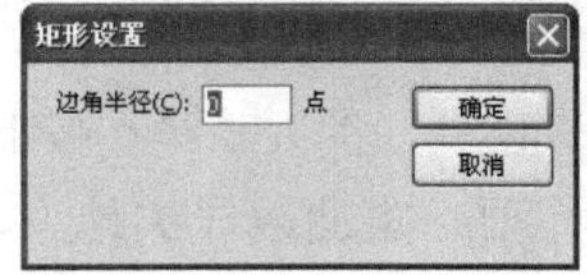

图14-14　【矩形设置】对话框

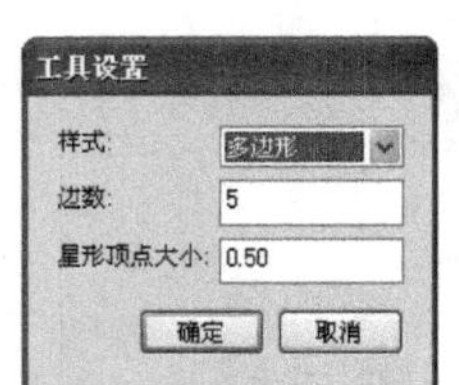

图 14-15 【工具设置】对话框

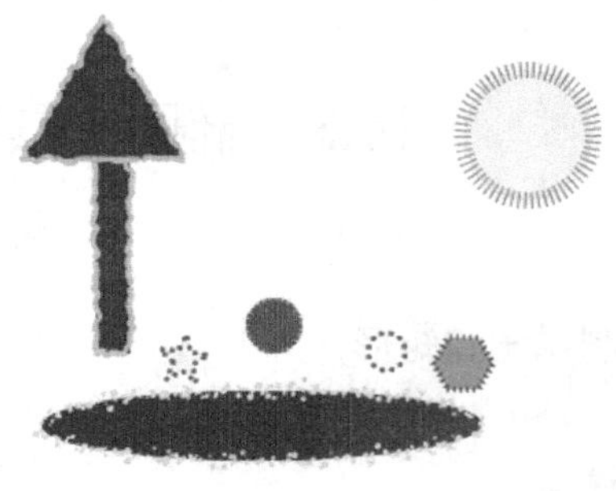

图 14-16 图案效果

14.4 铅笔工具简介

【铅笔工具】的颜色、粗细、样式定义和【线条工具】一样，在它的附属选项里有3种模式，如图14-17所示。3种模式所画的线条如图14-18所示。

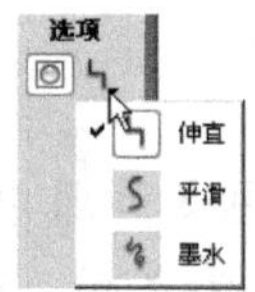

图 14-17 【铅笔工具】选项

图 14-18 用 3 种模式画的线条

- ◆【伸直】模式：在【伸直】模式下画的线条，它把线条转成接近形状的直线。
- ◆【平滑】模式：把线条转换成接近形状的平滑曲线。
- ◆【墨水】模式：不加修饰，完全保持鼠标轨迹的形状。

14.5 钢笔工具和部分选取工具简介

用【钢笔工具】画路径是非常容易的。选择【钢笔工具】后，在舞台上不断地单击鼠标，就可以绘制出相应的路径，如果想结束路径的绘制，双击最后一个点即可。

技巧 按住 Shift 键的同时再进行单击，可以将线条限制为倾斜 45° 的倍数方向。

创建曲线的要诀是在按下鼠标的同时向想要绘制曲线段的方向拖动鼠标，然后将指针放在想要结束曲线段的地方，按下鼠标，朝相反的方向拖曳来完成线段。如果觉得这条曲线不满意，还可以用【部分选取工具】来进行调整。

现在我们来练习画一条波浪线，为了让大家容易理解，先执行【视图】|【网格】|

【显示网格】命令，在工作区中出现网格，它能使定点更容易。我们先在一个网格的顶点上单击鼠标，确定起点，然后在顶点的对角点单击并拖曳鼠标，如图14-19所示。

每隔3个网格进行拖放，每次拖放的方向与前次相反。这样，一条很有规律的波浪线就绘制出来了，如图14-20所示。

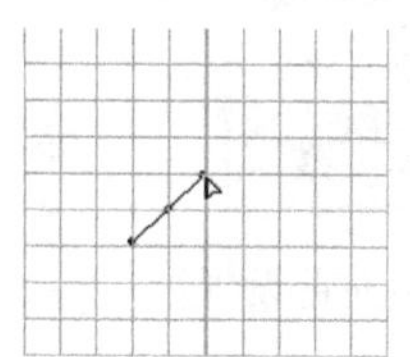

图14-19 单击并拖动鼠标

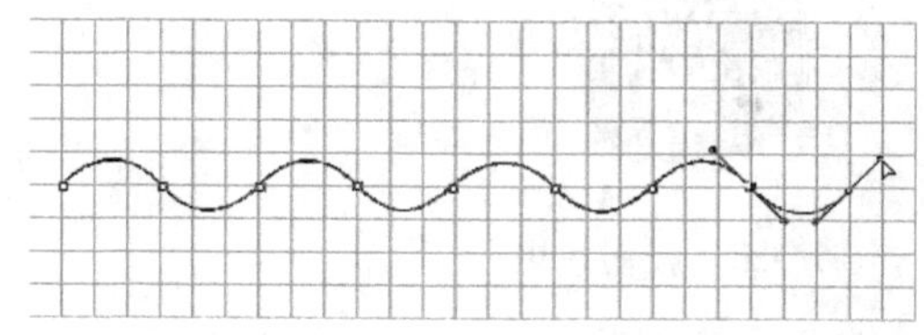

图14-20 绘制出波浪线

可以看到，在画线时，鼠标按下的地方出现了一个个节点，在工具箱中选择【部分选取工具】，单击节点，会出现两个手柄，如图14-21所示。

有些绘制的折线，单击节点时不会出现手柄，如果想调整曲线的形状，可以按下键盘上的Alt键，然后用【部分选取工具】拖曳节点，此时，节点的手柄就出现了。

拖动手柄可以改变曲线的形状。按住Alt键并拖曳手柄，可以不影响另一个手柄。拖曳节点可以改变节点的位置，如图14-22所示。

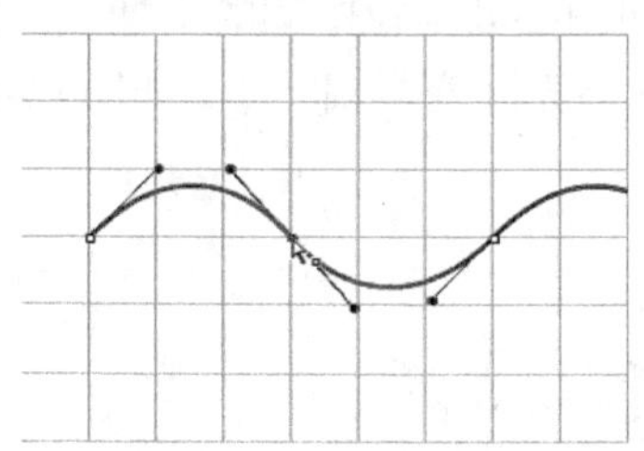

图14-21 选取节点

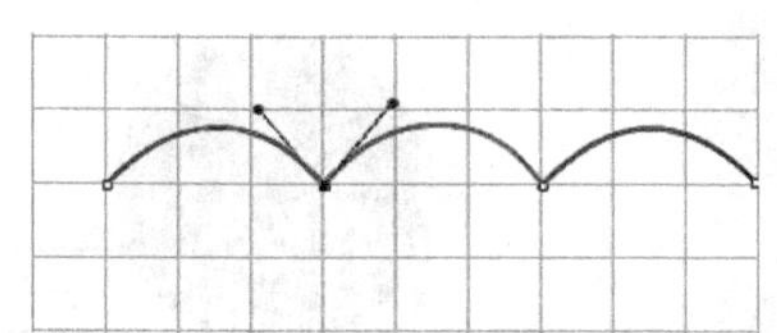

图14-22 调节曲线形状

14.6 填充变形工具概述

下面通过一个实例来学习Flash中调整色彩变化的工具——【填充变形工具】。本实例是制作一个网页上经常可以看到的按钮图形，晶莹剔透，效果如图14-23所示。操作步骤如下：

（1）选择【椭圆工具】，设置【填充色】为无，按住Shift键，在舞台上绘制出一个空心的正圆。

（2）执行【窗口】|【混色器】命令，打开【混色器】面板，在其中选择填充类型为【放射状】，在颜色条下，单击左端的色标，设置为浅紫色（#D9C8FD），单击右端的色标，设置为深紫色（#5407E4），如图14-24所示。

图 14-23 按钮效果

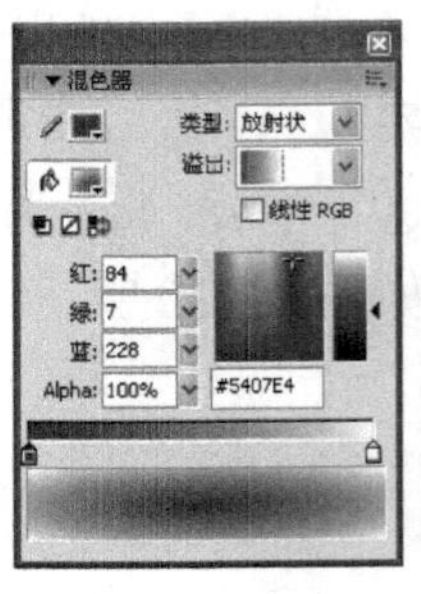

图 14-24 填充色设置

（3）选择【颜料桶工具】，单击圆形中心略偏下的部位，将刚设置的渐变色填充到圆中，成为按钮下方的高光色。

（4）在工具箱中选择【选择工具】，单击圆的外边框，将其选中，然后按键盘上的Delete键，将边框删除。现在的高光色太圆太大，我们使用【填充变形工具】对它进行调整。

（5）选择【填充变形工具】，单击图形，出现一个带有3个手柄的环形边框，圆环中心的小圆圈表示填充色的中心，拖动此中心点，可以改变渐变色的位置；拖动方形的手柄可以改变填充渐变色的宽度，更改环形渐变的半径；拖动下边的圆形手柄，可以旋转填充色的方向，如图14-25所示。我们这里先向圆心处拖拉中间的手柄，使中间高光缩小一些，如图14-26所示。再向外拖动方形手柄，使高光区变得扁一点，如图14-27所示。

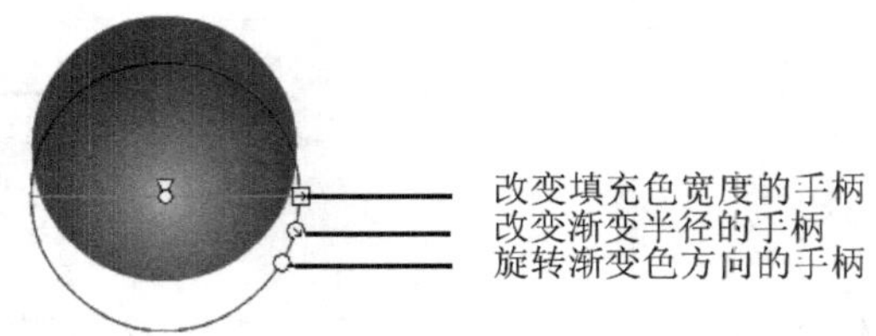

图 14-25 填充变形手柄

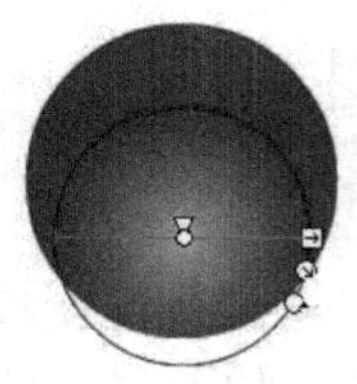

图 14-26 收缩高光区

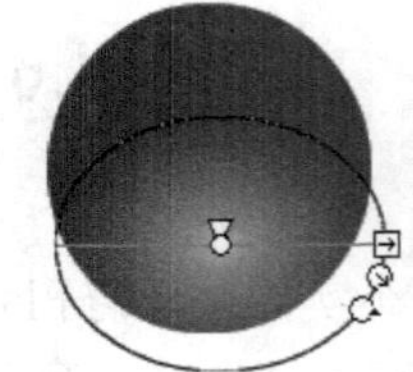

图 14-27 拉长高光区

现在一个基本形状创建好了，注意以上操作都是在默认的【图层1】上完成的，下面要在一个新图层上创建另外的形状。

技巧 在绘制复杂图形时，往往需要使用多个图层，分别在独立的图层上创建图形，然后再将它们叠放在一起，这样的好处是：图形互相各不影响，容易编辑和调整。有关图层的详细内容请参阅第三章的有关内容。

（6）在【图层1】下面单击【插入图层】按钮，如图14-28所示，这样就插入了一个新的图层。为了使在新图层中的操作不影响下一图层，可将【图层1】锁定。单击【图层1】中与上面锁状按钮相对应的小黑点，可以将本图层锁定，如图14-29所示。

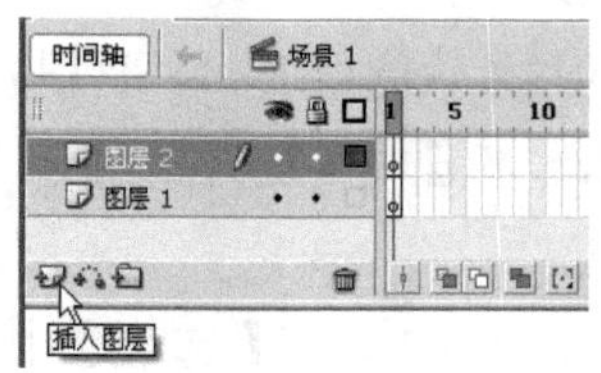

图14-28　插入图层

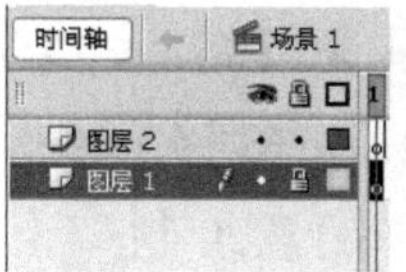

图14-29　锁定图层

（7）选择【图层2】，使用【椭圆工具】绘制出一个椭圆，并移动到如图14-30所示的位置。

（8）在【混色器】面板中选择【线性】渐变，设置左边色标为白色，右边色标为深蓝色，为了更好地和第一层的颜色相融合，可以把右边色标的【Alpha】值设为0%，如图14-31所示。

图14-30　绘制出一个椭

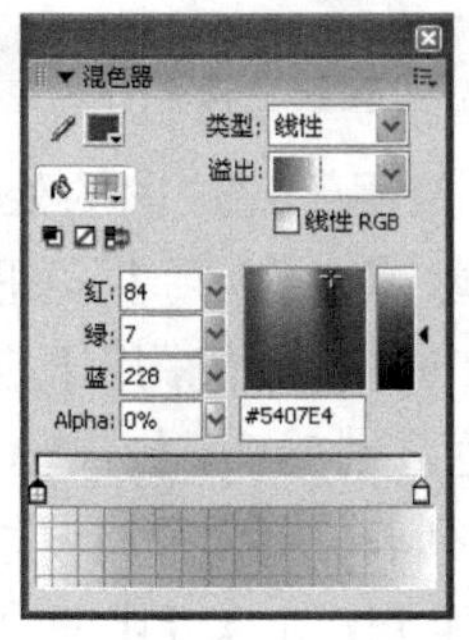

圆14-31　填充色设置

（9）为椭圆填充渐变色，删除椭圆的轮廓线。选择【填充变形工具】，单击图形，拖动小圆圈，顺时针旋转手柄90°，可以看到，在线性渐变上显示的与径向渐变圆环外框不同，线性渐变为两条平行的直线，其中一条上有方形和圆形的手柄，用方形手柄可缩放渐变色，用圆形手柄可改变渐变色方向。拖动中心点可调节渐变色的中心位置，如图14-32所示。

（10）用鼠标拖动中心点，向上略调整一些。按住方形手柄向圆心处拖拉，使渐变色缩小一些。

至此，按钮就制作好了，效果如图14-33所示。

图14-32　调节线性渐变色

图14-33　完成后的按钮

14.7 套索工具简介

【套索工具】是一种选取工具，使用它的时候不是很多，主要用在处理位图时。选择【套索工具】后，在【选项】中出现【魔术棒】、【魔术棒属性】和【多边形模式】，如图14-34所示。

在场景中随意绘制一个图形，选择【套索工具】，在【选项】中单击【多边形模式】，根据需要单击鼠标，当得到需要的选择区域时，双击鼠标自动封闭所选区域，如图14-35所示。

图14-34 【套索工具】

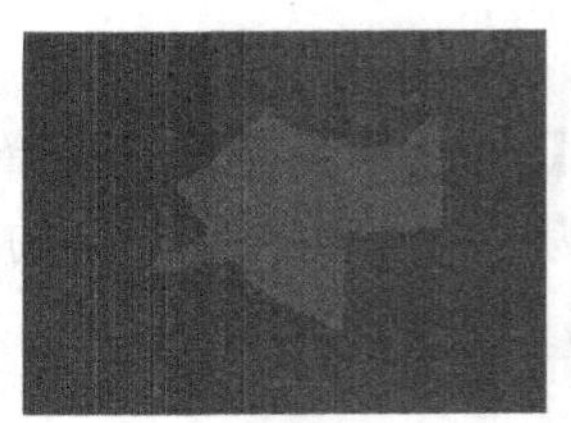

图14-35 【多边形模式】选择的区域

【魔术棒】用于对位图的处理。如果要选取位图中同一色彩，可以先设置魔术棒属性。单击【魔术棒属性】按钮，弹出【魔术棒设置】对话框，对于【阈值】，输入一个介于1～200的值，用于定义所选区域内相邻像素达到的颜色接近程度。数值越高，包含的颜色范围越广，如果输入0，则只选择与所单击像素的颜色完全相同的像素。在【平滑】下拉列表中有4个选项，用于定义所选区域边缘的平滑程度，如图14-36所示。

执行【文件】|【导入】|【导入到舞台】命令，在Flash中导入一幅位图图像，保证图像处于选中状态，执行【修改】|【分离】命令（快捷键Ctrl+B），将位图分离，选择【魔术棒】，单击需要选择的部分，如图14-37所示。

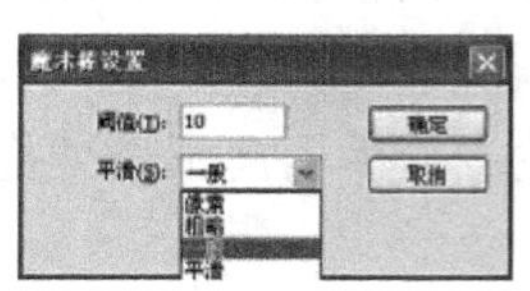

图14-36 【魔术棒设置】

图14-37 选择图像背景

14.8 橡皮擦工具概述

顾名思义，【橡皮擦工具】就像橡皮一样，可以擦去用户不需要的地方。双击

【橡皮擦工具】，可以删除舞台上的所有内容。选择【橡皮擦工具】，单击按钮，在弹出的菜单中有几个选项，如图14-38所示。

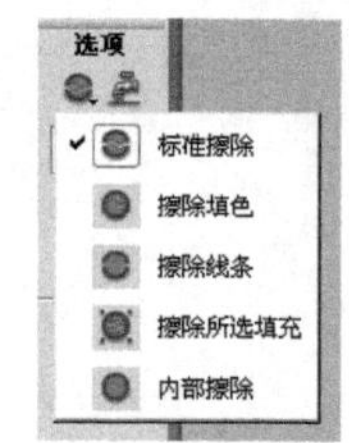

图14-38　橡皮擦工具的选项

◆【标准擦除】：擦除同一层上的笔触和填充。

◆【擦除填色】：只擦除填充，不影响笔触。

◆【擦除线条】：只擦除笔触，不影响填充。

◆【擦除所选填充】：只擦除当前选定的填充，并不影响笔触（不管笔触是否被选中）。以这种模式使用【橡皮擦工具】之前，请选择要擦除的填充。

◆【内部擦除】：只擦除橡皮擦笔触开始处的填充。如果从空白点开始擦除，则不会擦除任何内容。以这种模式使用橡皮擦并不影响笔触。

在【选项】下选择【水龙头】按钮，单击需要擦除的填充区域或笔触段，可以快速将其擦除。如果用户只擦除一部分笔触或填充区域，就需要通过拖动进行擦除。

14.9　习题与上机操作

1．选择与填空

（1）直线工具对于“笔触样式”的设置可以有（　　）种。

A．5　　B．6　　C．7　　D．8

（2）用户绘图时，常常用到一些辅助绘图工具，比如________、________、________和________。

（3）可以用作选择对象的绘图工具包括（　　）。

A．选择工具　　B．套索工具

C．部分选择工具　　D．铅笔工具

2．上机操作

用本章学习的绘图工具绘制一个卡通小屋，效果如图14-39所示。

图14-39　卡通小屋效果图

第15章 文字编辑

教学目标

Flash 8虽然不是一个功能全面的文字处理软件，但是它可以完成很多文字的处理工作。利用Flash 8不仅可以设置文本的字体、字号、样式、间距、颜色和对齐方式等，还可以像编辑图像一样对文字进行移动、旋转、变形等操作。本章重点讲述静态文本、动态文本和输入文本3种类型的主要用途及它们之间的区别。

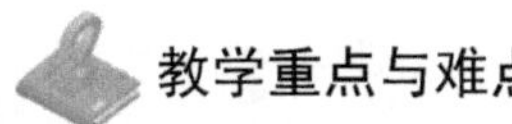

教学重点与难点

静态文本、动态文本和输入文本；文本的属性设置；文字特效。

15.1 创建文本

Flash 中的文本形式有3种，即静态文本、动态文本和输入文本。

（1）静态文本字段显示不会动态更改字符的文本。例如，可以为希望出现在文档中的标题、标签或其他文本内容添加静态文本。

（2）动态文本字段显示动态更新的文本。例如，体育得分、股票报价或天气预报等。它是根据情况动态改变的文本，常用在游戏和课件作品中，用来实时显示操作运行的状态。

（3）输入文本是可以接受用户输入的文本，是响应键盘事件的一种人机交互方式。例如，可以在表单中输入用户的姓名或者其他信息。

15.1.1 创建静态文本

创建静态文本的操作步骤如下：

（1）单击工具箱中的【文本工具】按钮A，或直接按键盘上的T键。

（2）用鼠标在舞台上选定文本输入区域，在【属性】面板中选择【静态文本】。

（3）在文本框内输入文字。

可通过【属性】面板在Flash中创建静态水平文本或静态垂直文本。系统默认文本以水平方向创建。

作为静态文本，水平文本的右上角和垂直文本的右下角有一个方框的手柄，手柄的位置和形状就决定了该文本的当前属性。当手柄处于该位置并且为方框意味着它是静态文本，但是每行或每列的文字容量已定，会随着文字的增加而自动换行。当双击手柄时，发现该手柄位置不变，而形状变为圆形，此时，仍是静态文本，但是文本框则变为大小未定，文本框会随着文本的继续输入而不换行加长。

15.1.2 创建动态文本

如何创建动态文本呢？使用【文本工具】就可以创建动态文本框。用【文本工具】在场景中拖曳出一个文本框，选中该文本框，在【属性】面板中选择【动态文本】即可，如图15-1所示。

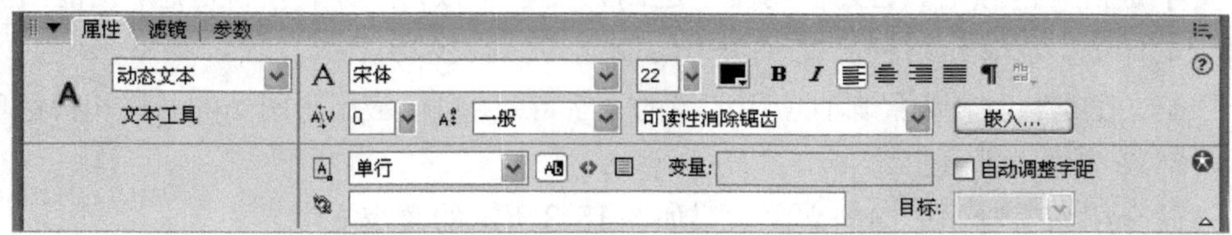

图15-1 选择【动态文本】

在【属性】面板中还可以进一步设置动态文本的属性参数。

可以在文本显示类型下拉列表中选择【单行】还是【多行】显示文本。

【可选】按钮决定了是否可以对动态文本框中的文本执行选择、复制、剪切等操作，按下表示可选。

【将文本呈现为HTML】按钮决定了动态文本框中的文本是否可以使用HTML格式，即使用HTML语言为文本设置格式。

【在文本周围显示边框】按钮决定了是否在动态文本框周围显示边框。

在【变量】后面的文本框中可以定义动态文本的变量名，用这个变量可以控制动态文本框中显示的内容。

15.1.3 输入文本

输入文本是可以接受用户输入的文本，是响应键盘事件的一种，是一种人机交互的工具。

与动态文本一样，使用【文本工具】也可以创建输入文本框，用【文本工具】在场景中拖曳出一个文本框，选中该文本框，在【属性】面板中选择【输入文本】即可，在实例名称文本框中可以定义输入文本对象的实例名，如图15-2所示。

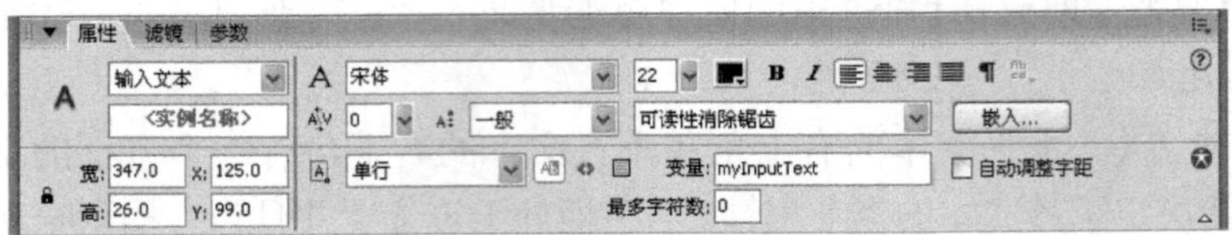

图 15-2　输入文本【属性】面板设置

输入文本最重要的是变量名，如图15-2所示的【变量】文本框，其中的myInputText即是该输入文本的变量名。输入文本变量和其他变量类似，变量的值会呈现在输入文本框中，输入文本框中的值同时也作为输入文本变量的值，它们之间是等价的。

15.2　文字特效

文字是信息的核心，如果在网页中应用好文字特效，容易给人新奇感，也能给人留下深刻的印象。本节介绍镂空文字效果的制作方法与技巧。

镂空文字是一种较为经典且应用广泛的文字特效，可以应用于网站的名称和特色项目等，使网站更具有特色。

下面介绍如何制作最终的文字效果如图15-3所示的镂空文字。

具体操作步骤如下：

（1）新建一个Flash文档，按快捷键Ctrl+J或者选择【修改】|【文档】命令，打开【文档属性】对话框，设置动画的宽为500px，高为200px，背景为浅灰色，如图15-4所示。

图 15-3　镂空文字效果

图 15-4　文档属性对话框

（2）在舞台中创建一组文字“镂空文字”。

（3）打开【属性】面板，选择字体为华文行楷，字号为100，单击 **B** 按钮加粗文字。如图15-5所示。

图 15-5　文本属性设置

（4）在工具栏中单击【选取工具】，单击输入的文字。将文字选择后，选择两次【修改】|【分离】命令将文字分解。

（5）在文字以外的任意处单击鼠标左键，取消文字的选中状态后在工具栏中选择墨水瓶工具，在【属性】面板中设置外框颜色为白色，线条样式为【实线】，如图15-6所示。然后使用墨水瓶工具在文字上单击，使文字周围出现线框。

图15-6 墨水瓶属性设置

（6）按住Shift键选择每个文字的中心部分，按下Delete键将文字的实心部分删除。这样如图15-3所示的镂空文字的效果就制作完成了。

15.3 习题与上机操作

1. 选择与填空

（1）Flash文本可分为3种类型：＿＿＿＿＿＿、＿＿＿＿＿和＿＿＿＿＿。

（2）当用户打开一个Flash影片时，如果当系统中没有包含影片中所需要的字体，这时可以用＿＿＿＿＿＿对话框，为所有缺少字体选择替换字体。

（3）在创建动态和输入文本字段时,如果按下Shift键的同时双击动态和输入文本字段的手柄，可以创建＿＿＿＿＿＿文本块。

2. 上机操作

（1）制作文字的残影效果。如图15-7所示。

（2）制作一个立体文字效果。如图15-8所示。

图15-7 文字的残影效果

图15-8 立体文字效果

第 16 章　元件和实例的分析及应用

教学目标

元件的作用就是一个对象，多次重复使用。设计元件是为了帮助用户更容易地创建动态且密集的影片。可见，它是一个相当关键的组件。如果用户想用尽可能小的文件来传递交互性很强的Flash影片，那么学习元件就非常有必要了。

教学重点与难点

元件与实例的基本概念；元件的创建及与实例的关系；实例的各种应用技巧；元件的管理及库操作；交互动画及按钮元件；动画剪辑元件。

16.1　元件和实例概述

人们常把Flash的“场景区域”比作“舞台”，那么，Flash的制作者就是“导演”。暂且把“Flash舞台”能接受的对象统称为“元素”，而“元素”在“Flash舞台”上有一整套使用规则和管理方式，其中最主要的动画元素是“元件”。

16.1.1　元件简介

先做个试验，用【椭圆工具】在“舞台”上随便画个圆，依照上面的说法，可以把它笼统地称为“动画元素”，精确地说，它仅仅是一个“矢量图形”，它还不是Flash管理中的最基本单元——元件。

进一步让“圆”变做“形状变形”，能使其成为动画的一部分，但是，就其每一帧中的“图形元素”来说，它们并不是“元件”。选择这个圆，则其【属性】面板如图16-1所示时，它被叫做“形状”，其属性也只有“宽度”、“高度”和“坐标值”。

在Flash中，“形状”可以改变外形、尺寸、位置，能进行“形状变形”，其用途相当有限。要使“动画元素”得到有效管理并发挥更大作用，就必须把它转换为“元件”。

选择这个“椭圆形状”，执行【修改】|【转换为元件】命令，或者按键盘上的F8键，弹出【转换为元件】对话框，默认的【名称】为“元件1”，选择【类型】为【图形】，单击【确定】按钮，即把“形状”转为图形元件。

执行【窗口】|【库】命令（快捷键Ctrl+L），打开管理机构——【库】，发现【库】中有了第一个项目：元件1。

接着选择“舞台”上的这个对象，发现对象已经不像图16-1所示的“离散状”了，而是变成了一个“整体”（被选中后，周围会出现一个矩形框），它的【属性】面板也丰富了很多，如图16-2所示。

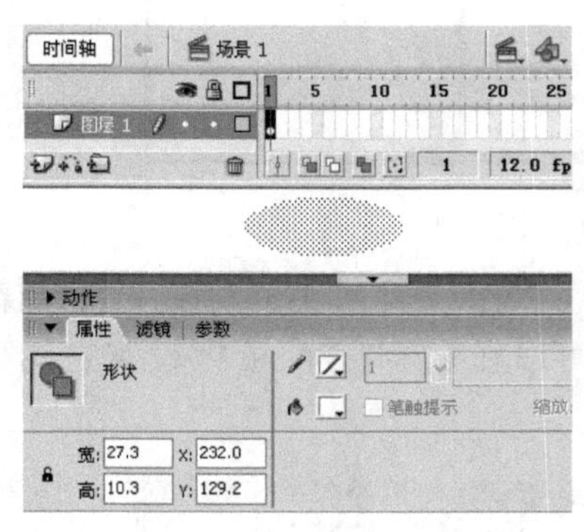

图16-1　图形的属性

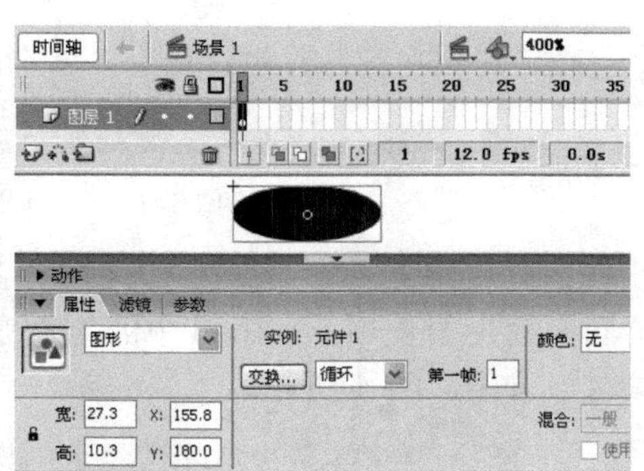

图16-2　元件1的实例属性

进一步发现：这个对象能够转换“角色”，与其他演员“交换”身份，还有序列帧播放选项、颜色设置等，另外，它还能进行Flash功能最全面的“动作变形”了！

说明　说到“元件”，就离不开【库】，因为“元件”仅存在于【库】中，把【库】比喻为后台的“演员休息室”应该比较确切！“休息室”中的演员随时可进入“舞台”演出，无论该演员出场多少次甚至在“舞台”中扮演不同角色，动画发布时，其播放文件仅占有“一名演员”的空间，节省了大量资源。

16.1.2　实例概述

沿用上面的比喻，演员从“休息室”走上“舞台”就是“演出”，同理，“元件”从【库】中进入“舞台”就被称为该“元件”的“实例”。

不过，这个比喻与现实中的情况有点不同，“演员”从后台走上“舞台”时，“后台休息室”中的“演员原型”还会存在，或者我们可以把走上前台的“演员”称之为“副本演员”，也即实例。

在图16-3中从【库】中把“元件1”向场景拖放4次，“舞台”中就有了“元件1”的4个“实例”。

技巧　对于实例的位置、外形、旋转、倾斜等属性的编辑可以直接用鼠标进行，但利用相关面板可以精确设置属性的数值。

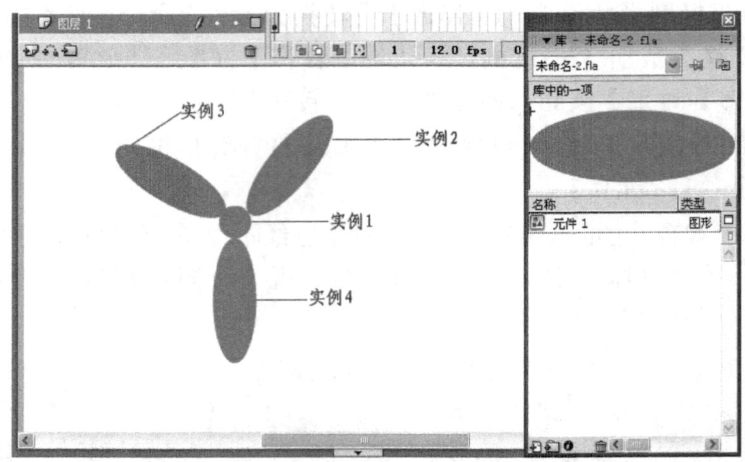

图16-3 “元件1”的4个实例

可以试着分别把各个“实例”的颜色、方向、大小设置成不同样式，具体操作可以用不同面板配合使用，图16-3中的“实例1”可以在【属性】面板中设置它的“宽”、“高”参数，如图16-4所示。

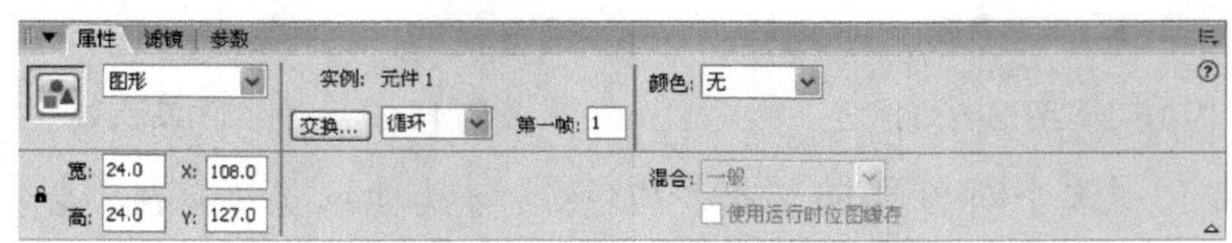

图16-4 “实例1”的属性设置

“实例2”改变了外形及颜色属性，这些属性的改变可以通过【变形】面板（选择【窗口】|【变形】菜单命令可打开【变形】面板）和【属性】面板设置，具体设置如图16-5所示。同“实例2”一样，“实例3”也在【变形】面板和【属性】面板中进行设置，具体属性值设置如图16-6所示。

图16-5 “实例2”的属性设置

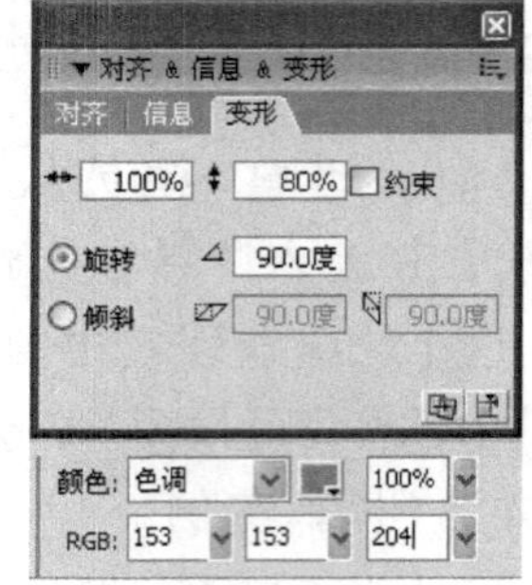

图16-6 “实例3”的属性设置

“实例4”的设置情况如图16-7所示。实例不仅能改变外形、位置、颜色等属性，还可以通过【属性】面板改变它们的“类型”，如图16-8所示。

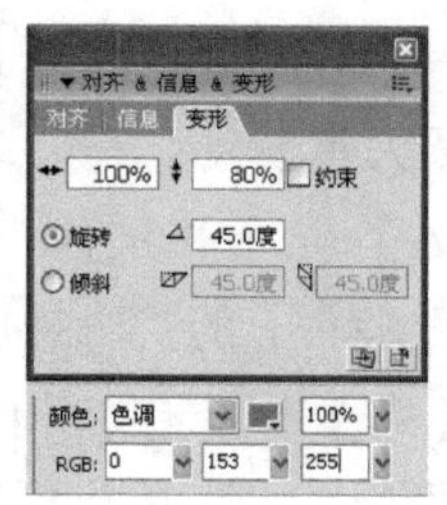

图 16-7　“实例 4”的属性设置

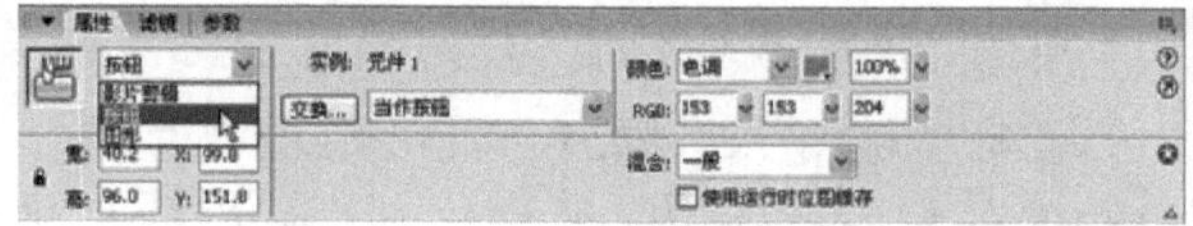

图 16-8　改变实例类型

说明　在【变形】面板的操作中，还得注意“约束”选项，如果该选项被选中，那么实例的“宽”、“高”将同步改变，另外，“旋转”设置框中“正”号是顺时针，而“负”号是逆时针旋转。

再分别选择 4 个“实例”，观看它们的【属性】面板，会发现它们的“身份”始终没变，都是“元件 1 的实例”。也就是说，一个演员的“副本演员”在舞台上可以穿上不同服装，扮演不同角色。这是Flash的一个极其重要的特性，“Flash导演”一定要掌握并运用好这个特性。

16.1.3　几种特殊的元件和实例介绍

在制作Flash时，往往不会满足于自己创建“动画元素”，有时会从外部导入进来。

Flash 允许“聘请”的“外来演员”的范围相当大，当执行【文件】|【导入】|【导入到库】命令时，将在弹出的【导入】对话框中打开【文件类型】下拉菜单，可以看到，Flash 8支持图像、声音、视频等几十种格式，图16-9中显示了其中最常见的3种。

这些“外来演员”被请进“舞台”后，跟我们在Flash环境中产生的元件情况不太一样，大致有以下几种情况：

（1）位图被导入“舞台”后，在【库】中直接为其创建一个“元件”对象，而它在“舞台”上的图片也就被称作为“某元件的实例”，但这种“实例”的能力有限，它实际上是一种“成组的元素”，除了可以作“动作变形”及改变位置、大小和方向，其他什么也干不了，要想成为真正的“舞台演员”，还需要选中它，然后按键盘上的F8键，把它重新定义为一个新“元件”。

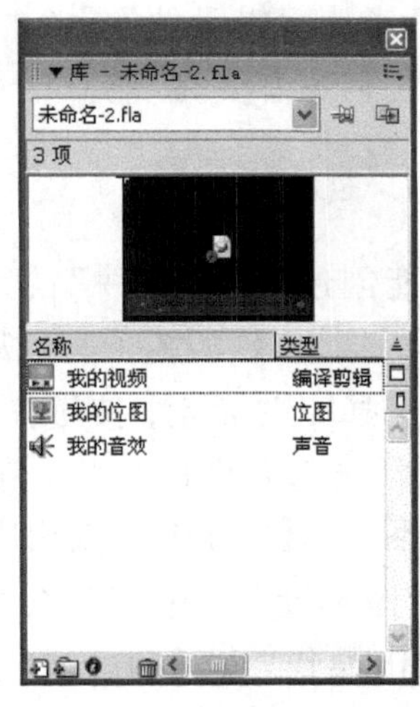

图 16-9　“导入”的 3 种常见素材

（2）声音被导入“舞台”后，在“舞台”上什么也看不到，在【库】中，声音自动被定义为“元件”，它在“舞台”上的“实例”应用，可以在帧的【属性】面板中设置，对于声音在“舞台”上的每个“实例”，可以“斩头去尾”并进行其他的特效处理，而不影响声音“元件”在【库】元件中的原来特征。利用这一特点，可以仅用一个声音文件就能在动画中得到不同的声音效果，由于音乐文件一般较大，从而节省了大量资源。

（3）视频被导入“舞台”后，同样在【库】中为其定义了一个“元件”，它在舞台上的“实例”仅能改变位置、大小，它实际上是一个“封装”了的“动画序列”。

（4）矢量图形被导入“舞台”后仅出现在“舞台”中，【库】中没有其相应“元件”，舞台中的矢量图形保留了原来绘制过程中的全部“路径”结构，这是动画制作中最为得心应手的动画元素。

（5）当在【场景】中输入一段文字后，它以一种较特殊的“组合”方式出现，在“组合”解散前，仍然可以编辑它，包括文字内容、字体、字号、颜色等属性。更为重要的是，还可以赋予文本对象以特定“角色”（“静态文本”、“动态文本”和“输入文本”等，缺省的是“静态文本”）。而一经解散“组合”，它就与一般的图形“素材”一样。

16.1.4 元件的类型和创建元件的方法

“元件”是“舞台”的“基本演员”，要想实现自己的“动画剧本”，就得组建“演出班子”，那么，这个“演出班子”中可以有哪些类型的“演员”呢？Flash中的元件类型包括3种，即“图形”、“按钮”和“影片剪辑”。

这3种“基本演员”在“舞台”上的表演能力是各不相同的，其中：

“图形元件”好比“群众演员”，到处都有它的身影，能力却有限。

“按钮元件”是个“特别演员”，它无可替代的优点在于使观众与动画更贴近，也就是利用它可以实现“交互”动画。

“影片剪辑元件”是个“万能演员”，它能创建出丰富的动画效果，能使导演想得到的任何灵感变为现实。

1. 创建图形元件

能创建“图形元件”的元素可以是导入的位图图像、矢量图形、文本对象以及用Flash工具创建的线条、色块等。

选择相关元素，按键盘上的F8键，弹出【转换为元件】对话框，在【名称】文本框中可输入元件的名称，在【类型】中选择【图形】，如图16-10所示。单击【确定】按钮后，在【库】中生成相应的“元件”，在舞台中，元素变成了“元件的一个实例”。

“图形元件”中可包含“图形元素”或者其他“图形元件”，它接受Flash中大部分变化操作，如大小、位置、方向、颜色设置以及“动作变形”等。

2. 创建按钮元件

能创建“按钮元件”的元素可以是导入的位图图像、矢量图形、文本对象以及用

Flash工具创建的任何图形，选择要转换为“按钮元件”的对象，按键盘上的F8键，弹出【转换为元件】对话框，在【类型】中选择【按钮】，如图16-11所示，单击【确定】按钮，即可完成“按钮元件”的创建。

图16-10　图形元件转换

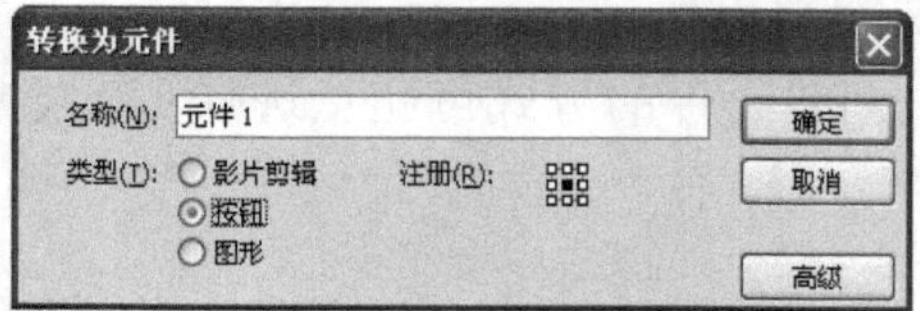

图16-11　按钮元件转换

“按钮元件”除了拥有“图形元件”的全部变形功能外，还拥有其特殊性：即它具有3个“状态帧”和1个“有效区帧”。3个“状态帧”分别是“一般”、“鼠标经过”、“按下”，在这3个状态帧中，可以放置除了按钮元件本身以外的所有Flash对象。“有效区帧”中的内容是一个图形，该图形决定了按钮响应的区域范围。

按钮可以对用户的操作做出反应，是“交互”动画的主角。

3. 创建影片剪辑元件

“影片剪辑元件”就是我们平时常听说的MC（Movie Clip）。可以把“舞台”上任何看得到的对象，甚至整个“时间轴”内容创建为一个MC，而且，还可把一个MC放置到另一个MC中。还可以把一段动画（如逐帧动画）转换成“影片剪辑”元件。

除了创建“影片剪辑元件”相当灵活外，其创建过程非常简单：选择舞台上需要转换的对象，按键盘上的F8键，弹出【转换为元件】对话框，在【类型】中选择【影片剪辑】，如图16-12所示，单击【确定】按钮即可完成创建。

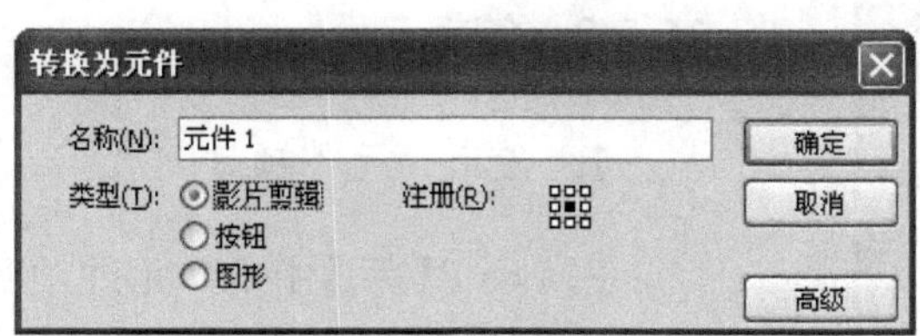

图16-12　影片剪辑元件转换

4. 创建空白元件

以上创建元件的过程全部是从已有对象进行“转换”，而多数情况下，尤其是对于“按钮元件”及“影片剪辑元件”，我们常常先创建一个“空白元件”，然后编辑元件的内容，Flash 8提供多种方法进行“空白元件”的创建。

在确定舞台上没有任何对象被选取的情况下执行【插入】|【新建元件】命令，或者按快捷键Ctrl+F8，可打开【创建新元件】对话框，在对话框中输入元件名称，选择元件的类型，单击【确定】按钮，即可进入新元件编辑模式。

在新元件编辑模式中，元件名会在舞台的左上角显示，窗口中包含一个“十”字，它代表了元件的“定位点”，这时用户可以利用时间轴、绘图工具或导入其他素材来创建、编辑元件的具体内容。完成新元件内容的制作后，可以单击左上角的场景标签退出元件编辑模式。

创建元件的方式可随意选择，应根据操作时的情况，灵活取用。

16.2 元件库的使用及管理

16.2.1 元件库简介

【库】是使用频度最高的面板之一，缺省情况下，【库】被安置在“面板集合”中，鉴于它的重要性，建议把【库】从“面板集合”中取出，让它单独存放于“舞台”上。

打开【库】的快捷键为F11键或者Ctrl+L组合键，重复按F11键能在【库】面板的“打开”和“关闭”状态中快速切换。

【库】可以随意移动，可将其放置在最合适的地方，【库】可以设置大小模式，【库】面板上还有“库菜单”，以及元件的“项目列表”和编辑按钮。在保存Flash源文件时，【库】的内容同时被保存。

【库】存放着动画作品的所有元件，灵活地使用【库】，合理地管理【库】，对于动画制作无疑是极其重要的。

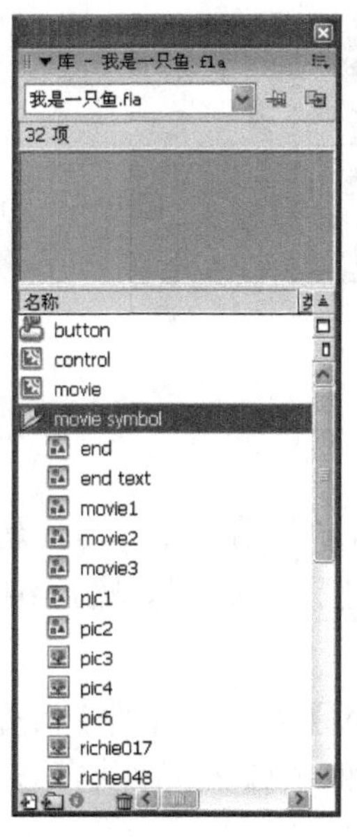

图16-13 组织“元件项目列表”

16.2.2 管理元件

1. 使用“元件项目列表”

Flash 8【库】中的“元件项目列表”采用“可折叠文件夹”树状结构，一个较大的动画作品，往往拥有几百个元件，利用【库】中“项目列表”这一特性可为动画中所有元件作有序归类，图16-13所示为一个MTV作品的【库】项目情况。

很多情况下，还要从作品中取用一些元件，这时可以通过执行【文件】|【导入】|【打开外部库】命令，打开一个对话框，选择目标源文件，单击【确定】按钮后，Flash就会在舞台上打开一个单独的【库】，这时可以把需要的元件往当前文档的【库】中“拖放”，以后就可随意使用这些被拖入的元件了。

“元件项目列表”的文件夹还可以“嵌套”，但过于复杂的文件夹嵌套，反而感觉不太方便。

2. 元件排序

当向【库】内添加新元件时，它不是出现在列表的上面，它在列表中的位置似乎是“随机”安排的，因为默认时，【库】的“元件项目列表”是按“元件名称”排列的，英文名与中文名混杂时，英文在前，中文按其对应的字符码排列，显然，这种排列方式不利于查找元件。

“元件项目列表”的顶部有5个“项目按钮”，它们是【名称】、【类型】、【使用次数】、【链接】和【修改日期】，其实它们是一组“排序”按钮，单击某一按钮，“项目列表”就按其标明的内容排列。

3. 用“图标”识别元件类型

Flash 8的“元件列表”中，除了【类型】这一“列名称”，还提供了更详细的元件“类别图标”，如图16-14所示，可以从这些图标的外观很容易识别各个元件的类型，有时，利用“识别图标”，再结合【类型】排序，是查找“元件”的最快捷手段。

16.2.3 元件库的使用

1. 清理多余项目

随着动画制作过程的进展，【库】项目将变得越来越杂乱，这样白白地浪费着宝贵的源文件空间，从【库】菜单中单击【选择未用项目】命令，Flash会把这些未用的元件全部选中，如图16-15所示，这时可以单击菜单中的【删除】命令，也可以直接单击按钮，将它们删除。

说明 这样的操作，你可能得重复几次，因为有的元件内还包含大量其他“子元件”，第一次显示的往往是“母元件”，“母元件”删除后，其他“子元件”才会暴露出来。另外，该命令有时对一些多余的位图元件起不了作用，只好手动清除。

经过清理的【库】，不仅看上去整洁多了，而且会使源文件（*.fla）大大缩小。这里再提醒一句，清理【库】后，一定要用【另存为】命令将文件存为另一副本，否则【库】整洁了，而源文件却并没缩小。

2. 公用元件库

在【窗口】|【公用库】菜单列表中，可以看到Flash 8为用户提供的【学习交互】、【按钮】、【类】3个类别的常用“元件”，选择其中之一，在“舞台”上就会出现一个相应的“公用元件库”。图16-16所示为选择【学习交互】时对应的“公用库”。

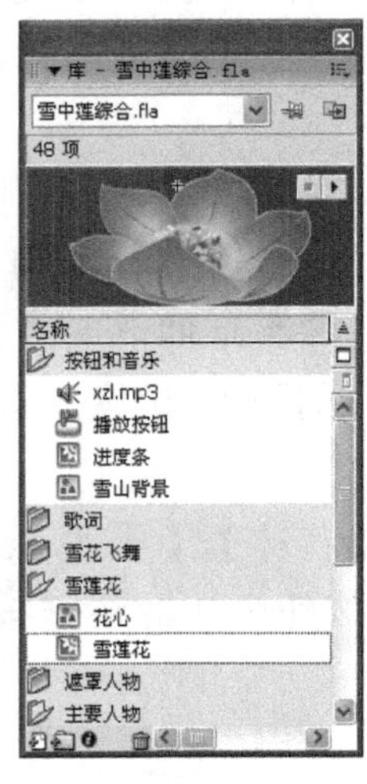

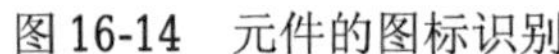
图 16-14　元件的图标识别

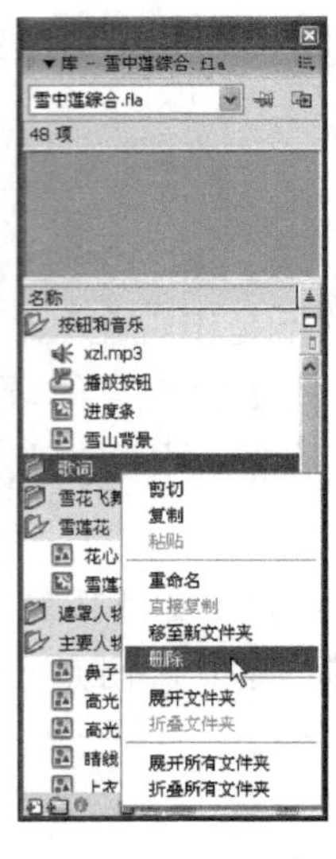

图 16-15　清除多余元件项目

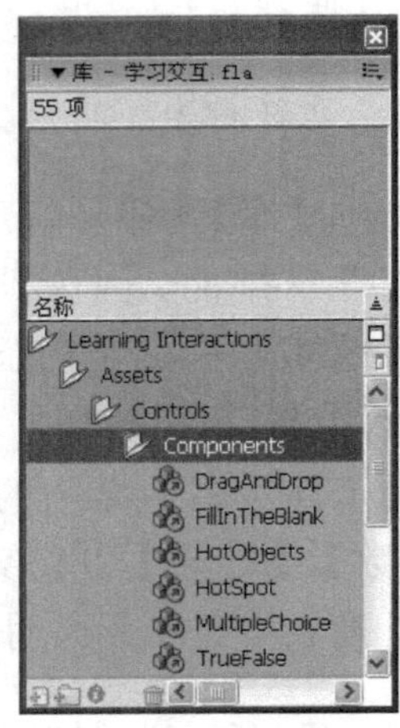

图 16-16 【库 - 学习交互.fla】

16.3　元件和实例的应用

16.3.1　元件和实例的关系

为了对“元件”和“实例”的内在关系有更深的理解，下面举个例子来说明。

例如“场景”上有如图16-17所示的一个图形实例，在对“元件”或“实例”未作任何编辑时，它们是完全一样的。

现在对“实例”做一些操作：把实例缩小，并复制3份，分别将它们的方向、颜色、透明度作一些变化，如图16-18所示。 从图16-18中可以看到，尽管对“实例”作了改变，但【库】中元件仍保持原样。接下来，用鼠标双击“场景”中的任何一个“实例”，就进入到了“元件”的编辑界面。

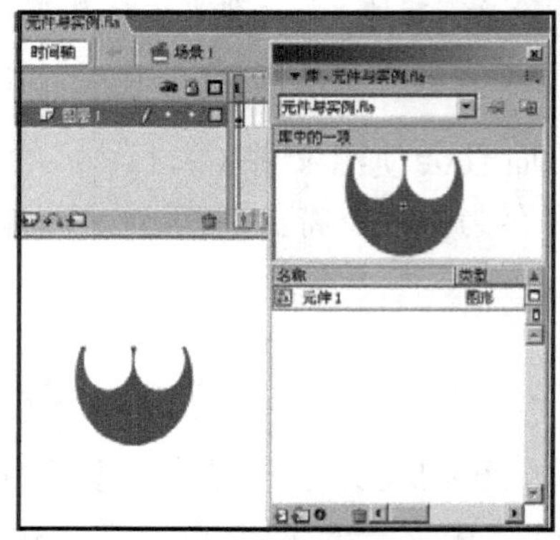

图 16-17 【元件 1】及其实例

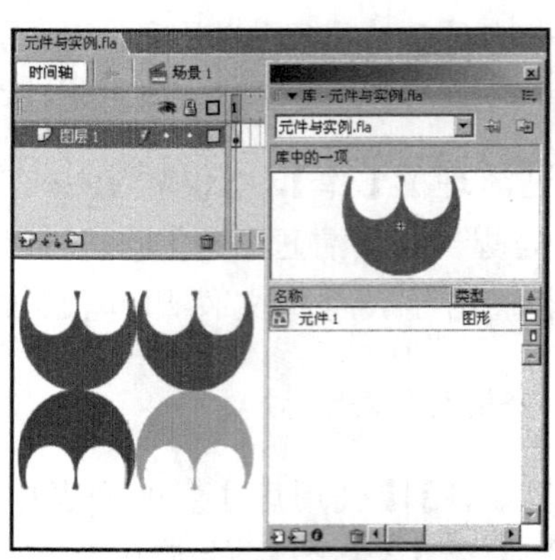

图 16-18 【元件 1】四个实例的变化

现在我们在“元件编辑界面”中为图形添加上一个白色圆形。单击【场景 1】按钮，返回到主场景1，会发现“实例”及“元件”被赋予了新的特征，如图16-19所示。

可以继续在“舞台”上对“实例”进行各种变形操作，“万变不离其宗”，所有“实例”全摆脱不了“元件”的新特征，如图16-20所示。

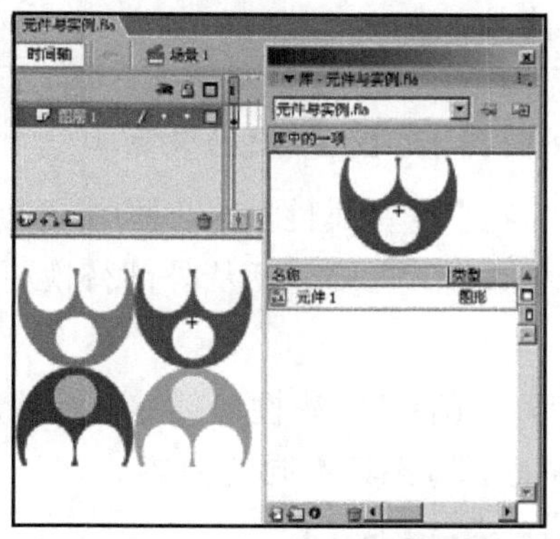

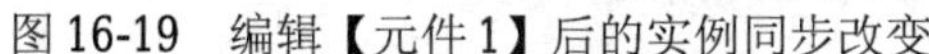

图16-19 编辑【元件1】后的实例同步改变

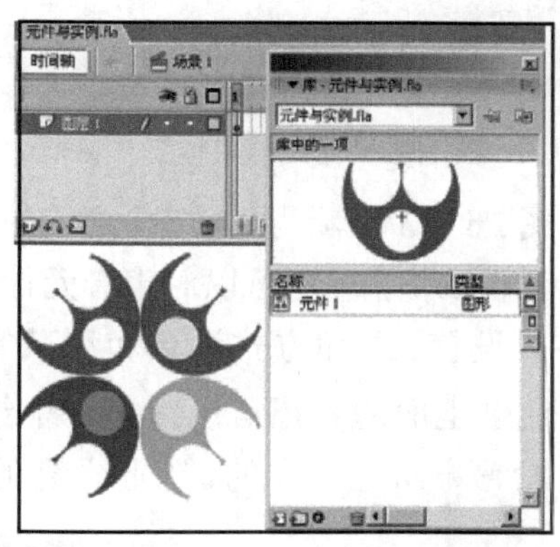

图16-20 改变实例的形状

技巧 在时间轴上方有个“标签栏”，当未进入元件的编辑界面时，我们是在【场景1】中进行操作，操作对象是在舞台上的“实例”，双击某“实例”后，操作对象变为“元件 1”，请注意“标签栏”，可以发现，在【场景 1】的右边出现了【元件 1】，通过单击“标签栏”，可以掌握当前所在的“舞台层次”。

一个元件在舞台上的“实例”应用次数是无限的，每一个“实例”可以被赋予不同的外在特征，“实例”的变化不影响它的“元件”；而“元件”的变化会影响到它的所有“实例”。

16.3.2 元件和实例的属性介绍

第一次打开Flash 8时，“舞台”空间显得很狭小，操作界面被大量的“面板群”所占据，用户通过布置自己的舞台环境，可以使“舞台”占据较大的空间，但是，有两个面板应该保留在“舞台”，即【库】和【属性】面板。

在【库】中，用鼠标右键单击某元件，选择【属性】，可打开【元件属性】对话框，如图16-21所示，【影片剪辑】、【按钮】、【图形】这3种“基本元件”的属性只允许作元件类型的重新设定。相比较，其他“元件”的属性面板内容比它们丰富得多。

图16-22所示为“位图”元件的属性对话框。在【位图属性】对话框中，可以修改元件名，设置压缩质量（注意，这里的压缩设置可以被“发布设置”的操作覆盖）。其中对用户最有用的是【更新】功能，该功能可以让用户选择另一幅图像替换现有图片，而且，在现有图片已经被“分离”的情况下仍然有效。

图 16-21 【元件属性】对话框

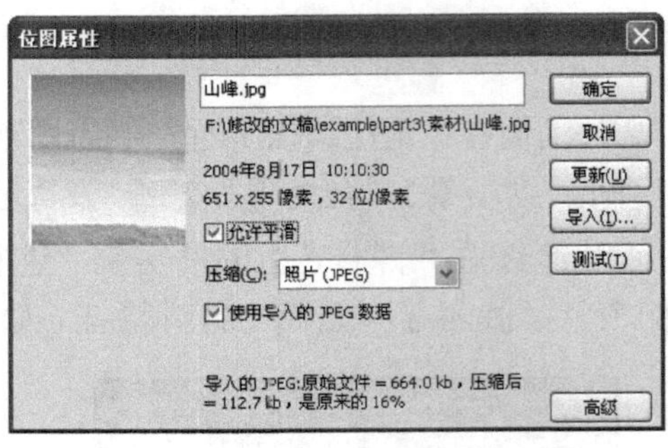

图 16-22 【位图属性】对话框

图16-23所示为“声音元件”的属性对话框。在【声音属性】对话框中，可以了解声音元件的信息，还可以对声音元件的属性作一些设置，主要包括从外部替换更新、输出格式设置、压缩方式设置和测试等。

通过上面的介绍可以得出一个结论：3个“基本元件”的属性最简单，而且它们的属性设置方法是一样的，除此之外的各种元件属性，却各具不同的内容。

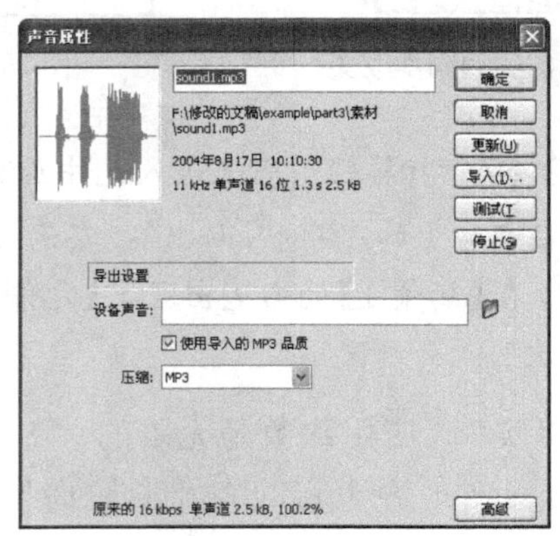

图 16-23 【声音属性】对话框

实例【属性】面板与【动作】面板被放在操作界面的底部，这样的布局给用户带来很大的方便。Flash 8还为用户加了个【伸缩】按钮，如图16-24所示。

为了区别元件属性面板，暂且把这个【属性】面板叫做“场景属性面板”，因为它实时提供“场景”中某一对象的属性，随着在“场景”中选择不同的对象，它就变为相应的面板，图16-24所示的情况是：当我们什么也没选时，它为“文档”的【属性】面板。

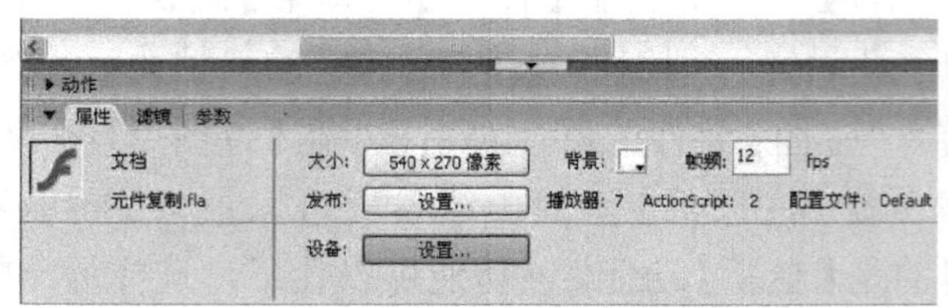

图 16-24 “文档”的【属性】面板

图16-25所示为“图形实例”的【属性】面板，当用户选择某一个“图形实例”时，它就会出现。

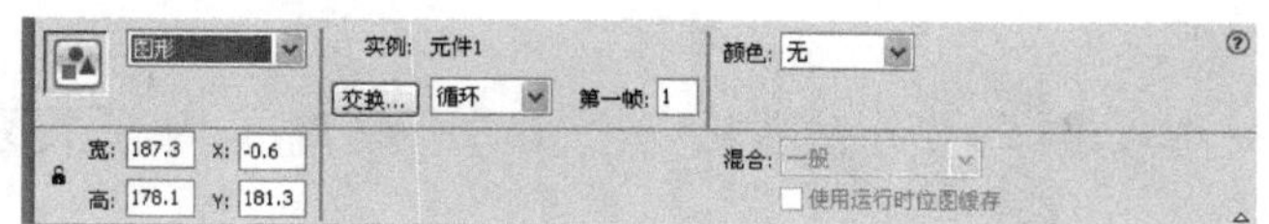

图16-25　“图形实例”的【属性】面板

从图16-25中可知，图形实例可以与“按钮”、“影片剪辑”实例互换角色，设置外形尺寸、位置，与其他元件交换，以及颜色变化。

其中要说明的是，在【交换】右边的下拉列表中有3个“播放模式”选项，它们分别是【循环】、【播放一次】和【单帧】，为“图形实例”提供了一个可控的播放功能。

比如，一个实例内包含了3个关键帧，选择【循环】模式后，这3个帧连续播放，在右边的【第一帧】可设置从哪一帧开始播放。选择【播放一次】后，播放到第3帧即停止。选择【单帧】后，这个实例永远停在第1帧。

图16-26所示为“按钮实例”的【属性】面板，当用户选择某一个“按钮实例”时，它就会出现。

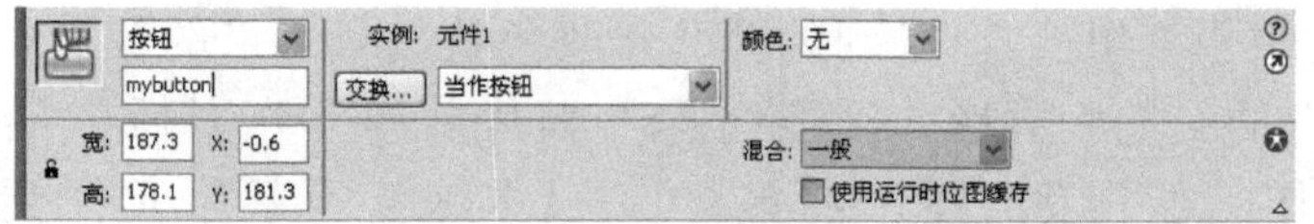

图16-26　“按钮实例”的【属性】面板

按钮实例除了与图形实例有相同的属性外，还可以设置“实例名”，一旦有了“实例名”，就意味着实例可以为动作脚本所控制。

另外，在【交换】右边的下拉列表中提供了2个按钮形式的选项。

图16-27所示为“影片剪辑实例”的【属性】面板，当用户选择某一“影片剪辑实例”时，它就会出现。

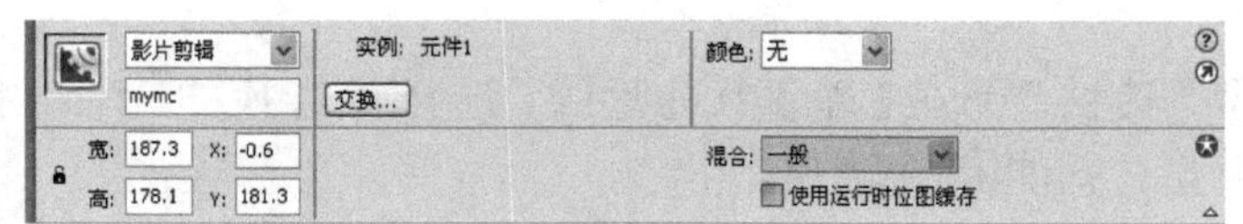

图16-27　“影片剪辑实例”的【属性】面板

影片剪辑实例的属性比“图形实例”多了一个“实例名”设置框，从表面看来比图形实例简单，其实它的蓬勃生机蕴藏在其内部功能上。相比于“元件”的属性来说，它们的“舞台属性”存在极大的个体差异。

16.3.3　分离和组合概述

对于位图，“分离”能使位图变成填色类型的分散色块或线条，便于编辑其中的内容”。除了位图，“分离”还有以下几种情况：

（1）对于“文本对象”，“分离”后变为单个的“字符”对象，再一次“分离”，变成“轮廓线”图。

（2）对于“图形实例”，“分离”后与“元件”脱离了内在关系，从此它成了舞台中的一个“孤立元素”。

（3）对于“按钮实例”，“分离”后变成一个单帧的元素，显示为原按钮第一帧的内容。

（4）对于“影片剪辑”，“分离”后变成一个单帧的元素，其内容为原影片剪辑的第一帧，如果有多个图层，那么为第一帧的内容叠加。

（5）对于“组合对象”，“分离”后还原成“组合”前的状态。

（6）对于导入的“矢量图形”，“分离”后为独立的“矢量路径”，再“分离”，变为“矢量色块”或“线条”。

“组合”，就是把两个以上的“元素”集合为一个对象。

在【修改】菜单中可以看到“分离”和“组合”这两个命令，此外，“分离”的快捷键是Ctrl+B;“组合”的快捷键是Ctrl+G。

“组合”并不是“分离”的反操作，它们只是有点类似，但不是一回事。比如，当把“分离”的位图“组合”，得到的是“分散色块与线条”的集合，位图的“分离”是不可“逆转”的。把“图形”、“按钮”、“影片剪辑”分离后的结果全是图形元素，“组合”操作只能得到“图形的集合”，根本恢复不了原元件类型。

【取消组合】命令跟“分离”不一样，它仅是“组合”的“反操作”。

上面说的“分离类似于组合的反操作”是指：在多数情况下，“分离”可以替代【取消组合】命令。

16.3.4 转换元件类型与交换实例对象

灵活运用元件或实例的这种特点，能使动画效果得到更丰富的表演手段或大大提高制作效率。

元件的类型“转换”是在【库】中进行的，选择待转换的元件，打开【属性】面板，选择目标类型，就能完成转换。

从上面对“元件的属性”讨论中已经知道：任何对“元件”的操作，从根本上改变了“元件”的属性，并影响到其“实例”。这时，在“舞台”上所有该元件的“实例”将赋予新的属性。那么，在“转换”以前就有该元件的实例应用，会怎样呢？

比如，如果原来是“影片剪辑”（MC），现在转换为“按钮”，那么该实例可以赋予按钮指令，原MC中的动作脚本及“动画序列”失效。其他几种情况可以依此类推，所以如果在“舞台”中已经有“实例”运用，尽量别进行元件的类型转换。

在动画制作中，最常用的是实例类型交换和实例对象交换。

在实例的【属性】面板中，用户可以进行两种交换：实例类型交换和实例对象交换，如图16-28所示。

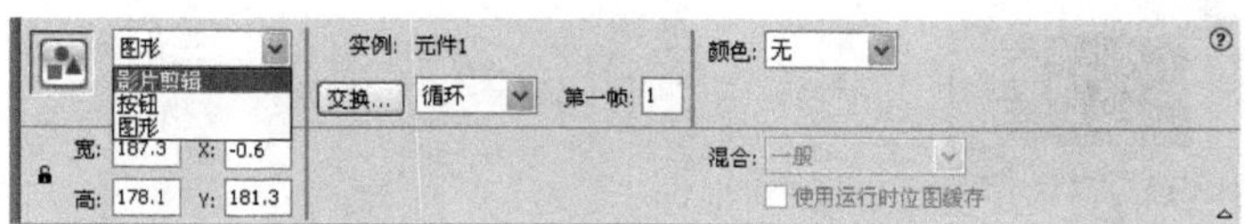

图16-28　实例的类型和对象交换

“实例类型交换”能临时使某个实例得到额外的功能。比如，一个MC类型的实例，在交换成“按钮”后也能被赋予“按钮动作脚本”；使用同样的方法，可使“图形”实例也具备“按钮”特征；把“图形”实例转换为MC后，可以得到独立的时间轴，而且能够接受动作脚本的控制。

读者或许要问：既然“影片剪辑”类型的元件能力大得多，在初创元件类型时全部选为“影片剪辑”，何必再转来转去？为此做个实验：创建几个“图形”元件，观察它们的文件量，然后再把它们的实例“交换”成“MC”，这时会发现，文件量大了好几倍。这说明“待遇越大的演员”装备越全，耗费“舞台资源”越大，所以，作为一个“动画导演”应该遵循“什么样的演出要求，就物色什么样的演员”，避免“高工资的群众演员”这种不合算的情况。

还有一点需注意的是在“舞台”上进行“实例交换”后，在适当的时候别忘了再恢复原来的类型，否则可能会出现意想不到的后果。

“实例对象”交换也很有用，在图16-28中，单击【交换】按钮，弹出【交换元件】对话框，如图16-29所示，在其中的列表中选择“目标元件”，单击【确定】按钮，“交换”成功。

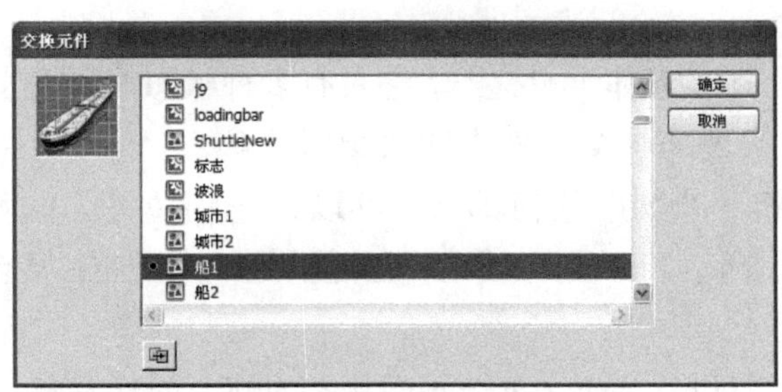

图16-29　实例对象交换

“实例对象”交换能把某一“演员”用【库】中的任何其他演员替代之，而且这个“新演员”秉承原“演员”的颜色、位置、尺寸、类型等“属性”。

16.3.5　元件的复制和重复应用

在【库】中，用鼠标单击元件名称，选择【复制】命令，就能进行元件的复制，如图16-30所示。

选择【直接复制】命令可以弹出【直接复制元件】对话框，在该对话框中可以为新元件命名，并可以选择其类型，如图16-31所示。

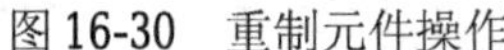

图 16-30　重制元件操作

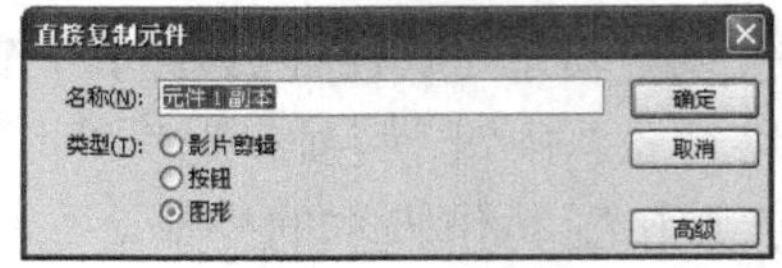

图 16-31 【复制元件】对话框

新元件与原元件无任何关系，“元件复制”技巧对于避免重复劳动、提高效率具有重要意义，比如，动画中需要一组外观、效果相同的按钮，仅仅需要在单击时出现不同的动画效果，就可用“元件复制”的方法。

“元件复制”的另一种方法是从另一个动画文档中复制元件，可以把另一动画【库】中的元件直接拖放在当前“舞台”，或者拖放到当前【库】中，其结果都是元件复制。“元件重复应用”能大大地缩小文件量，提高工作效率。

16.4　按 钮 元 件

按钮元件是Flash中的基本元件之一，它具有多种状态，并且会响应鼠标事件，执行指定的动作脚本，是实现动画交互效果的关键对象。

从外观上，“按钮”可以用任何形式，可以是一幅位图，也可以是矢量图；可以是矩形，也可以是多边形；可以是一线条，也可以是一个线框；甚至还可以是看不见的“透明形状”。

按钮有特殊的编辑环境，通过在4个不同状态的帧上创建内容，可以指定不同的按钮状态，如图16-32所示。

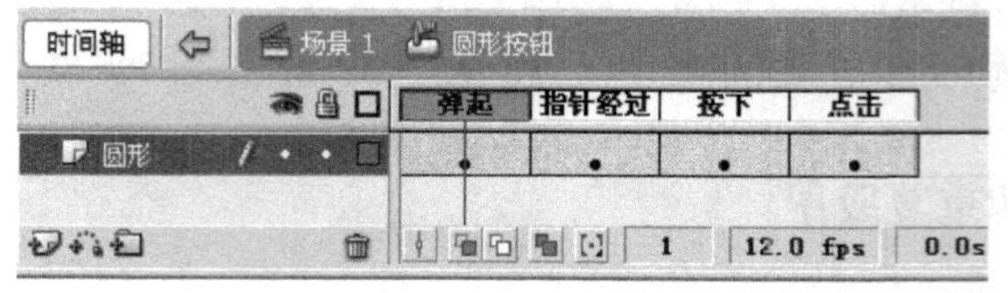

图 16-32　按钮的状态帧

【弹起】帧：表示鼠标指针不在按钮上时的状态。

【指针经过】帧：表示鼠标指针在按钮上时的状态。

【按下】帧：表示鼠标单击按钮时的状态。

【点击】帧：定义对鼠标做出反应的区域，这个反应区域在影片播放时是看不到的。

其中【点击】帧比较特殊，这个关键帧中的图形将决定按钮的有效范围。它应该能足够包容前3个帧中的内容。

按钮的“事件指令”以及在这些“事件”中进行的动画编程使按钮的创作空间变得无比宽广。另外，“按钮”还可以设置“实例名”，从而使按钮成为能被动作脚本控制的对象。

本实例是一个精美的按钮元件，具体制作过程如下。

1. 新建按钮元件

新建一个影片文档，执行【插入】|【新建元件】命令，弹出【创建新元件】对话框，在【名称】文本框中输入“圆形按钮”，选择【类型】中的【按钮】单选钮，如图16-33所示。单击【确定】按钮，进入到按钮元件的编辑场景中，如图16-34所示。

图16-33　新建按钮元件

图16-34　圆形按钮的编辑场景

2. 绘制按钮

（1）创建【弹起】帧上的图形。将【图层1】重新命名为“圆形”，选择这个图层的第1帧（弹起帧），利用【椭圆工具】绘制出如图16-35所示的按钮形状。这个形状是由一个蓝色圆形和一些小椭圆形状组合而成的，另外为表现球的立体感，在蓝色圆形下边还绘制了一个椭圆阴影。

（2）创建【指针经过】帧上的图形。选择【指针经过】帧，按F6键，插入一个关键帧，并把该帧上的图形重新填充为橄榄绿（#21C1E9）到黑色的放射状渐变色，如图16-36所示。

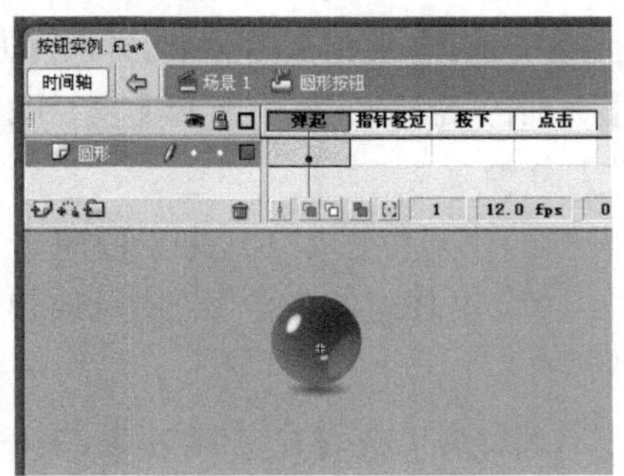

图16-35　【弹起】帧上的图形

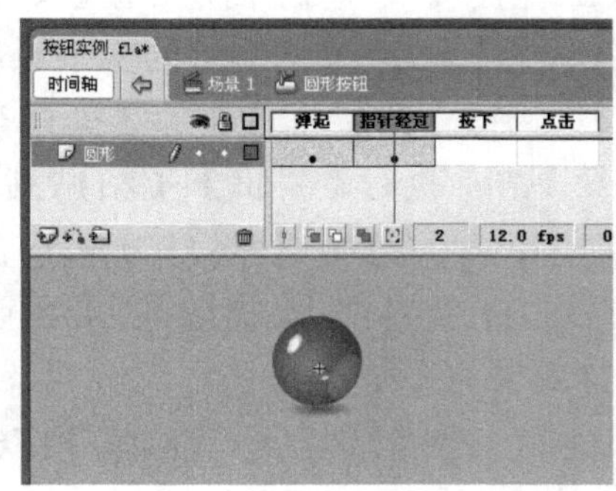

图16-36　【指针经过】帧上的图形

（3）创建【按下】帧上的图形。【按下】帧上的图形和【弹起】帧上的图形相同，因此利用复制帧的方法即可得到。先用鼠标右键单击【弹起】帧，在弹出的快捷菜单中选择【复制帧】命令，然后用鼠标右键单击【按下】帧，在弹出的快捷菜单中选择【粘贴帧】命令即可。

（4）创建【点击】帧上的图形。选择【点击】帧，按F7键插入一个空白关键帧，这里要定义鼠标的响应区。用【矩形工具】绘制一个矩形，如图16-37所示。注意一定要让这个矩形完全包容前面关键帧中的图形。

技巧 【点击】帧中的内容在播放时是看不到的，但是它可以定义对鼠标单击所能够做出反应的按钮区域。也可以不定义【点击】帧，这时【弹起】状态下的对象就会被作为鼠标响应区。

3. 创建文字效果

为了使按钮更实用并更具动感，下面我们在圆形按钮图形上再增加一些文字特效。

（1）创建【文字1】图层。在【圆形】图层上新建一个图层，并重新命名为“文字1”。在这个图层的第1帧，用【文本工具】输入“play”文字，字体颜色为黑色，如图16-38所示。

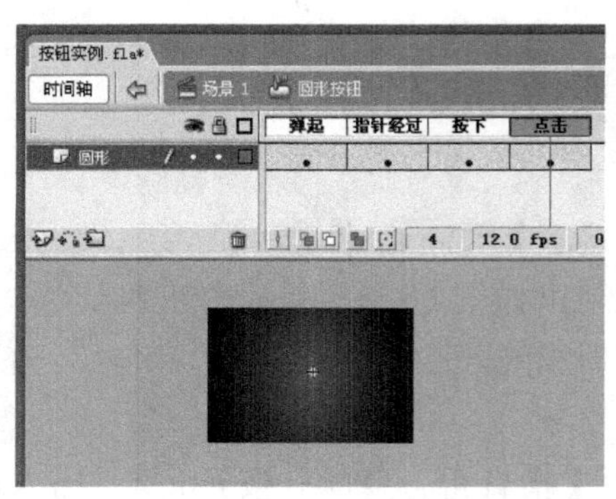

图16-37 【点击】帧上的图形

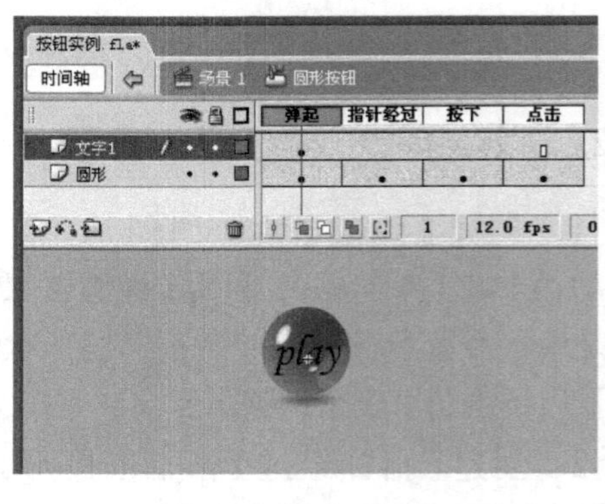

图16-38 创建【文字1】图层

（2）创建【文字2】图层。在【文字1】图层上新建一个图层，并重新命名为“文字2”。先将【文字1】图层上的文字原位置复制到【文字2】图层的第1帧上。方法是：选择【文字1】图层上的文字，执行【编辑】|【复制】命令，然后选择【文字2】图层的第1帧，执行【编辑】|【粘贴到当前位置】命令。

锁定【文字2】图层外的其他图层，然后选择这个图层上的文字对象，按向上方向键和向左方向键各两次，然后将文字的颜色更改为绿色。这样就制作出了如图16-39所示的立体效果的文字。

选择【文字2】图层的第2帧，按F6键插入一个关键帧，将这个关键帧上的文字颜色改为蓝色，如图16-40所示。

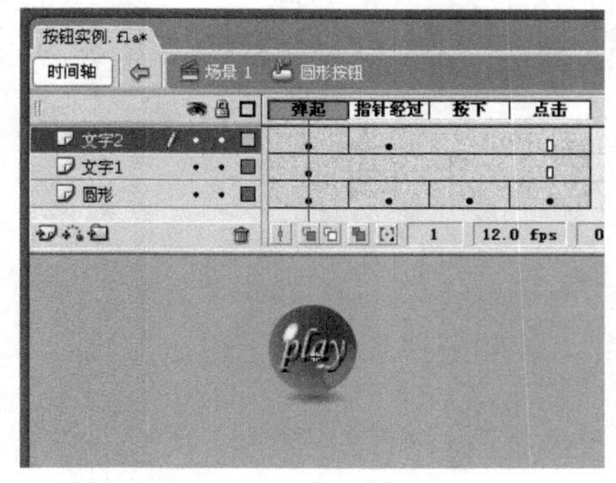

图16-39 【弹起】帧中的文字效果

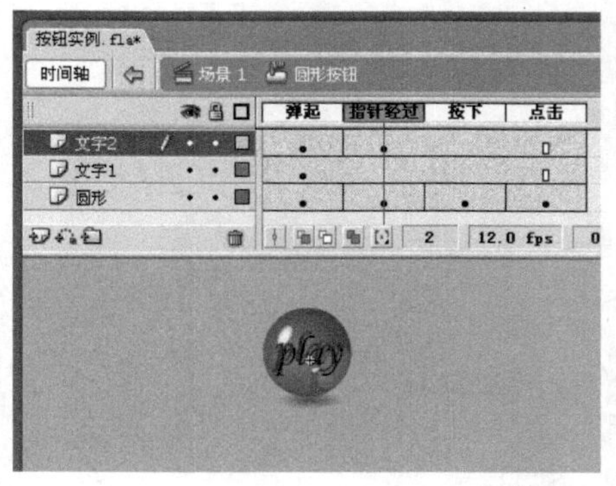

图16-40 【指针经过】帧的文字效果

至此，按钮元件就制作好了，现在返回到【场景1】，打开【库】面板，拖动“图形按钮”元件到场景中，按快捷键Ctrl＋Enter，测试一下动画的效果吧。

16.5　习题与上机操作

1．填空题

（1）Flash中的元件类型包括3种，即____________________、____________________和____________________。

（2）在Flash中，____________________元件包括弹起、指针经过、按下和点击4种状态。

（3）____________________是Flash中一种可以重复使用的对象。

2．上机操作

参考本章的“按钮元件”这一实例，制作一个精彩的按钮效果。

第17章 创 建 动 画

教学目标

利用Flash可以创建出丰富多彩的动画效果，可以使一个对象旋转、变色、放大或缩小、改变形状以及发射光芒等。这些动作可以单独发生，也可以组合发生。例如一个对象边旋转边移动它的位置，还可以不断地改变颜色。通过本章的学习，可以了解制作动画的一般流程，并且可以制作出很多精彩的动画。

教学重点与难点

逐帧动画；形状补间动画；动画补间动画；遮罩动画；引导路径动画。

动画是一种动态生成一系列相关画面的效果。利用人眼视觉上的“暂留”特性，以一定的速率播放静止的图形就会产生运动的视觉效果。实验证明，如果动画或电影的播放速度为每秒24帧左右，也就是每秒放映24幅画面，则人眼看到的是连续的画面效果。

计算机动画原理与传统动画基本相同，只是在传统动画的基础上把计算机技术用于动画的处理和应用，并可以达到传统动画所达不到的效果。由于采用数字处理方式，动画的运动效果、画面色调、纹理、光影效果等可以不断改变，输出方式也多种多样。

计算机动画的应用小到多媒体软件中的某个组件、物体或字幕的运动，大到一段动画演示、光盘出版物片头片尾的设计制作，甚至到电视片的片头片尾、电视广告，乃至计算机动画片等。

在众多的动画软件中，Flash 8是基于矢量的具有交互性的图形编辑和二维动画制作软件，它具有强大的动画制作功能和卓越的视听表现力，著名的微软MSN 新闻站就采用了大量的Flash动画，Flash动画有如下明显的优势：

（1）基于矢量的图形系统，占用的存储空间只是位图的几千分之一，非常适合在网络上传播。矢量图形可以无限放大，无论用户的浏览器使用多大的窗口，图像始终可以完全显示，并且不会降低画面质量。

（2）有很多增强功能，例如支持位图、声音、渐变色、Alpha透明等。有了这些功能，就可以建成一个生动、活泼、漂亮的Flash 站点或产品广告宣传了。

（3）提供“准”流（Stream）的形式，在观看一个大动画的时候，可以边下载边观看，哪怕后面的内容还没有完全下载，也可以开始欣赏动画。

（4）强大的交互性，可以通过编程来实现人机互动。

（5）界面明快简洁，且容易上手。

常见的Flash 动画有以下几种用途：

（1）网站应用。在做网站首页时要求视觉效果强烈，具有震撼力。一般时间较短，几十秒左右，画面变化迅速，声效多而短促，常配有企业的名称、标志、产品等图片或文字。用它做出来的网页导航条漂亮多变、个性鲜明。也可以制作gif动画，作为网页的Logo或Banner，利用其良好的交互性，还可以做留言板、论坛、商务购物系统等。

（2）广告制作。具有制作周期短，成本低，适用媒体广泛的特点，目前主要是在网络和电视上播放。随着能播放Flash动画的手机问世，Flash在广告界中的应用将更加广泛。

（3）MTV动画。歌曲、动画、文字三者巧妙的配合到一起，就会演绎出一段动人心弦的故事，或调侃出一段令人捧腹的小品，如雪村的“东北人都是活雷锋”。

（4）多媒体课件。活泼有趣的情节、色彩丰富的画面，再加上声情并茂的讲解，能极大地引发读者的学习兴趣。通过演示，一些很难弄懂的原理、实验等，将变得容易理解。

此外，还能制作各种游戏、贺卡和短片等。

下面我们就来学习Flash动画是如何制作出来的。通过本章的学习，将了解时间轴面板，掌握补间动画、形状动画、遮罩动画等特点。

17.1 动画的环境与元素

在制作Flash动画之前，先来学习一些基础知识。

17.1.1 时间轴

一部Flash动画就像一部小电影，时间轴就是用来组织和控制影片内容在一定时间内如何播放的地方。时间轴面板如图17-1 所示。

时间轴面板分成四个部分：顶区、图层区、时间帧区和状态栏。下面分别叙述各区的功能。

1. 顶区

时间轴的顶区由两行组成，第一行是切换行，只要单击相应的文件名就可以在几个fla或swf文件之间进行切换。第二行从左向右是当前场景的名称、编辑场景和编辑元件间的切换、场景显示比例。如图17-2 所示。

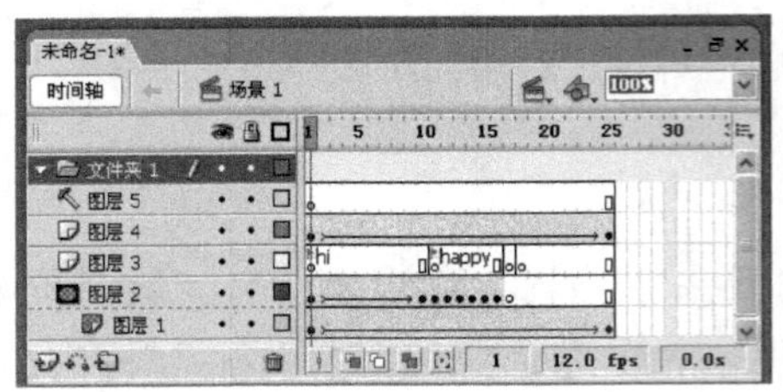

图 17-1　时间轴面板

图 17-2　时间轴的顶区

2. 图层区

每个图层都包含一些舞台中的动画元素（包括声音或Action动作脚本），上面图层中的元素遮盖下面图层中的元素。

图层区的最上面有三个图标，用来控制图层中的元件是否可视；像一把小锁，单击后该图层被锁定，被锁定图层中的对象将不能被编辑；是轮廓线，单击后图层中的对象只显示轮廓线，填充将被隐藏，这样能方便编辑图层中的元件。

图层有以下几种：

①层文件夹，图标为，组织动画序列的组件和分离动画对象，有两种状态，是打开时的状态，是关闭时的状态。

②引导层，图标为，使"被引导层"中的元件沿引导线运动，该层下的图层为"被引导层"。

③遮罩层，图标为，使被遮罩层中的动画元素只能透过遮罩层被看到，该层下的图层就是"被遮罩层"，层图标为。

④普通层，图标为，放置各种动画元素。

3. 时间帧区

Flash影片将播放时间分解为帧，用来设置动画运动的方式、播放的顺序及时间等。默认时为每秒播放12帧，如图17-3所示。

①关键帧定义了动画的变化环节，逐帧动画的每一帧都是关键帧。而补间动画在动画的重要点上创建关键帧，再由Flash自己创建关键帧之间的内容。实心圆点是有内容的关键帧，即实关键帧。而无内容的关键帧（即空白关键帧）则用空心圆表示。

②普通帧显示为一个个的单元格。无内容的帧是空白的单元格，有内容的帧显示出一定的颜色。不同的颜色代表不同类型的动画，如动画补间动画的帧显示为浅蓝色，形状补间动画的帧显示为浅绿色。而静止关键帧后的帧显示为灰色。关键帧后面的普通帧将继承该关键帧中的内容。

③帧标签用于标识时间轴中的关键帧，用红色小旗加标签名表示，如。

④帧注释用于为处理该文件的其他人员提供提示。用绿色的双斜线加注释文字表示，如。

⑤播放头指示当前显示在舞台中的帧，将播放头沿着时间轴移动，可以轻易地定位当前帧。用红色矩形表示▌，红色矩形下面的红色细线所经过的帧表示该帧目前正处于“播放帧”。

4. 状态栏

位于时间轴的最下方，指示所选的帧编号、当前帧频以及到当前帧为止的运行时间，如图17-4所示。

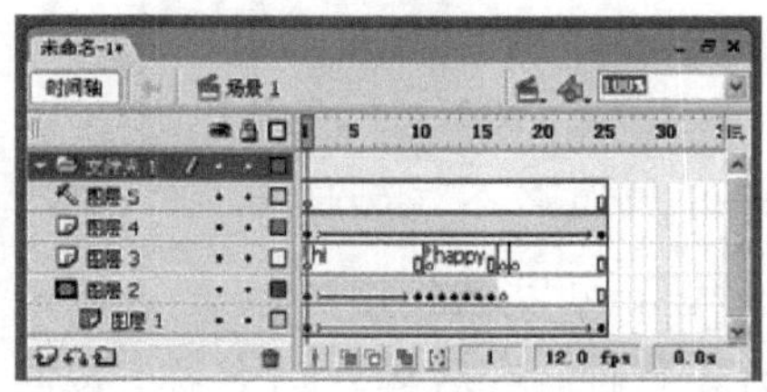

图17-3 时间轴图层区和时间帧区

图17-4 时间轴状态栏

最左边的是一组“帧显示模式”按钮，也就是所谓的“描图纸”或者“洋葱皮”功能，它能将某个动画过程以一定透明度完整地显示出来，而且还可以进行“多帧编辑”。

17.1.2 场景面板

1. 打开【场景】面板

在时间轴面板的下面，占据界面最大的区域就是“场景”。时间轴面板好比是个“导演工作台”，那么，场景就是受“工作台”控制的“舞台”了，随着“工作台”上的变化，“舞台”上的内容也将同步变化。

可以在“舞台”中编辑当前“关键帧”中的内容，包括设置对象的大小、透明度、变形的方式和方向等。图17-5所示的场景中表示的是几种常见的动画元素。

根据需要，用户可以增、删“场景”，“多场景”动画适合较复杂的作品或者舞台上的动画元素差别较明显的情况。Flash将按照它们的先后顺序播放，此外，还可以利用动作脚本实现不同场景间的跳转。

增、删“场景”以及为“场景”命名是在【场景】面板中进行的。下面介绍一下【场景】面板的功能和使用方法。

执行【窗口】|【其他面板】|【场景】命令或者按Shift+F2组合键，打开【场景】面板，如图17-6所示，【场景1】下的三个场景都是新增的几个场景。

2. 使用【场景】面板

在【场景】面板中可以进行下列操作：

①复制场景。先选中要复制的场景，再单击按钮，就可以复制出一个和原场景一

样的场景，复制出的场景还可以进行再复制，如图17-7所示。

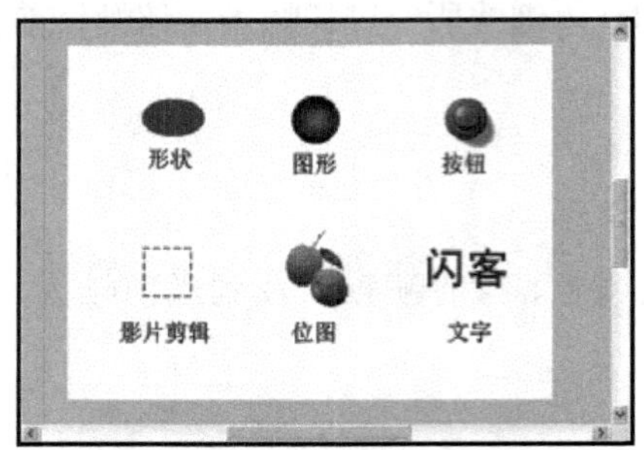

图17-5 常见的几种动画元素

图17-6 【场景】面板

②增加场景。单击【添加场景】+按钮，可以添加一个新的场景。

③删除场景。选中要删除的场景，单击按钮，可以删除该场景。

④更改场景名称。在【场景】面板中双击场景名称，然后输入新名称，按回车键确认。

⑤更改场景顺序。在【场景】面板中按住场景名称并拖动到新的位置，松开鼠标即可。

⑥转换场景。可在【视图】|【转到】菜单中选择场景名称，可以选择相应的场景，也可以在时间轴面板上单击【编辑场景】按钮，打开场景切换菜单，选择相应的场景，如图17-8所示。

图17-7 复制场景

图17-8 场景切换菜单

17.1.3 帧内容

有了“导演工作台”和“舞台”，还要有演员才能演出一幕有声有色的“舞台剧”，在场景中的动画元素就是演员，一般常用的有以下几种。

1. 矢量图形

矢量图形是指在场景中用鼠标或压感笔画出的图形。由一个个单独的“节点”构成一个“矢量路径”，每一个“矢量路径”都有其各自的属性，如位置、颜色、透明度、形状等。对矢量图进行缩放时，图形对象仍保持原有的清晰度和光滑度，不会发生任何偏差，它是Flash中最基本的动画元素。

2. 位图图像

在Flash中导入的gif、jpg、png等格式的图像是由像素构成的。像素点的多少将决定位图图像的显示质量和文件大小，位图图像的分辨率越高，其显示越清晰，文件所占的空间也就越大。对位图图像进行缩放时，图像质量出现明显变化，如常见的“锯齿状”，位图在Flash中多用做背景。

3. 文字对象

单击工具箱中的【文本工具】A按钮，在【属性】面板上选好要输入的文本类型、字体大小、颜色、排版方式等，设置完毕就可以在场景中输入文字了。

4. 按钮对象

按钮在实现Flash交互性方面有非常重要的作用，通过按钮，可以实现场景之间的跳转、指定实例的动作、定义与各种按钮状态关联的图形等。

按钮要实现交互性功能，必须在创建好的按钮实例上添加动作脚本语句。

5. 声音对象

在动画中添加声音，可以使你的作品更有吸引力。Flash支持的声音文件有WAV、AIFF、MP3等。如果用户的机器上装有QuickTime 4或更高的版本，还可以支持更多的格式。

6. 影片剪辑

影片剪辑是Flash中的小型影片，它有自己的时间轴和属性，可以用动作脚本来控制播放、跳转等。它可以包含交互式控件、声音甚至其他影片剪辑实例。也可以将影片剪辑实例放在按钮元件的时间轴上，以创建动感按钮。

7. 动作脚本语句

动作脚本是Flash的脚本撰写语言，通过它用户就可以“随心所欲”地创建影片、实现场景之间的跳转、指定和定义实例的各种动作等。

动作脚本语句可以添加在时间帧、实例、按钮上。如果添加在时间帧上，在时间帧面板的相应帧上会出现一个“a”字，如图17-9所示。

在影片剪辑、按钮上添加动作脚本语句的方法是先选择需要添加的对象，然后在【动作】面板中进行定义。

以上只是对帧内容的简单介绍，更详细的讲解和应用请参阅本教材的其他相关章节。

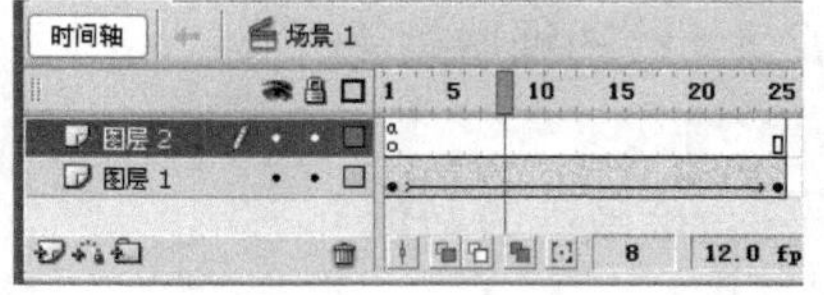

图17-9 添加动作脚本语句后时间帧上的标记

17.2 创建逐帧动画

本节着重介绍逐帧动画(Frame By Frame)。这是一种常见的动画形式，它的原理是在“连续的关键帧”中分解动画动作，也就是在每一帧中设置不同的画面，连续播放而形成动画。

逐帧动画的帧序列内容不一样，不仅增加了制作负担而且最终输出的文件量也很大，但它的优势也很明显：因为它与电影播放模式相似，很适合于表演细腻的动画，如3D效果、人物或动物急剧转身等效果。

17.2.1 逐帧动画的概念及表现形式

在时间帧上逐帧绘制帧内容称为逐帧动画，由于是一帧一帧地画，所以逐帧动画具有非常大的灵活性，几乎可以表现任何想表现的内容。

逐帧动画在时间帧上表现为连续出现的关键帧，如图17-10所示。

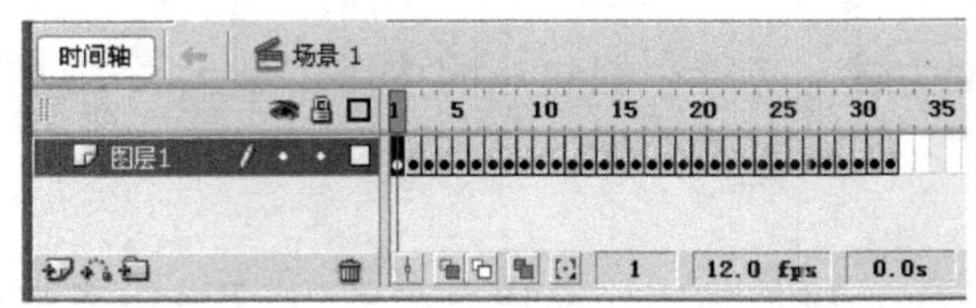

图17-10 逐帧动画在时间帧上的表现

17.2.2 创建逐帧动画的方法

创建逐帧动画的常见方法有以下几种：

（1）用导入的静态图片建立逐帧动画。用jpg、png等格式的静态图片连续导入到Flash中，就会建立一段逐帧动画。

（2）绘制矢量逐帧动画。用鼠标或压感笔在场景中一帧帧地画出每帧的内容。

（3）文字逐帧动画。用文字作为帧中的内容，实现文字跳跃、旋转等特效。

（4）指令逐帧动画。在时间帧面板上，逐帧写入动作脚本语句来完成元件的变化。

（5）导入序列图像。可以导入gif序列图像、swf动画文件或者利用第三方软件（如Swish、Swift、3D等）产生动画序列。

17.2.3 绘图纸功能简介

1. 绘画纸的功能

绘画纸是一个帮助用户定位和编辑动画的辅助功能，这个功能对制作逐帧动画特别有用。通常情况下，Flash 在舞台中一次只能显示动画的单个帧。使用绘画纸功能后，就可以在舞台中一次查看两个或多个帧。

图17-11所示为使用绘图纸功能后的场景效果。可以看出，当前帧中内容用全彩色显示，其他帧内容以半透明显示，它使所有帧内容看起来好像是画在一张半透明的绘图纸上，这些内容相互交叠在一起。需要注意的是此时只能编辑当前帧的内容。

2. 绘图纸各个按钮详解

绘图纸的各个按钮如图17-12所示，具体介绍如下：

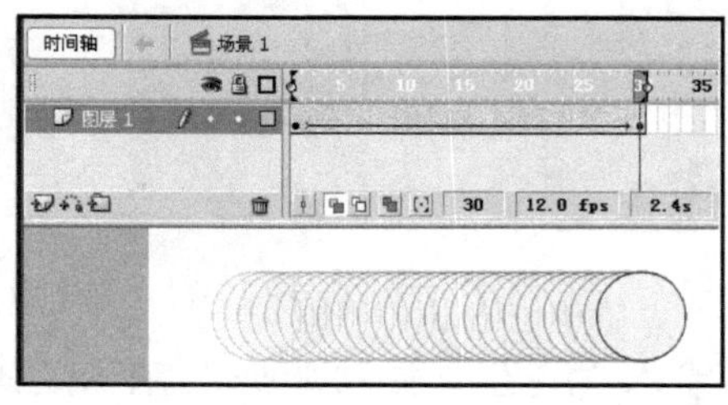

图17-11 同时显示多帧内容的变化

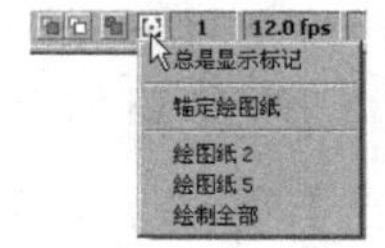

图17-12 绘图纸的各个按钮

（1）【绘图纸外观】按钮：按下此按钮后，在时间帧的上方，出现绘图纸外观标记。拉动外观标记的两端，可以扩大或缩小显示范围。

（2）【绘图纸外观轮廓】按钮：按下此按钮后，场景中显示各帧内容的轮廓线，填充色消失，特别适合观察对象轮廓，另外可以节省系统资源，加快显示过程。

（3）【编辑多个帧】按钮：按下此按钮后可以显示全部帧内容，并且可以进行“多帧同时编辑”。

（4）【修改绘图纸标记】按钮：按下后，弹出菜单，菜单中有以下选项：

◆【总是显示标记】：会在时间轴标题中显示绘图纸外观标记，无论绘图纸外观是否打开。

◆【锚定绘图纸】：会将绘图纸外观标记锁定在时间轴标题中的当前位置。通常情况下，绘图纸外观范围是和当前帧的指针以及绘图纸外观标记相关的。通过锚定绘图纸外观标记，可以防止它们随当前帧的指针移动。

◆【绘图纸2】：会在当前帧的两边显示2个帧。

◆【绘图纸5】：会在当前帧的两边显示5个帧。

◆【绘制全部】：会在当前帧的两边显示全部帧。

在全面介绍了逐帧动画的特点和创建方法后，我们来动手制作一个逐帧动画实例，以加深对逐帧动画的认识。

17.2.4 逐帧动画举例

本实例制作如图17-13所示的“闪烁的文字”。制作过程如下：

（1）执行【文件】|【新建】命令，在弹出的对话框中选择【常规】|【Flash文档】选项后，单击【确定】按钮，新建一个文档，在【文档属性】面板上设置文件大小为750px×320px，【背景颜色】为“#E9E2E8”，如图17-14所示。

（2）执行【视图】|【标尺】命令显示标尺；再执行【视图】|【网格】|【显示网格】命令显示网格，此时的场景效果如图17-15所示。

图 17-13　闪烁的文字效果

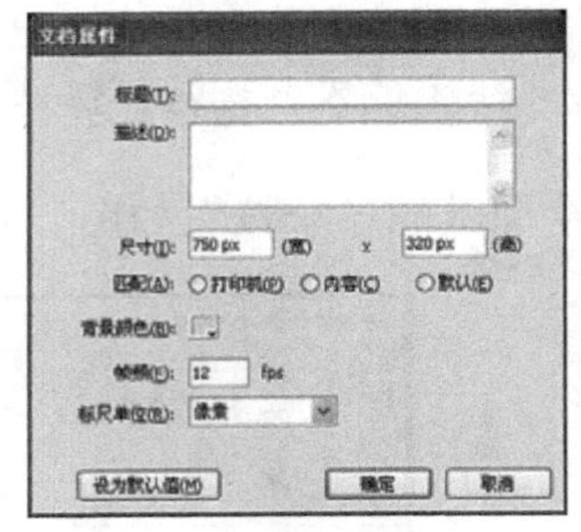

图 17-14　创建新文档

（3）单击【文本工具】，在场景中输入“洪恩教育欢迎您”。在属性面板中设置字体为“方正粗倩简体”，字的颜色为“红色”，字的大小为“90”。并移动文本，效果如图17-16所示。

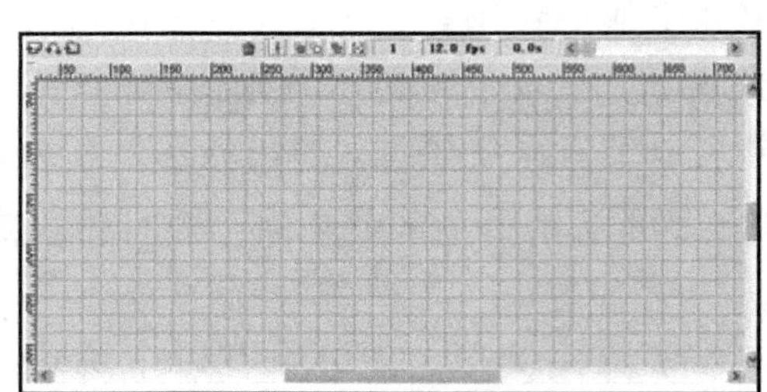

图 17-15　显示“标尺”和“网格”

图 17-16　设置后的文本效果图

（4）选中第10帧，然后右键单击，在弹出的快捷菜单中选择【插入关键帧】命令，如图17-17所示，在第10帧处插入一个关键帧。选中文本后，将字的颜色改为“橙色”，并将文本水平移动两个小格，垂直移动两个小格，如图17-18所示。

图 17-17　在第 10 帧处插入关键帧

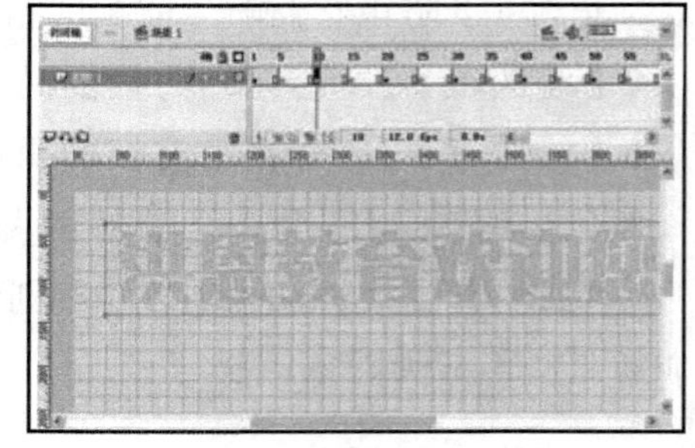

图 17-18　在第 10 帧处设置后的文本效果

（5）在第20帧处插入关键帧，将字的颜色改为“黄色”，并将文本再水平移动两个小格，垂直移动两个小格。同样在第30帧插入关键帧，将字的颜色改为“绿色”，并将文本再水平移动两个小格，垂直移动两个小格。

（6）在第40帧处插入关键帧，将字的颜色改为“青色”，并将文本反向水平移动两个小格，反向垂直移动两个小格。依次类推，设置第50帧处字的颜色为“蓝色”，第60帧处字的颜色为“紫色”，并依次反向移动文本。

（7）在第80帧处插入帧，使文字显示延长。

（8）依次在每两个关键帧之间插入空白关键帧，实现闪烁效果。例如在第5帧处右键单击，在弹出的快捷菜单中选择【插入空白关键帧】命令，在第5帧处插入空白关键帧。依此类推分别在第15帧、第25帧、第35帧、第45帧、第55帧处插入关键帧。

（9）执行【控制】|【测试影片】命令（快捷键Ctrl+Enter），观察动画的效果。如果满意，就可以执行【文件】|【保存】命令，将文件保存成“闪烁的文字.fla”文件。如果要导出Flash的播放文件，执行【文件】|【导出】|【导出影片】命令。

测试影片时，可以看到输入的文字不断闪烁，并改变颜色和位置，产生移动的变换效果。图17-19所示为影片播放一遍时的最后画面。

图17-19　影片播放一遍时的最后画面

17.3　创建形状补间动画

形状补间动画是Flash中非常重要的表现手法之一，运用它，可以变幻出各种奇妙的变形效果。

本节从形状补间动画基本概念入手，介绍形状补间动画在时间帧上的表现，了解补间动画的创建方法，学会应用“形状提示”让图形的形变自然流畅，最后通过实例的讲解，使读者对形状补间动画有更深的理解。

17.3.1　形状补间动画概述

1. 形状补间动画的概念

在一个关键帧中绘制一个形状，然后在另一个关键帧中更改该形状或绘制另一个形状，Flash根据二者之间的形状来创建的动画被称为“形状补间动画”。

2. 构成形状补间动画的元素

形状补间动画可以实现两个图形之间颜色、形状、大小、位置的相互变化，其变形的灵活性介于逐帧动画和动画补间动画两者之间，使用的元素多为用鼠标或压感笔绘制出的形状，如果使用图形元件、按钮或文字，则必须先“分离”才能创建变形动画。

3. 形状补间动画在时间帧面板上的表现

形状补间动画建好后，时间帧面板的背景色变为淡绿色，在起始帧和结束帧之间有一个长长的箭头，如图17-20所示。

4. 创建形状补间动画的方法

在动画开始播放的地方创建或选择一个关键帧，并设置要开始变形的形状，一般一帧中以一个对象为好，在动画结束处创建或选择一个关键帧并设置要变成的形状，再单击开始帧，在【属性】面板上单击【补间】旁边的下拉按钮，在弹出的菜单中选择【形状】，此时，时间轴上的变化如图17-20所示，一个形状补间动画就创建完了。

17.3.2 形状补间动画的属性面板

Flash的【属性】面板随鼠标选定的对象不同而发生相应的变化。当建立了一个形状补间动画后，单击帧，【属性】面板如图17-21所示。

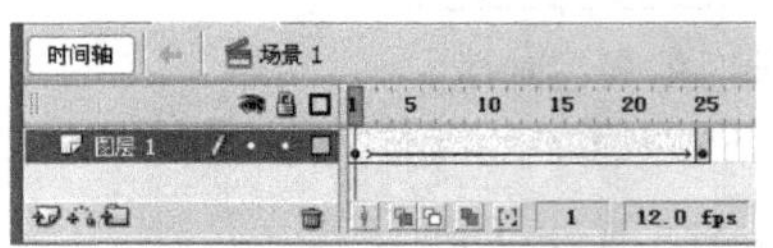

图17-20 形状补间动画在时间帧面板上的标记

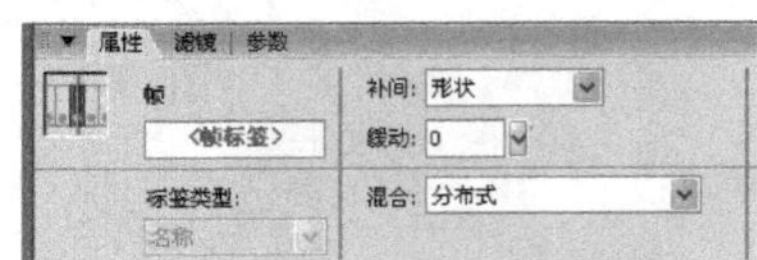

图17-21 形状补间动画的【属性】面板

形状补间动画的【属性】面板上只有两个参数：【缓动】选项和【混合】选项。

（1）单击【缓动】选项右边的▾按钮，会弹出滑动杆，拖动上面的滑块可以调节参数值，也可以在文本框中直接输入具体的数值，设置后，形状补间动画会随之发生相应的变化。

① 在-1～-100的负值之间，动画运动的速度从慢到快，朝运动结束的方向加速度补间。

② 在1～100的正值之间，动画运动的速度从快到慢，朝运动结束的方向减慢补间。

默认情况下，补间帧之间的变化速率是不变的。

（2）【混合】选项的下拉列表框中有【角形】选项和【分布式】选项两项供选择。

① 【角形】选项：动画中间形状会保留有明显的角和直线，适合于具有锐化转角和直线的混合形状。

② 【分布式】选项：动画中间形状比较平滑和不规则。

17.3.3 形状提示的使用

形状补间动画看似简单，实则不然，Flash在“计算”两个关键帧中图形的差异时，远不如我们想像中的那么“聪明”，尤其前后图形差异较大时，变形结果会显得乱七八糟。这时，利用“形状提示”功能会大大改善这一情况。

1. 形状提示的作用

在“起始形状”和“结束形状”中添加相对应的“参考点”，使Flash在计算变形过渡时依一定的规则进行，从而较有效地控制变形过程。

2. 添加形状提示的方法

先在形状补间动画的开始帧上单击一下，再执行【修改】|【形状】|【添加形状提示】命令，该帧的形状上就会增加一个带字母的红色圆圈，相应地，在结束帧形状中也会出现一个“提示圆圈”。用鼠标左键单击并分别按住这两个“提示圆圈”，放置在适当位置，安放成功后开始帧上的“提示圆圈”变为黄色，结束帧上的“提示圆圈”变为绿色，安放不成功或不在一条曲线上时，“提示圆圈”颜色不变，如图17-22所示。

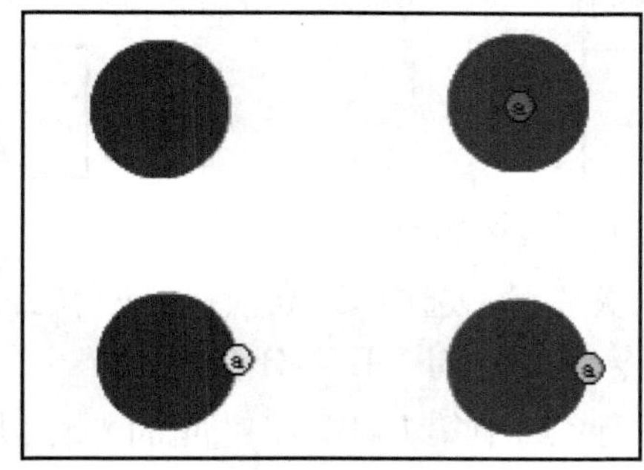

图17-22 添加形状提示后各帧的变化

技巧 在制作复杂的变形动画时，形状提示的添加和拖放要多方位尝试。每添加一个形状提示，最好播放一下变形效果，然后再对变形提示的位置做进一步的调整。

3. 添加形状提示的技巧

“形状提示”可以连续添加，最多能添加26个。

将变形提示从形状的左上角开始按逆时针顺序摆放，将使变形提示工作得更有效。

形状提示的摆放位置也要符合逻辑顺序。例如，起点关键帧和终点关键帧上各有1个三角形，我们使用3个“形状提示”，如果它们在起点关键帧的三角形上的顺序为abc，那么在终点关键帧的三角形上的顺序就不能是acb，也要是abc。

形状提示要在形状的边缘才能起作用，在调整形状提示位置前，要按下工具箱【选项】下面的【贴紧至对象】按钮，这样，会自动把“形状提示”吸附到边缘上，如果发觉“形状提示”仍然无效，则可以用【缩放工具】单击形状，放大到足够大，以确保“形状提示”位于图形边缘上。

另外，要删除所有的形状提示，可执行【修改】|【形状】|【删除所有提示】命令。删除单个形状提示，可用鼠标右键单击它，在弹出的菜单中选择【删除提示】。

17.3.4 形状补间动画举例

本实例是将字母“A”向右移动，并逐渐变成字母“B”。

具体操作步骤如下：

（1）新建一个影片文档。在【文档属性】窗口中设置尺寸为400px×260px，背景色设置为白色。

（2）选择工具箱中的【文本输入】工具，在页面中用键盘输入大写字母“A”。

（3）选中字母“A”，在属性面板中设置字体为“Arial Black”，字体大小设置为“72”，字体颜色为“蓝色”。设置完毕后字母“A”的效果如图17-23所示。

（4）分离文本，将文本转化成图形。再次选中字母“A”，执行【修改】|【分离】命令，将字母分离（分离后的效果见图17-24），分离后的字母转化成了图形，字母中的每一部分都变成了能够独立编辑的区域。最后拖动字母到编辑区的左边。

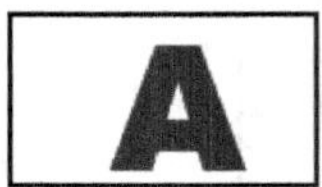

图17-23　字母“A”设置后的效果图

图17-24　字母“A”分离后的效果图

（5）在第30帧处插入关键帧，选中第30帧，用文本工具输入字母“B”。然后执行【修改】|【分离】命令，将字母“B”分离。

（6）设置形状补间动画。选中第1帧，在对应的“帧”属性面板中【补间】旁边的下拉列表框中选择【形状】，这样就建立了形状补间动画。形状补间动画建立完成后，在第1帧到第30帧之间以淡绿色显示，并带有一个自左向右的箭头，如图17-25所示。

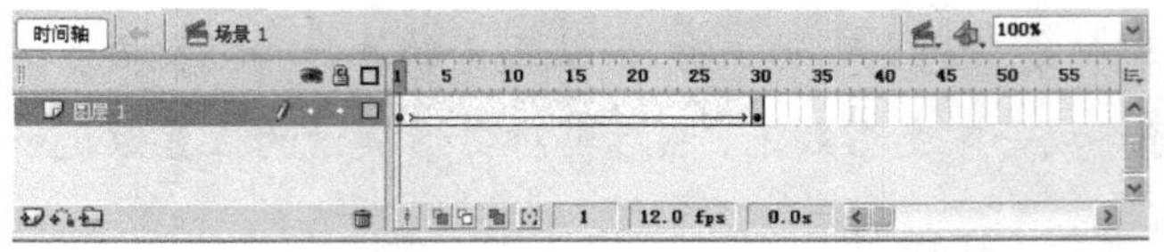

图17-25　建立形状补间动画后的时间轴

（7）执行【控制】|【测试影片】命令对动画进行测试，可以看到，左边的字母“A”慢慢向右边移动，并变成了字母“B”。图17-26所示为影片变化过程中的一个画面。

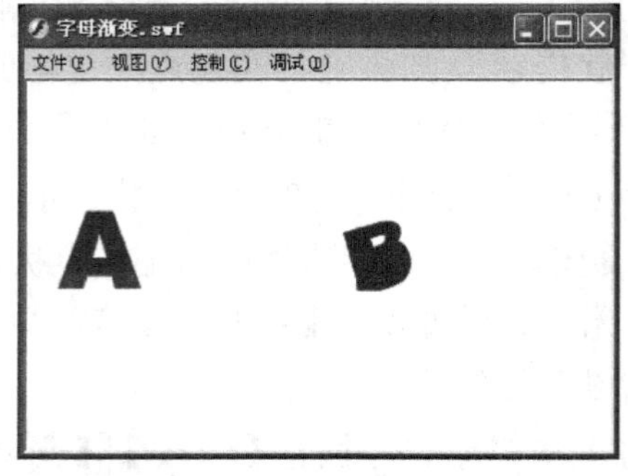

图17-26　形状补间动画播放过程中

17.4 创建动画补间动画

动画补间动画也是Flash中非常重要的动画之一，与“形状补间动画”不同的是，动画补间动画的对象必须是“元件”或“成组对象”。

运用动画补间动画，用户可以设置元件的大小、位置、颜色、透明度和旋转等种种属性，配合别的手法，甚至能做出令人称奇的仿3D的效果来。本节将详细讲解动画补间动画的特点及创建方法，并分析了动画补间动画和形状补间动画的区别。

17.4.1 动画补间动画的概念

1. 动画补间动画的概念

在一个关键帧上放置一个元件，然后在另一个关键帧改变这个元件的大小、颜色、位置、透明度等，Flash 根据二者之间的帧创建的动画被称为动画补间动画。

2. 构成动画补间动画的元素

构成动画补间动画的元素是元件，包括影片剪辑、图形元件、按钮、文字、位图、组合等等，但不能是形状，只有把形状“组合”或者转换成“元件”后才可以做“动画补间动画”。

3. 动画补间动画在时间帧面板上的表现

动画补间动画建立后，时间帧面板的背景色变为淡紫色，在起始帧和结束帧之间有一个长长的箭头，如图17-27所示。

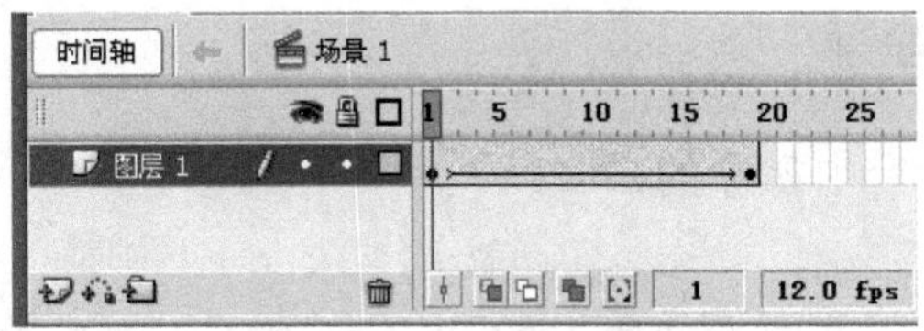

图17-27 动画补间动画在时间帧上的表现

4. 创建动画补间动画的方法

在动画开始播放的地方创建或选择一个关键帧并设置一个元件，一帧中只能播放一个项目，在动画要结束的地方创建或选择一个关键帧并设置该元件的属性。再单击开始帧，在【属性】面板上单击【补间】旁边的下拉按钮，在弹出的菜单中选择【动作】，或用鼠标右键单击帧，在弹出的菜单中选择【创建补间动画】，就建立了“动画补间动画”。

17.4.2 动画补间动画的属性面板

在时间线“动画补间动画”的起始帧上单击，帧属性面板如图17-28所示。

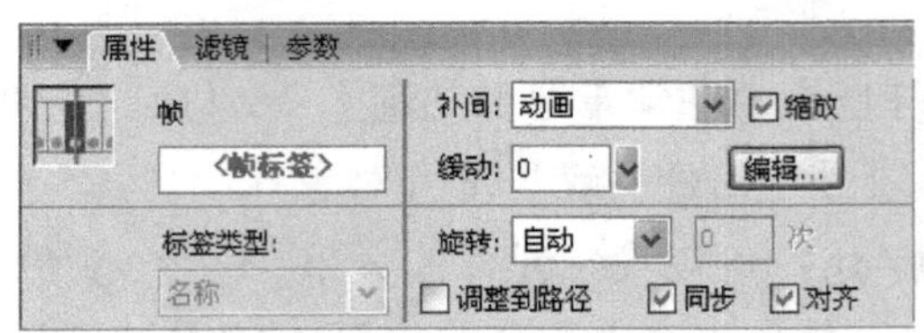

图17-28 动画补间动画的【属性】面板

（1）用鼠标单击【缓动】右边的按钮，弹出拉动滑杆，拖动上面的滑块或直接输入数值，可设置参数值，设置完后，动画补间动画效果会以下面的设置做出相应的变化：

①在-1～-100的负值之间，动画运动的速度从慢到快，朝运动结束的方向加速补间。

②在1～100的正值之间，动画运动的速度从快到慢，朝运动结束的方向减慢补间。

默认情况下，补间帧之间的变化速率是不变的。

（2）单击【编辑】按钮，可打开【自定义缓入/缓出】对话框，设置更丰富的变化。

（3）在【旋转】下拉列表框中有4个选择，选择【无】（默认设置）可禁止元件旋转；选择【自动】可使元件在需要最小动作的方向上旋转一次；选择【顺时针】（CW）或【逆时针】（CCW），并在后面输入数字，可使元件在运动时顺时针或逆时针旋转相应的圈数。

（4）选择【调整到路径】复选框，将补间元素的基线调整到运动路径。此项功能主要用于引导线运动，我们在下一节中会介绍此功能。

（5）选择【同步】复选框，将使图形元件实例的动画和主时间轴同步。

（6）选择【对齐】复选框后，根据其注册点将补间元素附加到运动路径，此功能也用于引导线运动。

17.4.3 动画补间动画举例

本实例制作一个天空中飘浮的白云。

具体制作步骤如下：

（1）新建一个文档，设置背景色为蓝色，文档的尺寸为400px×260px。

（2）选择工具箱中的刷子工具，在对应的【属性】面板中【平滑】文本框中设置【笔触平滑度】为“10”，【填充颜色】为“白色”，如图17-29所示。然后在场景中绘制一朵白云，如图17-30所示。

（3）用【选择】工具选中白云，然后执行【修改】|【转化为元件】命令，在弹出的【转化为元件】对话框中设置名称为“白云”，类型为“图形”，如图17-31所示。在用选择工具将“白云”的实例移动到场景右边。

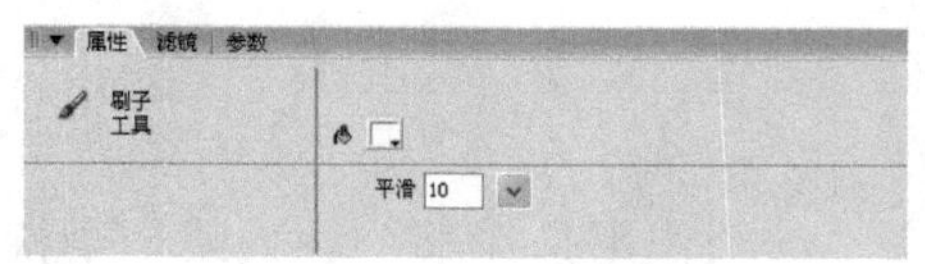

图17-29 刷子工具的属性设置

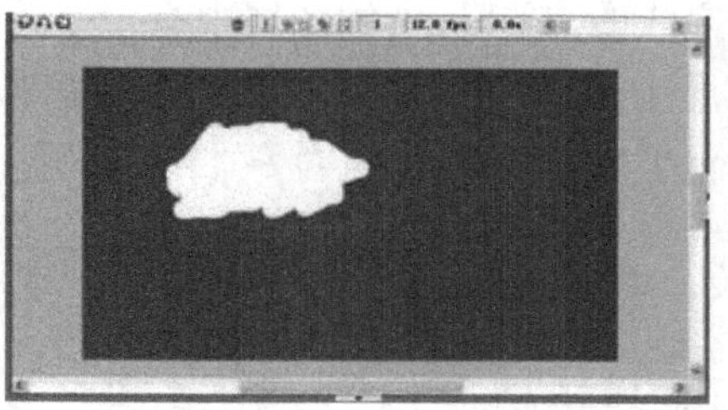
图17-30 用刷子工具绘制的白云图

图17-31 将“白云”转换为元件

（4）在第30帧处插入关键帧，并将白云的实例移动到场景的左边。

（5）右击第1～30帧中任意一帧格，在弹出的快捷菜单中选择【创建补间动画】命令，此时的时间轴如图17-32所示。

（6）新建层（命名为“白云2”），然后在第10帧处插入关键帧，并从库面板中托出一个白云，将白云的实例移动到场景右边。在第40帧处插入关键帧，将白云的实例移动到场景左边，并创建补间动画。

（7）执行【控制】|【测试影片】命令进行测试，会看到飘浮的白云画面。

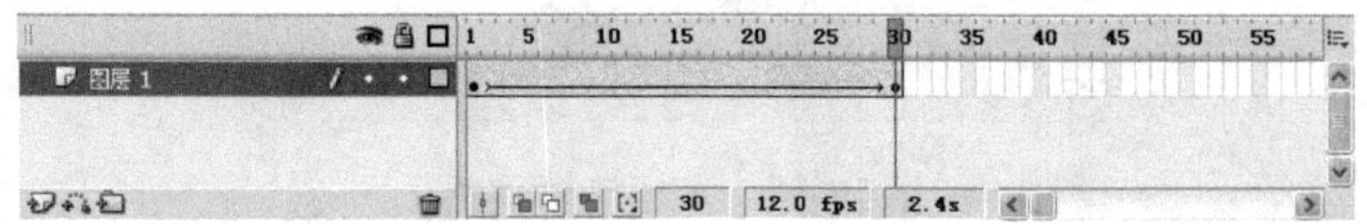

图17-32 执行【创建补间动画】命令后的时间轴

17.5 遮 罩 动 画

在Flash的作品中常常看到很多眩目神奇的效果，而其中不少就是用最简单的“遮罩”完成的，如水波、万花筒、放大镜、望远镜等。那么，“遮罩”如何能产生这些效果呢？

本节介绍“遮罩”的基本知识和一些“遮罩”的应用技巧，最后，提供一个很实用的范例，以加深对“遮罩”原理的理解。

17.5.1 遮罩动画概述

1. 什么是遮罩

遮罩动画是Flash中的一个很重要的动画类型，很多效果丰富的动画都是通过遮罩动画来完成的。在Flash的图层中有一个遮罩图层类型，为了得到特殊的显示效果，可以在遮罩层上创建一个任意形状的“视窗”，遮罩层下方的对象可以通过该“视窗”显示出来，而“视窗”之外的对象将不会显示。

2. 遮罩的用途

在Flash动画中，“遮罩”主要有两种用途，一个作用是在整个场景或一个特定区域，使场景外的对象或特定区域外的对象不可见，另一个作用是遮罩住某一元件的一部分，从而实现一些特殊的效果。

17.5.2 创建遮罩的方法

1. 创建遮罩

在Flash中没有一个专门的按钮来创建遮罩层，遮罩层其实是由普通图层转化的。用户只需在某个图层上单击右键，在弹出的快捷菜单中选择【遮罩层】，使命令的左边出现一个小勾，该图层就会成为遮罩层。“层图标”相应地会从普通层图标变为遮罩层图标，系统会自动把遮罩层下面的一层关联为“被遮罩层”，在缩进的同时图标变为。如果用户想关联更多层被遮罩，只需要把这些层拖到被遮罩层下面就行了，如图17-33所示。

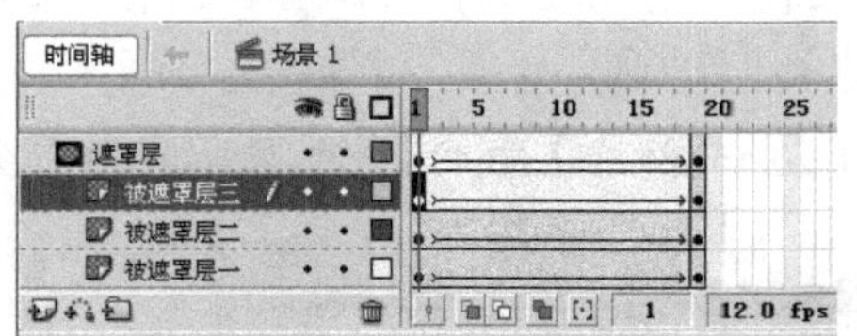

图17-33 多层遮罩动画

2. 构成遮罩和被遮罩层的元素

遮罩层中的图形对象在播放时是看不到的，遮罩层中的内容可以是按钮、影片剪辑、图形、位图、文字等，但不能使用线条，如果一定要用线条，可以将线条转化为“填充”。

被遮罩层中的对象只能透过遮罩层中的对象被看到。在被遮罩层中，可以使用按钮、影片剪辑、图形、位图、文字、线条等。

3. 遮罩中可以使用的动画形式

可以在遮罩层、被遮罩层中分别或同时使用形状补间动画、动作补间动画、引导线动画等动画手段，从而使遮罩动画变成一个可以施展无限想像力的创作空间。

17.5.3 应用遮罩时的技巧

遮罩层的基本原理是：能够透过该图层中的对象看到“被遮罩层”中的对象及其属

性（包括它们的变形效果），但是遮罩层中的对象中的许多属性如渐变色、透明度、颜色和线条样式等却是被忽略的。例如不能通过遮罩层的渐变色来实现被遮罩层的渐变色。

要在场景中显示遮罩效果，可以锁定遮罩层和被遮罩层。可以用“Actions”动作语句建立遮罩，但这种情况下只能有一个“被遮罩层”，同时，不能设置“Alpha”属性。

不能用一个遮罩层试图遮蔽另一个遮罩层。遮罩可以应用在gif动画上。

在制作过程中，遮罩层经常挡住下层的元件，影响视线，无法编辑，可以单击遮罩层显示图层轮廓按钮■，使之变成□，使遮罩层只显示边框形状，在这种情况下，还可以拖动边框调整遮罩图形的外形和位置。

提示 *在被遮罩层中不能放置动态文本。*

17.5.4 遮罩动画举例

本实例制作辉光掠过一排文字的效果，例如图17-34所示的文字。下面利用前面学过的知识做出这个效果。

风雨无阻

图17-34 辉光效果图

具体制作过程如下：

（1）新建一个影片文档，在【属性】面板上设置文件大小为550px×400px，【背景色】为黑色。

（2）执行【插入】|【新建元件】命令，新建一个图形元件，名称为“风雨无阻”。单击工具箱中的【文本工具】按钮，在场景中输入“风雨无阻”4个字，在【属性】面板中，设置文字参数如图17-35所示。

（3）选中文字，执行两次【修改】|【分离】命令，将文字转换成图形，再选择【颜料桶工具】按钮，把字体中心填充成红色。

（4）执行【插入】|【新建元件】命令，新建一个图形元件，名称为“辉光”。执行【窗口】|【混色器】命令，打开【混色器】面板，设置【填充样式】为线性，将三个色标全部设置为白色，第一和第三个的【Alpha】值为零，中间的为74%（可按需设置），设置完后，在场景中画一个无边矩形，大小为40像素×230像素，如图17-36所示。

图17-35 “风雨无阻”文字属性设置及效果

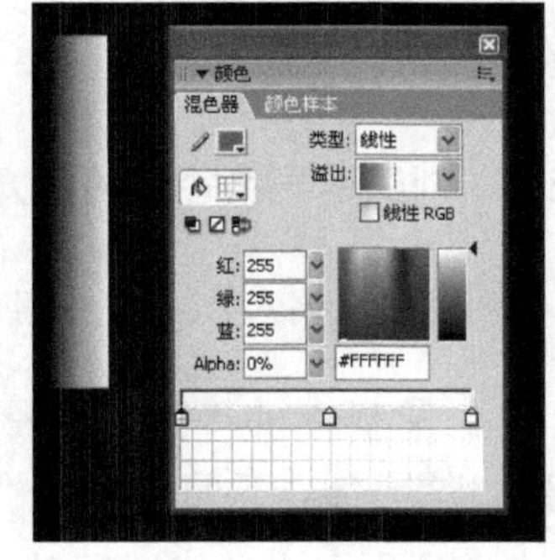

图17-36 【混色器】面板和图形

（5）单击时间轴右上角的【编辑场景】按钮，切换到主场景（场景1）。本例的主场景中共有四个图层，下面从下向上一层一层地创建。

①创建【底层文字】层。将【图层1】重新命名为【底层文字】。从库里把“风雨无阻”的元件拖到场景中，在第60帧处执行右键快捷菜单中的【插入帧】命令插入一个帧，这一层起显示文字的作用。

②创建被遮罩层。新建一个【辉光】图层，从库里把“辉光”元件拖到场景中，放在“风雨无阻”元件实例的左边。选择工具箱中的【任意变形工具】按钮，单击【选项】中的【旋转与倾斜】按钮，将鼠标放在“辉光”元件实例的任意一个角，拖动鼠标旋转一定的角度，使“辉光”元件实例产生一定的倾斜度。在第30、60帧处添加关键帧，在第30帧处把“辉光”元件实例拖到“风雨无阻”元件实例的右边，在第1帧和第30帧处建立动画补间动画。

③创建遮罩层。新建一个【遮罩层】图层，复制【底层文字】层第1帧中的元件实例，选择【遮罩层】的第1帧，执行【编辑】|【粘贴到当前位置】命令，用鼠标右键单击【遮罩层】，选择【遮罩层】，设置此层为遮罩层。这一层的作用是用字体做遮罩元素，用它来控制辉光在场景中出现的大小和位置。

（6）执行【控制】|【测试影片】命令进行测试，会看到辉光掠过文字的效果。图17-37所示为动画播放中的一个画面。

图17-37　辉光掠过文字效果中的一个画面

17.6　引导路径动画简介

在前面几节里，已经介绍了一些动画效果，这些动画的运动轨迹都是直线的，可是在生活中，有很多运动是弧线或不规则的，如月亮围绕地球旋转、鱼儿在大海里遨游等，这就是Flash中“引导路径动画”。

所谓“引导路径动画”是将一个或多个层链接到一个运动引导层，使一个或多个对象沿同一条路径运动的动画形式，这种动画可以使一个或多个元件完成曲线或不规则运动。

17.6.1　创建引导路径动画的方法

1. 创建引导层和被引导层

一个最基本的“引导路径动画”由两个图层组成，上面一层是“引导层”，它的图层图标为，下面一层是“被引导层”，图标为，同普通图层一样。

在普通图层上单击时间轴面板中的【添加运动引导层】按钮，该层的上面就会添加一个引导层，同时该普通层缩进成为“被引导层”，如图17-38所示。

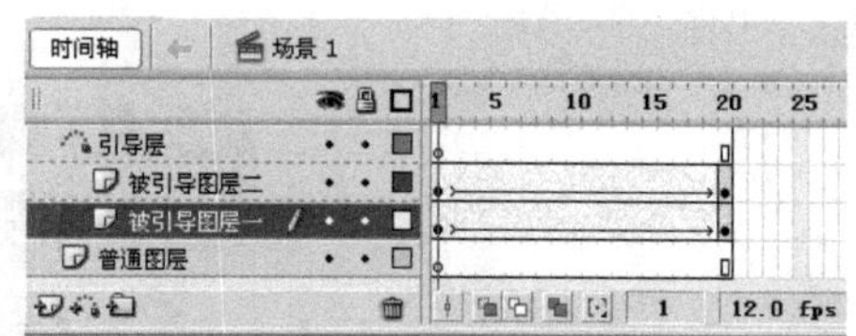

图17-38 引导路径动画

2. 引导层和被引导层中的对象

引导层是用来指示元件运行路径的，所以“引导层”中的内容可以是用钢笔、铅笔、线条、椭圆工具、矩形工具或画笔工具等绘制出的线段。

而“被引导层”中的对象是跟着引导线走的，可以使用影片剪辑、图形元件、按钮、文字等，但不能应用形状。

由于引导线是一种运动轨迹，不难想像，“被引导”层中最常用的动画形式是动作补间动画，当播放动画时，一个或数个元件将沿着运动路径移动。

3. 向被引导层中添加元件

“引导动画”最基本的操作就是使一个运动动画“附着”在“引导线”上。所以操作时特别得注意“引导线”的两端，被引导的对象起始、终点的两个“中心点”一定要对准“引导线”的两个端头。

17.6.2 应用引导路径动画的技巧

（1）“被引导层”中的对象在被引导运动时，还可作更细致的设置，比如运动方向，在【属性】面板上，选中【路径调整】复选框，对象的基线就会调整到运动路径。而如果选中【对齐】复选框，元件的注册点就会与运动路径对齐，如图17-39所示。

（2）引导层中的内容在播放时是看不见的，利用这一特点，可以单独定义一个不含“被引导层”的“引导层”，该引导层中可以放置一些文字说明、元件位置参考等，此时，引导层的图标为。

（3）在做引导路径动画时，按下工具箱中的【对齐对象】按钮，可以使“对象附着于引导线”的操作更容易成功，拖动对象时，对象的中心会自动吸附到路径端点上。

（4）过于陡峭的引导线可能使引导动画失败，而平滑圆润的线段有利于引导动画成功制作。

（5）向被引导层中放入元件时，在动画开始和结束的关键帧上，一定要让元件的注册点对准线段的开始和结束的端点，否则无法引导，如果元件为不规则形，可以单击工具箱中的【任意变形工具】，调整注册点。

（6）如果想解除引导，可以把被引导层拖离“引导层”，或在图层区的引导层上单击右键，在弹出的菜单上选择【属性】，在【图层属性】对话框中选择【一般】单选钮，作为正常图层类型，如图17-40所示。

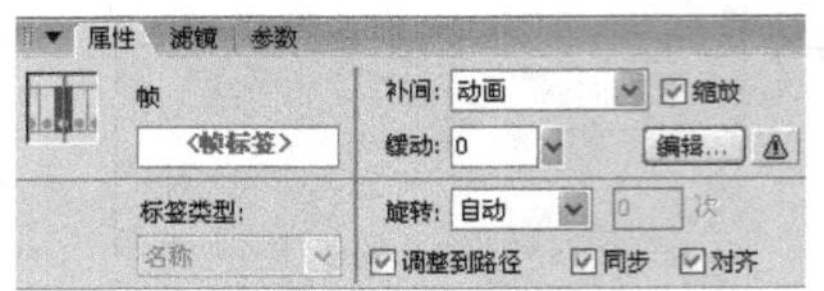

图17-39 路径调整和对齐

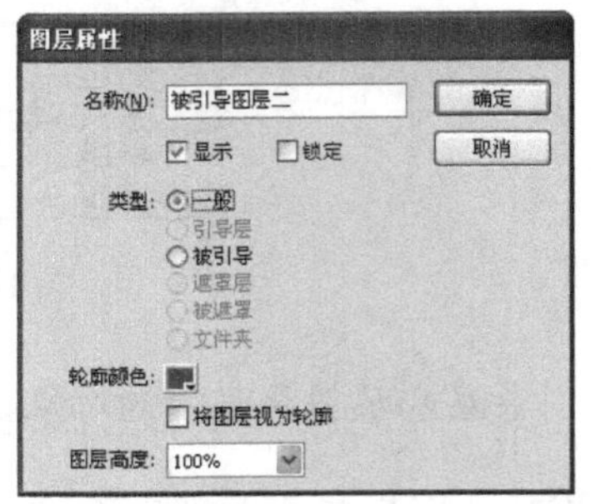

图17-40 【图层属性】对话框

（7）如果想让对象做圆周运动，可以在“引导层”画一根圆形线条，再用【橡皮擦工具】擦去一小段，使圆形线段出现两个端点，再把对象的起始点、终点分别对准端点即可。

（8）引导线允许重叠，比如螺旋状引导线，但在重叠处的线段必须保持圆润，让Flash能辨认出线段走向，否则会使引导失败。

17.6.3 引导路径动画举例

本实例是一个空中运动的小球，如图17-41所示。

具体制作步骤如下：

（1）新建文档，设置文档的尺寸为368px×245px，背景色为白色。

（2）将第1层命名为“背景”；然后执行【文件】|【导入】|【导入到舞台】命令，在弹出的【导入】对话框中选择“天空背景.JPG”文件，如图17-42所示。导入背景后的效果如图17-43所示。

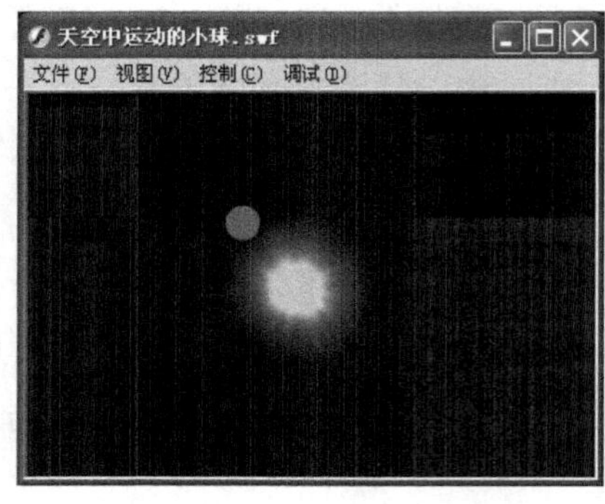

图17-41 空中运动的小球

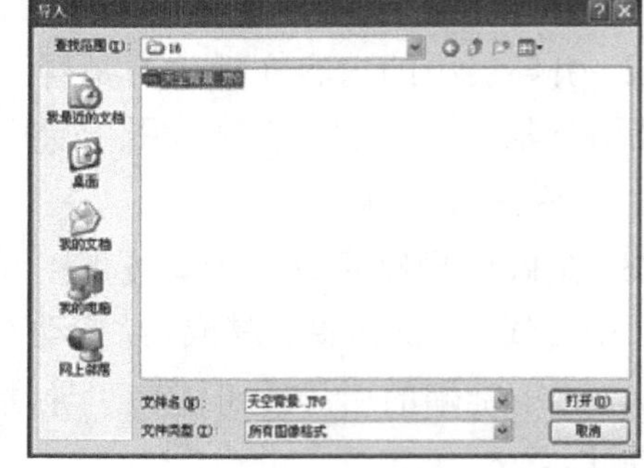

图17-42 【导入】对话框

（3）单击【插入图层】按钮新建一个图层，并命名为“小球”。单击工具箱中的椭圆工具，按住“Shift”键在小球层绘制一个直径为“20”的红色小球。

（4）用指针工具选中“小球”，然后选择【修改】|【转换为元件】命令，弹出【转换为元件】对话框，在【名称】文本框中输入“小球”，并选择【类型】为“图

形”，将“小球”转换成元件。如图17-44所示。

图17-43 导入背景后的效果

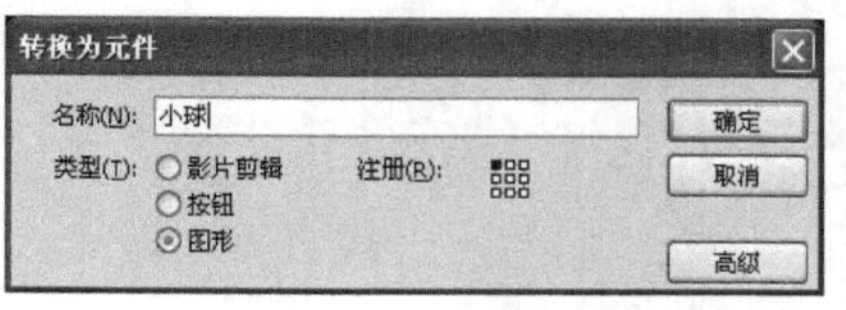

图17-44 将“小球”转化成元件

（5）选中【小球】层，然后单击【添加运动引导层】按钮，添加【引导层：小球】层，如图17-45所示。并在该层内绘制一条引导线。

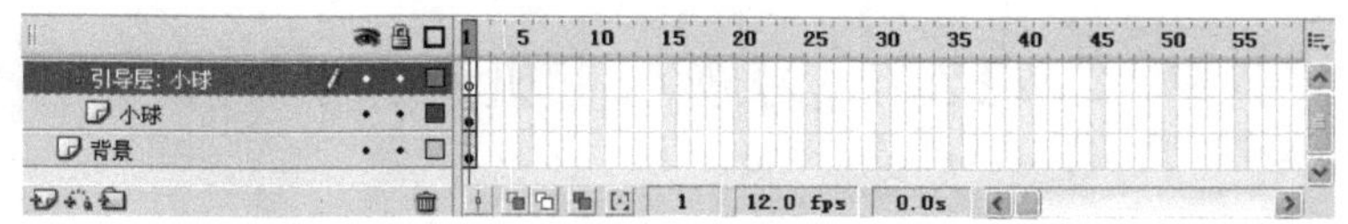

图17-45 为【小球】层添加运动引导层

（6）拖曳鼠标同时选中三个层的第50帧，右键单击，在弹出的快捷菜单中选择【插入关键帧】命令插入关键帧。如图17-46所示。

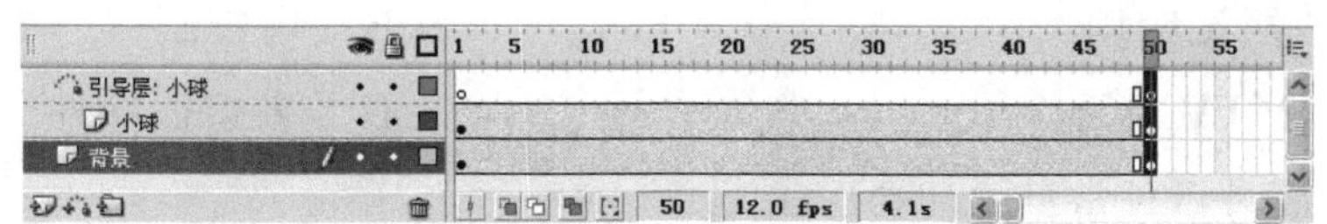

图17-46 在第50帧处插入关键帧

（7）单击【小球】层第1帧，单击工具箱的【紧贴至对象】按钮将小球拖到引导线的一个端点，如图17-47所示；单击【小球】层第50帧，单击工具箱的【紧贴至对象】按钮将小球拖到引导线的另一个端点，如图17-48所示。

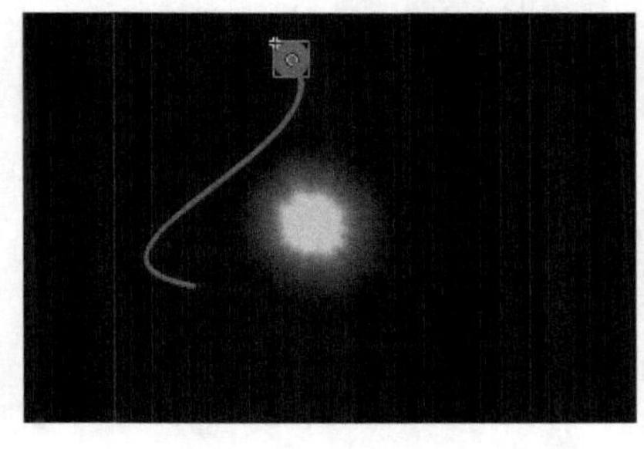

图17-47 【小球】层第1帧效果图

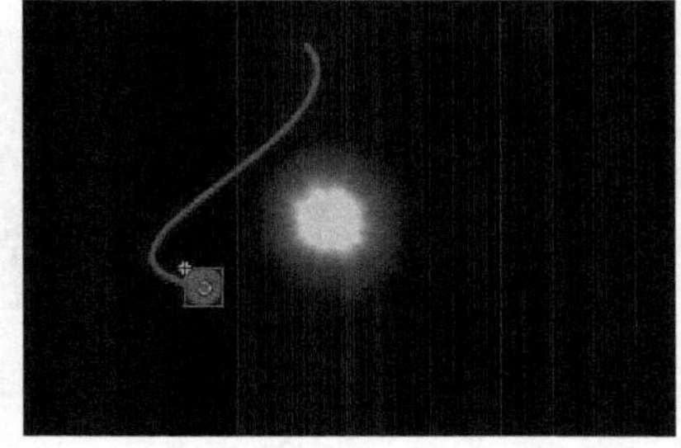

图17-48 【小球】层第50帧效果图

（8）单击【小球】层第1帧，在【属性】面板中设置【动画】补间，并勾选【调整到路径】、【同步】和【对齐】复选框，如图17-49所示。

（9）执行【控制】|【测试影片】命令进行测试，会看到小球沿引导线运动的效果。图17-50所示为动画播放中的一个画面。

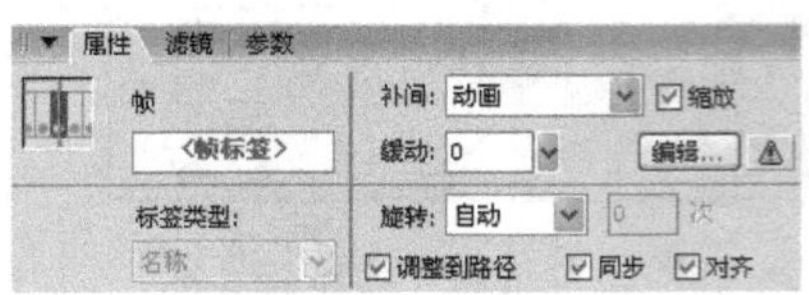

图 17-49 【属性】面板中的设置

图 17-50 动画播放中的一个画面

17.7 习题与上机操作

1. 选择与填空

（1）常见的Flash动画的用途有（ ）。

A. 网站应用　　B. 广告制作

C. MTV动画　　D. 多媒体课件

（2）Flash8中5种常见的动画形式为：__________、__________、__________、__________和__________。

2. 上机操作

制作飞机由近而远地飞去，渐渐消失在远方。效果如图17-51所示。

图 17-51 飞机飞行的效果图

第18章　应用声音和视频

教学目标

Flash 8提供了许多使用声音的方式。可以使声音独立于时间轴连续播放，或使动画与一个声音同步播放。还可以向按钮添加声音，使按钮具有更强的感染力。本章结合实例重点讲解以下内容：导入声音、引用声音、编辑声音、压缩声音及视频的导入与控制等。

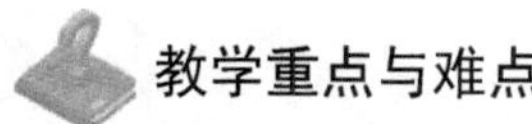

教学重点与难点

声音的导入与编辑；设置声音的属性；压缩声音；视频的导入与控制。

18.1　在Flash中应用声音

Flash是著名的多媒体网页动画制作软件，由于其设计的初衷是提供网络应用的多媒体集成元素，所以其对声音的支持特别值得称道，尤其是它可以将声音做大幅度的压缩。

Macromedia Flash 8增加了对视频的支持，附带了一个独立的FLV转换工具，On2VP6编码让Flash视频文档更清晰，视频支持Alpha通道，更新了视频媒体播放组件，改进了视频导入流程，把视频、数据、图形、声音和交互式控制融为一体，从而创造出引人入胜的动画，多种在Flash文档中加入视频和控制视频的方法使用户在创作时倍感轻松。

只有将外部的声音文件导入到Flash中以后，才能更进一步地在动画中加入声音效果。能直接导入Flash应用的声音文件主要有WAV和MP3两种格式。另外，如果系统上安装了QuickTime 6.5或更高版本，则还可以导入AIFF格式和只有声音的QuickTime影片格式。

下面通过一个实例介绍导入声音、引用声音（给动画添加声音、给按钮添加声效）的方法。

18.1.1　声音效果的应用举例

1. 导入声音

打开没有添加声音的一个文件，执行【文件】|【导入】|【导入到库】命令，如图18-1所示为将外部声音导入到当前影片文档的【库】面板中。在图18-2所示的【导

入到库】对话框中，选择要导入的两个声音文件，然后单击【打开】按钮，将声音导入。

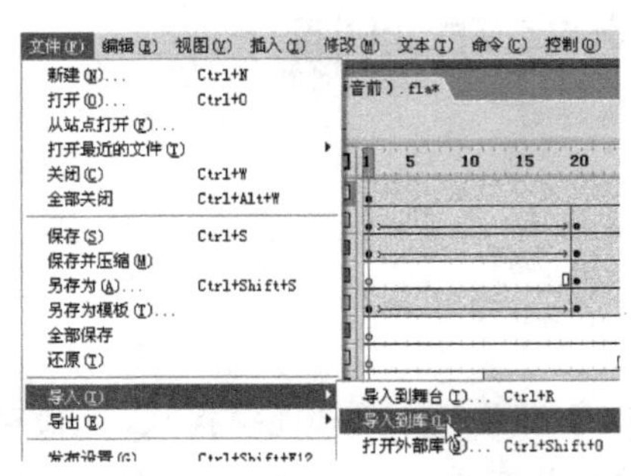

图 18-1　导入声音到【库】中

图 18-2　【导入到库】对话框

导入声音后，就可以在【库】面板中看到刚导入的声音波形了，以后就可以像使用元件一样使用声音对象了，如图18-3所示。

2. 引用声音

新建一个图层，并重新命名为“声音”，选择这个图层的第1帧，然后将【库】面板中的“背景音乐”声音对象拖放到场景中，如图18-4所示。

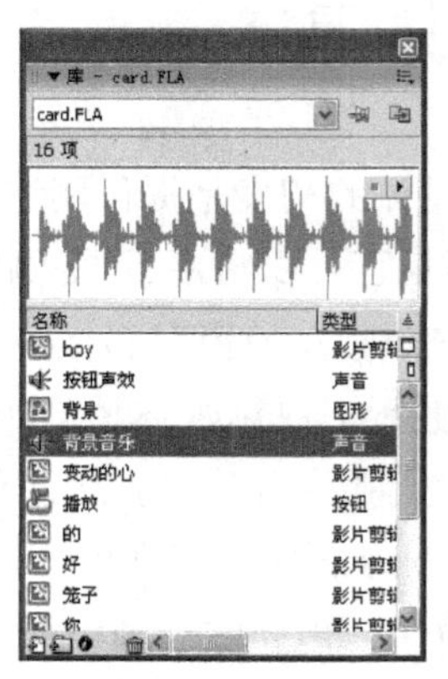

图 18-3　【库】面板中的声音

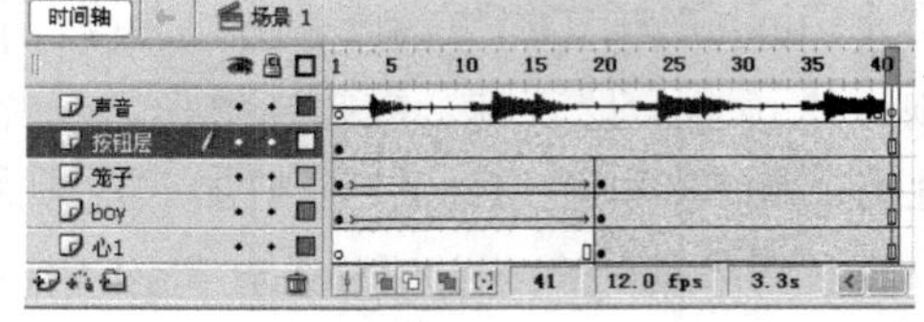

图 18-4　将声音引用到时间轴上

这时候【声音】图层上出现了声音对象的波形，这说明已经将声音引用到了【声音】图层中。按一下键盘上的回车键，就能听到声音了。还可以按快捷键Ctrl+Enter测试一下此时的动画效果。

技巧　本例在引用声音对象时，由于图层上本来就有一定帧数的动画效果，所以在【声音】图层中直接得到与其他图层帧数一样的声音波形帧数，但这时显示也并不是声音的全部长度，如果想得到声音的全部长度，可以在【声音】图层上选中1帧，按F5键，延长该图层上的帧，直到波形消失为止。

3. 编辑声音

（1）编辑声音窗口简介

选择【声音】图层的第1帧，打开【属性】面板，可以发现，在【属性】面板中有很多设置和编辑声音对象的参数，如图18-5所示。

各参数详解如下：

【声音】：从下拉列表框中可以选择要引用的声音对象，这也是另一个引用库中声音的方法。

【效果】：从下拉列表框中可以选择一些内置的声音效果，比如声音的淡入、淡出等效果。

【编辑】：单击这个按钮可以进入到声音的编辑对话框中，对声音进行更进一步的编辑。

【同步】：可以选择声音和动画同步的类型，默认的类型是【事件】类型。另外还可以设置声音重复播放的次数。

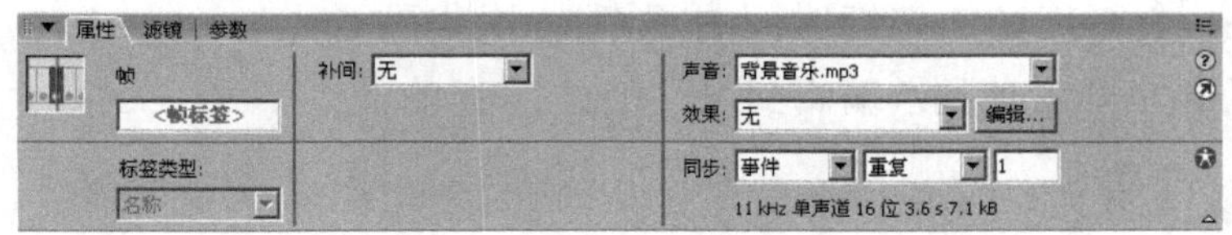

图18-5　声音的【属性】面板

（2）更换声音同步类型

按快捷键Ctrl+Enter，测试一下动画，单击“停止”按钮，动画停止播放了，但是音乐还在播放。如果想让音乐也一起停止播放，需要重新设置一下声音同步类型：返回到编辑场景，保持【声音】图层的第1帧处于被选中状态，打开【属性】面板，在【同步】选项后的下拉菜单中选择【数据流】。现在再测试效果吧。

技巧　【同步】选项中的【数据流】类型是一种很重要的声音同步类型，在制作一些如MTV的作品时，这种声音同步类型是最常用的。

另外，还可以设置声音的效果，或者单击【编辑】按钮对声音更进一步地编辑，这里就不再详述了，读者可以自己试一试。

18.1.2　设置声音的属性

引用到时间轴上的声音，往往还需要在声音【属性】面板中对它进行恰当的属性设置，才能更好地发挥声音的效果。上面实例的制作过程中已经初步接触到一些声音属性的设置问题，下面详细讨论一下有关声音属性设置以及对声音进一步编辑的问题。

1. 声音效果属性

在时间轴上，选择包含声音文件的第一个帧，在声音【属性】面板中，打开【效果】菜单，这里可以设置声音的效果，如图18-6所示。

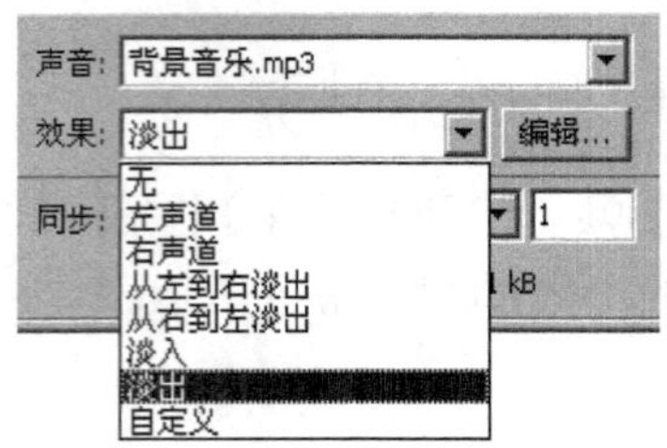

图18-6 【效果】选项

以下是对各种声音效果的解释：

【无】：不对声音文件应用效果，选择此选项将删除以前应用过的效果。

【左声道】/【右声道】：只在左声道或右声道中播放声音。

【从左到右淡出】/【从右到左淡出】：会将声音从一个声道切换到另一个声道。

【淡入】：会在声音的持续时间内逐渐增加其幅度。

【淡出】：会在声音的持续时间内逐渐减小其幅度。

【自定义】：可以使用“编辑封套”创建声音的淡入点和淡出点。

2. 同步效果属性

打开【同步】菜单，这里可以设置【事件】、【开始】、【停止】和【数据流】4个【同步】选项，如图18-7所示。

【事件】选项会将声音和一个事件的发生过程同步起来。事件声音在它的起始关键帧开始显示时播放，并独立于时间轴播放完整的声音，即使SWF文件停止也将继续播放。当播放发布的SWF文件时，事件声音混合在一起。

【开始】选项与【事件】选项的功能相近，但如果声音正在播放，使用【开始】选项则不会播放新的声音实例。

【停止】选项将使指定的声音静音。

【数据流】选项将同步声音，强制动画和音频流同步。与事件声音不同，音频流随着SWF文件的停止而停止。而且，音频流的播放时间绝对不会比帧的播放时间长。当播放发布的SWF文件时，音频流混合在一起。

技巧　如果使用MP3声音作为音频流，则必须重新压缩声音，以便能够导出。可以将声音导出为MP3文件，所用的压缩设置与导入它时的设置相同。

3. 重复和循环属性

通过【同步】下拉菜单还可以设置【同步】选项中的【重复】和【循环】属性。为【重复】输入一个值，以指定声音应循环的次数，或者选择【循环】以重复播放声音，如图18-8所示。

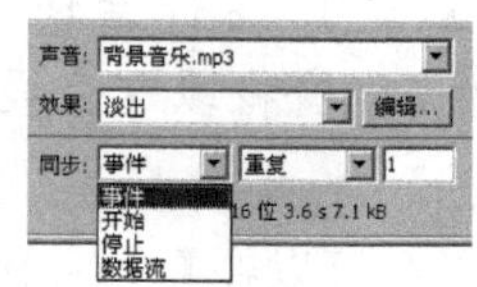

图 18-7　【同步】选项

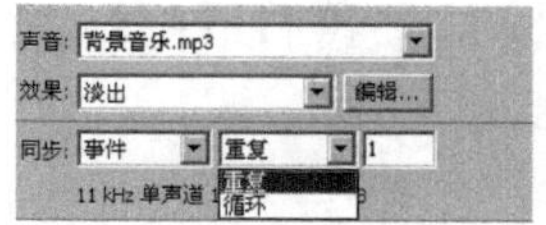

图 18-8　设置重复或者循环属性

要长时间地播放声音，就输入一个足够大的数，以便使声音播放持续时间延长。例如，要在5分钟内循环播放一段15秒的声音，可以输入20。

技巧　建议不要循环播放音频流。如果将音频流设为循环播放，文件的大小就会根据声音循环播放的次数而倍增。

18.1.3　对声音进行压缩

Flash动画在网络上流行的一个重要原因是因为它的体积小，这是因为当我们输出动画时，Flash会对输出文件进行压缩，包括对文件中的声音的压缩。但是，如果对压缩比例要求很高，那么就应该直接在【库】面板中对导入的声音进行压缩了。

在【库】面板中直接将声音“减肥”的具体操作方法如下：

1. 打开【声音属性】对话框

双击【库】面板中的声音图标，打开【声音属性】对话框，如图18-9所示。在【声音属性】对话框中可以对声音进行“压缩”，在【压缩】下拉列表框中有【默认】、【ADPCM】、【MP3】、【原始】和【语音】压缩模式，如图18-10所示。

图 18-9　声音属性

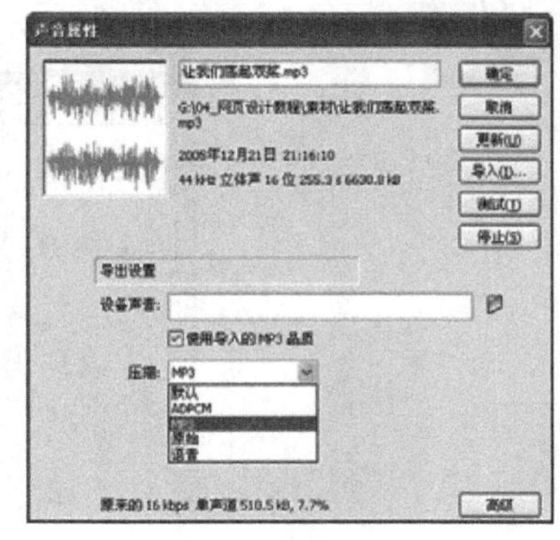

图 18-10　几种声音压缩模式

这里重点介绍【MP3】压缩选项，因为这个选项最为常用而且对其他的设置也极具代表性，通过对它的学习可以举一反三，掌握其他压缩选项的设置。

2. 进行MP3压缩设置

如果要导出一个以MP3格式导入的文件，可以使用与导入时相同的设置来导出文件，在【声音属性】对话框中，从【压缩】列表框中选择【默认】。这样会使用导入文件的默认设置，如果我们不在【库】里对声音进行处理的话，声音将以这个设置导出，如图18-11所示。

如果不想使用与导入时相同的设置来导出文件，那么可以在【压缩】下拉列表中选择【MP3】后，然后取消对【使用导入的 MP3 品质】复选框的选择，这样就可以重新设置MP3压缩设置了，如图18-12所示。

图18-11 使用与导入时相同的设置

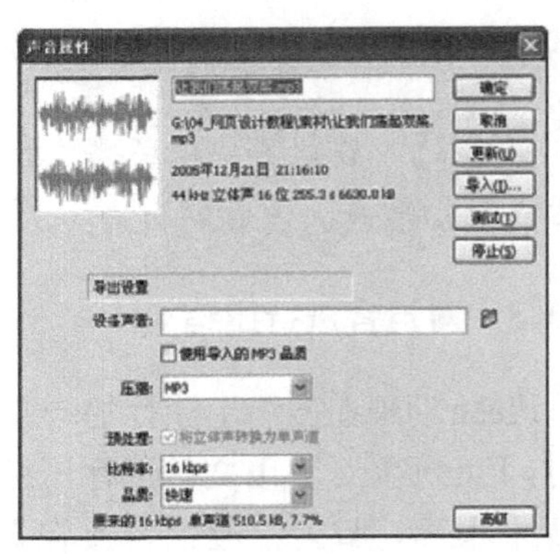

图18-12 使用MP3压缩功能

3. 设置比特率

【比特率】选项确定导出的声音文件中每秒播放的位数。Flash支持 8 kbps 到 160 kbps（恒定比特率）。比特率越低，声音压缩的比例就越大，但是我们导出音乐时，需要将【比特率】设为16 kbps或更高，如果设得过低，将很难获得好的声音效果，如图18-13所示。

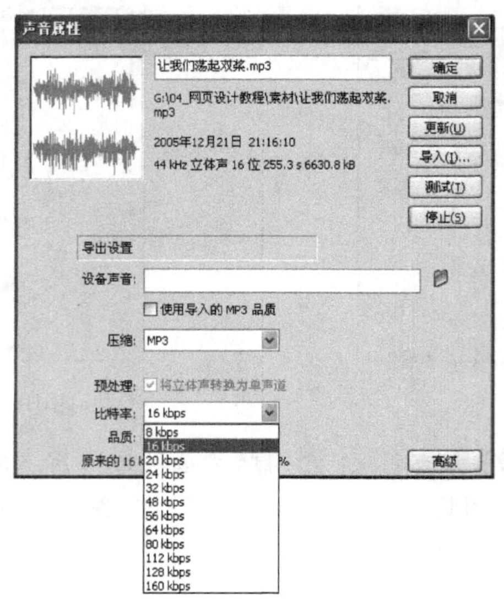

图18-13 设置【比特率】

4. 设置【预处理】选项

选中【将立体声转换为单声道】复选框，表示将混合立体声转换为单声（非立体声）。这里需要注意的是，【预处理】选项只有在选择的比特率为 20 kbps 或更高时才可用。

5. 设置【品质】选项

选择一个【品质】选项，以确定压缩速度和声音品质。

【快速】：压缩速度较快，但声音品质较低。

【中】：压缩速度较慢，但声音品质较高。

【最佳】：压缩速度最慢，但声音品质最高。

6. 进行压缩测试

在【声音属性】对话框中，单击【测试】按钮，可试听声音的效果。如果要在结束播放之前停止测试，请单击【停止】按钮。

如果感觉已经获得了理想的声音品质，单击【确定】按钮。

18.2　导入视频与视频的控制

Flash 动画是一种基于“流”技术的交互式矢量动画，而“视频”是一种与其迥然不同的动画格式，是更接近于现实世界的“连续图像序列”。如果能把视频文件嵌入到 Flash 作品中，使 Flash 动画与“视频”的真实性有机地结合起来，这无疑是动画爱好者们梦寐以求的事。

18.2.1　Flash 8 支持的视频类型

如果机器上已经安装了 QuickTime 6.5 和 DirectX 9 及其以上版本，则可以导入包括 MOV（QuickTime 影片）、AVI（音频视频交叉文件）和 MPG/MPEG（运动图像专家组文件）等格式的视频剪辑。Flash 8 支持的视频格式如表 18-1 所示。

表 18-1　Flash 8 支持的视频格式

文件类型	扩展名
音视频交叉	avi
数字视频	dv
运动图像专家组	mpg、mpeg
QuickTime 影片	mov
Windows 媒体文件	wmv、asf

还以从【导入】对话框中全面了解Flash 8支持的视频格式，如图18-14所示。

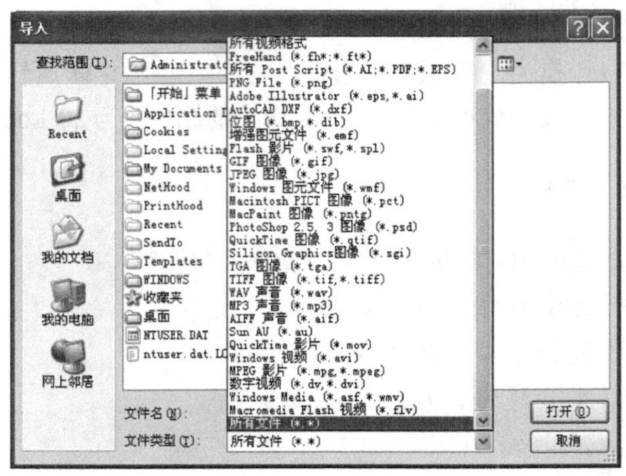

图18-14　了解Flash支持的视频格式

18.2.2　向Flash中导入视频

Flash 8的视频导入向导使我们对视频导入的控制更加方便，下面讨论一下视频导入的操作过程。

（1）新建背景色为“#F2B1F8”的Flash文档。想要把视频文件直接导入到当前文档的舞台或【库】中，可以执行【文件】|【导入】|【导入到舞台】/【导入到库】命令，弹出【导入】对话框，在该对话框中选择导入的视频文件后，单击【打开】按钮，弹出如图18-15所示的【导入视频】向导对话框。或者直接执行【文件】|【导入】|【导入视频】命令，弹出如图18-15所示的视频导入向导。选择好要导入的视频文件后，单击【下一个】按钮，弹出【部署】对话框，如图18-16所示。

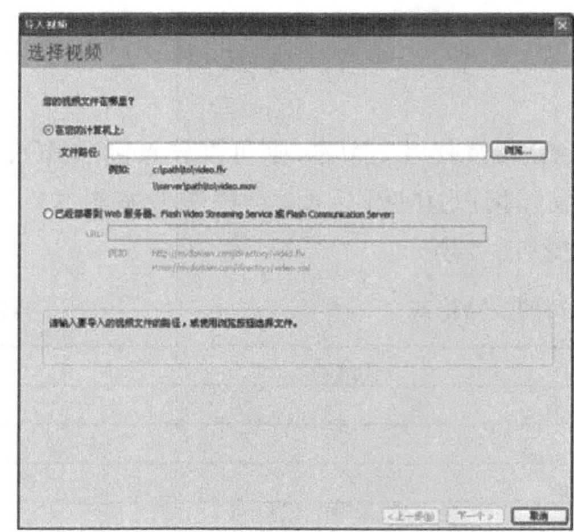

图18-15　【导入视频】对话框

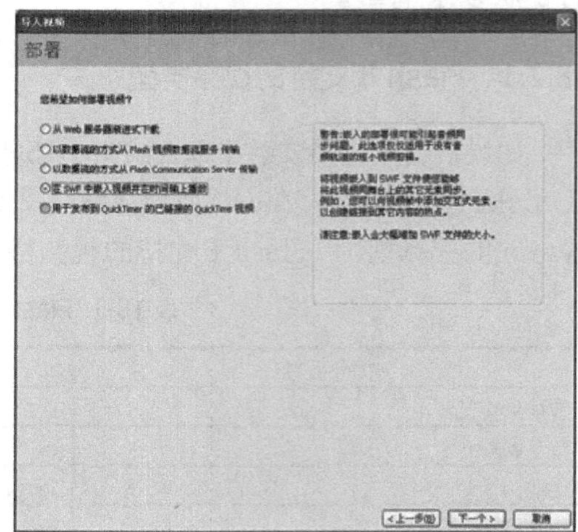

图18-16 【部署】对话框

（2）在【部署】对话框中，选择【在SWF中嵌入视频并在时间轴上播放】，单击【下一个】按钮，弹出【嵌入】对话框，如图18-17所示。

说明 这个向导以可视化的操作，引导我们将一个视频文件可控制地导入到Flash文档中，并在导入的过程中对视频进行简单的编辑。

（3）在图18-17中各项参数取默认，单击【下一步】按钮，弹出如图18-18所示的【编码】对话框。在【编码】对话框中，可设置视频编码解码器、音频编码解码器、帧频、播放品质等并进行裁剪，在这里先取默认，不进行编码。

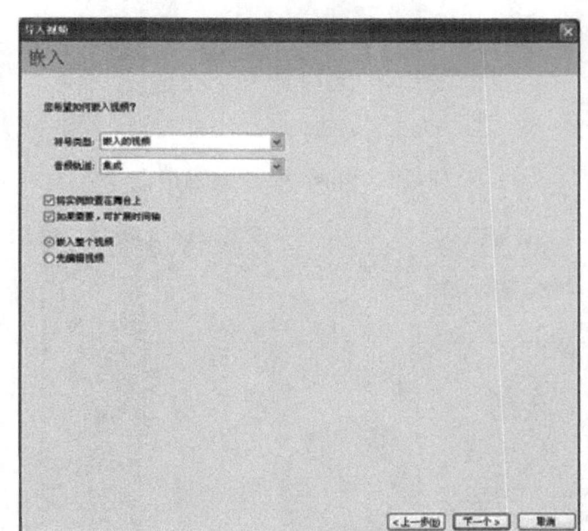

图18-17 【嵌入】对话框

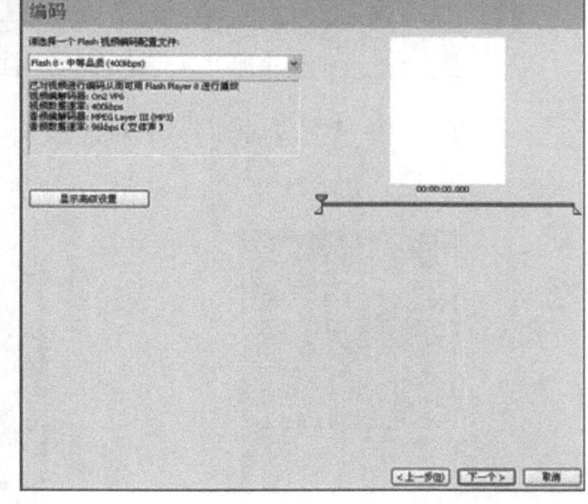

图18-18 【编码】对话框

说明 如果用户需要用HTTP流对视频进行流处理，可以选择"从Web服务器渐进式下载"，此选项会转换导入到Flash视频中的视频文件，并配置Flash视频组件以播放该视频。请注意，你需要手动把Flash视频文件上传到Web服务器，此选项会在舞台上放置一个视频组件。

（4）在图18-18中单击【下一个】按钮以后，会弹出如图18-19所示的对话框。

（5）在图18-19中单击【完成】按钮后，会出现【Flash视频正在导入】的进度条提示对话框，如图18-20所示。如果想修改前面的设置，可单击【上一步】按钮，一步一步地进行修改。

说明 当视频文件完全导入后，不管当初是选择导入到库还是导入到舞台上，都会在【库】面板中看到导入的视频，如图18-21所示。

（6）执行【控制】|【测试影片】命令，对导入视频的影片进行测试。图18-22所示为测试中的效果图。

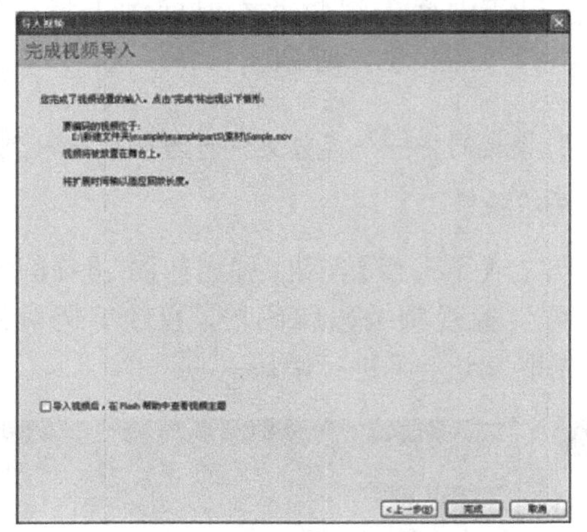

图 18-19 【完成视频导入】对话框

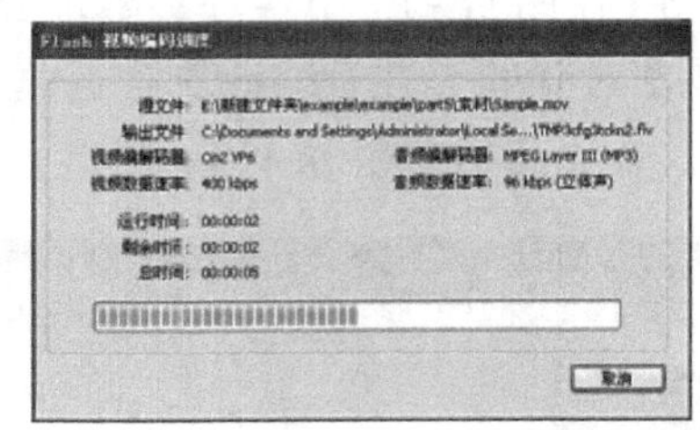

图 18-20 Flash 视频编码正在导入

图 18-21 【库】面板中的视频元

图 18-22 舞台中的视频对象

18.2.3 概述控制视频的行为

Flash 8 对导入到文档中的视频提供了很多控制方式，除了可以利用【属性】面板调整大小、位置等外，还可以利用"时间轴"控制回放、利用"行为"控制视频回放、利用"视频组件"控制视频回放、利用"视频模板"控制视频回放等。

"行为"是系统预先编写好的一段"动作脚本"，它们分别能实现诸如播放、停止、暂停、后退、快进、显示及隐藏视频剪辑等行为效果，具体操作见19章介绍。

18.3 习题与上机操作

1. 选择与填空

（1）Flash可以导入__________、__________和__________格

式的声音文件。

（2）在Flash中有两种类型的声音，即____________________和________________。

（3）把声音从左声道切换到右声道，并且左声道的声音逐渐减小，而右声道的声音逐渐增大，描述的是（ ）声音播放效果。

A．从左到右淡出 B．从右到左淡出

C．淡入 D．淡出

（4）在没有安装QuickTime的情况下，Flash 8不可导入（ ）声音文件。

A．WAV B．AIFF

C．MP3 D．SunAU

2．简答题

（1）如何压缩声音？

（2）如何将视频导入到Flash中？

（3）如何利用行为对视频对象进行控制？

3．上机操作

调出以前制作完成的动画，加入合适的声音，使动画更具吸引力。

第 19 章　动作脚本与行为

教学目标

本章将介绍Flash的两项非常强大的功能——动作脚本与行为，用于实现更为复杂和交互性更强的Flash动画。ActionScript属于面向对象（Object-Oriented）的编程语言，与以往版本相比，Flash 8实现了更标准的面向对象编程方法——ActionScript 2.0。如果说ActionScript 1.0类似JavaScript，那么ActionScript 2.0更像Java。ActionScript 2.0的出现，提供给开发人员一种更严谨的编程语言，以方便开发与调试。

行为是Flash 8预先编写的“动作脚本”，它可以将动作脚本编码的强大功能、控制能力和灵活性添加到Flash文档中，而不必自己创建动作脚本代码；使用行为能轻松实现加载声音、外部swf文档和图片，控制视频播放等效果。

教学重点与难点

了解动作脚本的功能，熟悉动作脚本的常用命令和编写方法，掌握行为的使用。

19.1　使用动作面板

【动作】面板为Flash提供了一个专门处理动作脚本的编辑环境。默认情况下，【动作】面板自动出现在Flash窗口的下面，如果【动作】面板没有显示出来，可以执行菜单【窗口】|【动作】命令显示。

19.1.1　动作面板介绍

【动作】面板由两部分组成，如图19-1所示，右侧部分是“脚本窗口”，这是输入代码的区域；左上角部分是“动作工具箱”，每个动作脚本语言元素在该工具箱中都有一个对应的条目。

在【动作】面板中，左下角为“脚本导航器”（位置在图19-1的左下角），“脚本导航器”是FLA文件中相关联的帧动作、按钮动作具体位置的可视化表示形式；用户可以在这里浏览文件中的对象，以查找动作脚本代码。如果单击“脚本导航器”中的某一项目，与该项目关联的脚本将出现在“脚本窗口”中，并且播放头将移到时间轴上的该位置。“脚本窗口”上方还有若干功能按钮，把鼠标移动到按钮上，会出现描述按钮功能的文本；利用它们可以快速对动作脚本实施一些操作，如图19-2所示。

图19-1 【动作】面板

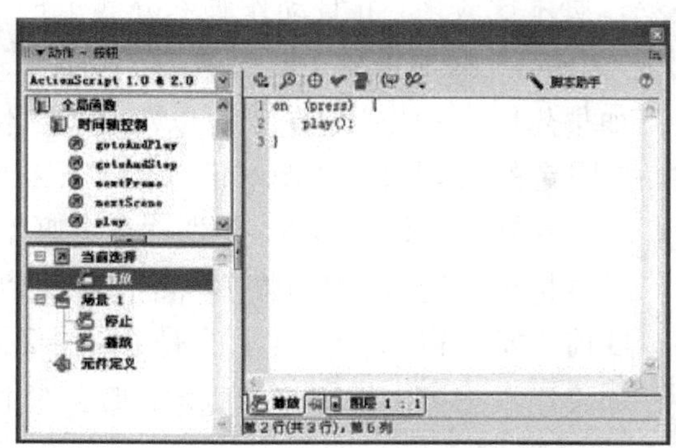

图19-2　功能按钮

19.1.2　管理影片中的动作脚本

1. 添加动作脚本

用户可以直接在"脚本窗口"中编辑动作、输入动作参数或删除动作。还可以双击"动作工具箱"中的某一项或单击"脚本窗口"上方的【将新项目添加到脚本中】按钮，向"脚本窗口"中添加动作。

如果想为一个按钮添加用来控制影片播放的动作脚本，那么要先选中这个按钮，然后切换到【动作】面板，单击"脚本助手"按钮；在"动作工具箱"中展开【全局函数】，选择【时间轴控制】类别，双击该类别下的"play"动作；如图19-3所示，"脚本窗口"中出现了相应的动作脚本，随后为按钮加上"on"的事件处理函数。

单击第一行代码"on (release) {"，在代码窗口的上面出现8个可供选择的事件，分别是当鼠标在按钮上"按"、"释放"、"外部释放"、"滑过"、"滑离"、"拖过"、"拖离"时或在键盘上按键时激发此动作，选中所需的事件即可，可以只选1个事件，也可以选择多个事件。这里选择默认的事件"释放"。设置完成后如图19-4所示。

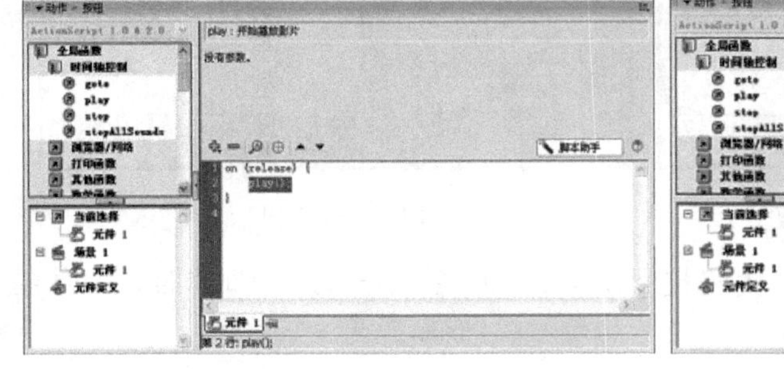

图19-3　添加play动作

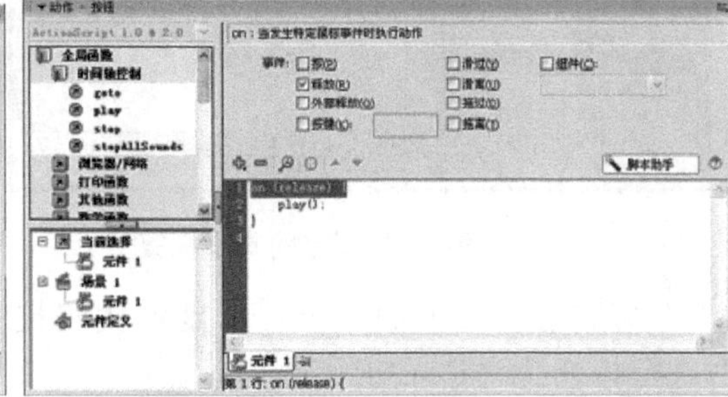

图19-4　完成的动作脚本

2. 动作脚本的固定

利用"脚本导航器"，可以快速浏览影片中不同位置的动作脚本。如果用户的影片中动作脚本比较多，并且动作脚本分散于FLA文件中的多个位置，那么可以在【动作】面板中固定（就地锁定）多个脚本，以便在脚本中移动。

如果想固定动作脚本，则可以双击“脚本导航器”中的某一项；这样该脚本会被固定，被固定的脚本会在“脚本窗口”的下方显示一个标签。如图19-5所示，在“脚本窗口”下方显示了3个标签，说明有3个脚本被固定。

用鼠标单击这些被固定的脚本标签，可以在被固定的脚本之间来回切换。在图19-5中，目前“脚本窗口”中显示的是【图层2】第1帧上的动作脚本。

如果用户想关闭被固定的脚本，那么右击相应的脚本标签，在弹出的快捷菜单中选择【关闭脚本】命令即可。

3. 代码提示

当用户在【动作】面板中编辑动作脚本时，如果在输入语句时不按下“脚本助手”按钮，Flash 可以检测到正在输入的动作并显示代码提示，即包含该动作完整语法的工具提示，或列出可能的方法或属性名称的弹出菜单。当用户精确输入或命名对象时，动作脚本编辑器就会知道要显示哪些代码提示，随后出现参数、属性和事件的代码提示。例如，假设用户输入以下代码：

```
var students:Array = new Array();
students.
```

当用户输入句点“.”时，Flash 就会显示可用于 Array 对象的方法和属性的列表，因为用户已经将该变量的类型指定为数组，如图19-6所示。

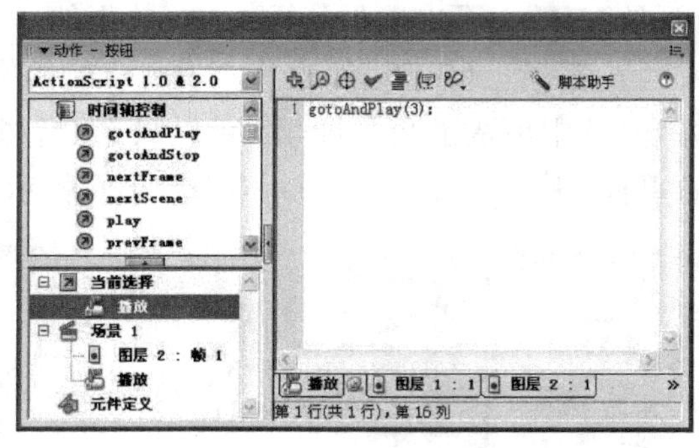

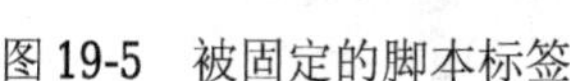
图19-5　被固定的脚本标签

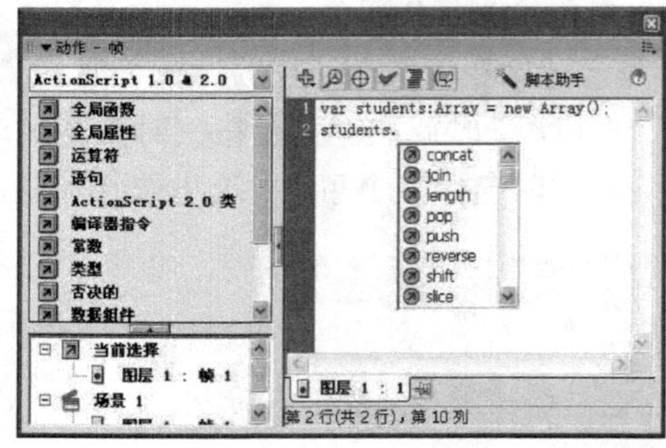

图19-6　代码提示

“脚本窗口”上面有一个【显示代码提示】按钮，在编辑动作脚本时，随时单击这个按钮也可以显示代码提示。

4. 检查语法和标点

要彻底弄清用户编写的代码是否能像预期的那样运行，需要发布或测试文件。不过，用户可以不必退出FLA文件，就能迅速检查动作脚本代码。语法错误列在【输出】

面板中，用户还可以检查代码块两边的小括号、中括号或大括号（数组访问运算符）是否齐全。

在【动作】面板中，可以用以下 3 种方法检查语法：

（1）在【动作】面板中，按快捷键 Ctrl+T。

（2）在【动作】面板中，单击右上角的按钮，在弹出的下拉菜单中选择【语法检查】命令。

（3）单击“脚本窗口”上方的【语法检查】按钮。

如图 19-7 所示，这是检查语法时输出的错误提示。

```
输出
**错误** 场景=场景 1, 图层=图层 1, 帧=1:第 1 行: 语句必须出现在 on 处理函数中
     play();

ActionScript 错误总数:1   报错:1
```

图 19-7　语法错误提示

19.2　ActionScript 编程基础

本节学习 ActionScript 编程的基础知识，掌握 ActionScript 程序的一些基本结构，以便于养成正确阅读和书写 ActionScript 程序的习惯。

首先看一段定义在一个按钮上的小程序：

```
on (release) {
      var Num = 10;
      var Str = "Flash 8 ActionScript";
      for (var i = 0; i<Num; i++) {
            trace(i);
            if (i+2 == 6) {
                    trace(Str);
            }
      }
}
```

可以看出，ActionScript 程序其实就是由一些命令、数字和一些符号组成的。当用户测试包含以上小程序的影片时，单击按钮，就可以看到程序的输出效果，如图 19-8 所示。

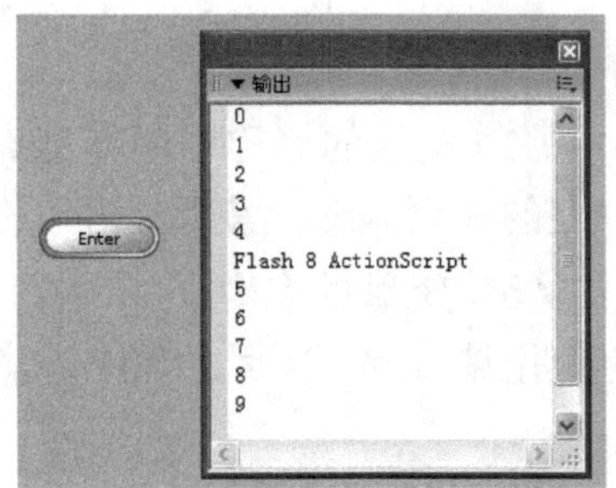

图 19-8　程序运行情况

有了初步的认识后，下面来学一些基本的概念。

19.2.1 ActionScript程序中的变量

对于变量，相信用户都不陌生，它是程序运行中可以改变的量。例如，上面代码中的i，就是一个变量，它从0一直变到9。我们在编写程序时，往往需要存储很多的信息和数据，变量就是用来存储这些信息和数据的。

Variables（变量）：存储了任意数据类型值的标识符。

实际上，变量就是一个信息容器。容器本身总是相同的，但是容器中的内容却可以修改。通过在影片播放时修改变量中的值，可以判断某些条件的真假等。例如，如果需要重复执行8次相同的命令，用户就可以对命令的执行次数进行记数，判断次数是否满8，满8次就终止程序。

变量可以存放任何数据类型，包括数值（如Num）、字符串值（如Str）、逻辑值、对象或影片剪辑等。

存储在变量中的信息类型也很丰富，包括用户名、URL、地址、数学运算结果、事件发生的次数或按钮是否被单击等。

变量可以被创建、修改和更新。其中，存储的值可以被脚本检索使用。在以下示例中，等号左边的是变量标识符，右边的则是赋予变量的值。

```
y=8;
name="baobao";
customer.address="23 9th Street";
a=new Color (mcinstanceName);
```

变量由两部分构成，即变量名和变量的值。下面我们来看看变量如何使用。

1. 变量命名与命名规则

变量名必须符合以下原则：

（1）变量的名称必须以英文字母开头。

（2）变量的名称中不能使用除了“_”（下划线）以外的符号。

（3）不能使用与命令（关键字）相同的名称，例如，“for”、“var”等，以免程序出现错误。

（4）变量的名称中间不能有空格，像my sub就是一个错误的示范。如果想用两个以上的单词来命名变量，可以在名称中间加上下划线符号，如my_sub。

（5）变量的名称最好能达到“见名知意”的效果，尽量使用有意义的名称，而避免使用诸如m_3、x、b001等意义不明的名称。

2. 变量的类型

变量的类型包括存储数值、字符串和其他数据类型。

在Flash中，可以不直接定义变量的数据类型。当变量被赋值时，Flash自动确定变量的数据类型。例如：

```
m=20;
```

在表达式m=20中，Flash将取得运算符右边的值，确定它是数值类型。此后的赋值语句又可能改变m的类型。例如，m="myname"语句，可以将m的数据类型改为字符串值。没有赋值的变量，其数据类型为undefined。

ActionScript会在表达式需要时，自动转换数据类型。例如，当我们将一个值传递给Trace动作时，Trace会自动将其值改变为字符串并发送到【输出】面板。在包含运算符的表达式中，ActionScript会在需要时转换数据类型。例如，在和字符串连用时，加号（+）运算符会将其他运算项也转换成字符串。

```
"my home is, suan qing_"+3
```

ActionScript将数字3转换为字符串"3"，然后添加到第一个字符串的末尾，得到的结果是以下字符串：

```
"my home is, suan qing_3"
```

在调试脚本时，可以使用Typeof运算符来确定表达式或变量的数据类型。例如：

```
Trace (Typeof (VarName));
```

还可以使用函数进行数据类型的转换。使用Number函数，可以把字符串转换为数字值。而使用String函数，又可以把数字值转换为字符串值。

3. 变量的作用域

变量的作用域是指能够识别和引用该变量的区域。也就是说，变量在什么范围内是可以访问的。在ActionScript中有以下3种类型的变量区域：

（1）本地（局部）变量。在自身代码块中有效的变量（在大括号内）。在声明它的语句块内（例如一个函数体）是可访问的变量，通常是为避免冲突和节省内存占用而使用。

（2）时间轴变量。可以在使用目标路径指定的任何时间轴内有效。时间轴变量声明后，在声明它的整个层级（Level）的时间轴内，它是可访问的。

（3）全局变量。即使没有使用目标路径指定，也可以在任何时间轴内有效。也就是说，在整个影片中都可以访问的变量。

在使用时，请注意它们的区别。局部变量只在它所在的代码块（大括号之间）中有效；全局变量可以在整个影片中共享。

4. 变量的声明和使用

使用变量前，最好使用var先加以声明。在声明变量时，一般要注意以下内容：

（1）要声明常规变量，可使用Set Varible动作或赋值运算符（=），这两种方法获得的结果是一样的。

（2）要声明本地变量，可以在函数主体内使用var语句。

例 如：

```
var Str = "Flash 8 ActionScript";
var Num = 10;
```

（3）要声明全局变量，可以在变量名前面使用_global标识符。例如:

```
_global. myName = "Global001";
```

（4）要测试变量的值，可以使用trace动作，将变量的值发送到【输出】面板。

例 如：

```
trace (j);
```

就可以将变量j的值发送到测试模式的【输出】面板中。也可以在测试模式的调试器中，检查和设置变量值。

如果要在表达式中使用变量，则必须先声明该变量。如果使用了一个未声明的变量，则变量的值将是undefined，脚本也将产生错误。例如:

```
getURL (myWeb);
myWeb="http://www.hongen.com/";
```

上述这段程序代码，没有在使用变量myWeb前声明，结果就会出现问题。所以声明变量myWeb的语句必须首先出现，只有这样，getURL动作中的变量才能被替换。

在脚本中，变量的值可以多次修改。例如:

```
var x=30;
var y=x;
var x=20;
```

在以上示例中，开始变量x被设置为30，在第2行中，该值被复制到变量y中；在第3行中，变量x的值被修改为20。但是变量y的值仍然保持为30，这是因为变量y不是引用了变量x的值，而是接受了在第2行传递的实际值20。

19.2.2 ActionScript程序中的常量

常量就是一种属性，是指在程序运行中不会改变的量。例如，上面程序代码中的数值10、20、30和字符串“Flash 8 ActionScript”都是常量。逻辑常量True（真）和False（假），在编程的时候，也会经常被用到。

19.2.3 关于函数

函数（function）是什么呢？函数就是在程序中可以重复使用的代码，用户可以将需要处理的值或对象通过参数的形式传递给函数，然后由函数得到结果。从另一个角度说，函数存在的目的就是为了简化编程的负担，减小代码量和提高效率。

1. 自定义函数

我们在编写程序时，有时需要自己定义一些函数，用这些函数去完成指定的功能。在Flash中，定义函数的一般形式：

```
function  函数名称（参数1，参数2，…，参数n){
                         //函数体，即函数的程序代码
}
假设要定义一个计算矩形面积的函数，其实现代码如下：
function MyArea(m, n) {  //自定义计算矩形面积的函数
      return m*n;         //在这里返回结果，也就是得到函数的返回值
}
```

用户自定义了函数以后，就可以随时调用并执行它了。调用执行函数的一般形式为：

```
函数名称（参数1，参数2，…，参数n）;
```

假设在程序中要调用上面自定义的MyArea()函数，其实现代码如下：

```
area = MyArea(3, 6);
trace("area="+area);
```

函数就像变量一样，被附加给定义它们的影片剪辑的时间轴，必须使用目标路径才能调用它们。此外，还可以使用_global标识符声明一个全局函数，全局函数可以在所有时间轴内有效，而且不必使用目标路径，这与变量很相似。

2. 系统函数

在实际使用时，其实一般不需要自己去写函数，而是使用flash提供的系统函数。所谓系统函数，就是Flash内置的函数，用户在编写程序时可以直接拿来使用。下面是一些常用的系统函数。

①Array：根据参数构造数组。

②Boolean：转换函数，将参数转换为布尔类型。

③Escape：将参数转换为字符串，并以URL编码格式进行编码。在这种格式中，将所有非字母数字的字符都转换为十六进制序列（这个序列以%开头）。

④Eval：按照名称访问变量、属性、对象或影片剪辑。如果函数参数是变量或属性，则返回该变量或属性的值。如果函数参数是对象或影片剪辑，则返回指向该对象或影片剪辑的引用。如果无法找到函数参数中指定的元素，则返回undefined。

⑤GetVersion：获取Flash Play的版本号。

⑥GetProperty：返回指定影片剪辑的属性。

⑦GetTimer：返回影片开始播放以来经过的毫秒数。

⑧ ParseInt：数学函数，将字符串转换为整数。

⑨ IsFinite：数学函数，测试某数字是否为有限数。

⑩ IsNN：数学函数，测试某数字是否为NaN（不是一个数字）。

⑪ Number：转换函数，将函数参数转换为数据类型。

⑫ Object：转换函数，将参数转换为相应的对象类型。

⑬ ParseFloat：数学函数，将字符串分析为浮点数。

⑭ String：将数字转换为字符串类型。

⑮ TargetPath：返回指定影片剪辑的目标路径字符串。

⑯ Unescape：返回对URL编码的参数进行解码所得到的字符串。

19.2.4 语法规范

1. 关键字

关键字是ActionScript程序的基本构造单位，是已被ActionScript程序本身使用，不能作为其他用途使用的字。例如，关键字不能用做变量名、函数名等。

ActionScript中的关键字不是很多，如表19-1所示。

表19-1 关键字列表

Flash 8 ActionScript 的关键字			
break	跳出循环体	instanceof	返回对象所属的类（Class）
case	定义一个switch语句的条件选择语句块	new	使用构造函数（Constructor）创建一个新的对象
continue	跳到循环体的下一项目	return	在函数中返回值
default	定义switch语句的默认语句块	switch	定义一个多条件选择语句块
delete	清除指定对象占用的内存资源	this	引用当前代码所在的对象
else	定义if语句返回为假时的语句块	typeof	返回对象的类型
for	定义一个循环	var	声明一个本地变量（Local Variable）
function	定义一个函数句块	void	声明返回值类型不确定
if	定义一个条件语句块	while	定义一个条件循环语句块
in	在一个对象或元素数组中创建循环	with	定义一个对指定对象进行操作的语句块

2. 运算符

ActionScript中的运算符非常丰富，主要分为3大类：算术运算符、关系运算符与逻辑运算符。下面分别对三者进行具体介绍。

运算符所操作的元素被称为运算项。例如，在“a ＋ 8”语句中，加号（＋）就是运算符，a和8就是运算项。

运算符的类型，主要包括以下几种。

① 算术运算符：＋（加）、*（乘）、/（除）、%（求余数）、－（减）、＋＋

（递增）、--（递减）。

②关系运算符：<（小于）、>（大于）、<=（小于或等于）、>=（大于或等于）。

③逻辑运算符：&&（逻辑"和"）、||（逻辑"或"）、!（逻辑"非"）。

下面是运算符优先级的列表，如表19-2所示。所谓运算符的优先级，就是几个运算符出现在同一表达式中时先运算哪一个。表19-2所示的优先级从上到下递减。

表19-2　运算符的优先级

运算符	描述
+	一元（Unary）加
-	一元（Unary）减
~	按位（Bitwise）逻辑非
!	逻辑非（NOT）
not	逻辑非（Flash 4 格式）
++	后期（Posf）递加
--	后期（Posf）递减
( )	函数调用
[ ]	数组（Array）元素
.	结构（Structure）成员
++	递加
--	递减
new	创建对象
delete	删除对象
typeof	获得对象类型
void	返回未定义值
*	乘
/	除
%	求模（除法的余数）
+	加
add	字符串（String）连接（过去的&）
-	减
<<	按拉左移
>>	按位右移
>>>	按位右移（无符号 unsigned，以 0 填充）
<	小于
<=	小于或等于
>	大于
>=	大于或等于
lt	小于（字符串使用）
le	小于或等于（字符串使用）
gt	大小（字符串使用）
ge	大于或等于（字符串使用）
eq	等于（字符串使用）
ne	不等于（字符串使用）

续表

<table>
<tr><th colspan="3">运算符</th><th>描述</th></tr>
<tr><td colspan="3">&</td><td>按拉（Bitwise）逻辑和（AND）</td></tr>
<tr><td colspan="3">^</td><td>按拉逻辑异或（XOR）</td></tr>
<tr><td colspan="3">|</td><td>按位逻辑或（OR）</td></tr>
<tr><td colspan="3">&&</td><td>按位逻辑或（AND）</td></tr>
<tr><td colspan="3">And</td><td>逻辑和 AND（Llash 4）</td></tr>
<tr><td colspan="3">||</td><td>逻辑或 OR</td></tr>
<tr><td colspan="3">or</td><td>逻辑或 OR（Llash 4）</td></tr>
<tr><td colspan="3">?:</td><td>条件</td></tr>
<tr><td colspan="3">=</td><td>赋值</td></tr>
<tr><td>*=</td><td>*=</td><td>%=</td><td rowspan="4">复合赋值运算</td></tr>
<tr><td>+=</td><td>-=</td><td>&=</td></tr>
<tr><td>|=</td><td>^=</td><td><<=</td></tr>
<tr><td>>>=</td><td>>>>=</td><td></td></tr>
<tr><td></td><td>,</td><td></td><td>多重运算</td></tr>
</table>

3. 表达式

在ActionScript中，表达式是最常用的元素，它通常由变量名、运算符及常量组成。下面是一个简单的表达式：

```
a = 100;
```

左边是变量名“a”，中间是运算符（赋值运算符 “=”），右边是常量（数值为100）。由这个表达式，我们可以声明一个变量，为下一步操作做准备。

（1）算术表达式。

在ActionScript中，用算术运算符（加、减、乘、除）做数学运算的表达式。

例如：10+20*2-30;

（2）字符表达式。

用字符串组成的表达式称为字符表达式。例如：用加号运算符“+”，在处理字符运算时有特殊效果。它可以将两个字符串连在一起。

“你的大名是：”+“suanqing!”

其结果为字符串“你的大名是：suanqing!”。如果相加的项目中只有一个是字符串，Flash会自动将另外一个项目也转换为字符串。

（3）逻辑表达式。

逻辑运算符就是做逻辑运算的表达式。例如：2>6，返回值为false，即2大于6为假。逻辑运算符通常用于if动作的条件判断，确定条件是否成立。

例如：

```
if (y == 8) {
      gotoAndPlay(20);
}
```

上述代码的功能是当y的值为8时，就跳转到20帧并开始播放。

4. 代码书写格式

用户在编写程序代码的时候，还要注意一些代码书写的格式，因为一些不起眼的细节问题，往往是整个程序问题的“罪魁祸首”。

（1）双斜杠后面是注释，在程序中不参与执行，用于增强程序的可读性。

（2）ActionScript是区分大小写字母的。

（3）ActionScript的每行语句都以“;”结束。长语句允许分多行书写，即允许将一条很长语句分割成两个或更多代码行，只要在结尾有个分号结束符就行了。

（4）字符串不能跨行，字符串的定界符即双引号必须在同一行。

19.3 事件和事件处理函数

在许多网站上，经常会看到一些交互的Flash作品，同时也会为它绚丽多彩的交互动画所倾倒。交互功能使Flash不仅仅局限于演示型的动画设计，而使其成为更强大的交互程序设计平台。

在利用Flash设计交互程序时，事件是其中最基础的一个概念。所谓事件，就是软件或者硬件发生的事情，它需要应用程序有一定的响应。

下面从一个简单的程序实例开始，初步了解事件和事件处理的概念。运行“控制小球跳动.swf”文件（本实例源文件：控制小球跳动. swf），动画的界面如图19-9所示。

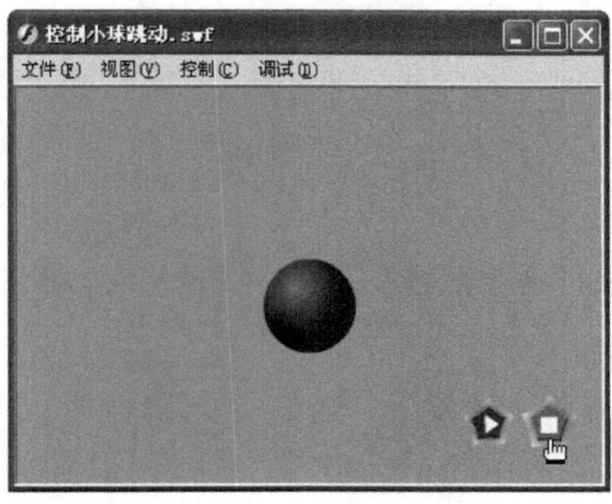

图19-9 实例效果

上面的操作过程就蕴含了事件和事件处理的概念，动画效果为小球在不停地跳动，当用户单击画面右下角的【停止】按钮，小球停止跳动。用鼠标单击停止按钮是一个事件，当这个事件发生时，马上有程序对它进行响应（程序控制小球停止跳动）。这时，如果再单击【播放】按钮（又一个鼠标事件发生），则小球又开始跳动（相应的事件响应程序控制小球跳动）。

只是简单地了解事件和事件处理的概念还不行，本节我们要通过对按钮对象的事件和事件处理函数的详细分析，全面掌握Flash程序设计中事件和事件处理函数的应用。

19.3.1 事件的分类和方法

Flash中的事件包括用户事件和系统事件两类。用户事件是指用户直接交互操作，而产生的事件。例如，鼠标单击或按下键盘键的事件。系统事件是指Flash Player自动生成的事件，它不是由用户直接生成的。例如，影片剪辑在舞台上第一次出现或播放头经过某个关键帧。

一般情况下，在以下几种情况下会产生事件：

①当某个影片剪辑载入或卸载时。

②当在时间轴上播放到某一帧时。

③当单击某个按钮或按下键盘上的某个键时。

为使应用程序能够对事件作出反应，必须编写相应的事件处理程序。事件处理程序是与特定对象和事件关联的动作脚本代码。例如，当用户单击舞台上的一个按钮时，可以将播放头前进到下一帧。

Flash 8中提供了以下3种编写事件处理程序的方法：

①事件处理函数方法。

②针对对象的事件处理函数on()。

③事件侦听器。

下面就以按钮对象的事件为例，讨论这3种编写事件处理程序方法的应用。

19.3.2 事件处理函数on()

事件处理函数on()是最传统的事件处理方法。它直接作用于按钮元件实例，相关的程序代码要编写到按钮实例的动作脚本中。on()函数的一般形式：

```
on(鼠标事件){
        //此处是事件触发后的语句，这些语句组成的函数体来响应鼠标事件
}
```

其中，鼠标事件是“事件”触发器，当发生此事件时，执行事件后面大括号中的语句。比如，press就是一个常用的鼠标事件，它是用鼠标单击按钮时产生的事件。

下面以本节开始运行的动画（见图19-9）为例，讨论一下事件处理函数on()的具体应用方法。

1. 打开文件——小球跳动.fla

在Flash中，打开“小球跳动.fla”影片文件（本实例源文件：小球跳动.fla）。我们以这个影片文件为基础，编写按钮交互程序来控制小球动画播放。

按快捷键Ctrl + Enter，对动画进行测试，并观察一下动画效果。在测试窗口中，可以观察到，小球在舞台上一直循环不停地跳动。我们就引用两个按钮实例，以控制这个小球动画的播放。

2. 引用按钮实例

新建一个图层，重新命名为“按钮”。从【库】面板中拖放两个按钮实例到舞台的右上角，如图19-10所示。

图19-10　引用按钮

提示　上面引用的按钮是事先制作的。有关按钮制作的详细内容，请参阅第4章的相关内容。

3. 定义按钮的动作脚本

选择舞台上第1个按钮，打开【动作】面板，不要按下“脚本助手”按钮，在其中输入“on(”，这时弹出一个鼠标事件下拉列表，从中双击选择“press”，再输入如下内容：

```
){
      play();
}
```

这样，第一个按钮的动作脚本就定义完成了，完整的动作脚本如下：

```
on(press){
      play();
}
```

上述动作脚本的功能：当用鼠标单击这个按钮时，舞台上的动画开始播放。

第2个按钮的动作脚本和第1个的定义过程类似，先选择第2个按钮，在【动作】面板中，按照前面的方法定义了动作脚本：

```
on(press){
      stop();
}
```

上述动作脚本的功能：当用鼠标单击这个按钮时，舞台上的动画停止播放。

加入脚本后，按快捷键Ctrl+Enter，测试一下动画。可以看到，按钮已经可以控制小球的跳动了。

19.3.3　事件处理函数方法

事件处理函数方法是一种类方法，事件在该类的实例上发生时产生调用。例如，Button（按钮）类定义on Press事件处理函数，只要按下鼠标，就对Button对象调用该处理函数。Flash Player在相应事件发生时，自动调用事件处理函数。

默认情况下，事件处理函数方法是未定义的。在发生特定事件时，将调用其相应的事件处理函数，但应用程序不会进一步响应该事件。要让应用程序响应该事件，需要使用Function语句定义一个函数，然后将该函数分配给相应的事件处理函数。这样，只要发生该事件，就自动调用分配给该事件处理函数的函数。

事件处理函数由3部分组成，包括事件所应用的对象、对象事件处理函数方法的名称和分配给事件处理函数的函数。事件处理函数的基本语法为：

```
对象.事件处理函数方法名称 = function () {
        // 编写的程序代码，对事件作出反应
}
```

下面还是针对前面那个实例，用事件处理函数方法，编写程序来实现按钮控制小球跳动的功能。

1. 定义按钮实例名称

按照前面的方法，将小球跳动动画文件打开，并且引用两个按钮元件实例。分别单击两个按钮实例，在【属性】面板中定义实例名称为play_btn和stop_btn。

2. 定义事件处理函数

新建一个图层，并将它重新命名为“action”。选择这个图层的第1帧，在【动作】面板中定义动作脚本：

```
play_btn.onPress=function(){
      play();
}
stop_btn.onPress=function(){
      stop();
}
```

可以看到，效果与前面的一样。

19.3.4 事件侦听器

事件侦听器让一个对象（称为侦听器对象）接收由其他对象（称为广播器对象）生成的事件。广播器对象注册侦听器对象，以接收由该广播器生成的事件。例如，用户可以注册按钮实例，可以从文本字段对象接收onChanged通知。这里需要说明的是，可以注册多个侦听器对象以从一个广播器接收事件，也可以注册一个侦听器对象以从多个广播器接收事件。

事件侦听器的事件模型类似于事件处理函数方法的事件模型，但有两个主要差别：

（1）调用广播器对象的特殊方法addListener()，该方法将注册侦听器对象以接收其事件。

（2）向其分配事件处理函数的对象不是发出该事件的对象。

要使用事件侦听器，需要用具有该广播器对象生成的事件名称的属性创建侦听器对象。然后，将一个函数分配给该事件侦听器（以某种方式响应该事件）。最后，在正广播该事件的对象上调用addListener()，向它传递侦听器对象的名称。

事件侦听器模型的一般形式：

```
listenerObject.eventName = function(参数){//定义侦听器对象事件函数
                                          // 此处是编写的代码
};
broadcastObject.addListener(listenerObject);
```

其中，listenerObject是指定侦听器对象的名称，broadCastObject是广播器对象的名称，eventName是事件名称。

指定的侦听器对象（listenerObject）可以是任何对象，例如，舞台上的影片剪辑或按钮实例，或者可以是任何动作脚本类的实例。事件名称是在广播器对象（broad Cast Object）上发生的事件，然后将该事件广播到侦听器对象，侦听器对象的事件函数对事件作出反应。

使用侦听器对象处理事件，可以使用户的程序更加安全可靠。

19.3.5 按钮事件与影片剪辑事件

处理函数on()处理按钮事件，而处理函数onClipEvent()处理影片剪辑事件。前面我们已经详细讨论了处理函数on()处理按钮事件的方法，使用处理函数onClipEvent()处理影片剪辑事件的方法类似，这里就不再详述。

下面是事件处理函数on()和onClipEvent()所支持的事件。

1. 事件处理函数on()所支持的事件

按钮可以响应鼠标事件，还可以响应Key Press（按键）事件。对于按钮而言，可指定触发动作的按钮事件有以下8种。

①dragOver：事件发生于按住鼠标不松手，鼠标指针滑入按钮时。

②dragOut：事件发生于按住鼠标不松手，鼠标指针滑出按钮时。

③keyPress：事件发生于用户按下指定的按键时。

④press：事件发生于鼠标指针在按钮上方，并按下鼠标时。

⑤release：事件发生于在按钮上方按下鼠标，接着松开鼠标时，即“按一下”鼠标。

⑥releaseOutside：事件发生于在按钮上方按下鼠标，接着把鼠标拖动到按钮以外，然后松开鼠标时。

⑦rollOver：事件发生于鼠标指针滑入按钮时。

⑧rollOut：事件发生于鼠标指针滑出按钮时。

2. 事件处理函数onClipEvent()所支持的事件

事件处理函数onClipEvent()使用的一般形式:

```
onClipEvent(movieEvent){
        // 此处是编写的语句，用来响应事件
}
```

其中，movieEvent是一个事件“触发器”。当事件发生时，执行该事件后面大括号中的语句。对于影片剪辑而言，可指定的触发事件有9种，分别说明如下。

①data：当在loadVariables()或loadMovie()动作中接收数据时，启动此动作。当与loadVariables()动作一起指定时，data事件只在加载最后一个变量时发生一次。当与loadMovie()动作一起指定，获取数据的每一部分时，data事件都重复发生。

②enterFrame：以影片剪辑帧频不断触发的动作。首先处理与enterFrame剪辑事件关联的动作，然后才处理附加到受影响帧的所有帧动作。

③keyDown：当按下某个键时，启动此动作。

④keyUp：当释放某个键时，启动此动作。

⑤load：影片剪辑一旦被实例化并出现在时间轴中时，即启动此动作。

⑥mouseMove：每次移动鼠标时，启动此动作。_xmouse和_ymouse属性，用于确定当前鼠标位置。

⑦mouseDown：当按下鼠标左键时，启动此动作。

⑧mouseUp：当释放鼠标左键时，启动此动作。

⑨unload：在时间轴中删除影片剪辑后，此动作在第1帧中启动。在向受影响的帧附加任何动作前，先处理与unload影片剪辑事件关联的动作。

19.4 基本命令和程序结构控制

通过前面几节ActionScript的基础知识的学习，相信用户已经对ActionScript的编程方法、基本概念，以及语法规范等有了一定的认识。本节将对ActionScript的基本命令和程序结构控制进行详述，从而使用户逐渐深入了解，并学会自己编写简单的程序脚本，实现动画的交互性。

19.4.1 时间轴控制命令

1. play()

作用：可以指定电影继续播放。

在播放电影时，除非另外指定，否则从第1帧播放。如果电影播放进程被GoTo（跳转）Stop（停止）语句停止，则必须使用play语句才能重新播放。

2. stop()

作用：停止当前播放的电影，该动作最常见的运用是使用按钮控制影片剪辑。

例如，如果需要某个影片剪辑在播放完毕后停止而不是循环播放，则可以在影片剪辑的最后一帧附加Stop（停止播放电影）动作。这样，当影片剪辑中的动画播放到最后一帧时，动画将立即停止。

3. gotoAndPlay()

一般形式：

```
gotoAndPlay(scene, frame);
```

作用：跳转并播放，用来跳转到指定场景的指定帧，并从该帧开始播放；如果没有指定场景，则将跳转到当前场景的指定帧。

参数：scene，即跳转至场景的名称；frame，即跳转至帧的名称或帧数。

有了这个命令，我们就可以随心所欲地跳转到任意场景、任意帧的动画了。

例如，当用户单击被附加了gotoAndPlay动作按钮时，动画跳转到当前场景的第16帧并且开始播放。

```
on(release){
      gotoAndPlay(16);
}
```

例如，当用户单击被附加了gotoAndPlay动作按钮时，动画跳转到场景2的第1帧并且开始播放。

```
on(release){
       gotoAndPlay ("场景2", 1);
}
```

4. gotoAndstop()

一般形式：

```
gotoAndstop (scene,frame);
```

作用：跳转并停止播放，用于跳转到指定场景的指定帧并从该帧停止播放；如果没有指定场景，则将跳转到当前场景的指定帧。

参数：scene，即跳转至场景的名称；frame，即跳转至帧的名称或帧数。

5. nextFrame()

作用：跳至下一帧并停止播放。

例如，单击按钮，跳到下一帧并停止播放。

```
on(release){
      nextFrame();
}
```

6. prevframe()

作用：跳至前一帧并停止播放。
例如，单击按钮，跳到前一帧并停止播放。

```
on(release){
      prveFrame();
}
```

7. StopAllSounds()

作用：使当前播放的所有声音停止播放，但是不停止动画的播放。要说明一点，被设置的流式声音将会继续播放。
例如：单击按钮，电影中的所有声音停止播放。

```
On(release){
      StopAllSounds();
}
```

8. nextScene()

作用：跳至下场景并停止播放。

9. PrevScene()

作用：跳至前场景并停止播放。

19.4.2 浏览器和网络控制命令

1. fscommand 命令

制作完成的Flash影片，通常都是在Flash播放器中播放。控制Flash播放器的播放环境及播放效果，是经常要解决的问题。比如，怎样使影片全屏幕播放，怎样在影片中调用外部程序等。

利用fscommand命令，可以实现对影片浏览器，也就是Flash Player的控制。另外，配合JavaScript脚本语言，该命令可以成为Flash和外界沟通的桥梁。

fscommand命令的语法格式如下：

```
fscommand（命令，参数）；
```

fscommand命令中包含两个参数项，一个是可以执行的命令，另一个是执行命令的参数。表19-3所示为fscommand命令可以执行的命令和参数。

表19-3 fscommand中可执行的命令和参数

命令	参数	功能说明
quit	没有参数	关闭影片播放器
fullscreen	true of false	用于控制是否让影片播放器成为全屏播放模式。True为是，false为不是
allowscale	true or false	False让影片画面始终于100%的方式呈现，不会随着播放器窗口的缩放而跟着缩放，true则刚好相反
showmenu	ture of false	true代表当用户在影片画面上右击时，可以弹出全部命令的右键菜单，false则表示命令菜单里只显示“About Shockwave”信息
exec	应用程序的路径	从Flash播放器执行其他应用软件
trapallkeys	ture of false	用于控制是否让播放器锁定键盘的输入，true为是，false为不是。避免用户按下Esc键，解除全屏幕播放

2. getURL命令

一般形式：

```
GetURL（URL，Window，method）；
```

作用：添加超级链接，包括电子邮件链接。

例如，如果要给一个按钮实例附加超级链接，实现在单击按钮时可以直接打开“洪恩公司”主页，则可以在该按钮上附加以下动作脚本：

```
on(release){
      getURL("http://www.hongen.com");
}
```

如果要附加电子邮件链接，可以输入以下代码：

```
on(release){
      getURL("mailto: pcbook@goldhuman.com");
}
```

3. loadMovie和unloadMovie命令

由于交互的需要，我们常常在当前电影（SWF）播放不停止的情况下，播放另外一个电影或者是在多个电影间自由切换，这时就会用到loadMovie和unloadMovie命令。用loadMovie命令，可以载入电影；而用unloadMovie命令，则可以卸载由loadMovie命令载入的电影。如果没有loadMovie动作，则Flash播放器只能显示单个电影文件。

loadMovie使用的一般形式：

```
loadMovie(URL,level/target[,variables]);
```

其中，各项参数说明如下。

①URL：要载入的SWF文件、JPEG文件的绝对或相对URL地址。相对地址必须是相对于级别上的SWF文件。该URL必须和当前电影处于相同的子域中。若设置的是相对路径，用Flash播放器同时播放的多个SWF文件都应该存放在相同的路径下。

②level：用于指定载入到播放器中的影片剪辑所处的级别。在Flash播放器中，按照加载的顺序，动画文件被编上了号。第一个加载的动画，将被放在最底层（0级界面）上；以后载入的动画，将被放在0级以上的界面上。

③target：用于指定目标影片剪辑的路径。目标影片剪辑，将被载入的电影或图像所替代。注意，必须指定目标影片剪辑或目标电影的级别。

④varibles：可选参数，如果没有要发送的变量，则可以忽略该参数。

当使用LoadMovie动作时，必须指定目标影片剪辑或目标电影的级别。载入到目标影片剪辑中的电影或图像，将继承原影片剪辑的位置、旋转和缩放属性。载入图像或电影的左上角将对齐原影片剪辑的中心点。另外，如果选中的目标是_root时间轴，则图像或影片剪辑对齐舞台左上角。

例如，以下是LoadMovie语句被附加给播放按钮。当单击该按钮时，加载一个名称为hello.swf的电影文件到一个名称为shanke的影片剪辑中。

```
On(release){
      loadMovie("hello.swf", _root.shanke);
}
```

用下面语句，可以载入和当前SWF文件相同路径的图像。

```
loadMovie ("image01.jpg", "ourMovieClip");
```

使用unloadMovie，可以从播放器中删除已经载入的电影或影片剪辑。unloadMovie命令使用的一般形式：

```
unloadMovie (level/target);
```

要卸载某个级别中的影片剪辑，需要使用level参数；如果要卸载已经载入的影片剪辑，则可以使用target目标路径参数。

例如：

```
on(prass){
     unloadMovie("_root.mymovie");
      loadMovieNum("movie01.swf", 4);
}
```

上述程序代码的功能：卸载主时间轴上的影片剪辑mymovie（影片剪辑名字），然后将电影movie01.swf载入到level4级别中。

技巧　可以将不同的影片文件通过loadMovie命令，把它们叠放在不同的级别(level)上。最下面的主影片文件的级别号为0，用户可以将后来加载的影片文件放在不同的级别位置，数字越大，摆放的位置越高。如果两个影片文件加载的级别号一样，后一个加载的影片文件会取代以前加载的影片文件。因此，加载的影片文件，一般要放在0以上的级别；否则，新加载的影片就会覆盖主影片文件。

下面的示例可以卸载级别3上已经载入的电影。

```
on(press){
      unloadMovieNum(3);
}
```

4. loadVariables命令

一般形式：

```
loadVariables(URL,level/target[, Variables]);
```

作用：它可以从外部文件读入数据。外部文件包括文本文件、由CGI脚本生成的文本、ASP、PHP或Perl脚本。读入的数据作为变量,将被设置到播放器级别或目标影片剪辑中。

其中，各项参数说明如下。

①URL：将要载入的绝对或相对路径地址。

②level/target：用于指定载入到Flash播放器中的变量所处的级别，或者接受载入的变量目标影片剪辑的路径。这两者只能选择其中一个。

③Variables：可选参数，如果没有要发送的变量，则可以忽略该参数。

在使用loadVariables动作时，必须指定变量被载入的级别或影片剪辑目标。

例如，从一个文本文件中载入信息到电影主时间轴的影片剪辑中，动作脚本如下：

```
on (release){
       loadVariables ("datd.txt", "_root.varTarget");
}
```

为了帮助用户更好地理解loadVariables命令的使用方法，下面我们提供一个范例（本实例源文件：最爱吃的水果.fla)，其被加载外部文本文件的存放路径与范例源文件路径一样，文件名为“question.txt”。

在Flash 8中，打开影片源文件“最爱吃的水果.fla”，然后测试影片，运行界面如图19-11所示。

在图19-11所示的界面上，有5个动态文本对象，当范例运行时，通过LoadVariables命令加载外部“question.txt”中的变量，然后把变量分别显示在这5个动态文本对象上。

所调用的“question.txt”文件中的内容如图19-12所示。

图 19-11　范例运行界面

技巧　将要创建的文本文件必须保存为Unicode格式，否则，加载的中文将显示乱码。如果用户使用Windows 98操作系统，那么【记事本】程序将不能创建Unicode格式的文本文件，这时，用户必须借助其他方法来创建Unicode格式的文本文件，比如，使用Dreamweaver来编辑文本文件。

在“question.txt”文件中，定义了5个关于测验题目的变量。其中，变量question用于定义这道测验题目的问题文本；变量answer1 ～ answer4用于定义这道测验题目的 4 个备选答案文本。这5个变量会被加载，并分别显示在影片的5个动态文本中（文本对象的变量名称和相应变量的名称一样）。

技巧　在编写文本文件时，要注意每个变量之间一定要用&隔开；另外，在定义完最后一个变量以后，不要按Enter键换行，让光标停留在最后一个字符后面。

再来看看影片源文件“最爱吃的水果.fla”，图19-13所示为这个影片文档的主时间轴图层结构。

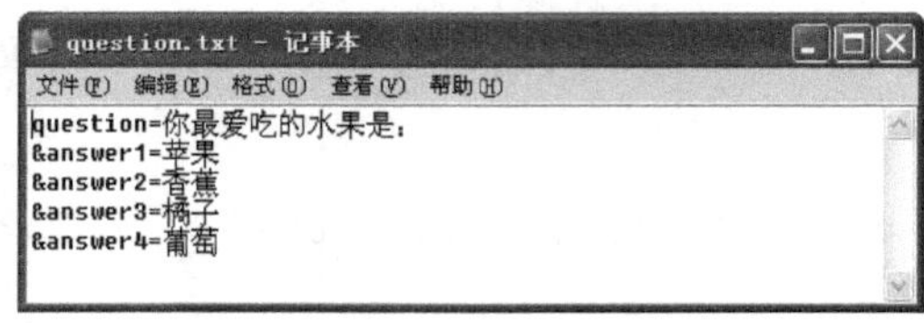

图 19-12　“question.txt”文件

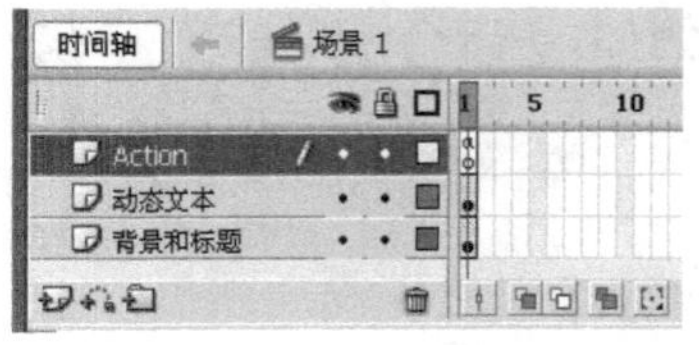

图 19-13　范例图层结构

①【背景和标题】图层是用绘图工具和文本工具，创建的范例背景图形和标题文字，起到美化实例的作用。

②【动态文本】图层中创建了5个动态文本对象，用户可以在打开的【属性】面板中观察【变量】名称，它们的【变量】名称与外部文本文件中的5个变量的名称是一致的。这样才可以接收，并显示这些变量。

③【Action】图层用于定义加载外部文本文件的动作脚本。

选择第1帧，打开【动作】面板，其动作脚本如下：

```
loadVariables("question.txt",_root);//将外部文本文件加载到影片的根时间轴上
```

这时，按Ctrl+Enter快捷键测试动画，即可实现图19-11所示的运行效果。

提示 本实例中用到的动态文本及单选按钮组件等知识，参见第8章的相关小节。

19.4.3 程序流程结构控制

所谓流程控制，就是我们想控制动画程序的执行顺序。众所周知，Flash中动画依靠的是时间轴，在没有脚本的情况下，动画会依照时间轴从第一帧不停地播放到最后一帧，然后重复播放或者停止。为了能更好地控制动画，就必须使用脚本语句。而要想使动画具有逻辑判断的功能，就要使用流程控制语句了。

下面我们来讨论控制程序流程的选择结构和循环结构。

1. 选择结构

一般情况下，Flash执行动作脚本从第一条语句开始，然后按顺序执行，直至最后的语句为止。这种按照语句排列方式逐句执行的方式，称为顺序结构。顺序结构是程序中使用最多的程序结构，但用顺序结构只能编写一些简单的动作脚本，解决一些简单的问题。

在实际应用中，往往有一些需要根据条件来判断结果的问题，条件成立是一种结果，条件不成立又是一种结果。像这样复杂问题的解决，就必须用程序的控制结构，控制结构在程序设计中占有相当重要的地位，通过控制结构可以控制动作脚本的流向，完成不同的任务。

选择结构在程序中以条件判断来表现，根据条件判断结果，执行不同的动作。

（1）If 语句。

If 语句是一个条件语句，它可对一个条件求值，以确定代码中应发生的下一个动作。If语句最常用的形式：

```
i f （条件）{
        代码块A
}
else{
        代码块B
}
```

功能：当If语句的条件成立时，执行代码块A的内容，当条件不成立时，执行代码块B的内容。图19-14所示为程序执行的流程图。

这里需要说明的是，If语句中的条件是由关系表达式或者逻辑表达式实现的。关系表达式和逻辑表达式的值都是布尔（逻辑）值，因此判断If语句中的条件是否成立，实际上，就是判断关系表达式或者逻辑表达式的值是真（true）还是假（false）。如果条件

表达式的值为true，执行代码块A的内容；如果条件表达式的值为false，则执行代码块B的内容。

（2）switch 语句。

switch 语句用于创建 ActionScript 语句的分支结构。与If 语句类似，该语句测试一个条件，并在条件返回值为true时，执行一些语句。switch 语句的一般格式如下：

```
switch (condition) {
     case A :
         // 语句
         // 落空
     case B :
         // 语句
         break;
     case Z :
         // 语句
         break;
   default :
         // 语句
         break;
}
```

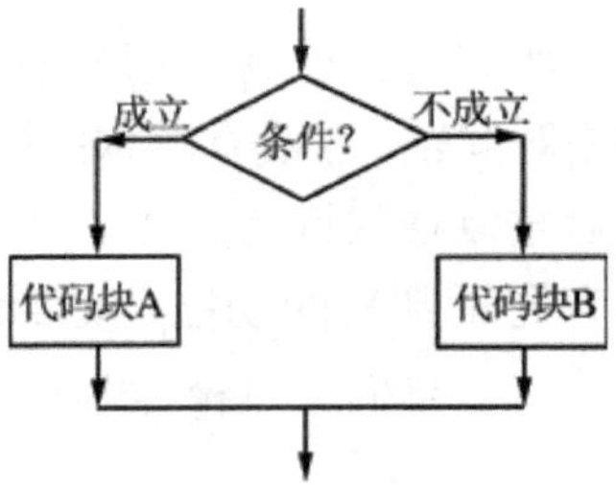

图 19-14　选择结构流程图

在使用 switch 语句时，break 语句用来指示 Flash 跳过此 case 块中其余的语句，并跳到位于包含它的 switch 语句后面的第一个语句。如果case 块不包含 break 语句，就会出现一种被称为“落空”的情况。在这种情况下，接下来的case语句也会执行，直到遇到break语句或switch 语句结束才停止。下面的示例中演示了这种行为，其中第一个 case 语句不包含 break 语句，因此前两个 case（A 和 B）的代码块都会执行。

新建一个Flash 文档，然后在时间轴中选择第1帧，然后在【动作】面板中，输入以下的脚本代码：

```
var listenerObj:Object = new Object();
listenerObj.onKeyDown = function() {
    // 使用 String.fromCharCode() 方法返回一个字符串
    switch (String.fromCharCode(Key.getAscii())) {
    case "A" :
        trace("你按了 A");
        break;
    case "a" :
        trace("你按了 a");
        break;
    case "E" :
    case "e" :
        /* E 没有 break 语句，因此如果按下 e 或 E 时，会执行此块*/
```

```
            trace("你按了 E 或 e");
            break;
        case "I" :
        case "i" :
            trace("你按了 I 或 i");
            break;
        default :
            /* 如果所按的键未被以上任何 case 所捕获,则执行此处的 default case */
            trace("你按了其他键");
    }
};
Key.addListener(listenerObj);
```

对上述影片进行测试。使用键盘输入字母，包括a、e或i。当按下这3个键时，用户将看到以上ActionScript中的trace语句。第一行代码创建了一个新的对象，用做Key类的监听器。当用户按下一个键时，可以使用此对象通知onKeyDown()事件。Key.getAscii()返回用户按下或释放的最后一个键的ASCII码，因此需要使用String.fromCharCode()方法，在参数中返回包含该ASCII值代表的字符的字符串。因为“E”没有break语句，所以如果用户按下e或E键，该代码块就会执行。如果用户所按的键未被前3个case中任一个所捕获，则会执行default case。

2. 循环结构

循环结构是3种基本程序结构之一。它通过一定的条件控制动作脚本中某一语句块反复执行，当条件不满足时，就停止循环。这种程序结构对实现交互性的影片，有着举足轻重的作用，在制作动画时，我们经常使用这种程序结构。

for语句是实现程序循环结构的语句，其语法格式更紧凑，在循环起始语句中包含了循环控制变量的初始值、循环条件和循环控制变量的增量（步长），清晰明了，因此应较为广泛。

```
for 语句使用的一般形式为：
for (表达式1; 条件表达式; 表达式2){
        代码块
}
```

其中，各项说明如下。

◆表达式1：它是一个在开始循环序列前要计算的表达式，通常为赋值表达式。

◆条件表达式：计算结果为true（真）或false（假）的表达式。在每次循环前计算该条件表达式，当条件的计算结果为true时，执行循环；结果为false时，退出循环。

◆表达式2：一个在每次循环迭代后要计算的表达式，通常使用带++（递增）或--（递减）运算符的赋值表达式。

for语句的执行过程是，先计算“表达式1”的值，然后判断“条件表达式”的值是true（真）还是false（假），如果是true，那么执行循环体中的代码块，执行完以后，再执行“表达式2”，接着开始新一轮的循环；如果是false，那么就跳出循环，执行for语句的后继语句。图19-15所示为for语句构成的循环结构流程图。

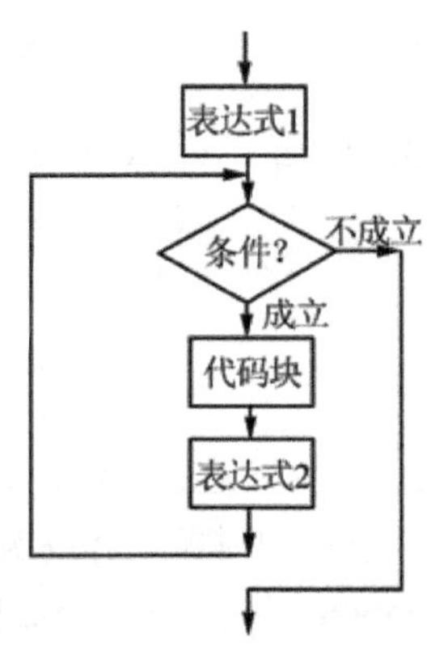

图19-15 for语句循环结构流程图

19.4.4 Flash中的常用对象

Flash 8的ActionScript是真正面向对象的编程语言，类和对象是面向对象编程语言的基本元素和概念。下面将简单介绍几个最常用的对象。

1. Color对象

运用好的色彩，可以使Flash作品具有更大的感染力。要制作出好的作品，在色彩搭配和控制上都要搭配合适才行。在ActionScript中，Color对象专门用来管理颜色。使用Color对象，可以实现许多色彩特效。

（1）new Color()

作用：创建Color对象的实例。

例如：

```
myColor=new Color(MC);//为影片剪辑MC，创建一个名称为myColor的Color对象
```

（2）setRGB()

作用：设置影片剪辑实例对象的RGB值，即颜色。

setRGB的参数是以十六进制表示的，0x表示十六进制，后面的6位数字每两位为一组，分别表示红、绿、蓝3种颜色成分。如0x0000FF表示纯蓝，0xFFFF00表示纯黄，0xFF0000表示纯红，0x00FF00表示纯绿。

例如：

```
myColor.setRGB(0xFF0000);
```

（3）getRGB()

作用：获取由setRGB方法指定的颜色值。

2. Sound对象

在时间轴中直接嵌入声音是制作Flash MTV的一种通用手法，但是这种方法除了从头至尾地播放声音外，并不能对声音进行很好的控制。ActionScript内置的Sound对象，为我们提供了管理和控制声音的一种好方法。

（1）new Sound()

作用：创建Sound对象的实例。

例 如：

```
mySound = new Sound();
```

（2）attachSound()

作用：在影片播放时将【库】中的声音元件附加到场景中。

要使用该方法将声音附加到场景中，首先需要在【库】中为声音添加链接。在要添加链接的声音元件上右击在弹出的快捷菜单中选择【链接】命令，在弹出的【链接属性】对话框中输入链接名称，例如“music01”，选择【为ActionScript导出】和【在第一帧导出】两个复选框。然后在程序中编写如下程序代码：

```
mySound.attachSound("music01");
```

（3）start()和 stop()

作用：开始播放和停止声音。

例如

```
mySound.start();          //开始播放声音
on (release) {
      mySound.stop();          //停止播放声音
}
```

3. Date 对象

Date对象使用户可以获取相对于通用时间，或相对于操作系统的日期和时间值。

（1）new Date()

作用：创建一个Date对象的实例。

例如：

```
myDate = new Date(2009, 1, 8);//这是创建一个指定时间的Date对象。
```

（2）getDate()

作用：获取系统时间来创建Date对象的实例。

例如：

```
myDate = new Date();
year = myDate.getYear();
```

4. Math 对象

作为一门编程语言，进行数学计算是必不可少的。在数学计算中，经常会使用到数学函数，如取绝对值、开方、取整等，还有一种重要的函数是随机函数。ActionScript将所有这些与数学有关的方法以及随机数，都集中到一个类里面——Math对象。

(1) 绝对值函数 Math.abs()

作用：用来计算一个数的绝对值。

例如：计算-20的绝对值，赋给x。动作脚本语句如下：

```
x=Math.abs(-20);
```

（2）四舍五入取整函数Math.round()

作用：该方法将一个浮点数四舍五入为最接近的整数。

例如：输出20.4的取整，即输出20。动作脚本语句如下：

```
trace(Math.round(20.4));
```

（3）最大、最小值函数Math.min和Math.max()

作用：Math.min方法用于取两个数中较小的一个数，Math.max方法用于取两个数中较大的一个数。

例如：

```
trace(Math.min(13, 20));
trace(Math.max(13, 20));
```

输出窗口中显示：13 20

（4）平方根函数Math.sqrt()

作用：计算一个数的平方根。

例如：计算81的平方根。

```
trace(Math.sqrt(81));
```

输出窗口中显示：9

（5）随机数函数Math.random()

作用：该方法返回一个大于或等于0，并且小于1的随机浮点数。

例如：返回 0、1、2、3 或 4 中的一个随机值。

```
Math.random()*5
```

随机数在Flash中的应用非常广泛。例如，在一些下雨、下雪的场景动画中，常常用到随机数的设定，以取得一种自然的特效。

提示 本节只是对一些常用的对象做了简单介绍，其实Flash 8提供了大量的对象，这些对象都属于相应的类。

19.5 行为和行为面板

行为是Flash 8预先编写的“动作脚本”，它可以将动作脚本编码的强大功能、控制能力和灵活性添加到Flash文档中，而不必自己创建动作脚本代码。使用行为，能轻松实现加载声音、外部swf文档和图片，控制视频播放等效果。

在安装 Macromedia Flash 8 时，会自动提供一个行为范例——照片剪贴簿。如图19-16所示，此范例说明了如何使用行为（而不是编写脚本）来建立交互式照片剪贴簿。使用行为，用户可以轻松地在 Flash 内容中添加交互性，而不必编写ActionScript代码。此范例中组合使用了多种行为来创建交互式剪贴簿。用户可以在X：\Program Files\Macromedia\ Flash 8\Samples and Tutorials\Samples\Behaviors\BehaviorsScrapbook文件夹中找到该范例的源文件 BehaviorsScrapbook.fla（“X”为用户计算机上安装的Flash 8 软件所在盘符）。

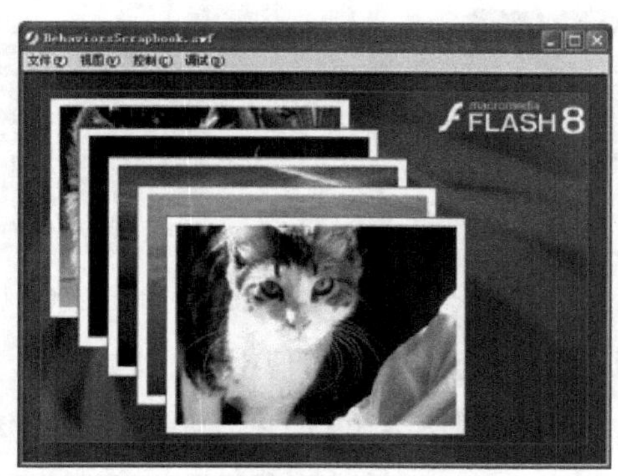

图 19-16　范例——照片剪贴簿

19.5.1　行为面板介绍

在Flash文档中，添加行为是通过【行为】面板来实现的。执行【窗口】|【行为】命令，可以开启和隐藏【行为】面板。【行为】面板如图 19-17所示。

单击【行为】面板左上角的下三角，可以折叠和展开面板。【行为】面板上方有一排功能按钮，主要包括以下几项。

◆【添加行为】按钮：单击这个按钮，可以弹出一个包括很多行为的下拉菜单。在下拉菜单中，可以选择用户所需要添加的具体行为。

◆【删除行为】按钮：单击这个按钮，可以将用户所选中的行为删除。

◆【上移】按钮：单击这个按钮，可以将选中的行为向上移动位置。

◆【下移】按钮：单击这个按钮，可以将选中的行为向下移动位置。

◆【行为】面板下方显示的是添加过的行为列表，它包括两列内容，左边显示的是【事件】，右边显示的是【动作】。

另外，单击【行为】面板右上角的按钮，会弹出一个下拉菜单，其中包括【关闭面板】、【最大化面板】等命令，这与其他面板的操作相同。

19.5.2　使用行为控制影片剪辑

在【行为】面板中，有一类行为是专门用来控制影片剪辑实例的，这类行为种类比较多，利用它们可以实现改变影片剪辑实例叠放层次，以及加载、卸载、播放、停止、复制或拖动影片剪辑等功能。

在【行为】面板中，单击【添加行为】按钮，在弹出的下拉菜单中指向【影片剪辑】项，如图19-18所示。

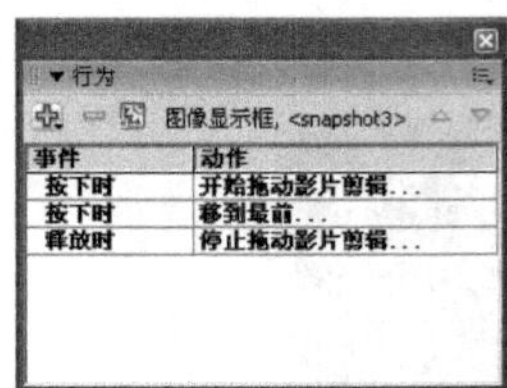

图19-17 【行为】面板

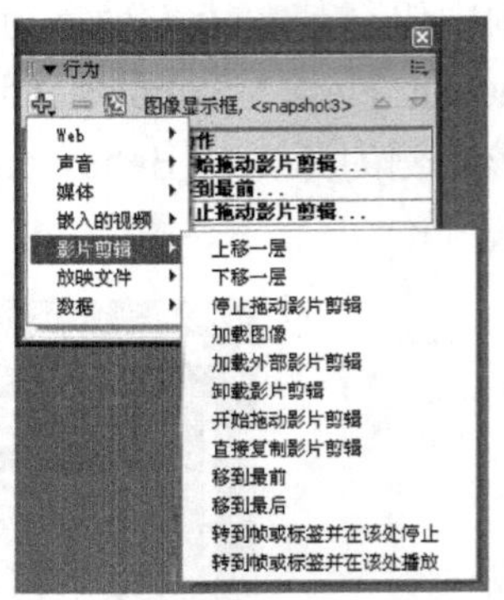

图19-18 控制影片剪辑实例的行为

表19-4，详细列出了这些行为的功能和使用方法。

表19-4 【影片剪辑】行为的功能和使用方法

行为	功能	选择/输入
上移一层	将目标影片剪辑在堆叠的顺序中上移一层	影片剪辑的实例名称
下移一层	将目标影片剪辑在堆叠的顺序中下移一层	影片剪辑的实例名称
停止拖动影片剪辑	停止当前的拖动操作	
加载图像	将外部 JPEG 文件加载到影片剪辑或屏幕中	JPEG 文件的路径和文件名。接收图形的影片剪辑或屏幕的实例名称
加载外部影片剪辑	将外部 SWF 文件加载到目标影片剪辑或屏幕中	外部 SWF 文件的 URL 接收 SWF 文件的影片剪辑或屏幕的实例名称
卸载影片剪辑	删除使用“加载影片”行为或动作的 SWF 文件	要卸载的影片剪辑或屏幕的实例名称
开始拖动影片剪辑	开始拖动影片剪辑	影片剪辑或屏幕的实例名称
直接复制影片剪辑	复制影片剪辑或屏幕	要复制的影片剪辑的实例名称。从原本到副本的 X 轴及 Y 轴偏移像素数
移到最前	将目标影片剪辑移到堆叠的顺序的顶部	影片剪辑或屏幕的实例名称
移到最后	将目标影片剪辑移到堆叠的顺序的底部	影片剪辑或屏幕的实例名称
转到帧或标签并在该处停止	停止影片剪辑，并根据需要将播放头移到某个特定帧	要停止的目标剪辑的实例名称 要停止的帧号或标签
转到帧或标签并在该处播放	从特定帧播放影片剪辑	要播放的目标剪辑的实例名称 要播放的帧号或标签

技巧 Flash为用户提供了一个结构化的创作界面，使用户能够在Flash中构建复杂的应用程序，而无需在主时间轴上使用多个帧和层，从而简化了创作过程，节省了创作时间。因为屏幕功能只有在Flash 8 Professional中支持，所以这里不再详述。

19.5.3　使用行为控制视频播放

视频行为提供一种控制视频回放的方法。视频行为使用户可以播放、停止、暂停、后退、快进、显示及隐藏视频剪辑。在【行为】面板中，单击【添加行为】按钮，在弹出的下拉菜单中选择【嵌入的视频】项，弹出包括控制视频的行为菜单，如图19-19所示。

如表19-5所示，详细列出了这些行为的功能和使用方法。

表 19-5　【嵌入的视频】行为的功能和使用方法

行为	目的	参数
停止	停止该视频	目标视频实例名称
后退	按指定的帧数后退视频	目标视频实例名称帧数
快进	按指定的帧数快进视频	目标视频实例名称帧数
播放	在当前文档中播放视频	目标视频实例名称
显示	显示视频	目标视频实例名称
暂停	暂停该视频	目标视频实例名称
隐藏	隐藏该视频	目标视频实例名称

19.5.4　使用行为控制声音播放

在【行为】面板中，单击【添加行为】按钮，在弹出的下拉菜单中选择【声音】项，如图19-20所示。

控制声音的行为比较容易理解。利用它们可以实现播放、停止声音，以及加载外部声音、从【库】中加载声音等功能。

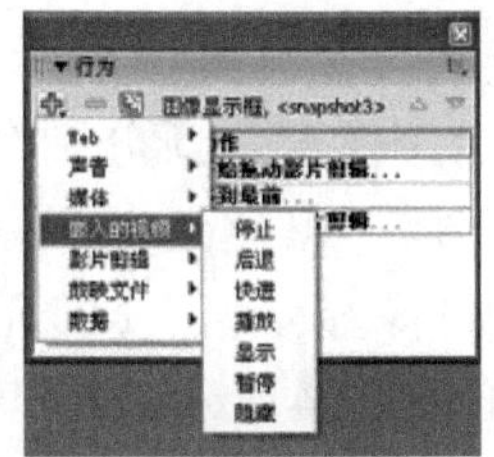

图 19-19　控制视频的行为

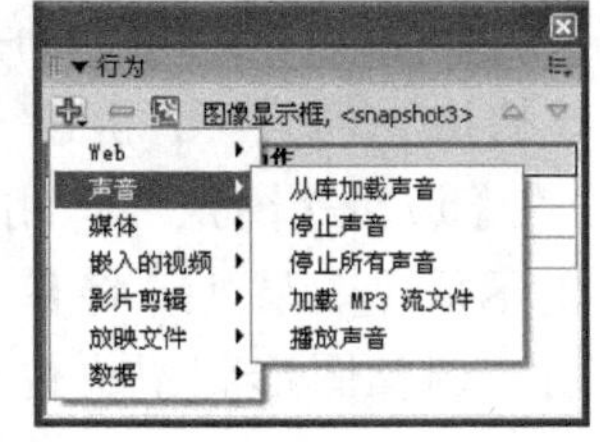

图 19-20　控制声音的行为

19.5.5　实例——随意拖动加载的图像

学习了行为的使用后，本节通过对“照片剪贴簿”行为范例的模仿制作，使用户对行为有一个基本的掌握。该实例在运行时，自动将外部的5张图像加载到Flash影片中，它们成层次地叠放在一起，用鼠标单击任意一张图像，这张图像就显示在最前面，并且用鼠标还可以拖动它放在任意的位置，如图19-21所示（本实例源文件：行为应用实例.fla）。

1. 创建文档和标题

（1）创建文档。新建一个影片文档，将其保存为“行为应用实例.fla”文件。保持影片文档的默认属性设置，如图19-22所示。

图19-21 实例效果

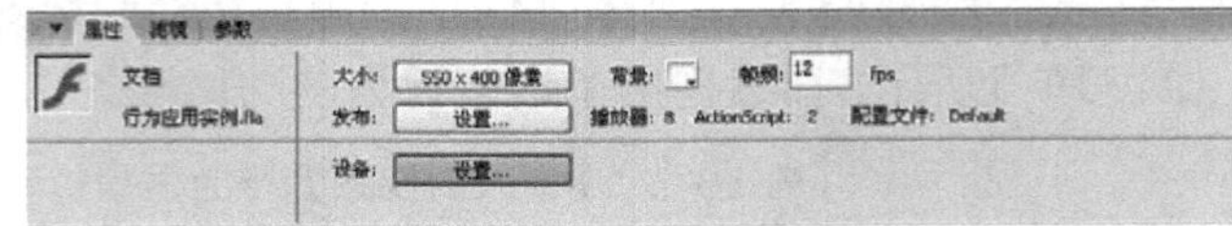

图19-22 【属性】面板

（2）创建动画背景和标题。新建一个图层，并将两个图层分别重新命名为“背景”和“标题”。用工具箱中的工具分别在这两个图层上创建动画的背景和标题，如图19-23所示。

2. 创建元件

（1）制作“图像显示区”MC元件。新建一个名称为“图像显示区”的MC元件，在这个元件的编辑场景中，用【矩形工具】绘制出一个深灰色的矩形图形，并把它放置在舞台的中央位置。

技巧 这个矩形图形的尺寸要与用户将要加载的外部图像的尺寸一样，这样才可以保证将加载的图像完美地显示出来。本例为用户提供了5张JPG格式的动画图片，它们的尺寸已经被统一处理为299px × 208px。

（2）制作“图像显示框”MC元件。再新建一个名称为“图像显示框”的MC元件。在这个元件的编辑场景中，新建一个图层，并将两个图层重新分别命名为“边框”和“显示区”。在【边框】图层上，用【矩形工具】绘制一黑色边线、白色填充的矩形图形。在【显示区】图层上，将【库】面板中的“图像显示区”MC元件拖放到白色矩形图像上面，调整图形到中央位置，最终效果如图19-24所示。

图19-23 动画背景和标题

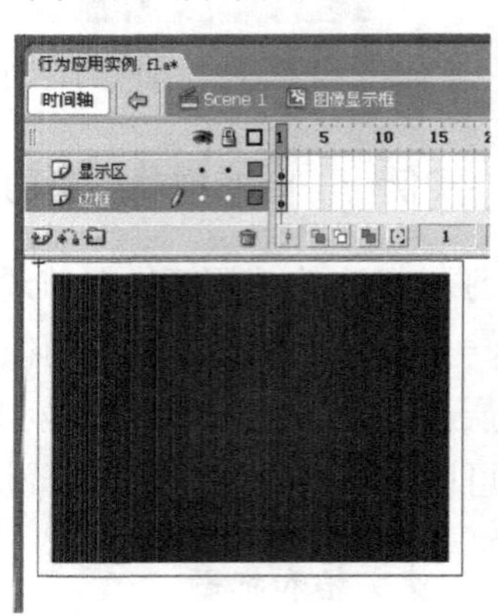

图19-24 “图像显示框”MC元件

在【显示区】图层上，选择“图像显示区”MC元件的实例，在【属性】面板中定义它的实例名为“photo”，如图19-25所示。

3. 引用元件

（1）布局元件。返回到【场景1】，在【标题】图层上插入一个新图层，并重新命名为“图像”。在这个图层上，从【库】面板中拖放“图像显示框”MC元件到舞台上，共得到5个实例，将它们整齐地叠放在一起，如图19-26所示。

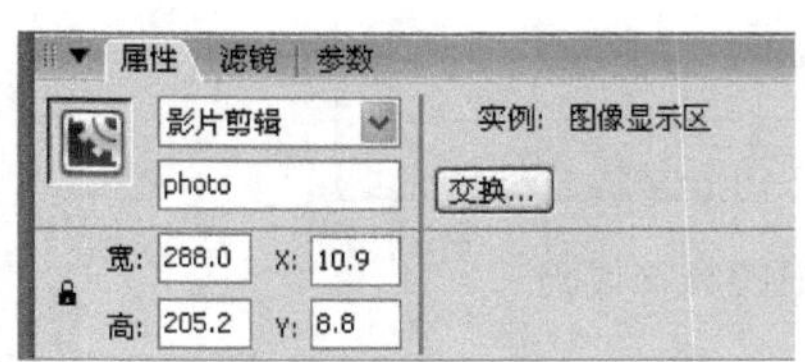

图19-25　定义实例名称

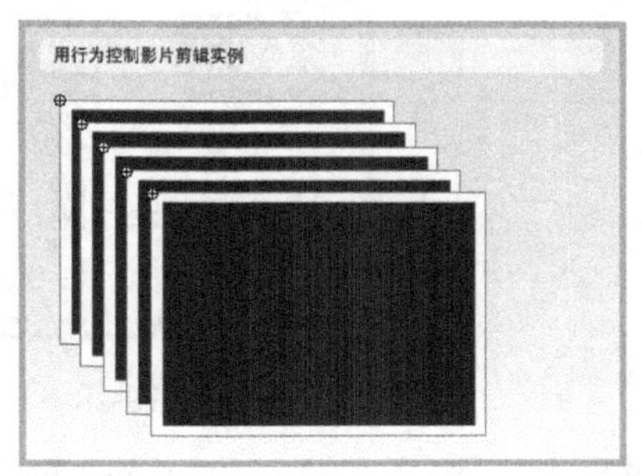

图19-26　布局元件

（2）定义实例名称。在【属性】面板中，分别定义舞台上这5个MC元件实例的名称为snapshot1、snapshot2、snapshot3、snapshot4和snapshot5。

4. 设置行为

（1）设置【action】图层上第1帧的行为。在【图像】图层上新建一个图层，并重新命名为“action”。选择该图层的第1帧，打开【行为】面板，选择【添加行为】|【影片剪辑】|【加载图像】行为，如图19-27所示。

技巧　当设置某个关键帧上的行为时，【影片剪辑】行为类别中仅显示4个行为。

单击【加载图像】行为以后，弹出【加载图像】行为设置对话框。在其中的【输入要加载的JPG文件的URL】文本框中，输入image1.jpg。在【选择要将该图像载入到哪个影片剪辑】列表框中，选择【snapshot1】下的【photo】，如图19-28所示。

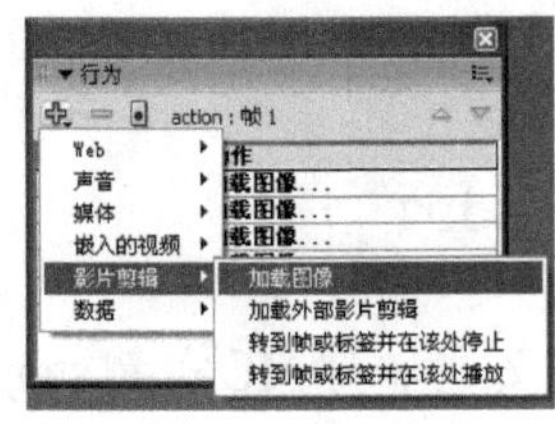

图19-27　选择“加载图像”行为

图19-28　设置加载图像行为

单击【确定】按钮，完成一个加载图像行为的定义。这个行为的定义实现了将一个名称为image1.jpg的图像，加载到snapshot1影片剪辑元件中的photo元件上。

这时，按F9键打开【动作】面板。用户会发现，【动作】面板中自动出现了一些动作脚本代码，这些就是通过前面定义加载图像行为系统自动产生的脚本代码，如图19-29所示。

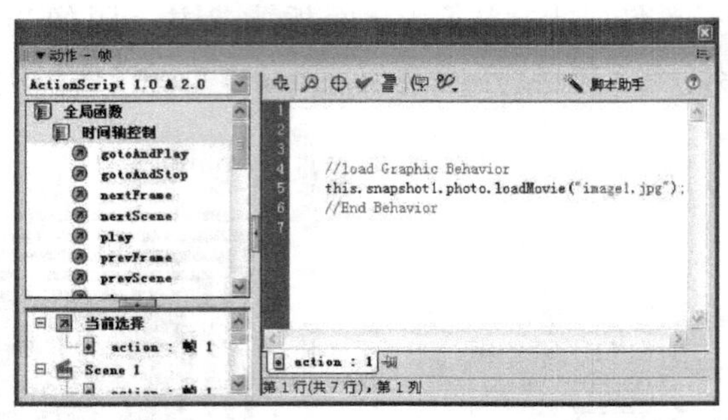

图19-29 自动生成的脚本代码

通过以上步骤，就实现了将image1.jpg图像加载到snapshot1影片剪辑元件中的photo元件上的目的。用同样的方法，再定义4个加载图像的行为，以实现另外4个外部图像加载到相应影片剪辑元件的目的。

完成以后，在【动作】面板中自动生成了【action】图层第1帧的动作脚本：

```
//load Graphic Behavior
this.snapshot5.photo.loadMovie("image5.jpg");
//End Behavior

//load Graphic Behavior
this.snapshot4.photo.loadMovie("image4.jpg");
//End Behavior

//load Graphic Behavior
this.snapshot3.photo.loadMovie("image3.jpg");
//End Behavior

//load Graphic Behavior
this.snapshot2.photo.loadMovie("image2.jpg");
//End Behavior

//load Graphic Behavior
this.snapshot1.photo.loadMovie("image1.jpg");
//End Behavior
```

（2）设置“图像显示框”MC实例的行为。先定义施加到MC实例snapshot1上的第1个行为。选择名称为snapshot1的MC实例，在【行为】面板中，选择【添加行为】|

【影片剪辑】|【开始拖动影片剪辑】行为，如图19-30所示。

选择【开始拖动影片剪辑】行为以后，弹出【开始拖动影片剪辑】对话框。在其中选择列表框中的【snapshot1】实例名，如图19-31所示。

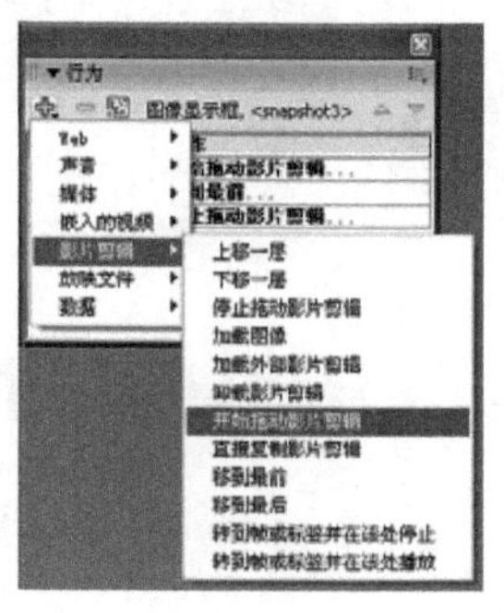

图19-30　选择【开始拖动影片剪辑】行为

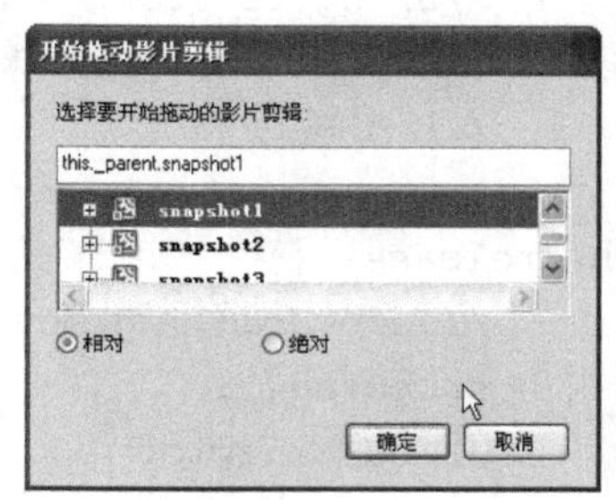

图19-31　设置【开始拖动影片剪辑】行为

单击【确定】按钮，完成【开始拖动影片剪辑】对话框中的设置。返回到【行为】面板，单击【事件】右边的下三角按钮，弹出下拉列表，选择其中的【按下时】事件，如图19-32所示。

技巧　当定义按钮、影片剪辑的行为时，系统默认的事件类型是“释放时”，如果用户想更改事件类型，可以按照上面的步骤操作。

下面继续定义施加到MC实例snapshot1上的第2个行为。保持MC实例snapshot1处在被选中状态，在【行为】面板中，选择【添加行为】|【影片剪辑】|【移到最前】行为，弹出【移到最前】对话框，如图19-33所示，直接单击【确定】按钮即可。

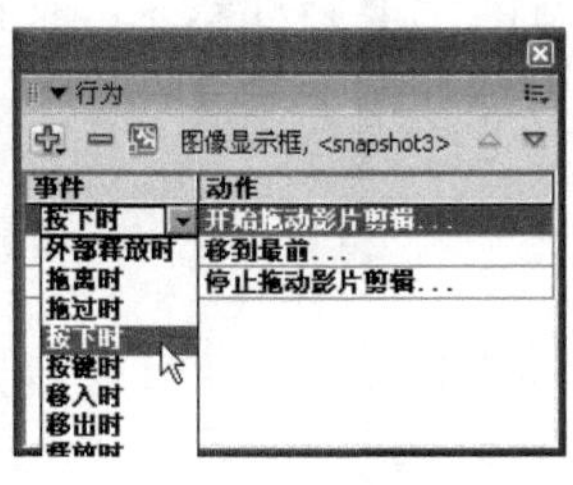

图19-32　改变事件类型

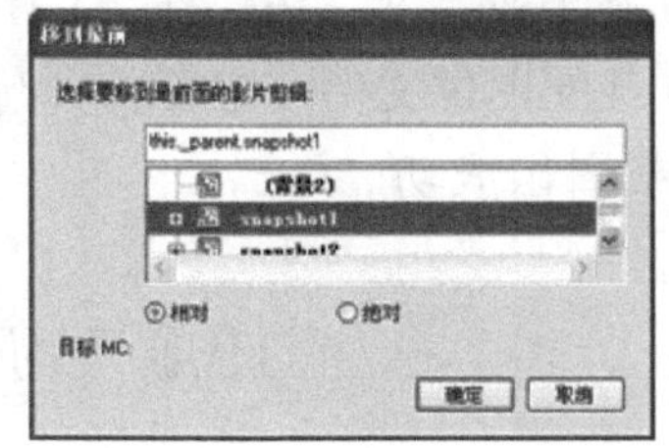

图19-33　【移到最前】对话框

按照同样的方法，将【释放时】事件更改为【按下时】事件。

最后定义施加到MC实例snapshot1上的第3个行为。保持MC实例snapshot1处在被选中状态，在【行为】面板中，选择【添加行为】|【影片剪辑】|【停止拖动影片剪辑】行为，弹出【停止拖动影片剪辑】对话框，如图19-34所示，直接单击【确定】按钮即可。

施加到MC实例snapshot1上的3个行为定义完成以后，【行为】面板的效果如图19-35所示。

这时，按F9键打开【动作】面板，可以看到自动生成的脚本代码如下：

```
on (press) {
      //Start Dragging Movieclip Behavior
      startDrag(this);
      //End Behavior
      //Bring to Front Behavior
      mx.behaviors.DepthControl.bringToFront(this);
      //End Behavior
}
on (release) {
      //Stop Dragging Movieclip Behavior
      stopDrag();
      //End Behavior
}
```

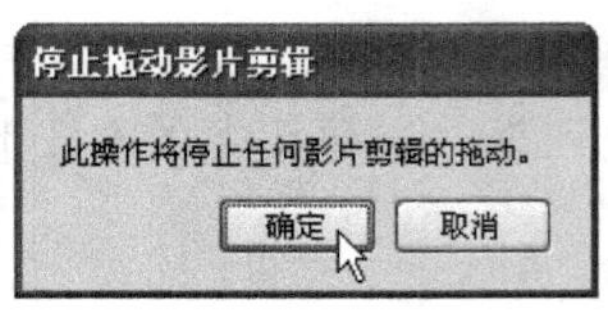

图 19-34 【停止拖动影片剪辑】对话框

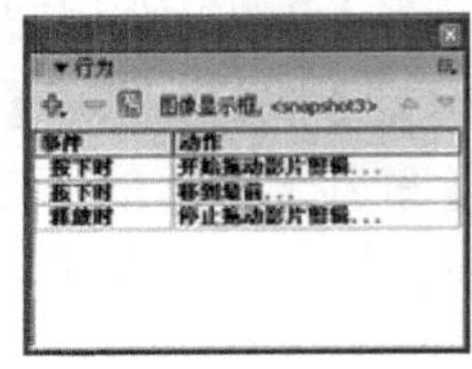

图 19-35 snapshot1 上的 3 个行为

以上动作脚本的功能：当鼠标单击名称为snapshot1的影片剪辑实例时，它被移动到最前面显示，并且拖动鼠标可以将它放在任意的位置，到合适位置松开鼠标即可停止拖动。

按照以上的步骤，再分别定义另外4个MC实例的行为，施加到每个MC实例上的行为也是3个，并且和施加到snapshot1上的一样，这里不再详述。

此时，实例制作完成。按快捷键Ctrl+Enter，测试一下影片效果。最后，需要说明的是，需要加载的图像文件一定要和实例Flash源文件放在同一个文件夹下，这样才能保证本实例加载图像成功。

19.6 习题与上机操作

1．选择题

（1）在Flash中，使用行为能轻松实现（　　）效果。

A．声音　　B．控制视频播放

C．加载外部swf文档　　D．加载图片

（2）在【行为】面板中，有一类行为是专门用来控制影片剪辑实例的，这类行为种类比较多，利用它们可以实现（　　）功能。

A．改变影片剪辑叠放层次　　B．加载

C．播放　　D．拖动影片剪辑

（3）下列选项中，属于Flash 8内置时间轴特效的是（ABC）。

A．变形/转换　　B．帮助

C．效果　　D．拖动影片剪辑

2．上机操作

（1）模拟文字的描写，像激光扫过的效果，如图19-36所示。

（2）制作一个图标，制作星光沿图标运动的效果，如图19-37所示。

图19-36　模拟文字的描写效果

图19-37　星光沿图标运动效果

（3）制作一个“多项选择题”的课件，如图19-38所示。

（4）制作一个下雨的场景动画，效果如图19-39所示。

图19-38　星光沿图标运动

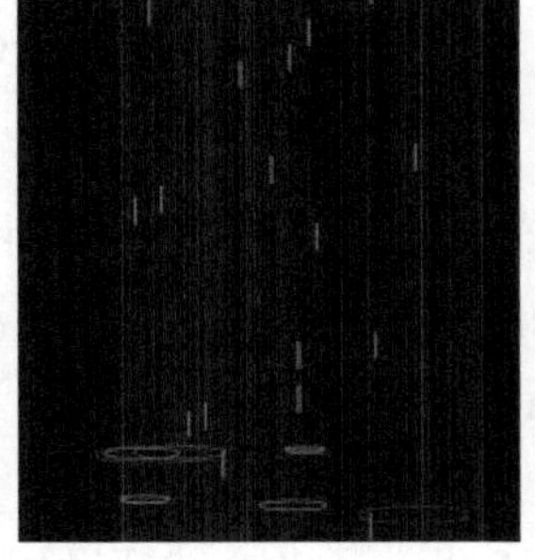

图19-39　下雨效果

（5）利用行为控制影片剪辑，制作如图19-40所示的效果。

初始画面的效果

用鼠标拖动后的效果

图19-40　利用行为控制影片剪辑效果

第20章　模板的应用及动画发布

教学目标

本章主要讲解了Flash的模板功能以及如何将自己做好的Flash动画最终发布出去。通过对Flash模板功能的学习，了解如何高效地制作出更为专业的Flash作品，通过讲解动画发布功能，使读者能够轻松地把自己的动画作品以网页的形式发布给别人欣赏。

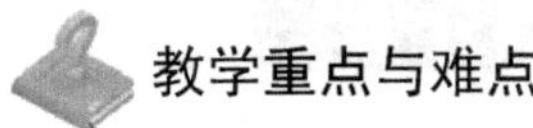

教学重点与难点

利用系统模板制作动画；定制模板的方法；动画和网页的发布。

20.1　使用模板

模板的功能是将网页布局和网页内容进行分离，布局设计好后存储为模板，从而使具有相同布局的页面可以通过模板创建。在模板中已经预先设计好了版面、图形、一些组件甚至是ActionScript，用户只要配合自己的需要做些修改即可将其应用到自己的工作文档中。

Flash 8附带了多个能帮助用户简化工作过程的模板，例如广告、菜单、演示文稿以及教学测验等。此外，网络上还提供了一些其他人做好的模板，用户只需进行下载就可以使用，同时用户也可以将成熟的作品存成模板，发布到网上与其他人共享。

20.1.1　模板类型

模板类型列表中包括以下类型：个人数字助理（仅限于Flash 8 Professional）、全球电话、幻灯片演示文稿（仅限于Flash 8 Professional）、广告、日本电话、测验、演示文稿、照片幻灯片放映、表单应用程序（仅限于Flash 8 Professional）。在Flash 8中查看模板的类型列表可以使用以下两种方法：

（1）打开Flash 8，从开始页右边的【用模板创建】栏中可以看到模板类型列表，如图20-1所示。

（2）执行【文件】|【新建】命令，从弹出的【从模板创建】对话框中选择【模板】选项卡，也可以看到模板类型列表，如图20-2所示。

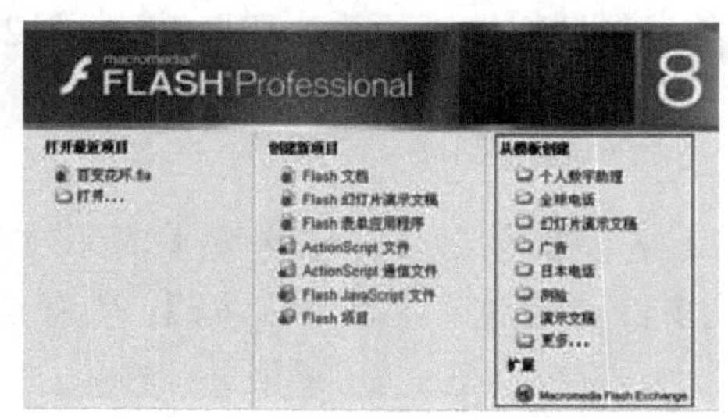

图 20-1　Flash 8 的【从模板创建】栏

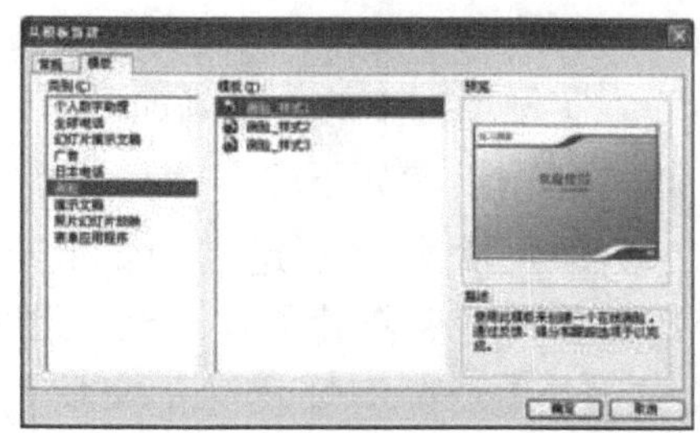

图 20-2　【从模板新建】对话框

20.1.2　创建模板

制作模板和制作一个普通的网页基本相同，只是不需要用户把网页中的所有部分都制作完成，只需制作出导航条、标题栏等各个页面的相同部分，留出中间区域用来填充页面的中间内容。

在创建模板的时候，用户可以指定哪些元素保持不变，哪些元素可以进行修改。

20.1.3　保存模板

Flash 8以文件扩展名“.dwt”来保存模板，模板被保存在站点的本地根目录中的Templates文件夹中。

用户执行【文件】|【另存为模板】命令，在弹出的【另存为模板】对话框中设置自定义模板的【名称】、【类别】、【描述】，如图20-3所示。单击【保存】按钮以后，就可以将文档保存为模板文件。

此时对应的开始页的【从模板创建】栏就会多一个【定制的模板】的类别，如图20-4所示。单击【定制的模板】类别，即可以从定制的模板开始创建影片文档。

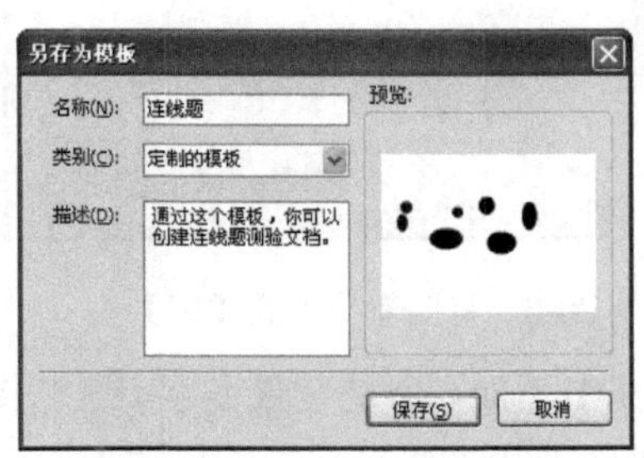

图 20-3　【另存为模板】对话框

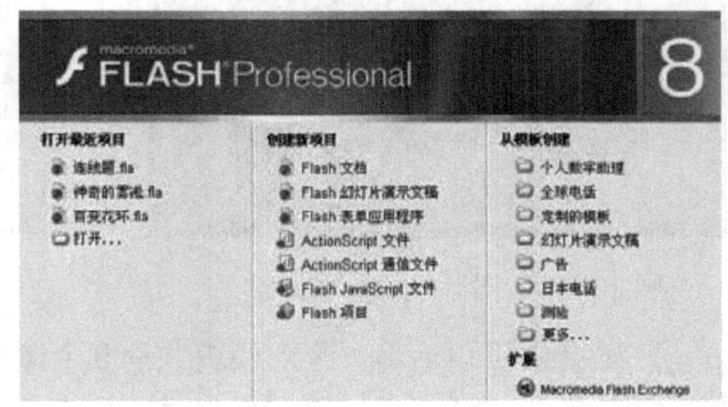

图 20-4　自定义的模板类别

20.1.4　模板应用实例

本实例名为“美丽的自然风光”，通过一组“自然风光”的照片，展示大自然的巧夺天工。

本实例主要运用演示文稿模板，展示大自然的美景。页面中主要是有关自然风景的图像和简要的文字说明。我们利用模板文档中的导航按钮控制页面的翻页播放。图20-5所示为本实例运行中的一个画面效果。

具体制作步骤如下：

（1）首先从模板创建文档。在开始页的【从模板创建】栏中单击【演示文稿】项，弹出【从模板新建】对话框，此时【类别】自动定位在【演示文稿】，从右边的窗口中选择【经典幻灯片演示文稿】。

单击【确定】按钮，一个以“经典幻灯片演示文稿”模板为基础的新Flash影片文档就创建好了。

新建Flash文档的舞台和时间轴里面有很多预先设置的对象，舞台上有很多图形和文字等对象，时间轴上也有很多图层，下面我们就在这个文档的基础上，对其进行个性化的加工，比如添加文本和图像，完成一个展示自然风光的宣传片。

（2）导入外部图像。本例中将用到很多有关自然风光的图片，所以首先要将搜集到的图片导入到Flash文档中。执行【文件】|【导入】|【导入到库】命令，弹出【导入到库】对话框，将搜集整理的自然风光图像系列（文件路径：光盘\example\part11\素材）导入到【库】中，如图20-6所示。

（3）制作演示文稿。

① 模板图层结构分析。利用演示文稿模板新建的文档图层结构如图20-7所示。为了便于下面的制作，我们先来观察和分析一下这个图层结构。

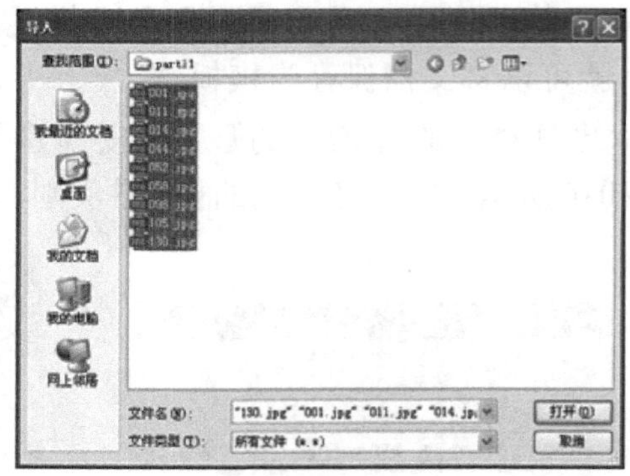

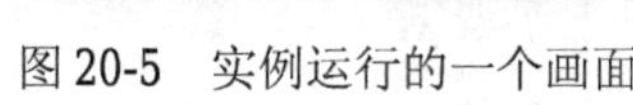

图20-5 实例运行的一个画面

图20-6 将图像导入到【库】中

在图20-7中可以看到，这个模板共有9个图层，其中下面4个是背景图层，这些图层都处于锁定状态，有的还处于隐藏状态，一般不需要更改内容。另外有5个图层是没有被锁定的，分别是：【border style 1】、【content】、【page headers】、【navigaton elemets】和【actions】。一般情况下，这5个图层经常被编辑。

【content】图层是模板的核心部分，它的每一个关键帧就是这个演示文稿的一个页面，现在我们可以看到它一共有5个页面，可以根据需要任意增减。

【page headers】图层放置的是演示文稿的标题和提示信息，我们可以随意编辑，以满足自己的需要。

【navigaton elemets】图层放置的是演示动画的导航按钮，在这些按钮上有相应的实现导航的程序代码。

【actions】图层上定义了一些帧动作，也就是stop动作，用来配合导航按钮实现演示动画的翻页效果。

② 添加更改演示页面。我们导入的图像一共有9幅，也就是说要添加4个新的演示页面，具体做法如下。

首先要选中所有图层的第6到第9帧，用鼠标右键单击选中的帧，选择【插入帧】，如图20-8所示。

依次选择【content】图层中的第6到第9帧，按F6键插入关键帧，添加4个演示页面。在【actions】图层上，复制第5帧，分别粘贴到第6到第9帧，如图20-9所示。

选择【content】图层的第一个关键帧，按Delete键删除原有内容。然后从【库】面板中将一幅自然风光的图像拖到舞台上，调整图像的大小和位置。

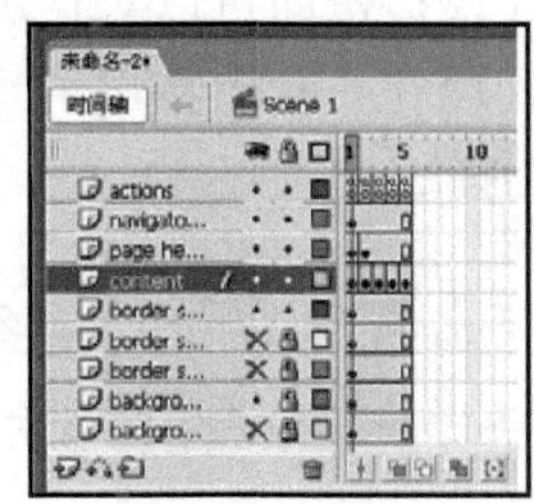

图 20-7　模板的图层结构

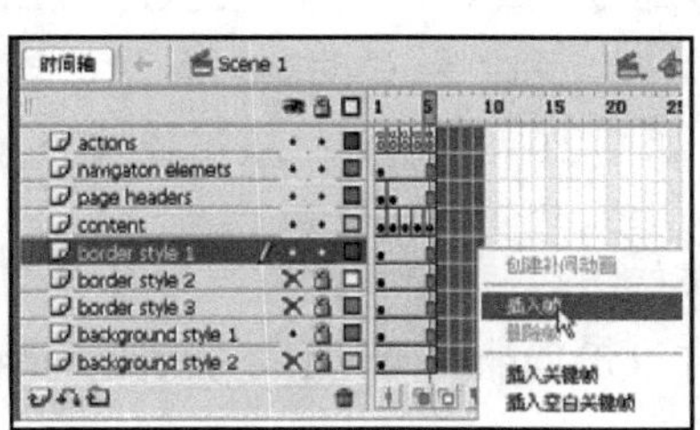

图 20-8　插入帧

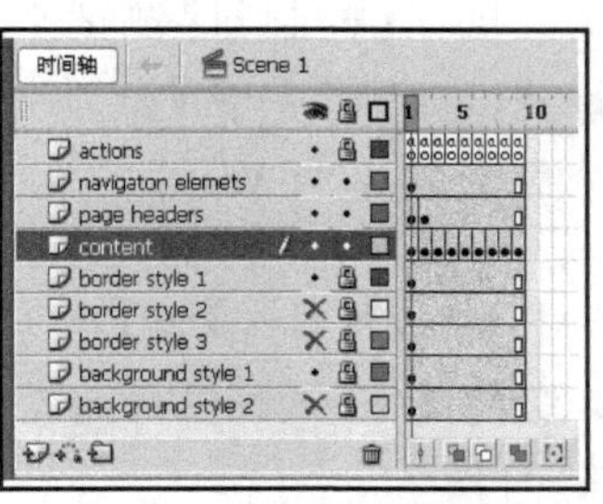

图 20-9　添加4个新的演示页面

接下来，依次选择第2到第9个关键帧，按照第1帧的做法，分别将其他的图像加入到相应的页面中，创建出我们所需要的页面内容。

（4）更改文稿标题文字。选择【page headers】图层的第1帧，按Delete键删除原有的标题文字，用【文本工具】输入一个新的标题——美丽的自然风光。在属性面板中设置字体为“华文隶书”，字号为“38”，颜色为绿色。并调整到适当的位置（如x:183.5,y:29.0）。

接下来选择【page headers】图层的第2帧，按Delete键删除原有的标题文字，用【文本工具】输入一个新的标题——美丽的自然风光。

（5）至此，美丽的自然风光的实例就制作完成了，按快捷键Ctrl+Enter或者执行【控制】|【测试影片】命令进行测试。图20-10为影片中的一个画面。影片在播放中，按键盘上的→键和←键，可以向前和向后观看其他的风景画。

图 20-10　影片播放中的一个画面

20.2 发 布 动 画

Flash动画制作完成以后，可以使用Dreamweaver、FrontPage等网页编辑工具来将Flash动画嵌入到网页中。此外利用Flash的出版发布功能，也可以将用户完成的作品输出成动画、图像以及HTML等文件。

20.2.1 动画发布前的测试

在测试动画下载时，会根据需要将Flash 8源文件发布成网页文件、各种图像文件以及可执行文件。如果使用默认设置的发布命令，Flash 8将发布为SWF文件，并创建带有显示SWF文件所需标记的HTML文件。

在正式发布动画前，需要对动画进行测试。测试时如果用户对动画的效果感到满意，就将制作完的动画保存起来。

执行【控制】|【测试影片】命令，或者按键盘上的Ctrl+Enter快捷键即可以对话进行测试。观赏完毕关闭动画后，打开刚才保存动画的目录，会看到现在目录中多出了一个后缀名为“SWF”的文件，如图20-11所示。双击该文件就能播放动画。

说明　只要在Flash中播放动画，都会在源文件的同一目录下生成以SWF为文件名后缀的文件，这种SWF的动画可以用Dreamweaver或者FrontPage等工具，插入到网页中去。

20.2.2 动画发布

执行【文件】|【发布设置】命令，弹出【发布设置】对话框，如图20-12所示。

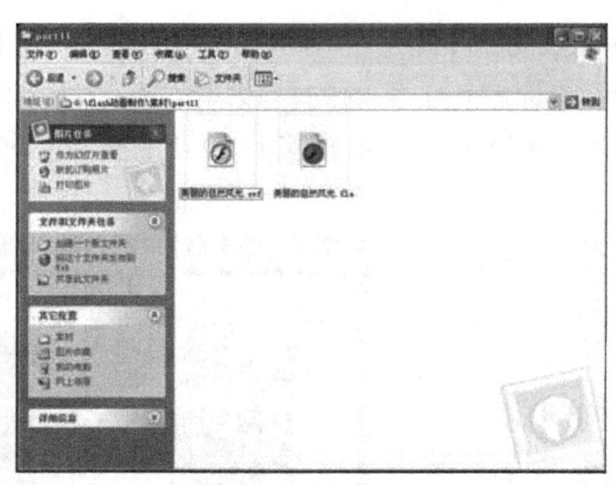

图20-11　生成的SWF动画

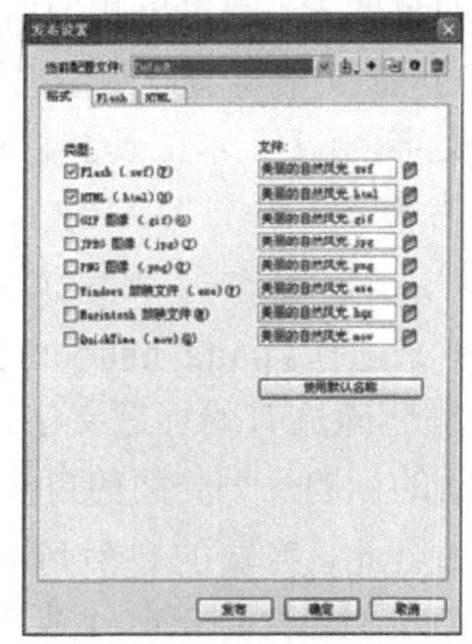

图20-12　发布网页文件格式设置

在【发布设置】对话框的【格式】选项卡下，可以选择要发布的文件格式，选好格式后，一般都会在对话框的顶部多出相应的选项卡，切换到这些选项卡，可以对发布的格式进行设置。设置完后单击【发布】按钮，Flash自动生成相关文件，并保存到与原Flash动画文件相同的目录中，如图20-13所示。

另外，【发布设置】对话框中还有一个【使用默认名称】按钮，单击它可以使发布的文件名都为默认名称，如果用户想重新设定发布的文件名，可以在发布项目后面的文本框中输入想要的文件名。

20.2.3　Flash选项卡

在图20-12中，切换到【Flash】选项卡，在这里可以对发布的SWF动画进行各种参数的设置，如图20-14所示。

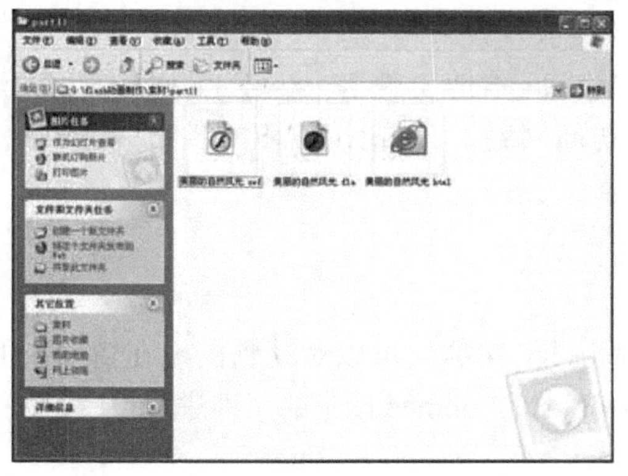

图20-13　发布后的文件

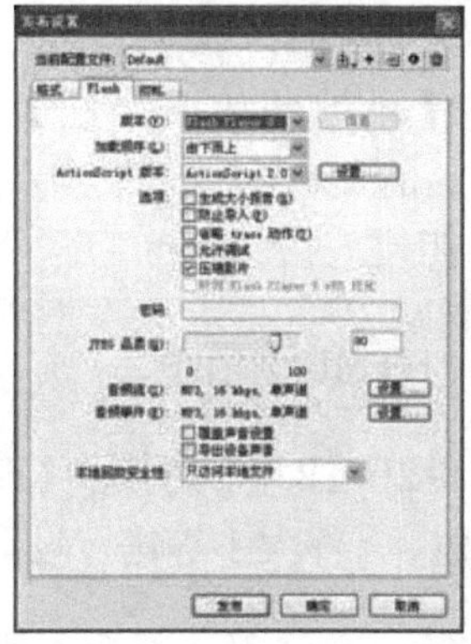

图20-14　SWF动画的各种参数设置

(1)【版本】：在这个选项的下拉菜单中可以选择将要发布的SWF文件的播放器版本，默认版本是Flash Player 8。

(2)【加载顺序】：在这个选项的下拉菜单中可以选择动画中图层加载的顺序，有两种选择：【由上而下】加载和【由下而上】加载。

(3)【ActionScript版本】：在这个选项的下拉菜单中可以选择动作脚本的版本，有两种选择：【ActionScript2.0】和【ActionScript1.0】。如果选择【ActionScript2.0】，那么还可以单击右边的【设置】按钮，进一步设置与“类”有关的一些参数。

(4)【选项】：在这个参数项下面有若干复选框，可以实现一些功能的选择。

①【生成大小报告】：可以产生一个与动画相同文件名的TXT文本文件。这份文件记录着各幅图像和声音数据压缩后的大小、在动画中使用的文字等信息。

②【防止导入】：可以防止其他用户将你制作的SWF文件导入到Flash进行修改。

③【省略trace动作】：跟踪命令能让程序显示某个预设的信息或变量内容到【输出】面板，以利于侦测错误。

④【允许调试】：允许调试的用意在于方便找出程序中的错误，一旦整个程序测试无误，那么就不需要选择该复选框了。

⑤【压缩影片】：可以使影片变得更小一些，Flash播放器可以自行解压缩影片。

⑥【针对Flash Player 6 r65优化】：当在【版本】参数项中选择Flash Player 6时，

这个参数项可用，选择该复选框可以对导出的SWF影片进行优化。

（5）【密码】：在【选项】参数项下选择了【防止导入】复选框以后，【密码】这个参数项变为可用状态，可以在文本框中输入防止导入的密码。

（6）【JPEG品质】：用来调整Flash动画中的位图品质。

（7）【音频流】和【音频事件】：这两个参数项是动画中声音压缩的设定，可以个别调整音频流类型和音频事件类型。

①【覆盖声音设置】：将之前在【库】面板中设定的声音压缩比率统一用上面的设定值替代。

②【导出设备声音】：选择该复选框可以导出适合于设备（包括移动设备）的声音而不是原始库声音。

（8）【本地回放安全性】：选择【只访问本地文件】，发布的SWF文件可以与本地系统上的文件和资源交互；选择【只访问网络】，发布的SWF文件可以与网络上的文件和资源交互。

20.2.4 HTML选项卡

在图20-12中，切换到【HTML】选项卡，在这里可以对动画出现在窗口中的位置、背景颜色、文件大小等进行设置，也可对object和embed标记的属性进行设置，如图20-15所示。

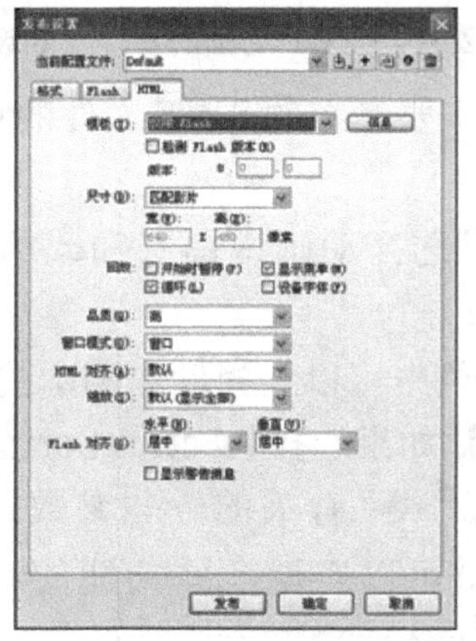

图20-15 HTML的各种参数设置

1.【模板】选项

在一般应用情况下，只要选择【仅限Flash】即可，这个选项也是一个默认选项。单击右边的【信息】按钮可以显示选定模板的说明。

2.【尺寸】选项

这里可以在【尺寸】下拉列表框中选择一种“尺寸”选项，还可以设置object和embed标记中width和height属性的值，具体解释如下：

（1）【匹配影片】：这是一个默认设置，将会使用SWF文件的尺寸大小。

（2）【像素】：选择这个选项以后，可以在下面的【宽度】和【高度】中输入宽度和高度的像素数量，从而控制影片的尺寸。

（3）【百分比】：指定SWF文件将占浏览器窗口的百分比。

3.【回放】选项

设置【回放】选项可以控制SWF文件的回放和各种功能，具体解释如下：

(1)【开始时暂停】：会一直暂停播放SWF文件，直到用户单击按钮或从快捷菜单中选择“播放”后才开始播放。默认情况下，该选项处于取消选择状态，Flash内容一旦加载就立即开始播放（play参数值设置为 true）。

(2)【循环】：将在Flash内容到达最后一帧后再重复播放。取消对此选项选择会使Flash内容在到达最后一帧后停止播放（默认情况下，Loop参数处于启用状态）。

(3)【显示菜单】：选中该项后，当用鼠标右键单击SWF文件时，显示一个快捷菜单。如果取消选择此选项，那么快捷菜单中就只有“关于 Flash”一项。默认情况下，此选项处于选中状态（Menu参数设置为true）。

(4)【设备字体】（仅限Windows）：会用消除锯齿（边缘平滑）的系统字体替换用户系统上未安装的字体。使用设备字体可使小号字体清晰易辨，并且还能减小SWF文件的大小。

4.【品质】选项

设置【品质】选项以在处理时间和外观之间确定一个平衡点。此选项设置object和embed标记中的QUALITY参数的值，具体情况如下：

(1)【低】：主要考虑回放速度，基本不考虑外观，并且不使用消除锯齿功能。

(2)【自动降低】：主要强调速度，但是也会尽可能改善外观。回放开始时，消除锯齿功能处于关闭状态。如果Flash Player检测到处理器可以处理消除锯齿功能，就会打开该功能。

(3)【自动升高】：在开始时同等强调回放速度和外观，但在必要时会牺牲外观来保证回放速度。回放开始时，消除锯齿功能处于打开状态。如果实际帧频降到指定帧频之下，就会关闭消除锯齿功能以提高回放速度。使用此设置可模拟Flash中的【查看】|【消除锯齿】的设置。

(4)【中】：会应用一些消除锯齿功能，但并不会平滑位图。该设置生成的图像品质要高于“低”设置生成的图像品质，但低于“高”设置生成的图像品质。

(5)【高】：考虑外观，基本不考虑回放速度，它始终使用消除锯齿功能。如果SWF文件不包含动画，则会对位图进行平滑处理；如果SWF文件包含动画，则不会对位图进行平滑处理。

(6)【最佳】：提供最佳的显示品质，而不考虑回放速度。所有的输出都已消除锯齿，而且始终对位图进行光滑处理。

5.【窗口模式】选项

这个选项控制object和embed标记中的HTML wmode属性。窗口模式修改Flash内容限制框或虚拟窗口与HTML页中内容的关系，具体情况如下：

(1)【窗口】：不会在object和embed标记中嵌入任何窗口相关属性。Flash内容的背景不透明，并使用HTML背景颜色。HTML无法呈现在Flash内容的上方或下方。“窗口”为默认设置。

（2）【不透明无窗口】：将Flash内容的背景设置为不透明，并遮蔽Flash内容下面的任何内容。“不透明无窗口”使HTML内容可以显示在Flash内容的上方或顶部。

（3）【透明无窗口】：将动画的背景设置为透明。此选项使HTML内容可以显示在Flash内容的上方和下方。

这里需要注意的是，在某些情况下，透明无窗口模式中复杂的呈现方式可能会导致动画在HTML中播放速度变慢。

6. 【HTML对齐】选项

这个选项确定动画在浏览器窗口中的位置。

（1）【默认】：使Flash内容在浏览器窗口内居中显示，如果浏览器窗口小于应用程序，则会裁剪边缘。

（2）【左对齐、右对齐、顶部、底部】：这些对齐选项会将SWF文件与浏览器窗口的相应边缘对齐，并根据需要裁剪其余的三边。

7. 【缩放】选项

如果已经改变了文档的原始宽度和高度，选择一种【缩放】选项可将Flash内容放到指定的边界内。

（1）【默认（显示全部）】：会在指定的区域显示整个文档，并且不会发生扭曲，同时保持SWF文件的原始高宽比。边框可能会出现在应用程序的两侧。

（2）【无边框】：这个选项会对文档进行缩放，以使它填充指定的区域，并保持SWF文件的原始高宽比，同时不会发生扭曲，并根据需要裁剪SWF文件边缘。

（3）【精确匹配】：会在指定区域显示整个文档，它不保持原始高宽比，这可能会导致发生扭曲。

（4）【无缩放】：这个选项将禁止文档在调整Flash Player窗口大小时进行缩放。

8. 【Flash对齐】选项

这个选项可设置如何在应用程序窗口内放置Flash内容以及在必要时如何裁剪它的边缘。此选项设置object和embed标记的SALIGN参数。

对于【水平】对齐，可以选择【左对齐】、【居中】或【右对齐】。

对于【垂直】对齐，可以选择【顶部】、【居中】或【底部】。

9. 【显示警告消息】选项

选择【显示警告消息】选项可在标记设置发生冲突时显示错误消息。

20.2.5 Flash版本检测

Flash 8的发布设置提供了自动设置Flash版本检测的功能，以检测用户拥有的Flash

Player版本并在用户没有指定播放器时向用户发送替代HTML页。

在【发布设置】对话框中的【HTML】选项卡下，选择【检测Flash版本】复选框，如图20-16所示。

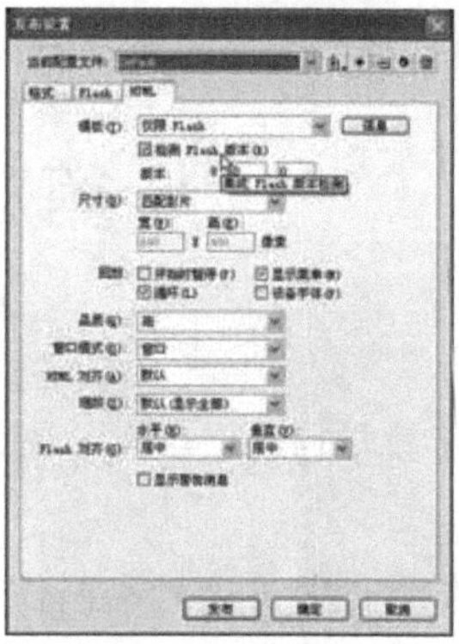

图20-16　选择【检测Flash版本】

20.3　习题与上机操作

1．选择题

（1）Flash提供了很多实用的模板，有（　　）。

A．教学　　B．测验广告

C．演示文稿　　D．定制PDA

（2）在Flash中，包含两个导出命令，分别是（　　）。

A．导出影片和导出帧　　B．导出图像和导出帧

C．导出影片和导出动画　　D．导出影片和导出图像

（3）将Flash影片发布为（　　）格式的文件，可创建Windows独立放映文件。

A．SWF　　B．MOV

C．GIF　　D．EXE

（4）在发布Flash影片文档时，其默认的发布格式是（　　）。

A．SWF和HTML　　B．GIF和PNG

C．PNGSWF和HTML　　D．SWF和MOV

2．上机操作

使用Flash的“照片幻灯片放映”模板，制作雾凇风景照片的动画，效果如图20-17所示。

图20-17　雾凇风景照片的效果图

第21章　初识Fireworks

教学目标

在进行网页设计和制作时，图像的处理与动画制作又是一个最重要的环节，它决定了网站的风格以及成败。Fireworks（俗称“火焰”）是网页图像处理和动画制作中最重要的工具，它与Flash和Dreamweaver并称为Macromedia网页设计的“三剑客”。本章对Fireworks 8的新功能以及工作界面进行讲解，为今后的学习打好坚实的基础。

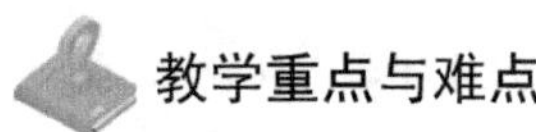
教学重点与难点

Fireworks的特色; Fireworks 8新功能; 了解Fireworks的工作界面。

21.1　Fireworks概述

21.1.1　Fireworks 8概述

Fireworks是由Macromedia公司开发的网页制作软件利器之一。在绘图方面Fireworks结合了位图以及矢量图处理的特点，不仅具备复杂的图象处理功能，并且还能轻松地把图形输出到Flash、Dreamweaver 以及第三方的应用程序。

在网页制作方面，Fireworks能快速地为图形创建各种交互式动感效果，不论在图像制作或是在网页支持上都有着出色的表现。

随着版本的不断升级，功能的不断加强，Fireworks受到越来越多网页制作者的青睐。目前的最新版本Fireworks 8 中文版更是以其方便快捷的操作模式，和在位图编辑、矢量图形处理与GIF动画制作功能上的多方面优秀整合，赢得诸多好评。

简单介绍Fireworks之后，我们还必须先弄明白矢量图和位图的概念。

矢量图是以路径定义形状的计算机图形，矢量路径的形状由路径上绘制的点确定。矢量图的填充占据路径内的区域。

位图是由称为像素的小正方形组成的图形，这些小正方形就像马赛克中的瓷片那样拼合在一起而形成的图像。扫描的图像以及用位图绘画程序（如Photoshop）创建的图形都属于位图图形，也被称为栅格图像。矢量图拉大后不失真，但位图拉大后会失真。

在Fireworks中检验一幅图是矢量图还是位图的方法：100%视图显示状态下拉大图

形，看看会不会变模糊，图像拉大后变模糊的是位图，反之是矢量图；或者用【部分选定工具】选取该图后，如果是位图则在【属性】面板左上角处会显示“位图”二字，其他全部是矢量图，如图21-1所示。

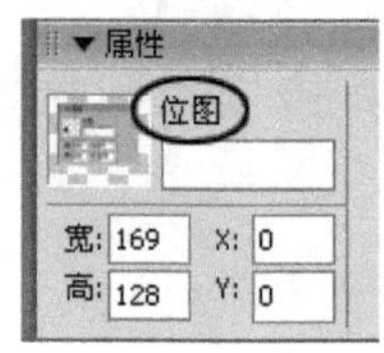

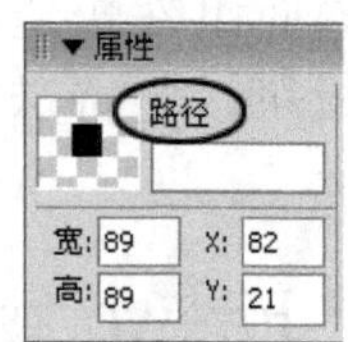

图21-1 矢量图位图区别方法

矢量图和位图不仅是不同的两种格式，而且编辑方法也完全不同。Fireworks由于集矢量图和位图功能于一身，所以集成两种不同的编辑方法，需要特别注意。

21.1.2 Fireworks特色概述

Fireworks是目前网页图像处理最好的工具，具有许多其他软件不可比拟的优势。

（1）矢量图与位图两种编辑方式共存，而且功能都十分强大方便，远远领先于同类软件。

（2）显示方式是以像素方式显示，不像其他矢量软件只有消锯齿显示。Fireworks自身独特的元件功能，使Fireworks很适合作像素图之类的作品。

（3）由于引入帧和图层协作的理念，使得制作GIF动画时分工更明确，制作更简单。

（4）具有其他软件没有的元件和帧结合的概念，制作互动按钮很方便。

（5）新增的智能多边形系列功能使Fireworks 8的矢量处理日臻完善。

（6）逐渐成为作为排版设计的先锋，先设计出整个排版画面，再直接导出Html到Dreamweaver中，通过和Dreamweaver的经典结合实现排版功能并保持和Fireworks原设计页面完全一致的外观。

21.1.3 Fireworks 8新功能

Fireworks的最新版本是Fireworks 8，相对于以前的版本主要新增了以下功能：

（1）新增图像编辑面板。可以在中心位置访问经常使用的图像编辑工具、滤镜和菜单命令。

（2）Fireworks 8现在支持QuickTime Image、MacPaint、SGI和JPEG 2000文件格式（QuickTime支持所需的QuickTime插件）的导入。

（3）优化了批处理工作流。精简的文件重命名、在批处理中缩放文件时检察文件大小的功能以及增加的状态栏与日志文件等只是工作流优化的一部份。

（4）矢量兼容性。在Flash和Fireworks之间移动对象时，将保留矢量属性（填充、笔触、过滤和混合模式）。

（5）更多分割选项。当选定的对象是多边形路径时自动插入多边形分割。

（6）识别ActionScript 颜色值 (0xFFCC00)。确保颜色的一致性。当ActionScript 颜

色值从Flash复制并粘贴到Fireworks颜色值字段时，识别该颜色值。

（7）CSS弹出式菜单。获得可轻松定制的清晰代码。该代码可以完美集成到使用Dreamweaver构建的站点中。Fireworks 8使用CSS格式创建交互式弹出菜单。

（8）移动界面组件。使用位图界面组件快速模仿移动界面。

（9）特殊字符面板。使用该面板可以将特殊字符直接插入到文本块中。

21.2 Fireworks入门

打开Fireworks软件，会弹出如图21-2所示的画面，这就是Fireworks 8版本的启动界面。该界面显示软件名、版本号和版权等信息。

图21-2　启动界面

接着系统跳转到工作界面，如图21-3所示。其中工具箱位于窗口的左侧，属性面板位于窗口下方，右侧是个面板组，我们叫这个面板组为浮动面板，最上面是菜单栏，中间就是工作区了。

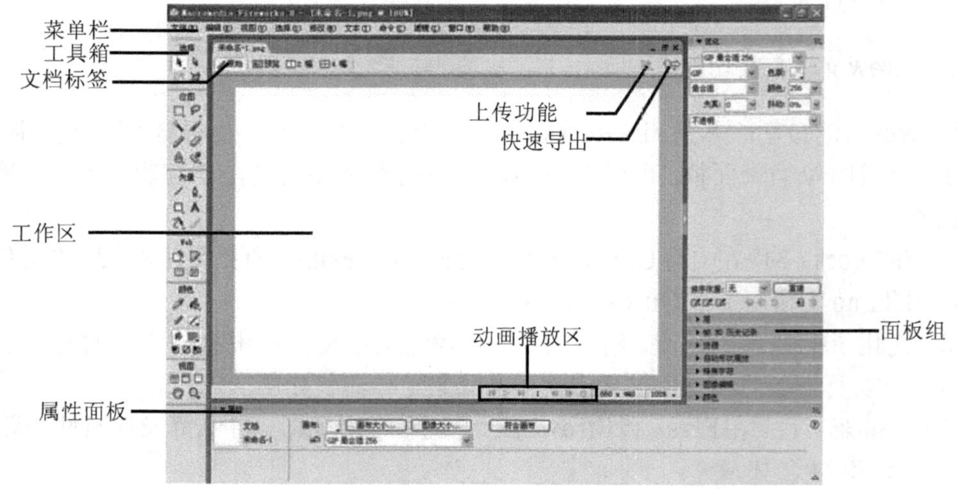

图21-3　Fireworks软件界面

21.3 习题与上机操作

1. 简答题

（1） Fireworks 8的新增功能有哪些？
（2）简述位图与矢量图的区别。

2. 上机操作

熟悉Fireworks 8的工作界面。

第22章　Fireworks的工具与面板

教学目标

和许多主流的图像处理软件一样，Fireworks的绘图工具主要都集中在“工具条”上。利用这些工具可以绘制出各种图形，并可以为其设置相应的属性，如颜色、大小、位置等。本章重点讲解图形的绘制与处理，同时还讲解各种面板与图形制作技巧。

教学重点与难点

常用的绘图及修图工具；常用面板的功能；图形制作的技巧。

22.1　Fireworks工具箱

工具箱包含【选择】、【位图】、【矢量】、【Web】、【颜色】和【视图】六类工具，如图22-1所示。

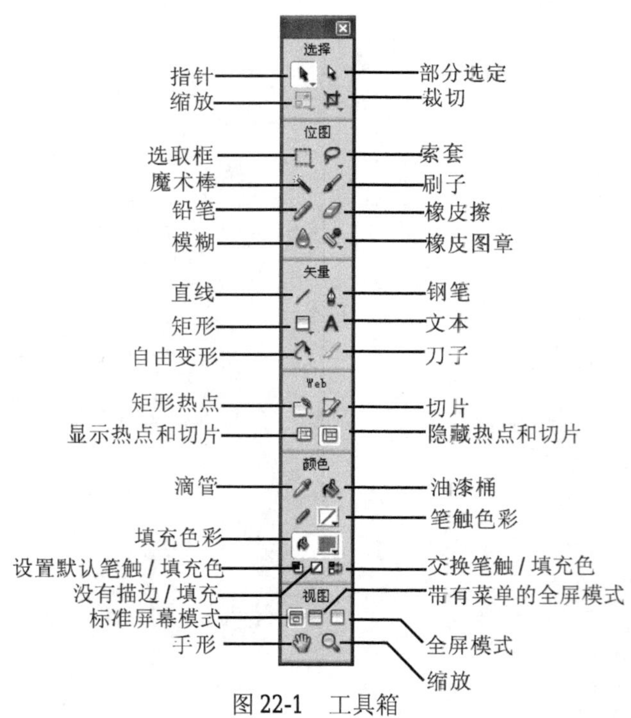

图22-1　工具箱

其中每个大类又包含若干工具，每个带小三角的工具表示该工具还有功能相似但作用不同的工具可以选择，用鼠标左键按住这个小三角一段时间，就显示出其他被隐藏的工具。下面概括介绍一下这些工具。

1.【选择】工具

【选择】工具包括【指针】工具、【部分选定】工具、【缩放】工具和【裁切】工具，如图22-2所示。

（1）用鼠标左键按住【指针】工具右下角的小三角一段时间，会看到如图22-3所示的工具。

图22-2　选择工具

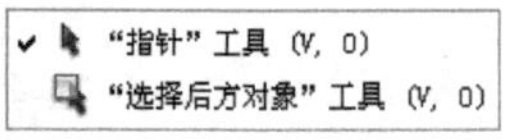

“指针”工具 (V, 0)
“选择后方对象”工具 (V, 0)

图22-3　指针

其中：

①【指针】工具俗称选择工具，是最基本的操作工具，因为只有选中对象才能针对其进行下一步操作。

②【选择后方对象】工具图标是一个指针带一个小矩形。长按【指针】工具或者连按两次快捷键V可以调出【选择后方对象】工具。该工具其实是可以一层一层向下选的【指针】工具，选择被遮挡的对象时很方便。

选择对象时有以下几种方法：

①点选法，用鼠标单击目标对象即可选中。

②框选法，在某位置按下鼠标左键不放，斜拉到对角位置放手，框中的对象都将被选中。

③加选法，先选中一个目标对象，按下Shift键后再点选其他未选中的对象即可。

④减选法，按下Shift键后单击已选中的对象可取消该对象的选中状态。

提示　矢量图、位图、文本、组合对象和元件被选中后的显示是不同的。

选中对象后，将鼠标放到对象上面，拖动对象就可以移动它的位置了。如果移动时按下Shift键可以水平、垂直或45°移动对象。移动时如果按下Alt键就可以实现复制这个对象。矩形对象、组合对象、位图对象等被选中后，可以直接用【指针】工具拉住蓝点进行缩放。缩放时如果按住Shift键则可以实现等比缩放；如果缩放时按住Alt键则实现中心缩放。各种缩放方式如图22-4所示。

（2）【部分选定】工具。该工具针对的是矢量图形。【部分选定】工具能实现【指针】工具选不到的次级选择，比如【指针】工具只能选中整个矢量对象，【部分选定】工具可以选中矢量对象中的节点；【指针】工具只能选中组合对象，【部分选定】工具可以选中组合对象中的单个对象。【部分选定】工具选中节点时显示实心蓝点，表示可编辑该点，没选中的节点显示空心蓝点。

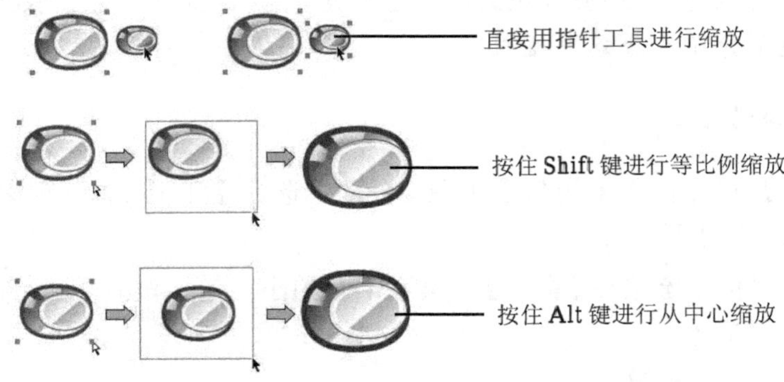

图22-4　各种缩放方式

（3）用鼠标左键按住【缩放】工具 右下角的小三角一段时间会看到如图22-5所示的工具。

其中：

①【缩放】工具选中一个对象时，对象会被四周带有上下左右和4个角共8个点的缩放框包围。拖动4个角的点，可以实现等比缩放；拖动上下左右的点，可以横竖拉缩；按住Alt键拖动点则是以图形中心为缩放中心进行缩放。

②【倾斜】工具可以倾斜对象，只对上下左右4个点有用。

③【扭曲】工具用法和前两个差不多，只是针对单点操作，用来做变形和透视比较好。这3种工具都可以对选中对象实现旋转，只需将鼠标放到缩放框以外（只要不放到8个点上就行），这时候鼠标指针会变成一个旋转图标形状，拖动鼠标即可旋转。

（4）用鼠标左键按住【裁切】工具 右下角的小三角一段时间会看到如图22-6所示的工具。

图22-5　缩放　　　　图22-6　裁切

其中：

①【裁切】工具 是裁切页面的工具，按下鼠标左键不放并拖出个裁切框，按回车键或者在框内双击即可完成裁切。

②【导出区域】工具 可以进行局部导出，长按【裁切】工具调出。裁切并导出裁切框内的图形，和【裁切】工具不同的是导出后原图并没有真的被裁切。

2.【位图】工具

【位图】工具包括【选取框】、【套索】、【魔术棒】、【刷子】、【铅笔】、

【橡皮擦】、【模糊】、【橡皮图章】等工具，如图22-7所示。

说明 一般【位图】工具是不能运用到矢量图上的。

选择整个位图的方法和矢量图一样，使用【指针】工具就可以。但如果要对位图的局部进行选择或者处理就不能用【选择】选区中的【部分选定】工具了，而必须用到【位图】工具。

（1）用鼠标左键按住【选取框】工具右下角的小三角一段时间，会看到如图22-8所示的工具。

选择【选取框】工具或【椭圆形选取框】工具后，在位图上某位置按下鼠标不放，拖曳到想要的位置再放开即可托动出选区。操作时按住Shift键可以拖曳出正方或正圆选区。

（2）用鼠标左键按住【索套】工具右下角的小三角一段时间，会看到如图22-9所示的工具。

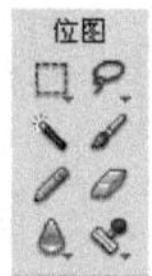

图22-7 【位图】工具

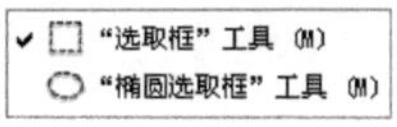

"选取框"工具 (M)
"椭圆选取框"工具 (M)

图22-8 选取框

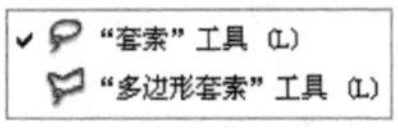

"套索"工具 (L)
"多边形套索"工具 (L)

图22-9 套索

其中：

①【索套】工具使用比较简单，按住鼠标不放，随手画出想要的选区后松开鼠标，选区会自动闭合。

②【多边形索套】工具是各边为直线的多边形选区工具，在第一个位置单击一下，移动到第二个位置再单击一下……最后双击就自动闭合选区了。

（3）【魔术棒】工具 。选中【魔术棒】工具，在属性面板上预先设置好【容差】(默认为32)，然后在位图上单击就可以将与单击位置色彩相似的地方全部选取了。容差越大选出的选区越大，反之越小。

（4）【刷子】工具 ：刷出的线是位图的格式。

（5）【铅笔】工具 ：画出的线是位图的格式（这个工具用得不多）。

（6）【橡皮擦】工具 ：局部擦除图像的工具，笔刷大小、笔刷形状、柔化程度、擦除时的笔刷透明度最好按下该工具后预先在属性面板中设置，然后再进行擦除操作。

（7）用鼠标左键按住【模糊】工具右下角的小三角一段时间，会看到如图22-10所示的工具。

其中：

①【模糊】工具 可局部模糊图像。

②【锐化】工具 可局部锐化比较模糊的图像。

③【减淡】工具 可局部处理过深部分。

④【烙印】工具可局部处理过浅部分。

⑤【涂抹】工具可局部融合笔刷周围图像。

(8)用鼠标左键按住【橡皮图章】工具右下角的小三角一段时间，会看到如图22-11所示的工具。

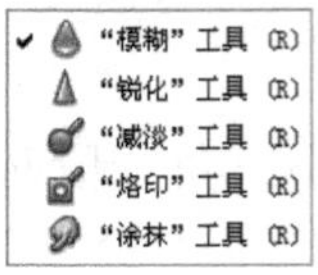

✔"模糊"工具 (R)
"锐化"工具 (R)
"减淡"工具 (R)
"烙印"工具 (R)
"涂抹"工具 (R)

图22-10　模糊

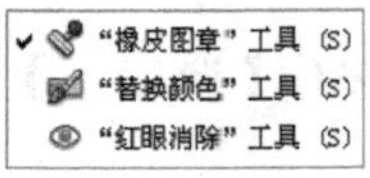

✔"橡皮图章"工具 (S)
"替换颜色"工具 (S)
"红眼消除"工具 (S)

图22-11　橡皮图章

①【橡皮图章】工具是修图最常用的工具，使用时，按住Alt键后用鼠标定义一个取样点，然后根据取样点的色彩数据替换作用点的色彩。

②【替换颜色】工具用来将一种色彩换成另一种色彩。

③【红眼消除】工具在修改好属性面板中的容差、强度等属性后，直接拖动鼠标进行修改即可。

3.【矢量】工具

矢量工具包括【直线】、【钢笔】、【矩形】、【文本】、【自由变形】和【刀子】等工具，如图22-12所示。

(1)【直线】工具。按住鼠标左键不放，拖动鼠标画出一条直线后放手。按住Shift键可以画出90°、180°或45°的直线。

(2)用鼠标左键按住【钢笔】工具右下角的小三角一段时间会看到如图22-13所示的工具。

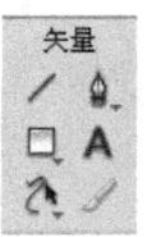

图22-12　【矢量】工具

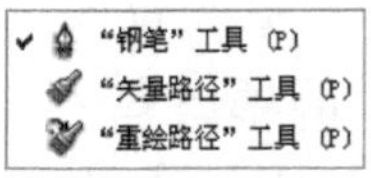

✔"钢笔"工具 (P)
"矢量路径"工具 (P)
"重绘路径"工具 (P)

图22-13　钢笔

其中：

①【钢笔】工具主要通过添加节点的方法来描绘图形。

②【矢量路径】工具相当于矢量功能的【刷子】工具。

③【重绘路径】工具是画两笔之间首尾连接的曲线矢量路径，只要将第二笔的始点靠近第一笔的末点即可。在Fireworks 8中，设置好参数后，这两个工具都支持手写板（压感笔）的感应功能。

(3)用鼠标左键按住【矩形】工具右下角的小三角一段时间会看到如图22-14所示的工具。

其中：

①【矩形】工具 绘制矩形。绘制时按住Shift键可以画出正方形；绘制时按住Alt键可以画出以图形中心为缩放中心的矩形；绘制时同时按住Shift键和Alt键，可以画出以图形中心为缩放中心的正方形。

②【椭圆形】工具 绘制椭圆形。如果先按住Shift键将画出正圆，先按住Alt键将以中心为起点画椭圆，先同时按住时Shift键和Alt键则以中心为起点画正圆。

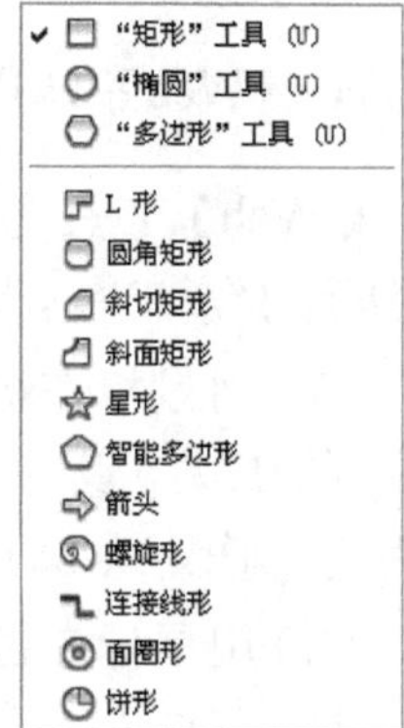

图22-14　矩形

③【多边形】工具 在绘制前，要在属性面板中设定好参数，比如形状设为【多边形】，边设为“5”，角度使用【自动】的参数，在工作区拖动鼠标可以画出正五边形；如果把形状设为【星形】，边同样设置为“5”，角度也还是采用【自动】，就可以画出正五角星。

技巧　圆角矩形的缩放不能用【缩放】工具缩放，否则圆角会变形，即使在属性面板为该圆角矩形输入宽高数字，圆角同样会变形。正确方法是用【指针】工具选中该圆角方形，让其出现4个蓝点，直接用鼠标拉动蓝点缩放圆角就不会变形了。

(4)【文本】工具 是输入文本用的工具，选中【文本】工具后在页面上单击鼠标即可输入文字，也可以用鼠标向右下方拖出文本框后再输入文字。可以用【指针】工具拉住文本框的6个蓝色点改变文本框横竖比例进行文字重新排布。

"自由变形"工具 (O)
"更改区域形状"工具 (O)
路径洗刷工具 - 添加 (O)
路径洗刷工具 - 去除 (O)

图2-15　自由变形

(5)用鼠标左键按住【自由变形】工具右下角的小三角一段时间，会看到如图22-15所示的工具。

其中：

①【自由变形】工具以圆形对路径进行推和拉处理。

②【更改区域形状】工具以大小两个圆形对路径进行推处理，参数都由属性面板控制，最好先在属性面板预设参数后再操作。它和【自由变形】工具的区别是：【自由变形】工具效果强烈，【更改区域形状】工具效果则比较柔和。

③【路径洗刷工具——去除】的功能是减弱局部路径线条粗细，很容易做出类似艺术笔刷、毛笔笔刷的效果。

④【路径洗刷工具——添加】则可将减弱的路径恢复，该工具不会使路径粗过原始状态。

(6)【刀子】工具 是截断矢量图形的工具，用法是先用【部分选定】工具选中要截断的图形后，选择【刀子】工具，在路径上任意一点按下鼠标不放开，拖曳到路径上另外一点放开。想要对截断后的对象进行选取，要先取消选择再选取。如果在截断后的图形上再使用刀子工具，会发现效果很奇怪，这是因为截断后的每一部分都没有闭合，需要闭合（封闭线段只需用【钢笔】工具在首尾两端各点一下即可）后才可再次使用【刀子】工具。

4.【Web】工具

【Web】工具包括【矩形热点】、【切片】、【隐藏热点和切片】和【显示热点和切片】等工具，如图20-16所示。

（1）用鼠标左键按住【矩形热点】工具右下角的小三角一段时间会看到如图22-17所示的工具。其中【矩形热点】工具、【圆形热点】工具、【多边形热点】工具可以分别绘制矩形、圆形和多边形三种热点。

（2）用鼠标左键按住【切片】工具右下角的小三角一段时间会看到如图22-18所示的工具。其中【切片】工具和【多边形切片】工具可将Fireworks 8文档分割成多个较小的部分并将每部分导出为单独的文件，导出时，Fireworks还会同时生成一个包含表格代码的HTML文件。

图22-16 【Web】工具

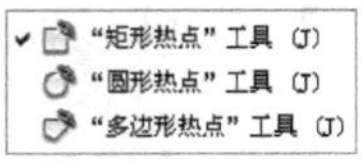

图22-17 矩形热点

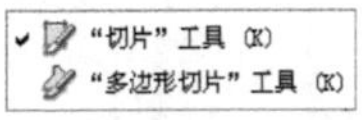

图22-18 切片

（3）【隐藏热点和切片】和【显示热点和切片】工具分别用于隐藏和显示热点或切片的。

5.【颜色】工具

【颜色】工具包括【滴管】、【油漆桶】、【笔触色彩】、【填充色彩】、【设置默认笔触/填充色】、【没有描边或填充】和【交换笔触/填充色】，如图22-19所示。

（1）单击【滴管】工具后，在要取的色彩上单击即可。其实这个工具对矢量图也适用。

（2）用鼠标左键按住【油漆桶】工具右下角的小三角一段时间会看到如图22-20所示的工具。

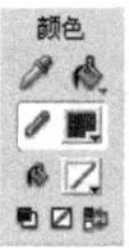

图22-19 【颜色】工具

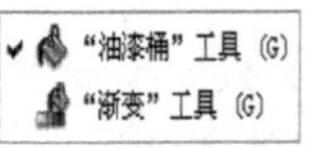

图22-20 油漆桶

其中：

①【油漆桶】工具 用于填色。这个工具对矢量图也适用。用色板上的颜色通过鼠标单击填充给对象。

②【渐变】工具 对矢量图也适用。上渐变色时在对象或选区内点一下即可赋予默认方向渐变填充，要想自定义渐变方向只要拖动鼠标拉出渐变方向即可。

（3）铅笔符号的是【笔触颜色】，油漆桶符号的是【填充颜色】。两者

的用法相同，都要先选中对象，然后单击笔触或填充工具右边的颜色小方格，在出现的调色板中选一种颜色，就实现了上色。如果觉得这些预设的颜色不够用，可以单击调色板上的【系统颜色选取器】按钮，就可以任意选择颜色了；如果单击透明按钮则表示取消笔触填充；也可以在调色板左上角的输入框中通过输入颜色代码选择颜色。除此以外，我们也可以通过属性面板来设置，属性面板上铅笔符号的一列是笔触属性，油漆桶符号的一列是填充属性。

(4)【设置默认笔触/填充色】，黑边白填充。

(5)【没有描边或填充】，选中图中对象，选择笔触或填充颜色，再单击该工具，则会取消对象笔触或填充的颜色。

(6)【交换笔触/填充色】，选中对象后，单击该工具，可以交换对象的笔触和填充颜色。

6.【视图】工具

【视图】工具包括【标准屏幕模式】、【带有菜单的全屏模式】、【全屏模式】、【手形】工具和【缩放】工具，如图22-21所示。

(1)【标准模式】、【带有菜单的全屏模式】和【全屏模式】都是屏幕显示的模式，一般采用【标准模式】，查看效果时用【全屏模式】，可用快捷键F进行切换。

图22-21 【视图】工具

(2)【手形】工具显示页面需要滚动时，用手形工具可以直接拉动画面。在选中其他工具状态下也可通过按空格键暂时转化成手形来拉动画面。

(3)【缩放】工具在页面上单击一次放大一次。如果要缩小，可以先按下Alt键不放，再单击。如果要100%显示页面，双击【缩放】工具图标或使用快捷键Ctrl+1 即可。

22.2 属性面板简介

【属性】面板是工作界面中最下面横排的面板，如果没有显示在工作区中，可通过【窗口】菜单中的【属性】命令打开。属性面板的作用是显示、修改选中对象的几乎所有属性。未选中任何对象时，显示页面属性。在属性面板中修改对象的属性与执行菜单栏中的【修改】|【画布】中的【图像大小】、【画布大小】和【画布颜色】命令是等效的。图22-22所示为选中“一个蓝色星星”图形时的属性面板。

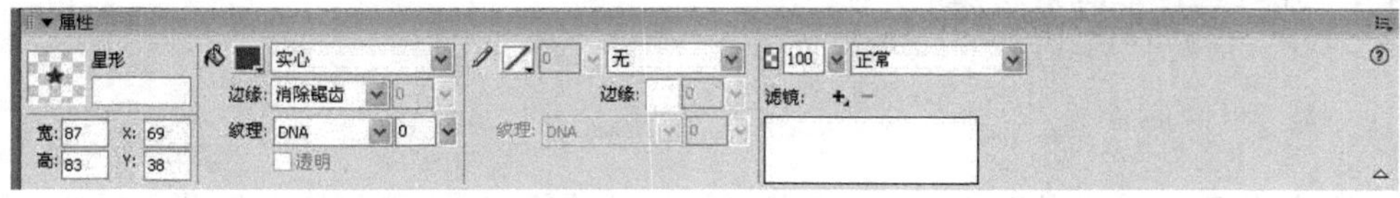

图22-22 属性面板

22.3 浮动面板概述

22.3.1 浮动面板介绍

浮动面板在工作界面右侧，可以通过窗口菜单栏一一调出，包括【优化】面板、【层】面板、【帧】面板、【历史记录】面板、【样式】面板、【库】面板、【自动形状】面板、【URL】面板、【混色器】面板、【样本】面板、【信息】面板、【行为】面板、【查找】面板、【对齐】面板、【自动形状属性】面板、【图像编辑】面板、【特殊字符】面板等。单击每个浮动面板最右上角的【功能选项】按钮，都有各自的功能和面板操作方法。

每个面板既可以独立放置，又可以与其他面板组合成一个面板，但各面板的功能依然相互独立。单击面板上的三角按钮即可展开或折叠该面板。

默认的情况下，以下面板会组合到一起：

【样式】面板、【库】面板、【URL】面板、【形状】面板位于【资源】面板中，如图22-23所示。

【混色器】面板和【样本】面板位于【颜色】面板中，如图22-24所示。

【帧】面板和【历史记录】面板位于【帧和历史记录】面板中，如图22-25所示。

图22-23 【资源】面板

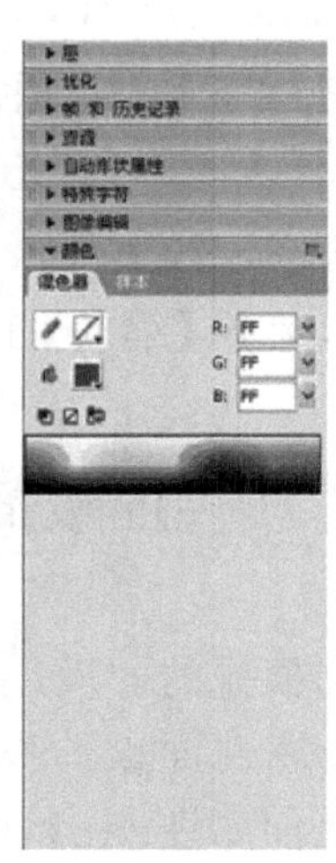

图22-24 【颜色】面板

图22-25 【帧和历史记录】面板

22.3.2 浮动面板的常见操作

1. 显示/隐藏面板

可以通过Tab键或者F4键显示/隐藏已经打开的所有面板（包括工具箱和属性面板），

如果没有出现需要的面板，可以通过【窗口】菜单打开，最基本的面板——工具箱和属性面板的显示/隐藏快捷键分别是Ctrl+F2和Ctrl+F3。

2. 展开/折叠面板组

单击浮动面板组标题栏上的小三角或面板组的名称，可以展开/折叠该面板组。

3. 移动面板

将鼠标指针移动到面板抓取器上（即面板组标题栏最左端的几行小点处），鼠标指针会变成十字箭头形状，此时拖动鼠标就可以移动该面板组了，并可以将其拖曳出面板停放区而成为浮动在界面上的面板。如果想把浮动的面板拖回去，同样使用面板抓取器，将面板拖回到面板停放区就可以了。

4. 组合浮动面板

打开面板的【选项】菜单，选择【将××（当前选中的面板名称）面板组合至】命令，然后选中要组合至的面板即可。

22.4 文档窗口详解

文档窗口的整体布局如图22-26所示。

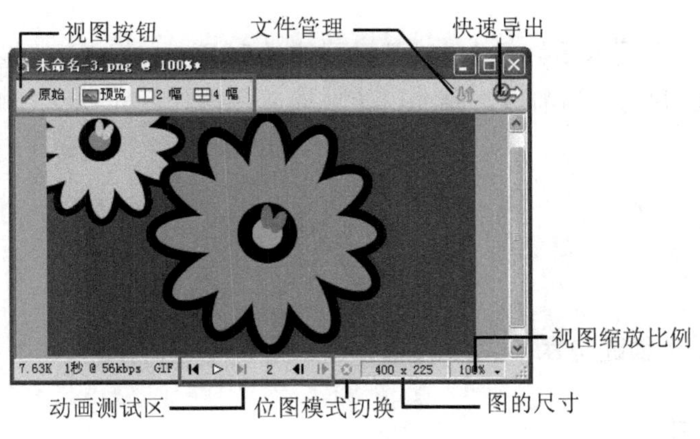

图22-26 文档窗口

每个打开文档的文件名都显示在视图按钮上方的选项卡上。当文档最大化时，可以通过文档窗口顶部的文档选项卡轻松地在多个打开的文档之间进行切换，相当于使用【窗口】菜单最下面的文件选择。文档选项卡中文件名后面出现“星号”的时候，表示该文件距上次编辑之后又有了变动，而且尚未保存。如果操作步骤比较重要或复杂，建议此时应该保存文件。

22.4.1 按钮介绍

在文档窗口的左上角包含有【原始】视图按钮和3个【预览】视图的按钮。可能读者认为编辑着的图就是导出效果，其实不是的。因为编辑状态是PNG格式的图片，而网络上常用的格式则是JPG或GIF。而且非常遗憾的是，这种用于网上的图片效果很难有编辑状态下（PNG格式）的同等效果，因此我们要全力将导出的图片效果尽量与PNG图靠近，而且文件尽量小，所以还需要反复比较，那么导出预览就很重要了。

视图按钮一共有4个，1个是【原始】原始（编辑状态，PNG状态），另外3个是预览状态：【预览】（1幅）预览、【2幅】2幅、【4幅】4幅。其中【2幅】、【4幅】中的第一幅是PNG格式的原始效果。

在文档窗口的右上角包含有【文件管理】按钮和【快速导出】按钮，下面分别介绍一下。

（1）通过【文件管理】按钮可以轻松地访问文件传输命令，用于管理远程的文件。但只有文档位于定义了远程服务器的站点文件夹中时，才会在Fireworks中启用【文件管理】命令。一般较少应用，所以这就不详细介绍了。

（2）使用【快速导出】按钮可以导出多种格式的文件，包括Macromedia应用程序和其他应用程序（如Microsoft FrontPage和Adobe GoLive）的格式。使用方法也比较简单，单击【快速导出】按钮并从显示的弹出菜单中选择一个导出选项即可。

22.4.2 状态栏简介

【状态栏】上显示图的大小，以及在网速为56Kbps情况下的打开该图的时间。右边参数包括页面尺寸、当前放大倍数。动画播放区的作用是测试动画的。

22.5 文档的创建与设置

22.5.1 文档的创建与保存

1. 新建文档

单击【文件】|【新建】菜单命令，弹出【新建文档】对话框，在该对话框中设置画布的“宽度”、“高度”、“分辨率”和“画布颜色”，如图22-27所示，单击【确定】按钮完成设置。

2. 打开文档

单击【文件】|【打开】菜单命令，弹出【打开】对话框，在该对话框中选择好

需要打开的文件后，单击【确定】按钮，所选图像将在工作区中打开。

3. 保存文档

在【文件】菜单中选择【保存】和【另存为】都可以完成文档的保存。

22.5.2 画布的属性设置

画布的属性包括图像大小、画布大小、画布颜色等。可以单击【修改】|【画布】菜单命令，在弹出的级联菜单中选择一项，做相应的设置或修改，如图22-28所示。

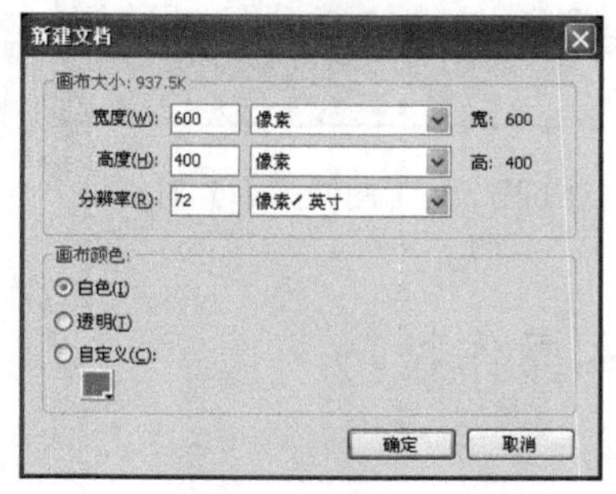

图22-27 【新建文档】对话框

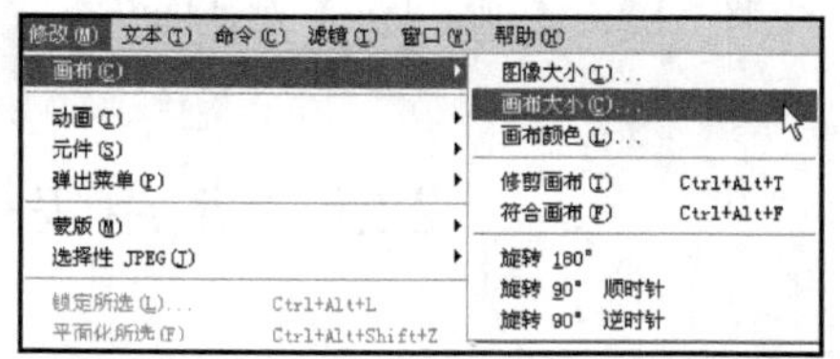

图22-28 设置或修改画布属性

1. 修改画布尺寸

单击【修改】|【画布】|【画布大小】菜单命令，弹出【画布大小】对话框，在该对话框中设置参数，如图22-29所示。

各参数说明如下：

（1）在【宽度】和【高度】框中可以重新设置画布大小，重新设置后画布会相应扩展或缩小。如果画布尺寸小于对象尺寸，对象将被裁剪。

（2）【锚定】给出了画布扩展或缩小的参考方向，默认从中心向四周扩展或缩小。图标上的箭头方向指出了画布扩展或缩小的方向。

2. 修改图像大小

单击【修改】|【画布】|【图像大小】菜单命令，弹出【图像大小】对话框，在该对话框中设置参数，如图22-30所示。

各参数说明如下：

（1）在【像素尺寸】中可以重新设置图像大小。

（2）选择【约束比例】，图像的扩大和缩小保持长和宽的比例不变。

3. 使画布与图像相适应

当画布比画布上的图像大时，可以修剪画布大小使其刚好与画布上的对象相适合。

操作方法如下：

单击【修改】|【画布】|【修剪画布】菜单命令，使画布与画布内图像大小一致。

单击【修改】|【画布】|符合画布】菜单命令，调整画布使其容纳所有的图像对象。

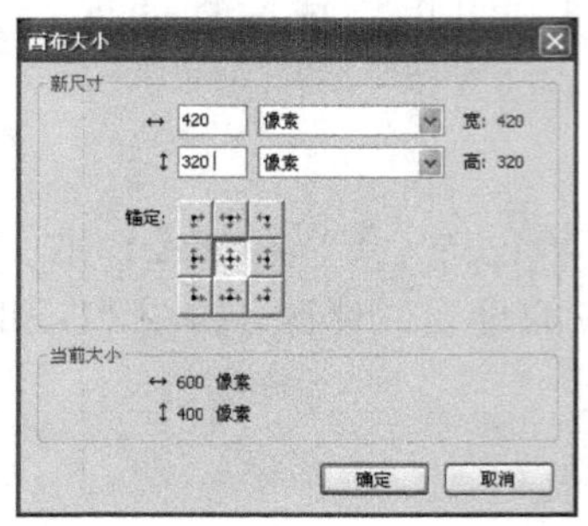

图 22-29 【画布大小】对话框

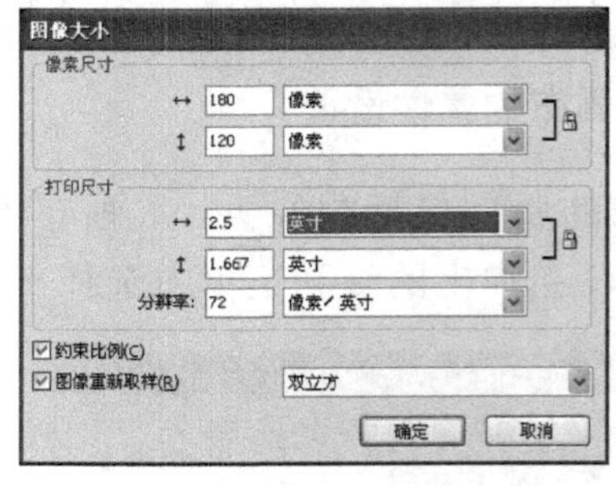

图 22-30 【图像大小】对话框

22.6 常用快捷键和操作技巧

22.6.1 常用快捷键

V：【指针】工具

A：【部分选定】工具

Z：【视图缩放】工具

T：【文本】工具

Q：【缩放】工具

P：【钢笔】工具

K：【切片】工具

Ctrl+Z：撤销

Ctrl+C：复制

Ctrl+X：剪切

Ctrl+V：粘贴

Ctrl+N：新建文件

Ctrl+O：打开文件

Ctrl+S：保存文件

Ctrl+Shift+S：另存文件

Ctrl+A：全选

Ctrl+D：取消选择

Ctrl+Shift+I：反选

Ctrl+G：组合对象

Ctrl+Shift+G：解散组合对象

F8：将选中对象转化成元件

Ctrl+R：导入

Ctrl+Shift+R：导出

Tab 或 F4：显示/隐藏已经打开的所有面板

C：【裁剪】工具

U：【矩形】工具

N：【直线】工具

S：【图章】工具

B：【刷子】/【铅笔】工具

H：【手形】工具

G：【油漆桶】工具

X：交换矢量对象笔触、填充色彩

D：将矢量对象设置成黑色笔触、白色填充

F：显示模式之间切换
O：【自由变形】工具
E：【橡皮擦】工具
R：【模糊】工具
J：【热点】工具
M：【选取框】工具
L：【索套】工具
W：【魔术棒】工具
Y：【刀子】工具
Ctrl+K：完整显示和轮廓显示之间切换
Ctrl+J：接合对象
Ctrl+Shift+J：拆分对象
Ctrl+F：查找替换
Ctrl+Shift+V：粘贴于内部
Ctrl+Shift+Alt+V：粘贴属性
Ctrl+Shift+P：将文本转化为路径
Ctrl+1：100%显示
Ctrl+2：200%显示
Ctrl+0：将工作界面全部显示
Ctrl+=：放大显示
Ctrl+-：缩小显示
Ctrl+Shift+T：数值变形
Ctrl+Shift+Alt+T：补间实例
Ctrl+Shift+Alt+Z：平面化所选
I：【滴管】工具
Ctrl+Alt+R：显示/隐藏标尺
Ctrl+U：首选参数
Ctrl+Shift+↑：将对象移至最前
Ctrl+Shift+↓：将对象移至最后
Ctrl+↑：将对象移前一层
Ctrl+↓：将对象移后一层
Ctrl+→：整体选择
Ctrl+Alt+1：左对齐
Ctrl+Alt+2：垂直居中
Ctrl+Alt+3：右对齐
Ctrl+Alt+4：顶对齐
Ctrl+Alt+5：水平居中
Ctrl+Alt+6：底对齐
Ctrl+Alt+7：均分宽度
Ctrl+Alt+9：均分高度

22.6.2 操作技巧

这些基本操作技巧是为初学者列出来的，操作高手也能从中受益。

（1）绘制圆形或方形时，按住Shift键可以绘制出正方形或正圆形。

（2）在缩放图形尺寸时，如果按住Alt键，则将以图形中心为缩放中心进行缩放。

（3）水平、垂直、45°移动对象时，先移动，再按Shift键，然后放手即可。

（4）鼠标复制对象时，先移动，再按Alt键，然后放手即可。

（5）按Ctrl键可临时切换到【指针】工具，并可以执行移动、缩放操作，放开Ctrl键回到当前工具。

（6）位图选区技巧：增加选区的方法是先做出一个选区，然后按住Shift键的同时，再次使用选择命令；减少选区则按Alt键；取相交部分选区的方法是同时按住Shift和Alt键，再使用选择命令，取消选择Ctrl+D。

（7）F8：将对象转化成元件。

（8）Ctrl+Shift+V：粘贴于容器内，制作矢量蒙版。

（9）Ctrl+Shift+Alt+V：粘贴属性。选中一个对象，按Ctrl+C后，选中另一个对象，用粘贴属性功能（Ctrl+Shift+Alt+V）可以将前一个对象的填充、笔触色彩、笔触大小、效果、字型和字号等属性全部赋予这个对象。

（10）对象A要粘贴到对象B前面，只需选中对象A，按Ctrl+X或Ctrl+C，再选择对象B，按Ctrl+V即可（取消选择的情况下，Ctrl+V则粘贴到最前面）。

（11）属性面板的显示/隐藏快捷键分别是Ctrl+F2和Ctrl+F3。

（12）选择被遮挡对象有以下4种方法：

①全选之后按Shift键取消前面对象的选择。

②使用工具箱中的【逐层选择】工具。

③在【视图】菜单中将【完整视图】前的勾去掉，变成【轮廓视图】。

④通过图层选择。

（13）Fireworks同时打开两个文件时，可以通过鼠标将一个文件中的对象拖曳到另一个文件页面中去，相当于复制。

22.7 习题与上机操作

1. 填空

（1）绘制圆形或方形时，按住________________键可以绘制出正方形或正圆形。

（2）用鼠标复制对象时，先移动再按________________键，然后放手即可。

2. 上机操作

（1）绘制如图22-31所示的心形图案，添加文字并制作模糊效果。

（2）制作一个透明感很强的按钮，效果如图22-32所示。

图22-31 心形图案效果图

图22-32 按钮效果图

第23章　图形的绘制及处理

教学目标

本章重点讲述常用的矢量图命令，以及矢量图笔触和填充属性，并且通过大量实例详细讲解了矢量图的绘制过程，最后教大家制作几种常见的变形文字效果。

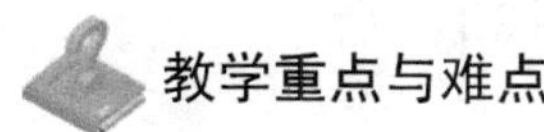

教学重点与难点

掌握常用的矢量命令；掌握绘制矢量图的方法；矢量图笔触与填充属性；制作变形文字效果。

23.1　矢量图绘制入门举例

图23-1所示的图标一般用于手机或PDA的操作界面。我们先将最简单的图标（第一个，类似光盘的图标）画出来，作为熟悉Fireworks 8的一个入门准备。

操作步骤如下：

（1）用鼠标单击工作窗口左边【工具】面板中【矢量】部分的【矩形】工具按钮，并按住一会儿，接着从弹出的工具组中选择【椭圆】工具，按住Shift键不放手，在页面上画出一个很小的正圆形，由于太小不容易操作，所以我们放大视图观看，如图23-2所示。

（2）然后再画出一个小的圆出来。不要嫌它粗糙，只要在100%的状态下看时，就会恢复正常。初学者非常困惑矢量图形为什么放大视图看会失真，其实这是正常的，放大视图和拉大图形是两个概念，只要在100%视图下，无论怎么拉大图形都不会失真。如图23-3所示的视图就是100%状态下的效果。

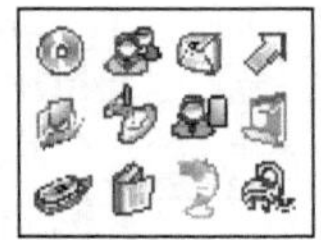

图23-1　操作界面的图标

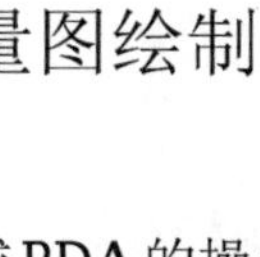

图23-2　绘制圆形

图23-3　100%状态下的视图

（3）现在来对齐这两个圆。先全选这两个圆，然后执行【修改】|【对齐】|【水

平居中】菜单命令。再执行【修改】|【对齐】|【垂直居中】菜单命令，得到如图23-4所示的效果。

（4）执行【修改】|【组合路径】|【打孔】菜单命令，两个圆就结合成一个环形了。在这个环形中用同样的方法画两个圆，并对齐、打孔做成环形，如图23-5所示。

图23-4 对齐后的效果

图23-5 同样方法制作另一个环形

（5）然后为这个环形上色。选中这个环形，在【属性】面板中先取消它的笔触色彩，取消方法如图23-6所示。接着为这个环形上渐变色，如图23-7所示。

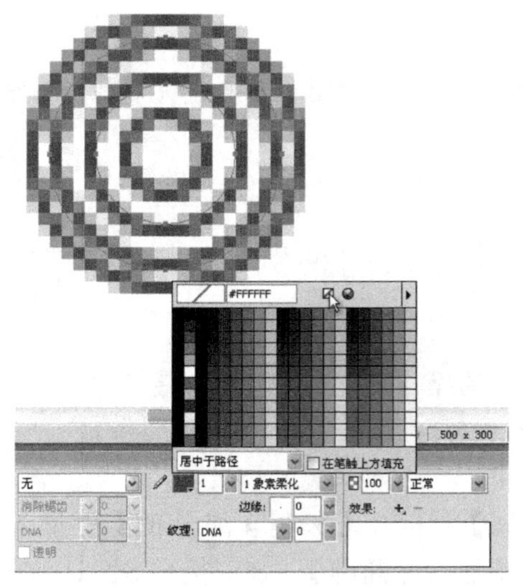

图23-6 取消笔触色彩

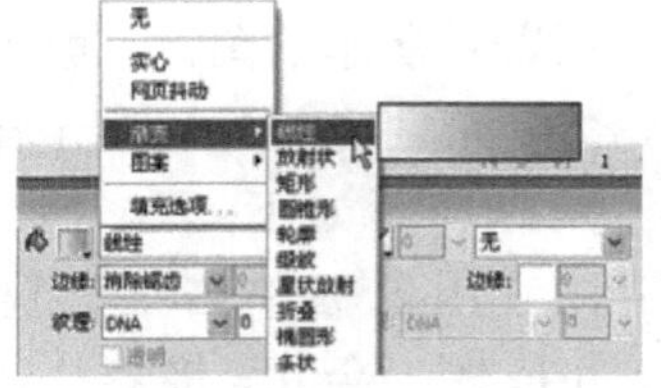

图23-7 为环形上渐变色

（6）已经接近效果了，在100%视图下查看，如图23-8所示。为了逼真一些，画一个如图23-9所示的封闭形状，来为这个环形打孔。

（7）最后再为环形添加阴影效果，即可得到如图23-10所示的图标。

图23-8 做出内环渐变效果

图23-9 全选这两个封闭图形，准备打孔

图23-10 最后效果

至此已经完成了该实例的制作。在制作过程中接触了许多有关笔触和填充的属性，下一节我们将对相关的属性进行讲解。

23.2 矢量图笔触和填充属性

23.2.1 笔触属性

笔触是专业叫法，说通俗一点就是对象的边，笔触属性包括矢量对象边的颜色、大小、描边种类等相关参数，如图23-11所示。笔触属性区的各项功能只针对矢量对象，对位图对象不产生作用。

为矢量对象的笔触上色或修改颜色可选择【工具箱】、【属性】面板或【混色器】面板来完成，3种上色方法基本相同，下面以【属性】面板为例，介绍笔触上色的操作方法。

（1）选中对象，在【属性】面板笔触属性一栏中色彩方格所显示的色彩即该对象的“笔触色彩”。

（2）单击【属性】面板上的色彩方格，将弹出色调色板，这时鼠标会自动变成吸管形状。

（3）调色板上提供了200多种预设的颜色（这些颜色也称为网页安全色），用吸管在调色板上单击，即可获得所需要的颜色。如果不满足于调色板中提供的颜色，也可以将滴管放到调色板外，吸取系统窗口上其他位置的色彩。

（4）另外，我们还可以单击该调色板右上角的【系统颜色选取器】按钮进行选择，在这里可以调出所有色彩，如图23-12所示。

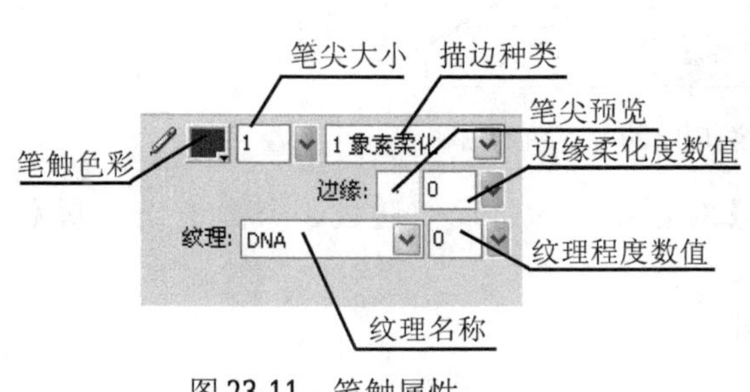

图23-11 笔触属性

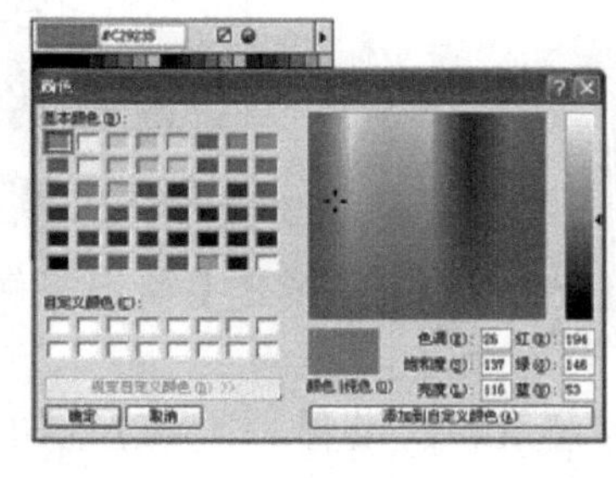

图23-12 系统颜色选取器

在图23-11所示的笔触属性中，各相关参数的作用如下。

【笔尖大小】默认提供的最大数字是100，最小值为1。若需要大于100，则可以直接在文本框中输入数字，但不能输入小于1的数值。需要注意的是，【笔尖大小】不要设得太大，否则电脑的速度会变得很慢。

【笔尖预览】和上边的【描边种类】以及【笔尖大小】配合使用，【边缘柔化】效果等于羽化笔触。

【纹理】这一功能在填充时将会经常使用，由于方法类似，将在后面的填充部分对这一功能进行详细讲解。

【描边种类】是指线型。线型包括实线、虚线和个性线。选中一条线，它的【描边种类】便显示在【属性】面板上。更换方法是打开【描边种类】下拉菜单，在菜单中进行选择，其中【铅笔】|【1像素】和【铅笔】|【1像素柔化】是两个最常用、最基本的描边种类，其他效果笔触根据个人喜好而定。另外，还可以通过笔触的预览功能预览被选笔触的效果。

在描边种类的下拉列表框中找到【笔触选项】，单击可以看到弹出的面板中拥有【属性】面板上的全部选项，如图23-13所示，图中所列功能和前面介绍过的【属性】面板中的笔触栏类似。单击【保存自定义笔触】按钮将自行设置后的笔触属性进行保存，保存后自动出现在【描边种类】中，以后可以随时选用。

【笔触位置】下拉列表框中有3个选项，如图23-13所示。这3个选项后的效果分别如图23-14所示。有一点需要注意，笔触位置设定好后，因为没有【确定】类的按钮，所以必须按回车键或用鼠标在页面上单击一下，让该框消失。要取消笔触设定，则可以按Esc键。

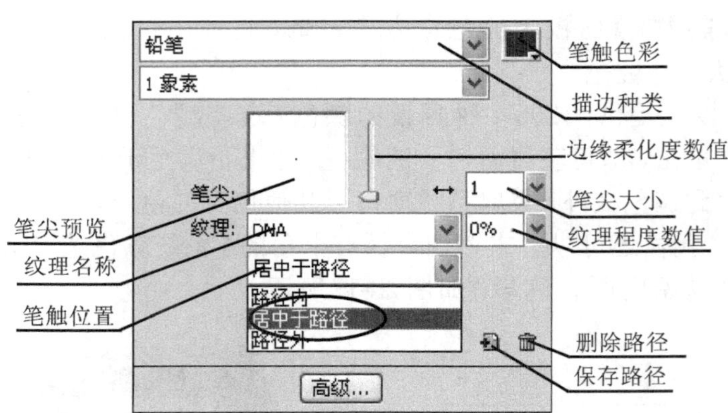

图23-13 笔触选项中的各项功能图解

单击高级...按钮，弹出【编辑笔触】对话框。下面我们通过3个例子来了解【高级】选项中的重要内容。

例1：直角边的设置。设置过程如图23-15所示。

图23-14 笔触位置示意图　　图23-15 笔触形状选择

例2：虚线参数的设置。

单击【选项】选项卡，在【虚线】下拉列表框中选择所需的样式，可以实现各种虚线效果，如图23-16所示。

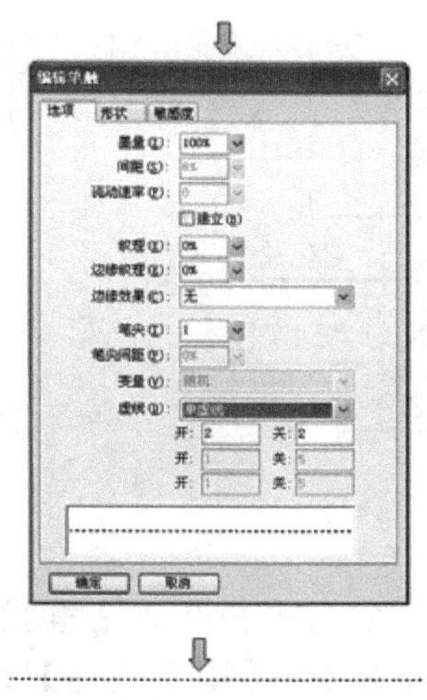

图 23-16　虚线参数设置

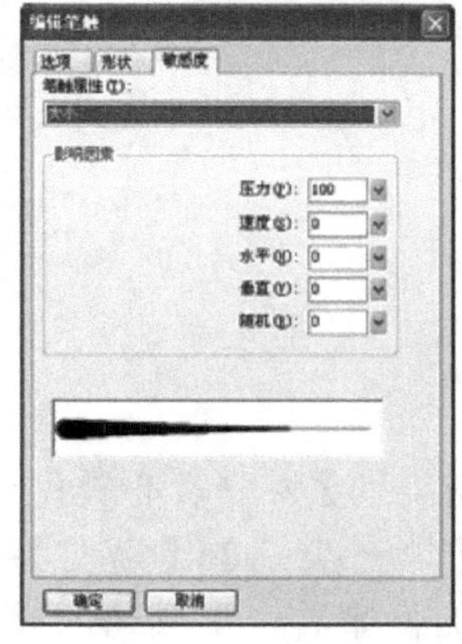

图 23-17　笔触压力设置

例3：使用压感笔或【路径洗刷】工具前的预设置。

我们经常需要对【描边种类】和【笔尖大小】较粗的笔触进行路径洗刷艺术处理，但必须先设置笔触的压力，否则是“洗刷”不了的。单击【敏感度】选项卡，可以设置笔触的压力，先将【笔触属性】设置为【大小】，再把压力设置为100（默认是0），如图23-17所示。设置好以后，就可以用路径洗刷减弱工具开始刷了，效果如图23-18所示。

若对路径洗刷的效果不满意，还可以用洗刷加强工具重新修补回来，效果如图23-19所示。

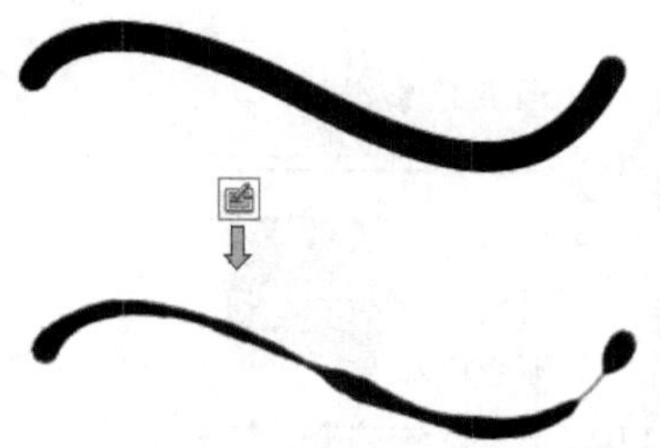

图 23-18　路径洗刷减弱工具刷后的效果

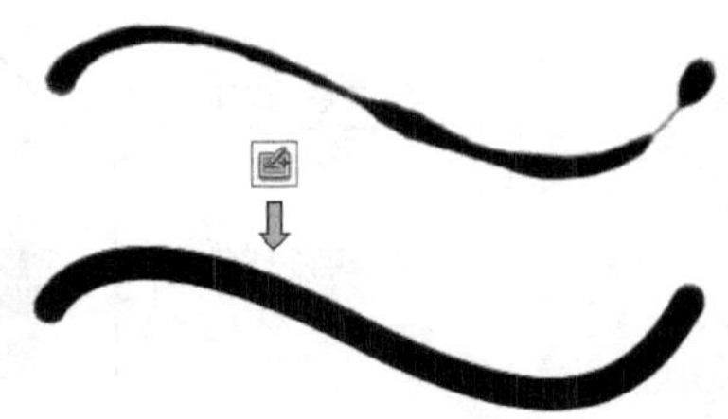

图 23-19　路径洗刷加强工具刷后的效果

23.2.2　填充属性

实体填充属性包括【填充色彩】、【填充类别】、【边缘】设置和【纹理】设置，如图23-20笔触属性所示。

1.【填充类别】和【填充色彩】

【填充类别】为实心时，【填充色彩】的赋值方法和笔触上色一样，即单击填充中的色彩方块为选中对象的填充直接上色。

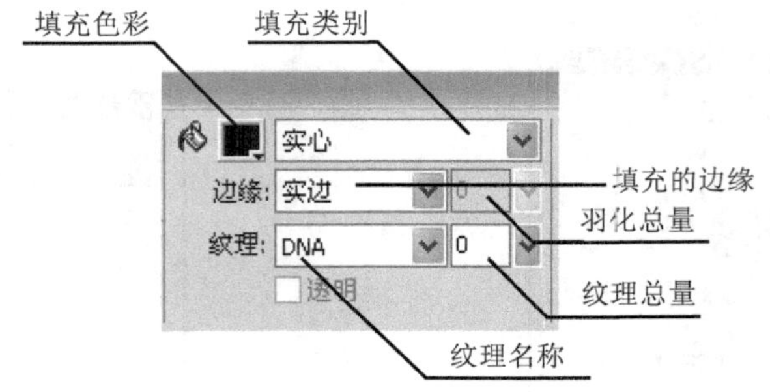

图 23-20　实体填充属性

【填充类别】为非实心类型时有以下几种情况：

(1)【填充类别】|【渐变】：渐变是很常用的一个上色技巧，这里我们以“线性渐变”为例来看一下具体的操作步骤。首先选择对象使用【填充类别】|【渐变】弹出渐变预览后选择【线性】渐变的方式，即完成渐变填充。

①调节渐变的形状和位置。用【指针】工具选中对象，发现该渐变对象有一条两端有点的渐变示意线，圆形点表示渐变始点，移动该点则移动渐变位置；方形点表示渐变末点，移动该点则移动渐变角度、渐变长短。

②调节渐变的色彩。单击色彩方块弹出渐变调色器，如图23-21所示。图中有4个滑块，下面两个分别是始末渐变色的色彩滑块，上面两个是对应的不透明度滑块。单击色彩滑块弹出调色板换色，移动色彩滑块改变渐变色比例，在渐变滑杆下无滑块位置单击则添加新渐变色彩，选中色彩滑块向下拉即删除该色彩。

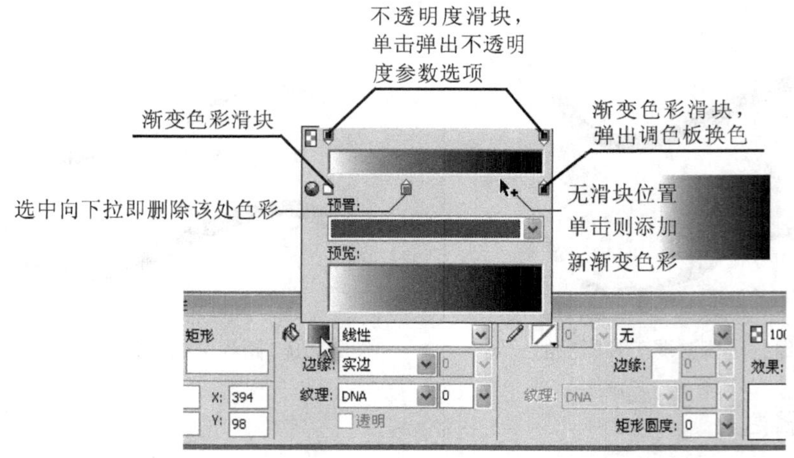

图 23-21　实体渐变填充属性设置

③调节不透明度。单击不透明度滑块弹出不透明度参数选项，拉动滑块调节该渐变位置的不透明度，100表示完全不透明，0表示完全透明，中间数值就是不同程度的半透明数值。

渐变有很多种类型，操作方法上大同小异。其中常用的有线性渐变、放射状渐变和椭圆形渐变，其他的渐变方式很少用，有时候作为特效使用可能会有不错的效果。

（2）【填充类别】|【网页抖动】：选【网页抖动】后好像没发现有什么变化，其实是有变化的。请打开色彩方块按钮，看看右边4个色彩方块按钮，对角的两个色彩颜色永远保持一致，带小三角的色彩方块可以换色，试一试换两个不同的色彩，变化已经很明显了。真让人意想不到，出现了类似印刷网点的效果。这个技巧操作起来既简单，又能实现令人满意的效果，如图23-22所示。

（3）【填充类别】|【图案】：添加类似材料类型的填充，有预览功能，注意还可以上下滚动。需要修改时，单击左边的色彩方块进行重新选择即可。

2.【纹理】工具

【纹理】：【纹理】和【填充类别】|【图案填充】最大的不同是【图案填充】偏重于材料，【纹理】则偏重于抽象图案。

【纹理】的用法：首先选择想要的纹理效果（注意还可以上下滚动选择纹理名称），再通过调节纹理数值来确定纹理影响的程度。我们看看下面的例子，就会发现用【纹理】做底纹效果是多么容易，如图23-23所示。

图23-22 网页抖动填充效果

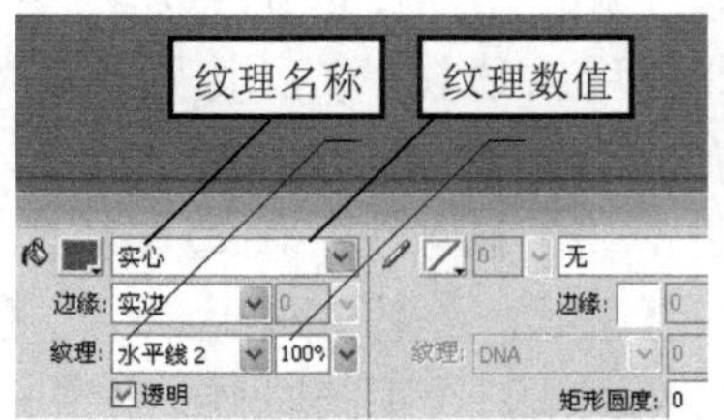

图23-23 实体纹理填充属性设置

3.【边缘】工具

【边缘】有【实边】、【消除锯齿】和【羽化】3种。【羽化】的效果就是边缘模糊，当选择羽化时，右边的数值用来调节羽化参数。【实边】和【消除锯齿】的意义将在下一节中详细介绍。

23.2.3 软、硬边及填充的使用技巧

对软、硬边的研究能够帮助读者更好地理解和掌握整个网页图形的显示规律。“软”在图形软件中的定义是“消除锯齿”，而“硬”的定义是“不消除锯齿”。多数人总会觉得消除锯齿的效果会更好些，其实不然，要视情况而定。

软边、硬边针对的对象是笔触、填充和文字。一般在笔触中用得最多的软边是【铅笔】|【1像素柔化】；硬边是【铅笔】|【1像素】；填充中软填充是【边缘】|【消除锯齿】，硬填充是【边缘】|【实边】；文字中软填充是各类消除锯齿；硬填充是【不消除锯齿】。

现在我们用一些实例研究一下软、硬边有何不同。

如图23-24所示，画个大圆，选硬边（【铅笔】|【1像素】），锯齿明显，很不

好看。再按住Shift画一条【描边种类】为【铅笔】|【1像素柔化】的折线，似乎感觉很模糊。

下面分别改一下，如图23-25所示，大圆改用软边（【铅笔】|【1像素柔化】）、折线改用硬边（【铅笔】|【1像素】）。效果就不同了。

图23-24 错误的软硬设置　　图23-25 正确的软硬设置

这是什么原理呢？原来其中是有规律可循的，暂且归纳为：直线用硬边，曲线用软边。

但这个规律也不是万能的，我们再看一个“小圆”的例子：先画个多边形，按照上面总结的规律，直线用硬边，在多边形中画4个软边的小圆，4个小圆一塌糊涂什么都看不清楚，如图23-26左图所示。这时如果换成硬边，小圆则清晰漂亮，如图23-26右图所示。

通过以上两个实例，我们总结一下软边硬边使用原理：绘图中，一般直线用硬边硬填充，曲线用软边软填充；特别小的对象不论曲直一般用硬边硬填充；圆角方形根据个人喜好决定，但粗边圆角方形用软边软填充好些。最后很重要的一点，无论任何对象，软边都要配软填充，硬边都要配硬填充。另外，虚线一般都是软边，除了一个硬边种类：【描边类型】|【虚线】|【实边破折线】。

用Fireworks制作字的时候，小字和大字的软边硬边也很有讲究，下面将其中的规律详细讲解一下。

汉字：14号字是分水岭，小字一般用12号和14号比较好，用宋体，不消除锯齿出来的字就和Dreamweaver排版字体一样清晰；14号以上的字不消除锯齿就很难看，要用消除锯齿，字体不限。

英文：12号字为分水岭，做法和汉字一样。值得一提的是，现在网上有种很漂亮的英文小字，叫04b_08，在Fireworks里用8号字并不能显示出效果，要用6号字、不消除锯齿，效果如图23-27所示。

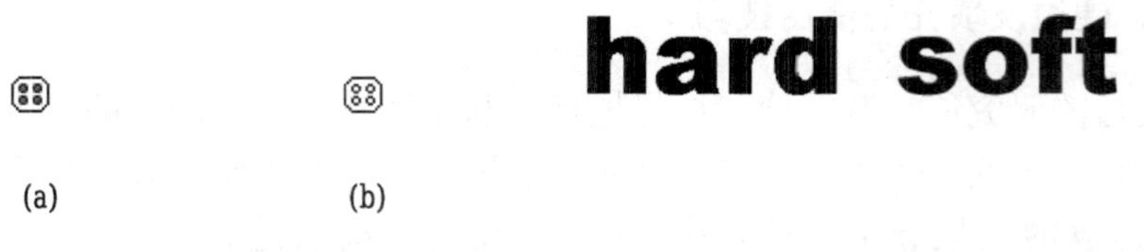

图23-26 小圆软边硬边设置　　图23-27 文本软边和硬边设置技巧

23.2.4 滤镜属性效果

【属性】面板的【滤镜】一栏为图形提供多种特殊效果，而且不限矢量图或位图，包括【调整颜色】、【阴影和光晕】、【斜角和浮雕】、【模糊】等属性。单击“+”按钮可以“添加动态滤镜或选择预设”，单击蓝色的图标可以“编辑并排列效果”，选中某效果后单击“－”按钮可“删除当前所选的动态滤镜”，将前面的“√”改为“×”时则为暂时隐藏该效果 色相/饱和度... ，如图23-28所示。

说明 将制作效果后的对象【组合】成组合对象，选中该组合对象，会发现下面的【滤镜】属性框为空，因为这里所做的效果不作用于组合对象只作用于单个对象，只有通过【部分选定】工具选择或解散组合后才可以看到单个对象的效果参数。同样的道理，如果将无效果的若干个对象组合后添加滤镜效果，【解散组合】后相应的滤镜效果就不存在了，因为所做的滤镜效果不作用于单个对象只作用于组合对象。制作时要根据不同情况而定。图23-29中列出了一些滤镜效果属性便于我们直观了解。

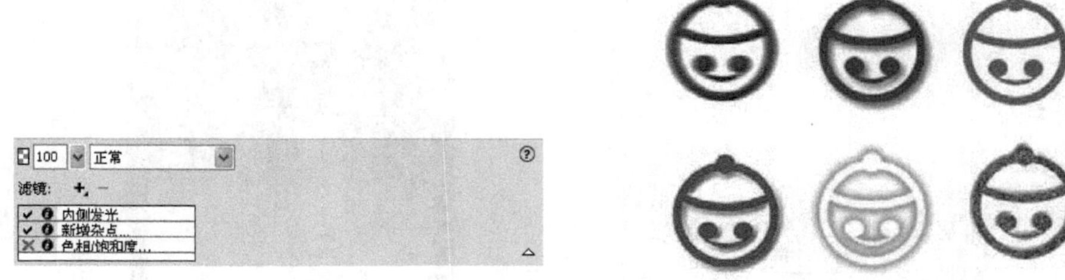

图22-28 效果属性 图23-29 滤镜属性的效果展示

23.2.5 不透明度和混合模式

1. 不透明度属性

选中对象（不限矢量图或位图），通过【属性】面板的不透明度选项按钮 100 可以查看或修改对象的不透明度。值得一提的是，【属性】面板的不透明度功能完全等同于【层】面板中的不透明度功能。

透明和效果属性一样，在选择透明的时候要注意是针对单个对象还是整个组合对象，虽然有时候效果一样，但针对对象是不同的。例如，将不透明度为30的对象组合对象后，为该组合对象（【属性】面板显示透明度100）再次设定透明度为50的话，显示出来的真正视觉不透明度是15%。

2. 混合模式属性

【混合模式】属性是针对对象的一种显示模式。如图23-30所示，所有对象的默认模式均为【正常】，除【正常】模式外，还有【色彩增值】、【屏幕】、【变暗】和【变亮】等十几种特殊混合模式，将选中对象赋予特殊模式后，该对象将对其下面的对象产生不同的计算方式，从而得到不同的显示效果。比如说用得比较多的【色彩增值】模式，工作方式是以纯黑色为最强，纯白色为最弱，中间色调色彩相减的原则对下面物体进行色彩叠加；而【屏幕】模式正好相反，表示以纯黑色为最弱、纯白色为最强、中间色调色彩相加的原则对下面物体进行叠加。

例如，将一张白底黑线条的图放到红色背景页面中，如图23-31所示，选用【色彩增值】模式后，白色最弱，遇红色消失，黑色最强，遇红色全部将红色“吞吃”，出现的效果就是变成红底黑线条；如果对此图选用【屏幕】模式，白色最强，遇红色全部“吞吃”，黑色最弱，遇红色全部消失，变成白底红线条的图了。但图如果不是黑色而是褐色，红色遇到褐色就会叠加出新的色彩来。混合模式经常会做出很独特且艺术感很强的效果。

图 23-30　混合模式属性

图 23-31　混合模式属性图例

23.3　常用矢量图绘制工具介绍

23.3.1　钢笔工具绘图技巧

（1）画直线。选择【钢笔】工具，在页面上单击绘出第一点后放开鼠标左键，换个位置再单击绘出第二点再放开鼠标……折线就画出来了，要封闭路径的话，最后再单击第一点即可。

（2）画曲线。选择【钢笔】工具，在页面上单击绘出第一点后放开鼠标左键，换个位置再单击但不要放开鼠标，移动鼠标就可以沿切线位置拉出一个带两个手柄的曲线来，最后再单击第一点就可以封闭路径。

（3）画能随意调节弧度或能曲直结合的曲线。在页面上第一点单击后放开鼠标左键，换个位置再单击但不要放开鼠标，移动鼠标就可以拉出一个带两个手柄的曲线来，不要急着画第三点，而回到第二点上单击，就可以将双手柄变成单手柄，然后就可以画出任意的曲线了。

（4）增删节点。增加节点，用【钢笔】工具直接在路径上没有节点的地方单击即可；删除节点，用【钢笔】工具双击该节点（第一下将带手柄的曲线点转成直线点）

或者用【部分选定】工具选中该点后按键盘上的Delete键。

（5）路径曲度、节点移动。可以通过【部分选定】工具调节节点或节点手柄的方法来实现。

（6）直线改曲线方法。选择【钢笔】工具，按下Alt键后用【钢笔】工具拖曳该直线的节点拉出手柄后，再用【部分选定】工具调节。

（7）曲线改直线方法。用【钢笔】工具单击该曲线节点即可。

（8）节点控制技巧。如果要封闭没有选取的线段，只需用【部分选定】工具先选取该可。描画节点的同时如果要移动节点，只需按下Ctrl键就可以临时变成部分选定工具，放开Ctrl键后又回到了【钢笔】工具，这里使用快捷键操作很方便，省去了来回切换的麻烦。

23.3.2 部分选定工具

【部分选定】工具的使用技巧如下：

（1）和【指针】工具一样，【部分选定】工具也可以用框选的方法选择，但这里选中的是对象中的节点而不是整个对象，选中的节点以实心蓝点显示，未选中的节点则以空心显示。

（2）按下Shift键后可实现加选或减选节点。

（3）选中节点后经常要用鼠标和方向键相结合的方法移动节点。

（4）选中节点按Delete键删除的是该节点而不是整个对象。

（5）移动节点通过拖曳节点实现，而改变曲线的曲度要拉动节点手柄完成。

（6）【部分选定】工具无法实现将直线变成曲线、曲线变成直线和增加节点的编辑任务，而必须由【钢笔】工具来完成。

23.3.3 组合路径制作

在本质上，这里介绍的【组合路径】与组合对象不一样。【组合】对象是临时将一个或几个对象组成一个松散的组合对象，【组合】对象内的单个物体属性不变。而【组合路径】是将两个以上单个对象通过组合命令合成一个新的对象。

制作【组合路径】要通过【修改】|【组合路径】菜单下面的【接合/拆分】、【联合】、【交集】、【打孔】、【裁切】这几个命令完成。图23-32中列出了【联合】、【交集】和【打孔】这几个命令的图解帮助理解。

【接合/拆分】是和其他几个命令不同的组合命令，具体表现在接合后的物体可以拆分。

关于接合和拆分有两个小技巧：

（1）所有文字（比如小写的i）转成曲线后自动成为接合对象，如果用【部分选定】工具选中i上面的点，是不能单独移开的，但【拆分】之后就可以随意移动了。如果想用字母做标志，这个命令就派上用场了。

（2）在两条线上各选中一个节点，执行【接合】命令可以将两条线段连成一条。

这里需要注意的有一点：复杂组合命令接合后的新对象继承后面对象的所有属性。

23.3.4 多边形和特殊图形绘制工具

如图23-33所示，用智能多边形绘制工具中的【箭头】工具画出一个箭头智能多边形后，切换到【指针】工具，选中该对象，发现上面有一些黄色菱形标记，鼠标指上去后还会出现提示：控制“圆度”的菱形向右拉出现圆角；控制“高度”的菱形向下可以拉出转角；控制箭头大小和箭头的两个菱形标记可以改变箭头大小和箭头形状等。其他智能多边形的用法也类似。

将智能多边形转化成普通多边形的方法是：执行菜单栏命令【修改】|【取消组合】（或快捷键Ctrl+Shift+G）。

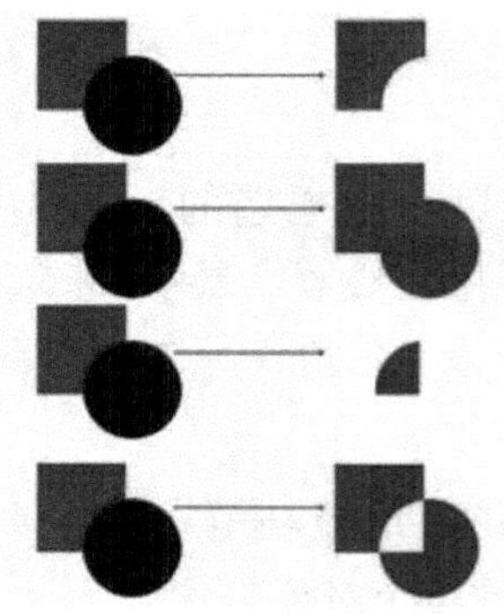

图23-32 组合路径

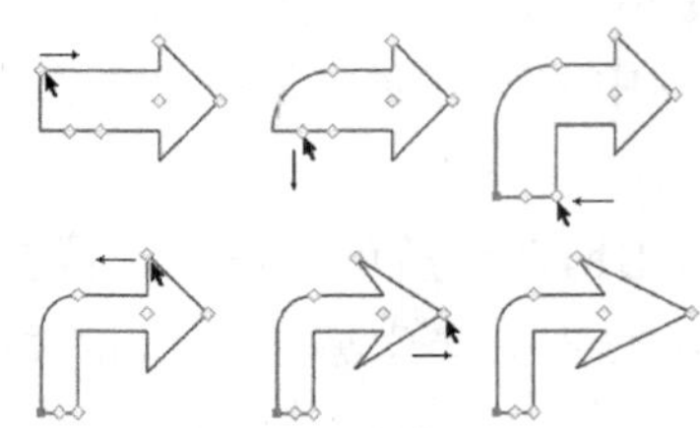

图23-33 用智能多边形工具画箭头

23.3.5 利用自动形状绘制透明胶带

自动形状的绘制也很简单，先用【窗口】|【自动形状】菜单命令打开【形状】面板，如图23-34所示。

【自动形状】的用法和智能多边形工具相同，下面以做透明胶带为例，介绍其使用方法。

从【形状】面板拉出圆柱形，如图23-35所示。选中这个圆柱体可以直接在属性中更换填充色彩和笔触色彩。

图23-34 【自动形状】面板

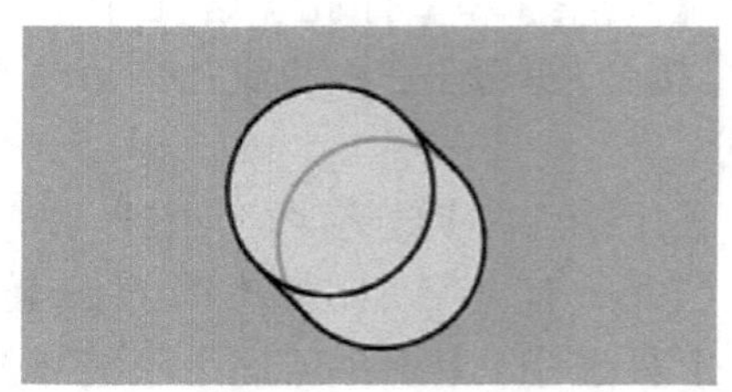

图23-35 利用自由形状做出圆柱形

选中圆柱，会看到几个自动形状的黄色菱形标记。鼠标指上去后将有提示文字出现，很直观。拉动各个黄色菱形改变透视、偏移，然后用【工具箱】中的【扭曲】工具(或连按三次Q键)改变透视角度，透视的最终效果如图23-36所示。

胶带是空心的，因此需要给它挖个洞，做法是先复制该图形，缩小，并改成白色，放到大圆柱中心。由于大的圆柱本身就有透明效果，看起来有点像了，如图23-37所示。

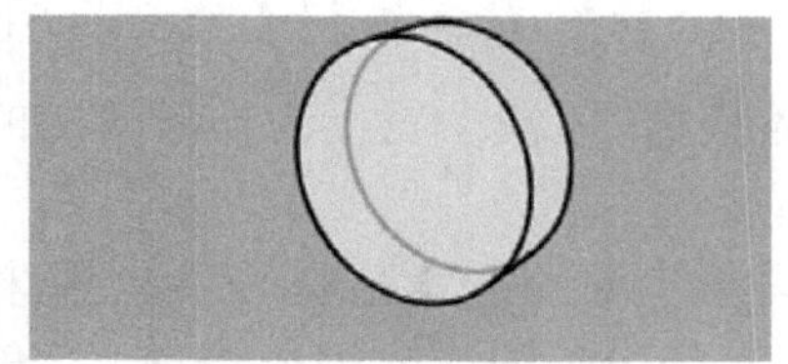

图23-36　改变透视

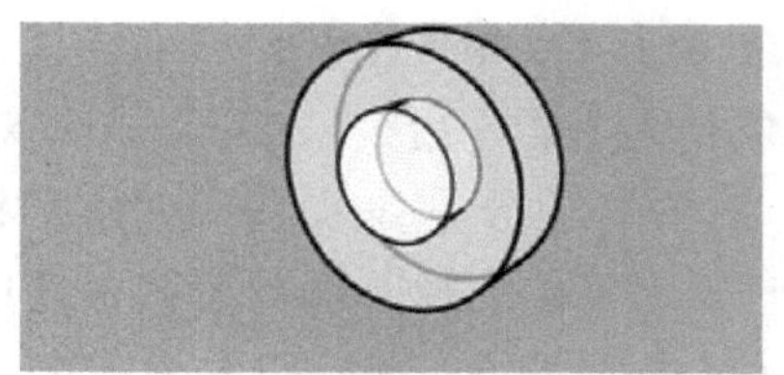

图23-37　用同样方法制作另一圆柱

胶带中间那个空心塑料不是单纯挖空的，应该有个厚度，方法是再用中间那个圆柱复制一个，缩小放进去，注意可以随时改变【属性】面板上的不透明度属性看效果。这个不透明度功能，画效果图的时候很实用，局部细化后的效果如图23-38所示。

基本形状已经出来了，紧接着用线描绘细部，应该有个槽状的感觉，画个椭圆形就可以了，效果如图23-39所示。

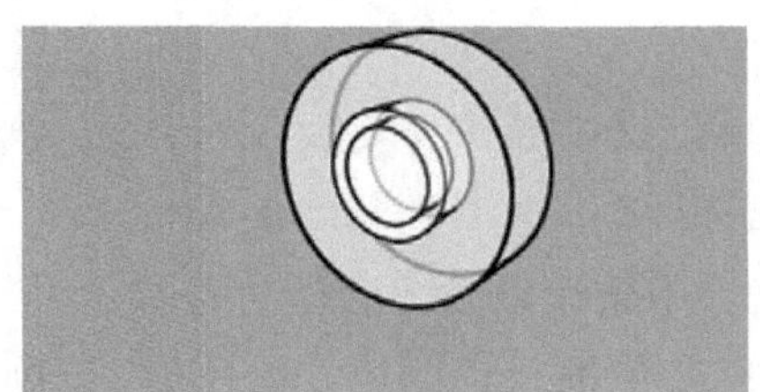

图23-38　局部细化

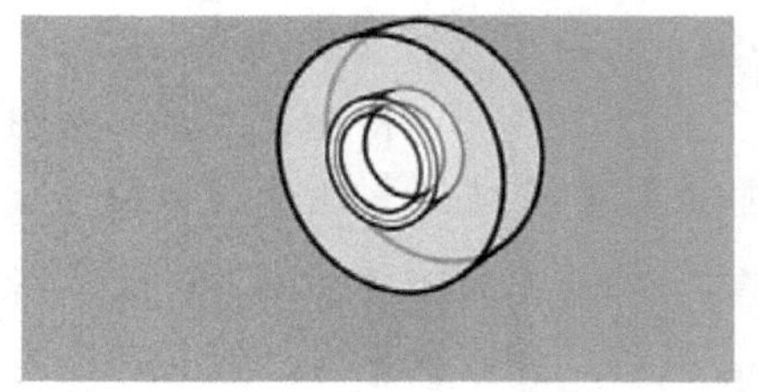

图23-39　继续细化

再次拉动一个圆柱形到页面，拉动黄色菱形改变透视、偏移。做好后再次运用复制、缩小等命令做成一个轴。沿透视方向画出虚线，如图23-40所示。

从【形状】面板拉出透视物体，调整黄色菱形，丰富视觉效果；使用【工具箱】中的智能多边形工具做出箭头。利用【属性】面板的透明功能做出胶带的感觉，如图23-41所示。

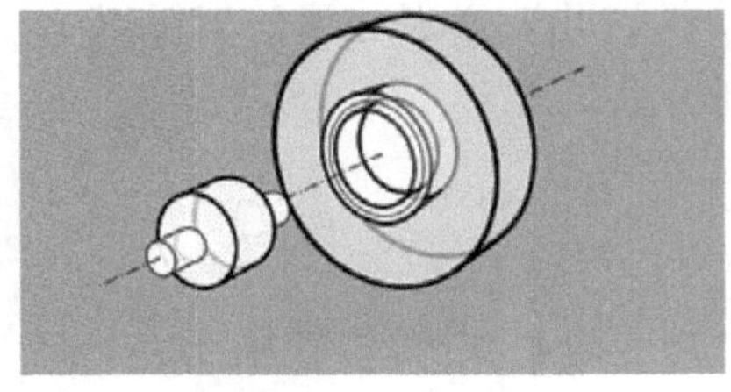

图23-40　画出中轴

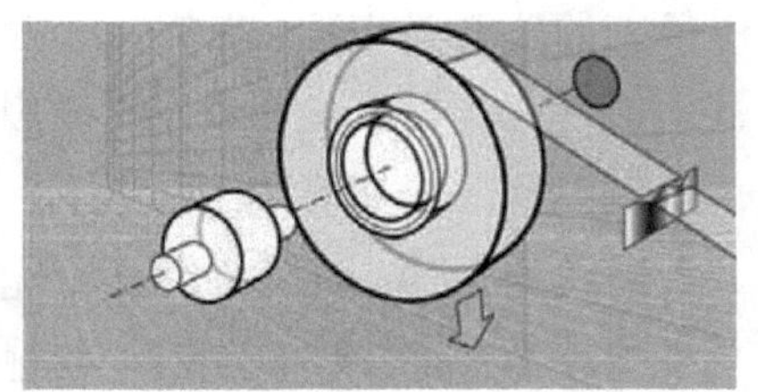

图23-41　利用自由形状做出透视网格

最后对透明胶带图形做些修饰，其效果如图23-42所示。

图23-42 最后效果图

23.3.6 改变路径

（1）简化路径。执行【修改】|【改变路径】|【简化】菜单命令，减少复杂路径的节点。注意数字不要选太大，否则将造成过度的变形。根据经验，数值选1～5最合适。

（2）扩展路径。执行【修改】|【改变路径】|【扩展笔触】菜单命令，可以将一个对象做出双边环状物的效果，宽度为该环状物的宽度；拐角选项分别是尖角、圆角和钝角。

（3）伸缩路径。执行【修改】|【改变路径】|【伸缩路径】菜单命令，用来扩张或者收缩路径，方向向内为收缩，向外为扩张，宽度为扩张或收缩的距离；拐角选项分别是尖角、圆角和钝角。

23.3.7 矢量蒙版

将一个对象"装"到一个矢量容器内的过程就叫制作蒙版效果。

制作矢量蒙版有两种方法。

方法一，做一个对象，复制它。选中矢量容器，执行【编辑】|【粘贴于内部】菜单命令，即完成矢量蒙版的制作。

方法二，做一个矢量容器，按快捷键Ctrl+X剪切，选中欲作为蒙版内的对象，执行【编辑】|【粘贴为蒙版】菜单命令。两个制作过程方法相反但效果一样。

移动整个蒙版组合对象：在容器内对象上单击选中整个蒙版内容即可移动。

只移动蒙版内对象：单击容器内对象，中心出现蓝色梅花状标记，移动该标记则只移动蒙版内对象而不移动蒙版。

修改蒙版节点：使用部分选定工具单击蒙版的边缘即可编辑。

修改蒙版内对象节点：使用部分选定工具单击蒙版内对象后即可编辑。

23.3.8 利用矢量命令绘制时尚手表

做一个时尚手表，我们还是想像着画，画完后相信读者就会明白想像画其实很简单！

手表的要素是表面、表壳、发条、表针和文字，把这几要素表达清楚就可以了。至于其他的部件，可以按照个人喜好想到哪里就画到哪里。

绘制两个圆，参数如下。

大圆填充色彩：#CCCCCC，无笔触，用软填充。

小圆填充色彩：#00325F，笔触用白色，笔尖大小为4，用软边软填充。

对齐这两个圆，先执行【修改】|【对齐】|【垂直居中】菜单命令，再执行【修改】|【对齐】|【水平居中】命令，如图23-43所示。

表的各部分渐变先做出来，特别注意金属柱形（那个发条）的质感表现。可用黑白灰渐变。金属圆柱形的表现原理是强烈的色调对比，比如黑色旁边可以紧跟白色，也可以深灰浅灰跳跃着用。塑料等的表现方法就柔和很多，表面可以设置成白色到蓝色的渐变，如图23-44所示。

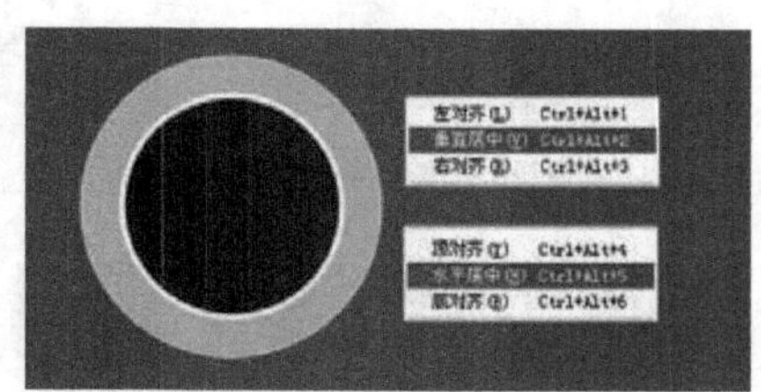

图23-43　对齐两个圆

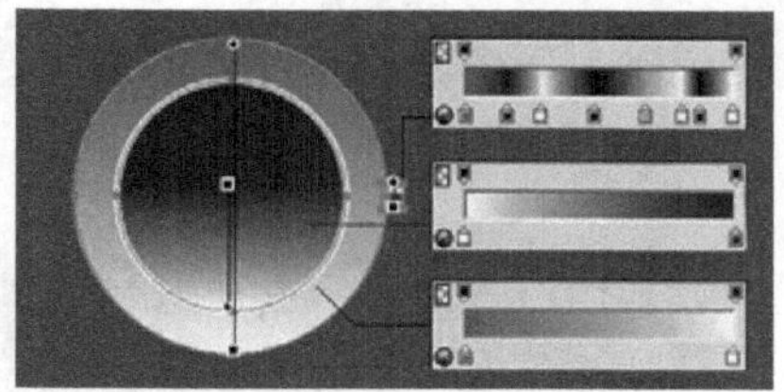

图23-44　为表面上渐变色彩

添加文字，作为时间刻度，为了不显得单调，文字做点变化为好。记住，造型简单的东西就必须在几个有限的造型要素里多做变化，否则造型会缺乏生命力。将这些白色几何型选中，然后执行【修改】|【组合路径】|【联合】菜单命令做成表针，如图23-45所示。

为金属表壳画出高光，如图23-46所示。这种渐变高光方法会经常用到，这里我们可以详细研究一下：用【钢笔】工具绘出纺锤形或椭圆形对象，添加渐变色。渐变色属性可以设置成一头白色，另外一头接近表壳的颜色。这时候如果发现各对象之间的位置不对，可以执行【修改】|【排列】菜单命令，来调整或移动对象之间的前后位置。

观察图23-46，会觉得蓝色表面的质感不够好。这里可以这样处理：做出一个下端为波浪形状的对象，赋予它和后面蓝色表面对象相反方向的渐变填充，如图23-47所示。按快捷键Ctrl+X剪切这个对象，选中后面的对象（原先那个表面），执行【编辑】菜单命令【粘贴于内部】即可。或者用下面的方法处理。

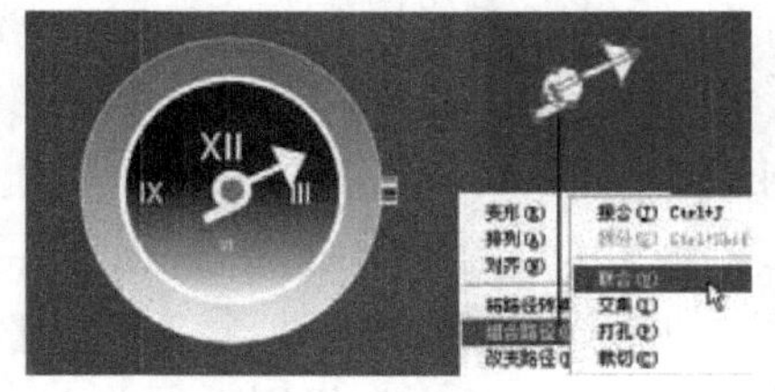

图23-45　组合路径画出表针

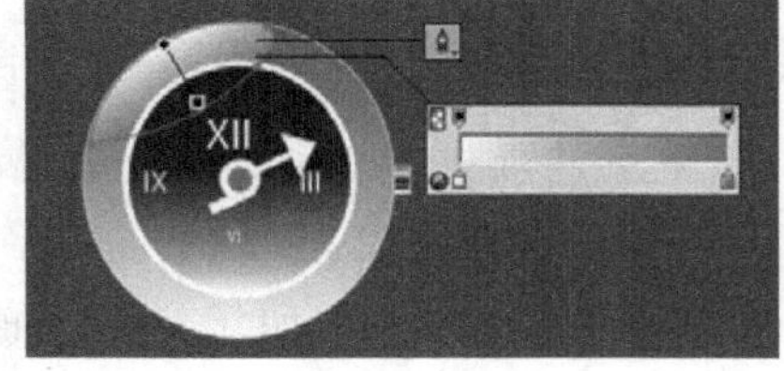

图23-46　纺锤形高光

首先选中后面那个渐变蓝色圆形复制一次（Ctrl+C），然后取消选择，按Ctrl+V快捷键，这个渐变蓝色圆形就被复制了一个并且粘贴在页面的最上面。按住Shift键同时选中刚才画的波浪形对象和最上面这个圆形对象，执行【修改】|【组合路径】|【交集】菜单命令。这样就把两个对象相交的部分留下了，如图23-48所示。

接着同样用组合路径的方法绘出表面阴影，如图23-49所示。

然后再选中外面的大圆，执行【属性】面板的【滤镜】|【阴影和光晕】|【投影】，完成最外层的阴影设置，设置如图23-50所示。

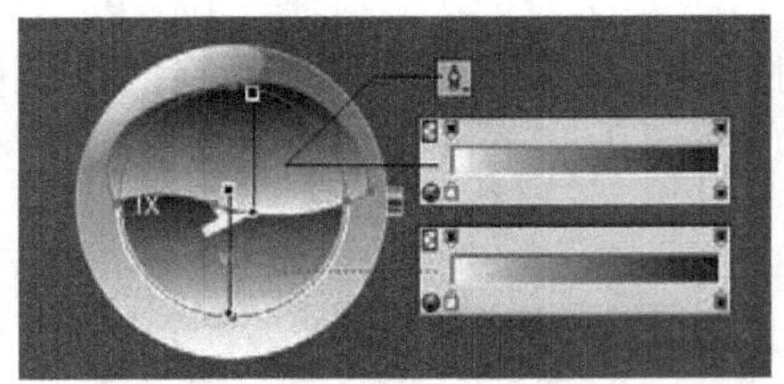

图 23-47 增加波浪形状的对象

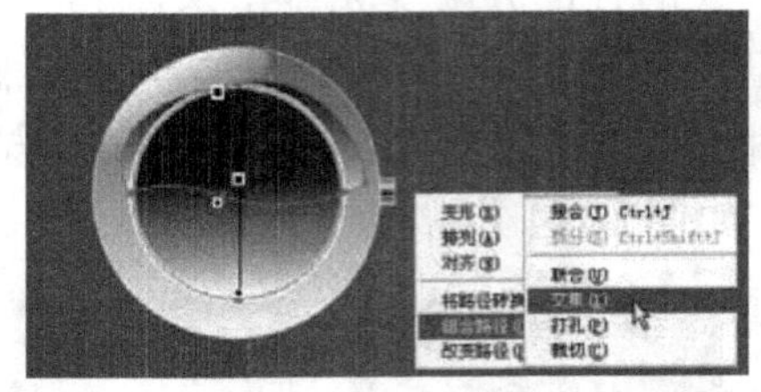

图 23-48 用组合路径做出质感很强的表面

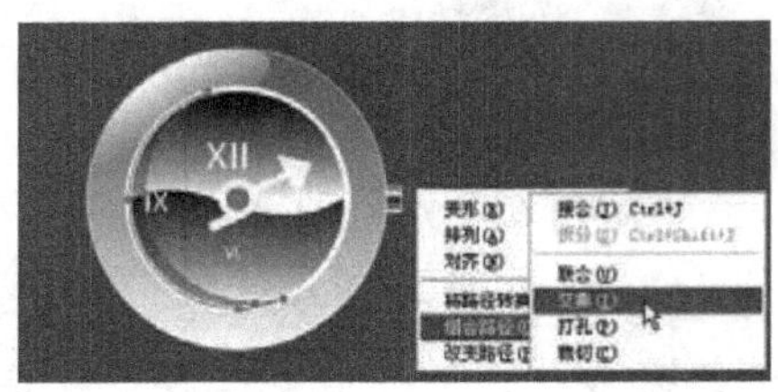

图 23-49 组合路径制作阴影

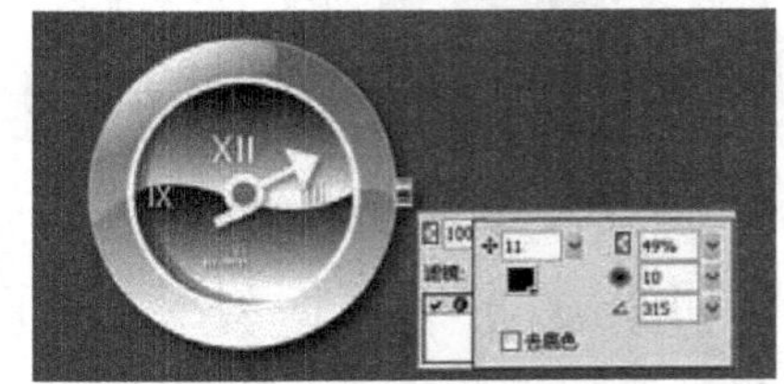

图 23-50 增加效果

最后增加细节并作最后修改，作品就制作完成了。

23.4 制作变形文字

23.4.1 文字外形编辑

选择文本，【属性】面板基本记载了文本的全部属性，搞清文本在【属性】面板中的功能分块后，查看和修改就容易了。文本属性相对于矢量图形属性多了很多内容（包含了所有矢量属性），面板中没有全部列出来，所以文本的填充和文本笔触属性只保留各自的色彩方格，需要单击打开各自的色彩方格后，才能在最下面展开文本填充选项或文本笔触选项进行填充，以及笔触高级功能的修改。

文字基本属性如图23-51所示，包括【字体】、【文字大小】、填充属性、笔触属性、【消除锯齿级别】、加粗字体、倾斜字体、加下划线等。需要注意的是【消除锯齿级别】指的是针对填充的消除锯齿级别，针对笔触的消除锯齿级别必须单击打开笔触色彩方格才能看到。

刚才提到了一点，填充属性、笔触属性没有全部出现在【属性】面板上，都需要单击打开各自的色彩方格才能看到。

提示 在【指针】工具状态下双击或使用文本工具单击欲编辑的文本可增改或删除文字。另外，在菜单栏中使用【文本】|【文本编辑器】(图23-52)编辑所选文字比直接在页面中编辑文字方便得多。

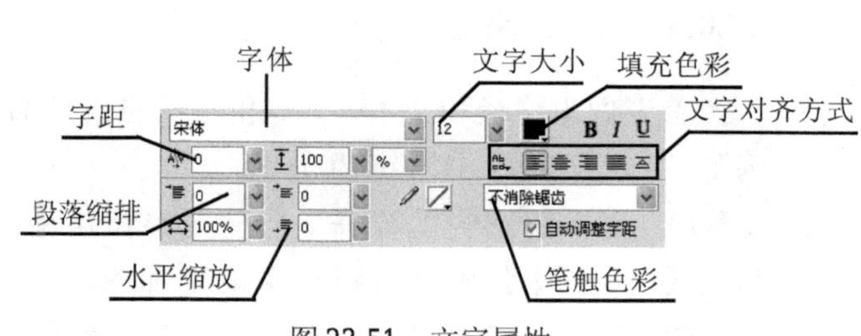

图23-51　文字属性

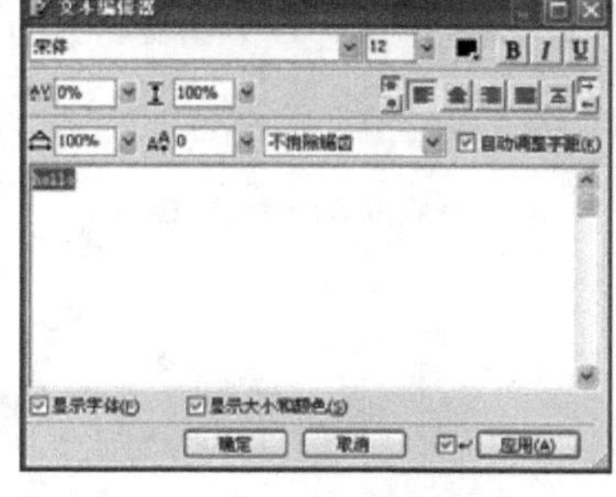

图22-52　【文本编辑器】对话框

23.4.2　文字效果制作

一般来说，文字效果、透明度、混合模式、色彩和纹理等属性和一般矢量图形中的属性操作是一样的。下面讲一个特殊的功能。

不消除锯齿的排版文字除了“04b_08”（这是现在网上流行的一种英文字体，字很小但很清晰漂亮）字体可以直接为文字加笔触色彩外，其他的字体直接上色非常难看。

解决方法是：为12号【不消除锯齿】的排版文字加笔触色彩，步骤为【滤镜】|【阴影和光晕】|【发光】，弹出发光效果设置对话框，发光大小设为1，不透明度设为100%，模糊度设为0，偏移设为0。这样设置的描边就非常清楚了。

当然除了硬边的排版文字，大字就可以直接加笔触色彩了。

23.4.3　文字排版

也许有的读者认为文字排版是在Dreamweaver中完成的。但前提是必须先在Fireworks中把整体效果处理好。需要再次说明的是，排版文字必须遵循本章23.2.3小节讲到的软硬原理及字号设置原则才行，否则会模糊成一片。

我们选中一段文字介绍文字排版的方法，先介绍一下【属性】面板的各排版参数。

①字距：字与字间的距离，默认是0。

②字顶距：设置行与行之间的距离，有两种单位选择，百分比和像素，建议采用百分比，默认为100%。大面积的中文排版如果用100%就会显得有些局促，所以最好是110%~140%。

③段落缩进：段落的首行缩排，就是俗话说的：第一行空两字。空两字的做法：如果字大小为12号字，就输入24；如果为14号字，就输入28，依此类推。

④段前空格：有时两个段落之间要空出一行，这里就是设置空的这个行距，该空行设在段落前面。

⑤段后空格：和段前空格类似，只是该空行设在段落后面。

⑥水平缩放：改变字的粗细。

⑦文字对齐方式：有左对齐、居中对齐、右对齐、强制对齐（即改变字的“胖瘦”去强制对齐）。

用【指针】工具拉住文本框的6个蓝色点改变文本框横竖比例进行框内文字重新排列。

图23-53　文本绕路径

23.4.4　文本绕路径

首先做出路径和文本，文本和路径的数量都为1，要求文本为消除锯齿。

（1）文本绕路径的操作。全选文本和路径，执行【文本】|【附加到路径】菜单命令。

（2）移动路径上的文本位置。在【属性】面板的【文本偏移】文本框中，输入偏移数字（默认为0），如图23-53所示。

（3）改变文本绕路径方式。执行【文本】|【方向】菜单命令。

（4）取消文本绕路径。执行【文本】|【从路径分离】菜单命令。

23.4.5　文本转路径

文本转路径或者说文本转曲线就是将文本变成普通的矢量图形。

操作方法：执行【文本】|【转换为路径】菜单命令。除了使用【撤销】命令，文本转为路径后是不能由路径转回文本的。

转路径的目的有两个：第一，一些特殊效果和造型必须转成矢量图才可处理；第二，转移文件时第二台机器不会因为缺字体而不好处理。

文本转路径的弊端是丢失了文本属性，不便于重新编辑，所以转路径之前请斟酌一下。

23.5　制作GIF动态图像

动画图像能使网页活泼生动，一些颜色较少、变化简单的网页横幅、广告和卡通动画，可以制作成GIF格式的动画，这样的动画可以在Fireworks中生成。

下面以一个"淡入淡出的GIF动画"为例简单介绍一下制作方法。制作步骤如下：

（1）新建文档。在【新建文档】对话框中设置画布的宽度为"300像素"，高度为"100像素"。单击【自定义】选项，然后单击颜色按钮，并在颜色值框中输入"#9933CC"，如图23-54所示。

（2）单击【文本】工具，设置字体为"华文彩云"，字号为56，颜色为"深蓝色"，输入文字"淡入淡出"。

（3）用【指针】工具选取文本，执行【修改】|【元件】|【转换为元件】菜单命令，在弹出的【元件属性】对话框中设置类型为"图形"，如图23-55所示。

（4）执行两次【编辑】|【克隆】菜单命令，将当前实例克隆两次。

说明　"克隆"直接完成"复制"和"粘贴"操作。

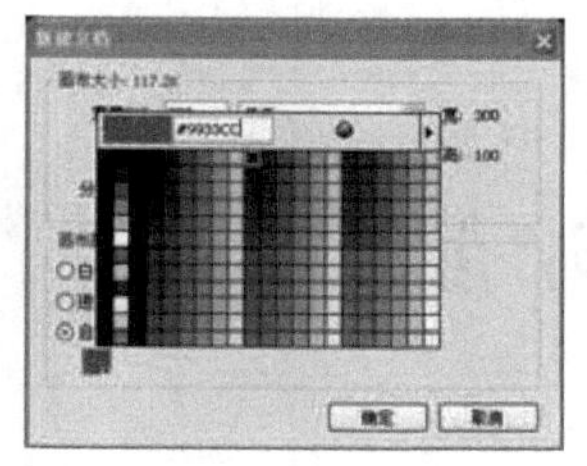

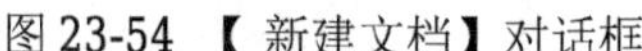

图23-54　【新建文档】对话框

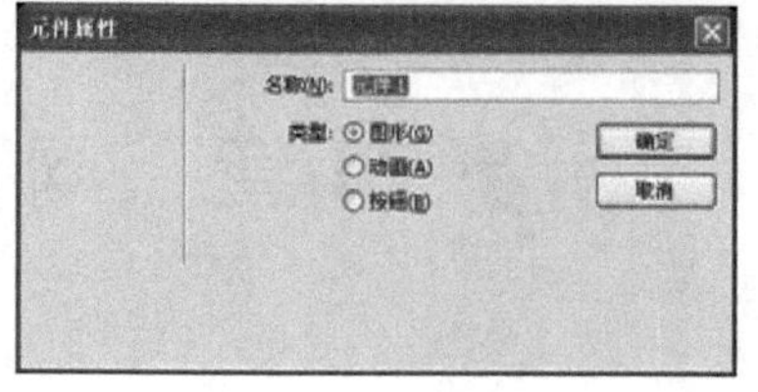

图23-55　【元件属性】对话框

（5）在“层”面板中双击元件的名称，依次为每个元件实例改名，如图23-56所示。

（6）单击“元件1”层，在属性面板将不透明度设置为“0”，同样方法将“元件3”层不透明度设为“0”。只有“元件2”层不透明度保持默认值“100”。

（7）按住Shift键，选中“层”面板所有图层，将“帧”面板延迟时间设为“60”。

（8）单击【修改】|【元件】|【补间实例】菜单命令，在弹出的【补间实例】对话框中的【步骤】文本框内输入“10”，选中“分散到帧”复选框，如图23-57所示。单击【确定】按钮。

图23-56　在“层”面板为每个元件实例改名

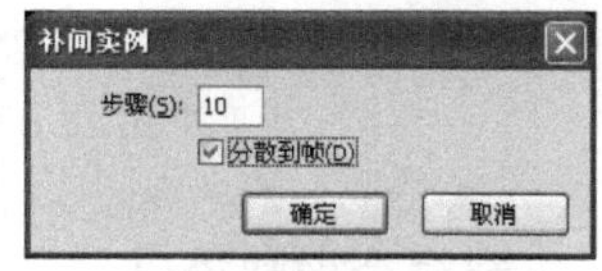

图23-57　设置补间实例

（9）单击文档窗口下方的“停止/播放”按钮，可以看到文字淡入淡出的效果。

（10）将文档导出为“GIF动画”。

23.6　习题与上机操作

上机操作

（1）用文本和路径结合的功能制作一个围成圆周的文字，效果如图23-58所示。

图23-58　围成圆周的效果图

（2）制作一个淡入淡出效果的GIF动画。

第 24 章　网页设计功能简介

教学目标

在Fireworks中，为图像设置链接区域是靠“切片”或“热点”工具来完成，因此“切片”或“热点”区域又被称为链接区域。它们不是以图像的形式存在，而是在图像导出成网页格式后，以HTML代码的形式出现。

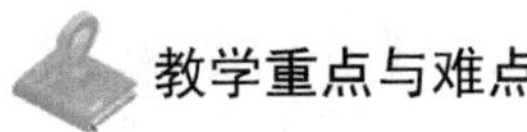

教学重点与难点

切片工具与热点工具的使用；热点链接的设置；元件的综合应用。

24.1　Web 工具详解

24.1.1　制作不规则热点

网页设计中，文字和图形都可以作为超级链接的载体。图形做超级链接时可用整图做，也可用图的局部做，还可以在一个大图上做几个超级链接。要实现后两种情况就要用到“热点”工具了。

工具箱中的“热点”工具有3种，即【矩形热点】工具、【圆形热点】工具和【多边形热点】工具，分别可以绘制矩形热点、圆形热点和多边形热点。前面两种热点的绘制方法比较简单，下面只介绍多边形热点的绘制方法。绘制多边形热点有两种方法：

（1）先在第一个位置单击一下鼠标放开，接着在第二、第三……个位置单击一下鼠标放开，与用钢笔工具绘封闭多边形的方法一样。

（2）选中要做热点的对象，然后右键单击，选择【插入热点】命令。

例如，我们要做一个箭头并把该箭头的轮廓整个做成热点，就可以按照下面的方法操作：用【箭头】工具做出箭头并调整到最满意状态，然后执行【修改】|【取消组合】命令，将智能多边形转化成普通矢量图形，再用【部分选定】工具选择该箭头，然后右键单击，从弹出的快捷菜单中选择【插入热点】命令。会发现半透明浅蓝色热点的形状与箭头刚好重叠，如图24-1所示。还可以用【部分选定】工具对热点的节点进行编辑。

为什么要将箭头转成普通矢量路径呢？因为生成这种不规则热点的功能只对普通矢量路径有用，而对文本和键头等多边形只能做出一个刚好覆盖对象的矩形或圆形热点。现在按F12键打开IE浏览器进行预览，鼠标放到热点的地方，只要出现小手，就表明可以添加超链接了。

关闭IE预览浏览器回到Fireworks，选中热点，在【属性】面板的【链接】文本框中可以为热点添加超链接路径（比如可以输入http://www.hongen.com或本地的文件，不能只输入www.hongen.com）。不过建议到Dreamweaver中添加链接好些，因为在Dreamweaver中做链接更便于控制而且不容易出错。

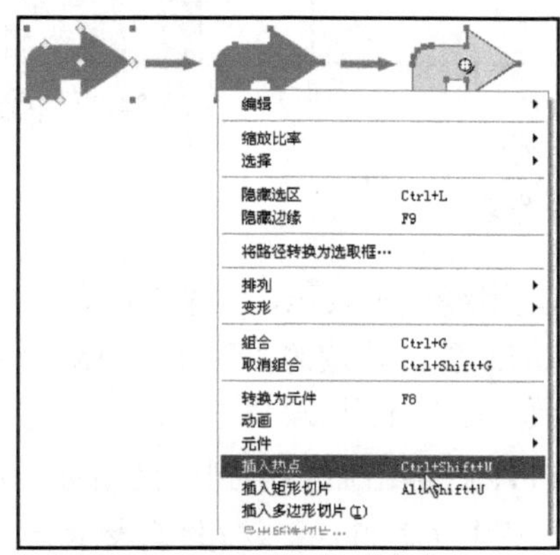

图 24-1　插入热点

24.1.2　切片功能

1. 制作各种图形切片

下面将介绍的切片是连接Fireworks绘图功能和高级网页功能的枢纽。

切片有两种，即【切片】和【多边形切片】。用【切片】工具的方法与用【矩形】工具画矩形类似，用【多边形切片】工具的方法与用【钢笔】工具绘制多边形类似。

切片和热点的某些方面很相似，它们自身的形状都不会在IE中显示出来。二者不同的是，图片上不管做多少个热点，导出的图都只有一个，而切片不一样，可以导出由切片工具绘制的多个图。

【切片】工具：切片部分半透明浅绿色而且沿着切片边缘出现4条红色线截至页面边缘或者下一个切片，就是这些红线将整个图形切割成多个小图片，导出时可以将这张图导出成按切片切出的若干块图片。

对切片对象的操作和普通矩形类似：选中切片后可以移动，拉动四角的蓝点可以缩放，左上角标有切片导出的格式提示，通过中间的小标记可以很容易做出交换图、菜单栏等JavaScript效果。

图24-2所示为一张包含两个切片的图，如果导出时选择包含切片导出的话，就会自动生成9张图。绿色切片部分可以通过【优化】面板或【属性】面板设置输出文件的图片格式，其他区域则将按默认的格式（GIF）输出。

例如，图24-2左边切片的导出预设格式是GIF，如果要改为JPG，可以按下面的方法操作：先选中该切片，然后在优化面板将GIF改成JPEG，输出后就这一块是JPG格式的图，其他的图还是GIF格式，如图24-3所示。

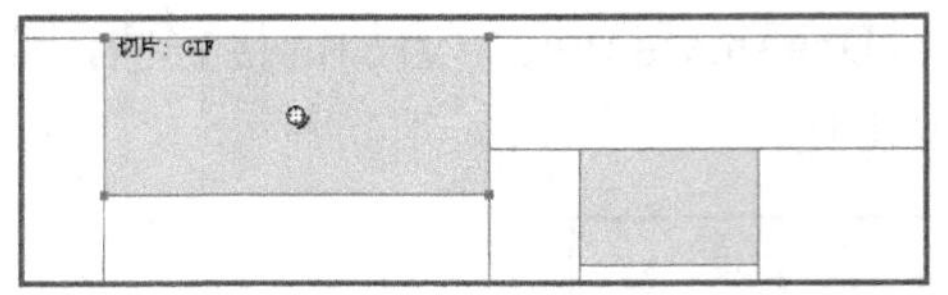

图24-2　切片功能

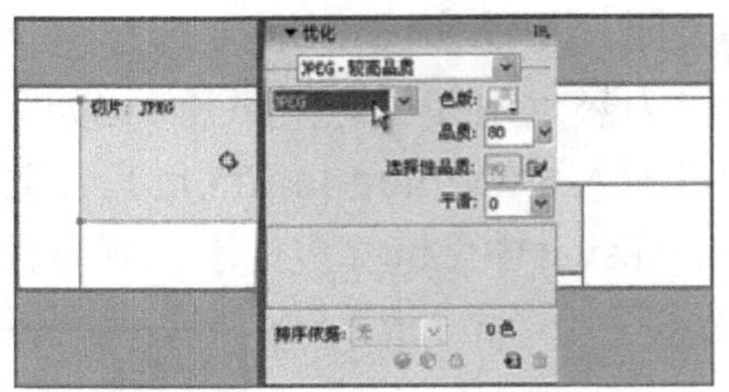

图24-3　单独设置切片覆盖图的格式

2. 切片在网页中的工作原理

在PNG源图中切片虽然是用绿色来表示，但输出后和白色区域就没有区别了——都是图。导出后的图片Firekworks会自动按照"图片名_rx_cx-fx"来编号，其中r表示行数，c表示列数，f表示帧数（如果有两帧以上）。

例如：源图名称为test.png，则导出后会得到一批诸如：test_r1_c1.gif、test_r2_c1.jpg、test_r1_c1_f2.gif等文件，其中test_r1_c2_f2.gif就表示该图片为第1行第2列第2帧的图。在Dreamweaver中由这些所有的小图就可以构成一整张大图。

用切片切割图片的数量有讲究，在保证功能的前提下切出的图片个数越少越好。在下面的例子中，图24-4所示的切割方法就不如图24-5好，因为图24-4导出后会有5张图，而图24-5导出后只有3张图。

图24-4　5块图切法

图24-5　3块图切法

3. 切片的优化

切片最好和【优化】面板或【层】面板结合使用。【优化】面板的作用在这里是针对各个切片和整个页面输出前的预览和设置。下面以图24-6所示为例，介绍【优化】面板的设置。

首先进行切割，然后取消选择，接着在【优化】面板上设置输出格式为【GIF接近网页256色】，表明这个图将要输出的图片全部是256色的GIF图，包括三块绿色切片，如图24-7所示。

图24-6　源图

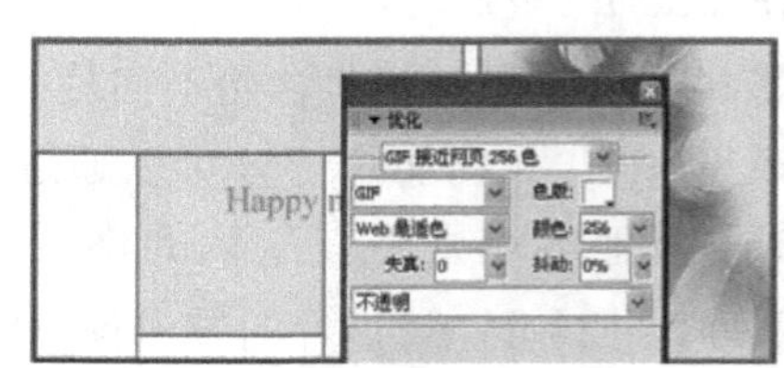

图24-7　导出图默认格式是GIF格式

切片的巨大优势就是对绿色切片可以单独设置。比方说可以先选中右边切片进行设置，这里设置成【品质】为90的JPEG图；再选中左上角的切片，设置成【GIF】、【精确】的格式。设置好后，页面中的情况发生了变化。这两块切片输出的图就沿用了刚才定义的格式，而其他的则是默认设置，即256色的GIF图，包括剩下没有特殊定义的那些切片，如图24-8所示。

设置完毕后，可以单击【预览】按钮 预览 观看一下效果。也可以先转到预览状态下，再（按照刚才的方法）设置各切片的输出格式，其实在预览状态下设置更合理些，可以保证“所见即所得”的效果。

打开【层】面板，图层有两种类型，一是普通图形图层，可以任意增加、删除、改名和移动等；另外一种是网页层，网页层禁止增加、删除、改名和移动，作用很单纯，就是自动存放切片，如图24-9所示。

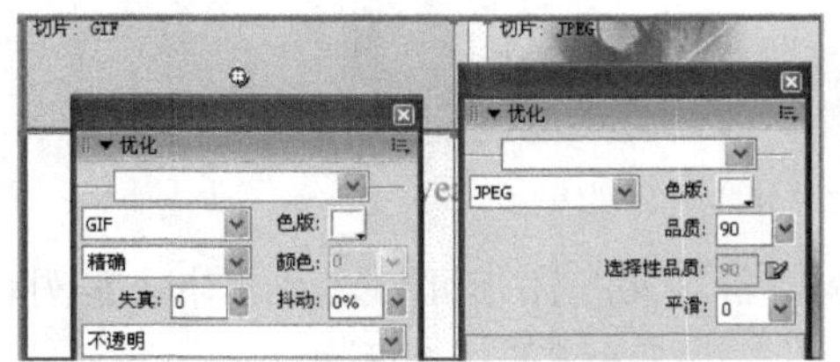

图24-8 分别为导出图设置不同的格式

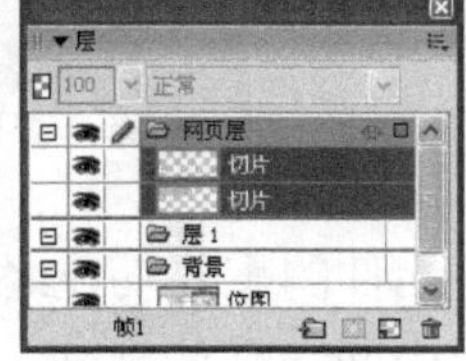

图24-9 层面板中的切片

24.2 应用元件

24.2.1 建立及修改元件

1. 图形元件

元件和帧都是Macromedia公司的设计软件中最具特色的部分，功能非常强大。

Fireworks提供了三种类型的元件：图形元件、动画元件和按钮元件。我们先从最简单的图形元件说起。

任何对象都可以转换成图形元件，方法是选中对象按F8键或者执行【修改】|【元件】|【转化为元件】菜单命令，弹出对话框后，在【类型】中选【图形】，即可完成图形元件的制作。图形元件被选中后，左下角会显示一个快捷方式的图标以区分一般对象。

图形转换成图形元件后就不能直接在页面上编辑了，要编辑它，必须在页面上双击该元件，进入元件编辑器状态才能进行编辑，或直接到【库】面板双击这个元件进入元件编辑器。

图形元件的作用很多，一是可以被重复使用，而且修改这个元件后，页面上所有的该元件全部自动更新，这一功能非常方便于做相同对象的修改；二是用补间实例做效果；三是做动画；四是做转换图效果。

更新【库】面板中的导入元件：在一个文件（文件1）中做一个元件，在另外一个文件（文件2）中粘贴这个元件，在文件2的【库】面板中，该元件会有一个【导入】字样，表明该元件是文件1导入的，如图24-10左图所示。“文件”和“元件”容易混淆，请注意区别。如果修改文件1中的元件，回到文件2的【库】面板中选择该元件，单击面板右上角【功能选项】按钮打开菜单，选择【更新】即可更新该元件使之保持和文件1的元件相同，如图24-10右图所示。

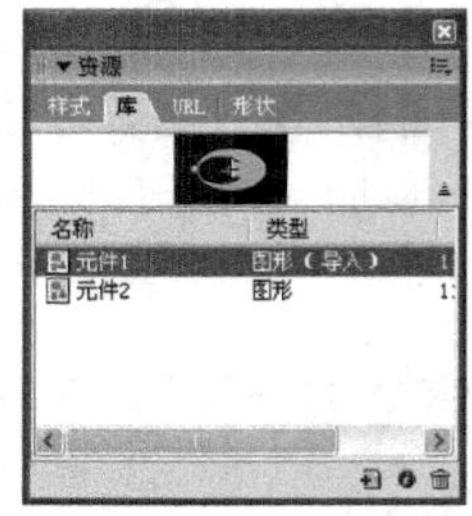

图24-10 利用库面板对导入元件的更新

元件的重要功能之一是制作补间实例。做出首尾两个图形元件，通过补间实例功能实现中间步骤的渐变。我们通过下面这个例子很容易理解补间实例。

先做出一个图形元件并复制一个，改变其中一个元件的透明度、大小和旋转角度等，然后同时选中这两个元件，如图24-11所示。

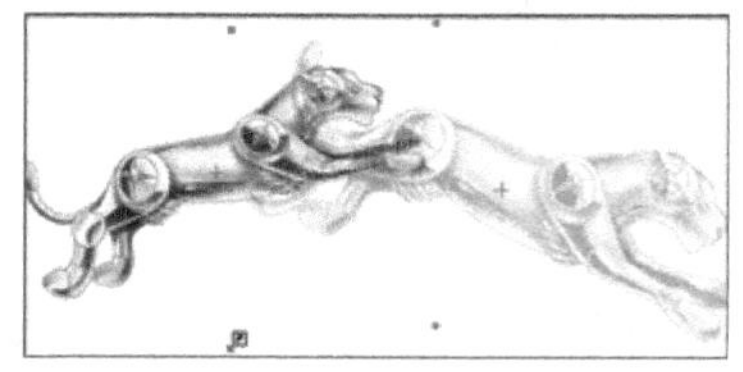

图24-11 同时选中处理后的两个元件

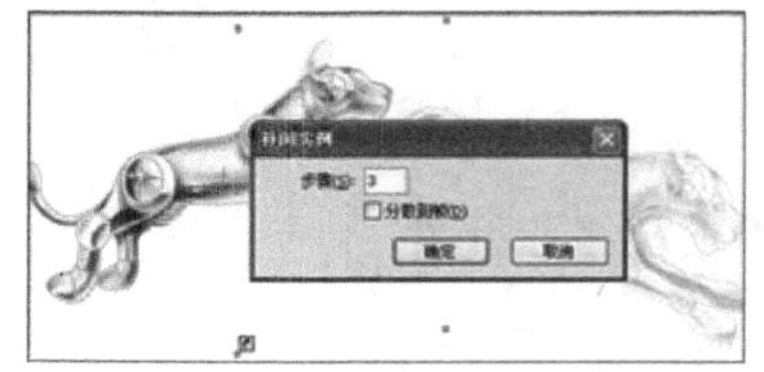

图24-12 设置补间实例的步骤

执行【修改】|【元件】|【补间实例】菜单命令，弹出【补间实例】对话框，在【步骤】文本框中输入数字“3”，表明要在这两个元件之间产生渐变步骤的3个元件，加上原有的2个元件共有5个。【分散到帧】复选框不要勾选，如图24-12所示。注意：补间实例功能只能用在同一元件之间，不同元件或者是非元件对象不能使用该命令。结果如图24-13所示，两个元件之间产生3个渐变步骤的新元件。

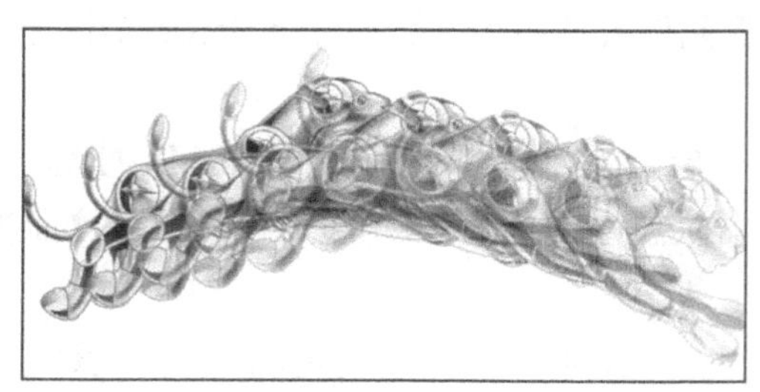

图24-13 补间实例制作结果

2. 按钮元件

按钮元件最擅长的是做转换图。制作方法：选择对象，按F8键，在弹出的对话框中选择【按钮】类型。把对象转换成按钮元件后，选中状态显示左下角有个快捷方式图标，而且上面自动覆盖切片，页面中该切片作为按钮元件的整体共同操作。

3. 动画元件

动画元件是在元件里面做成动画，然后把这个动画作为一个元件使用。动画元件做动画的方法和图形元件不一样但原理相同，在理解图形元件做动画的原理后很容易理解动画元件。其实它是个动画集成，类似于一个已经组合好的机器。如果用图形元件做动画，相当于要去组合机器的零件。

制作方法：选择对象，按F8键，在弹出的对话框中选【动画】，即可将对象转换成动画元件。

24.2.2 制作补间实例效果

（1）先做出一个简单的对象（可以利用【圆形】工具以及【修改】|【组合路径】里面的【联合】命令来完成），如图24-14所示。接着选择该对象，执行【修改】|【元件】|【转化为元件】菜单命令或按F8键转化为【图形】元件。

（2）复制出一个元件，并更改这两个元件的大小、旋转角度和不透明度等，然后全选这两个元件，如图24-15所示。

（3）执行【修改】|【元件】|【补间实例】菜单命令，弹出对话框后，在【步骤】文本框中输入数字8，但不要勾选【分散到帧】复选框（分散到帧是将所有生成的元件按照一帧一个元件的方法分配到自动生成的帧中，适合做动画，但这里不做动画，所以不要勾选），效果如图24-16所示。

图24-14 将对象转化成图形元件

图24-15 复制元件并调整大小

图24-16 完成效果图

（4）双击图中任意一个元件即可进入元件编辑器修改这个元件。这个元件的色彩、造型将直接影响到我们页面中的渐变效果。修改后，效果如图24-17所示。修改完毕后单击【完成】按钮退出元件编辑器，此时页面上的每个元件都被更新了。

（5）下面我们来增加中间的步骤数看看效果有什么变化。先选中所有元件，然后在

【层】面板中按Shift键减选最上面和最下面的图层，接着删除所有选中的元件，只留下首尾两个元件。

(6)选中这两个元件，再次执行【修改】|【元件】|【补间实例】菜单命令，将【步骤】改为18(【分散到帧】选项还是不要勾选)，得到图24-18所示的效果。

(7)现在再双击图中元件，打开元件编辑器，只剩下元件中左边那个小圆，单击【完成】按钮退出元件编辑器，可以看到如图24-19所示的效果。

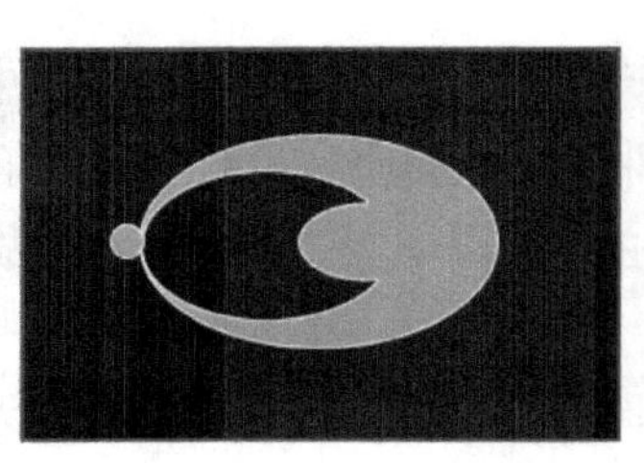

图24-17　修改元件

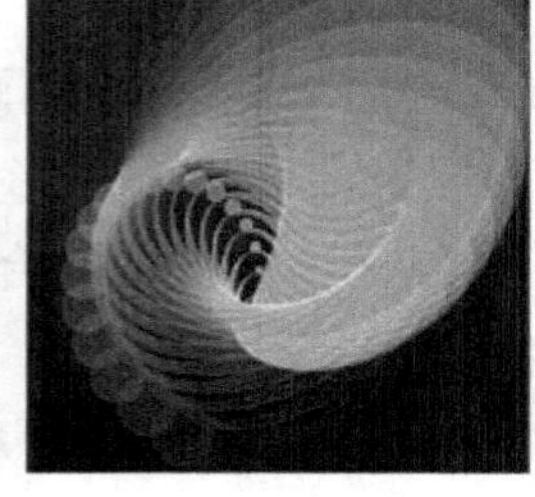

图24-18　修改步骤数后的效果

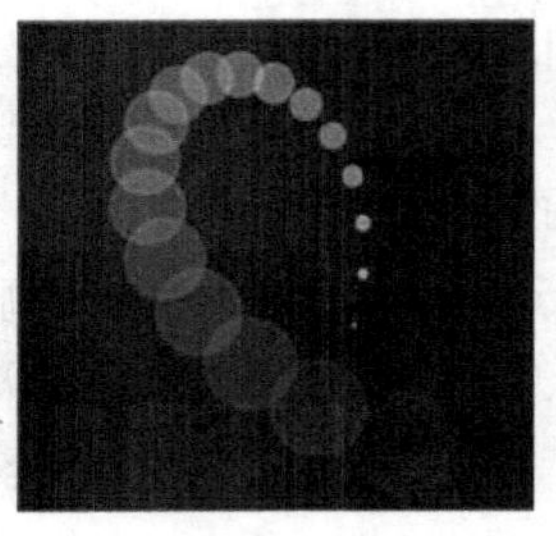

图24-19　修改元件后的效果

了解图形元件补间实例的属性后，可以任意发挥自己的想像力做出各种漂亮的效果。

24.3　习题与上机操作

1．简答题

(1)工具箱中的“热点”工具有几种？并简述绘制热点的方法？

(2)Fireworks提供了哪三种类型的元件？

2．上机操作

(1)选择一张GIF格式的图片和一张JPG格式的图片，分别进行优化设置。

(2)制作如图24-20所示的发光效果的补间实例。

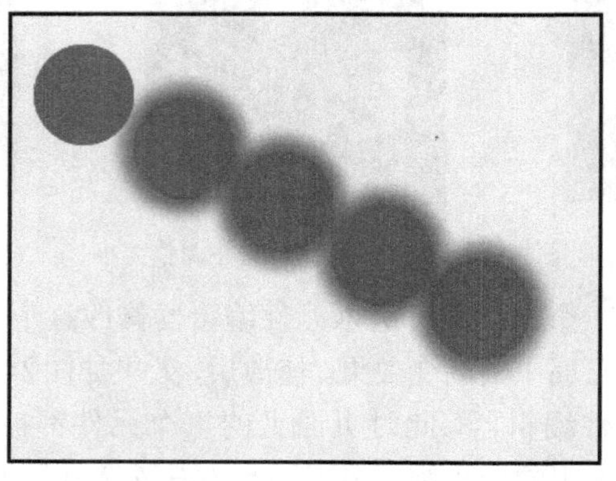

图24-20　发光效果的补间实例

第25章　图像的导出及优化

教学目标

本章通过实例来分析网页导出的格式，以及这些格式的设置选项。

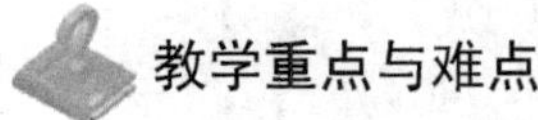

教学重点与难点

网页导出格式；导出格式的详细设置。

25.1　分析导出格式

导出网页图片格式限定于JPG格式和GIF格式，注意避免导出一些其他格式，像BMP和TIF等格式是用在其他场合的格式；而PNG格式一般只作Fireworks源图使用。

JPG和GIF作为网页的两种导出格式，有明显的优势互补特征。色彩渐变不明显的矢量格式图形，导出一般用GIF格式，文件又小效果又好。想作为透明图和动画格式导出的也只能用GIF格式。有着明显色彩渐变的矢量图形导出时用JPG的格式效果也比较好，照片或者类似照片图片导出一般用JPG格式。

提示　在PNG源图中不论矢量图还是位图，导出后的格式（GIF或JPG）就全是位图了。

如图25-1所示的矢量格式，如果导出为GIF格式，文件小（4.93KB）而且效果好，逼近PNG源图效果。

如果将图25-1导出为JPG格式，不但文件大（5.15KB），色彩不艳丽，而且有画面“发脏”的感觉，如图25-2所示，该图的质量设置为70。如果将JPG质量设置得非常高，比如设置成90，文件会非常大，而且“发脏”现象依然很明显。很多人做的东西本来色彩很艳丽干净，但导出后一放到网页上就会产生画面脏、色彩灰暗的现象，原因就是犯了这个错误。

图25-1　矢量图设置成GIF的预览

图25-2　图矢量图设置成JPG的预览

总结：（1）色彩渐变不明显的矢量格式图形，导出用GIF格式，文件又小效果又好。

（2）有明显色彩渐变效果的矢量图导出格式如果导出成GIF格式的，色彩渐变部分有明显的网格现象，而且文件不小（6.25KB），如图25-3所示。因此矢量图在这里是个特例，最好不要按照“常理”导出成GIF格式。相反，如果将它导出成JPG格式（这里质量设置为72），文件反而非常小（1.77KB），而且渐变部分效果很平滑，逼近PNG源图效果，如图25-4所示。这是矢量图导出的特例，请读者多加注意。总之，有明显色彩渐变的矢量图形导出用JPG格式效果比较好。

图25-3　矢量大色彩渐变图设置成GIF的预览

图25-4　矢量大色彩渐变图设置成JPG的预览

（3）照片或者类似照片的图像，导出格式应该是JPG，质量高低根据实际情况而定，效果好而且文件小，逼近PNG源图效果，如图25-5所示。

（4）如果照片或者类似照片的图像导出格式为GIF，则会出现如图25-6所示的效果，而且文件也较大。如果不是为了刻意追求特殊的效果，尽量避免导出成GIF格式。

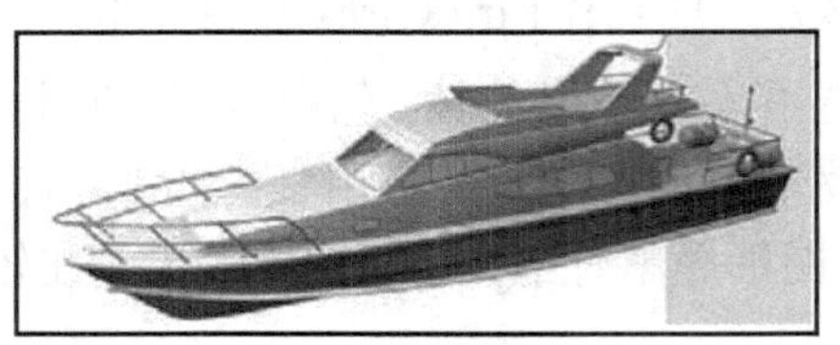

图25-5　照片类图像设置成JPG的预览

图25-6　照片类图像设置成GIF的预览

（5）如果一个PNG页面上既有矢量图又有位图，导出成什么格式呢？如果要求不高，可以权衡一下这两种图所占的比例。要求很高时，可以切片导出。

25.2　设置导出格式

首先研究GIF格式在【优化】面板中的各项设置，如图25-7所示。

◆【保存的设置】：这个选项提供一些现成的、可以一步到位的设置，但一般用得较少。

◆【导出文件格式】：确定要导出的是哪种文件格式，这是文件导出设置的第一步。

◆【索引调色板】：因为GIF格式又有很多子类别，在这里选子类别。

◆【颜色】：GIF格式不带压缩，但色彩域不那么丰富，所以导出文件的精细与否只和色彩值有关。表明GIF的最大色彩值设置，一般用128色和256色。

◆【请选择透明效果类型】：可以设置GIF透明的地方。默认是不透明，要想将导出图片改为透明，在这里设置。

◆【页面用到的GIF色彩】：当前页面的全部色彩集合，其中小色块里面有白色标记的是安全色，纯色背景的是非安全色。

◆【抖动】：用来解决GIF格式色彩渐变较差的一种弥补手段，最大值为100，默认值为0。抖动数值越大，文件大小也越大，有时要导出大的色彩渐变而不想用JPG格式时可以试试。

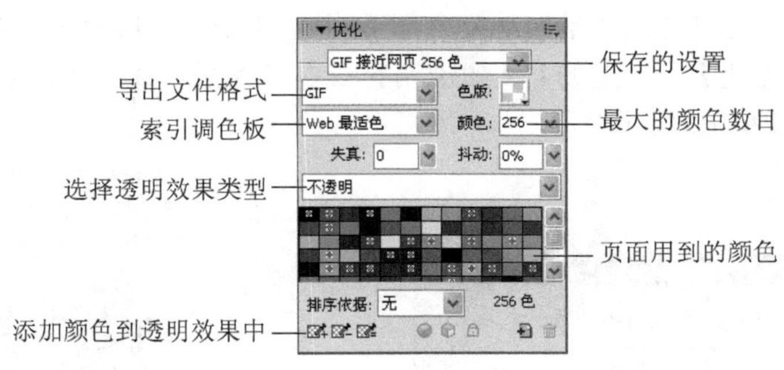

图25-7　GIF格式的参数

GIF格式的设置步骤：在【导出文件格式】下拉列表框中选择GIF格式，选择之后在【颜色】中选128色或者256色，如图25-8所示。在当今宽带流行的形势下，建议用256色。如果128色和256色效果相差不大，但文件大小差别较大时，可以用128色。

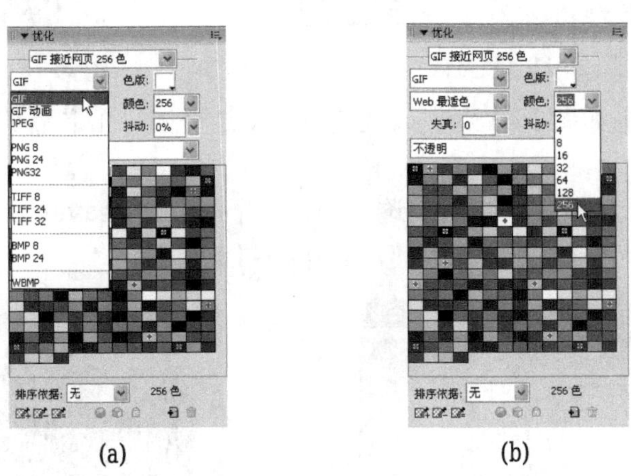

(a)　(b)

图25-8　GIF格式的设置步骤

GIF透明图设置：一般在GIF透明功能那里选择【Alpha透明度】就可以了。按下【预览】按钮，打开【优化】面板，先将它设置成GIF格式，如图25-9所示。在GIF透明功能那里选择【Alpha透明度】，如图25-10所示。

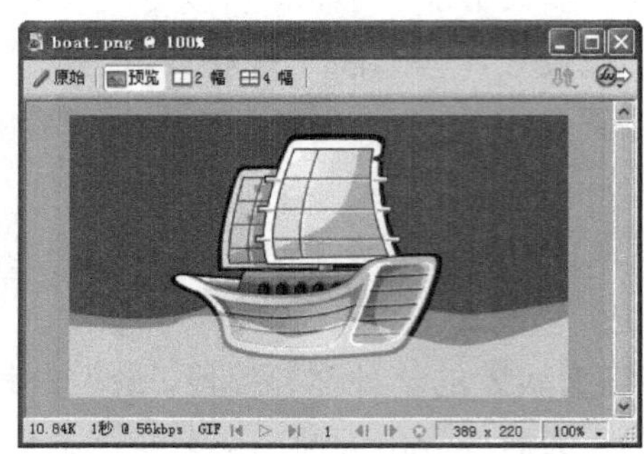

图 25-9 打开矢量图

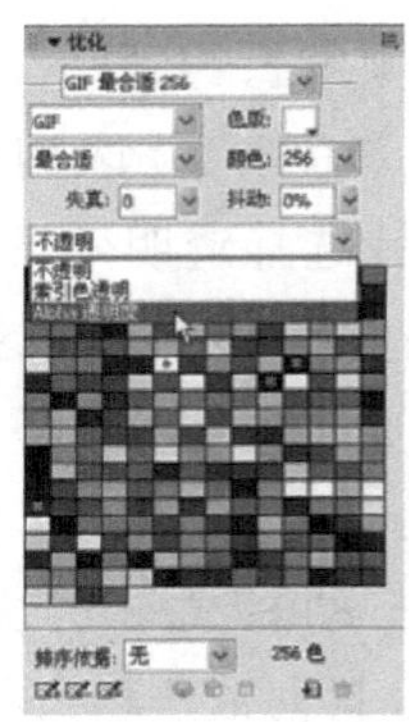

图 25-10 设置为 Alpha 透明

看看预览效果，发现凡是背景的地方全部透明了，如图25-11所示。如果要自定义透明区域，单击【优化】面板上的【添加透明区域】滴管图标，在想要透明的地方点一下即可，如图25-12所示。

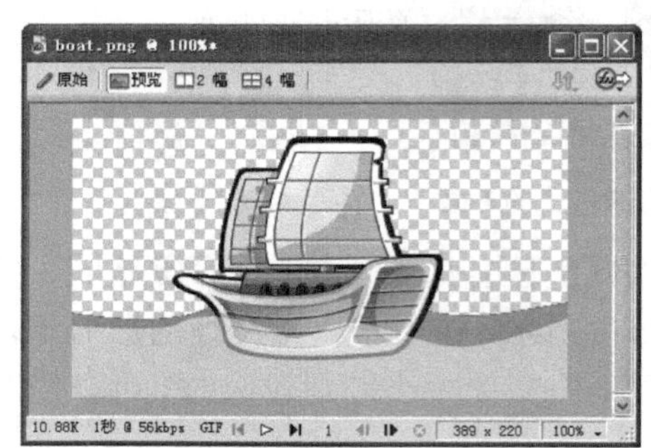

图 25-11 预览效果

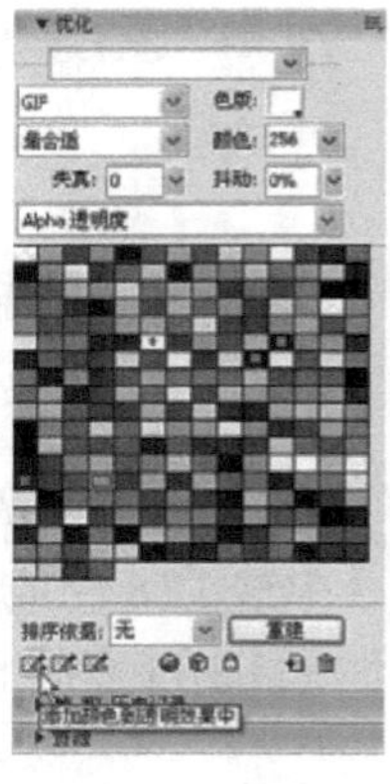

图 25-12 自定义透明设置

现在看到的效果如图25-13所示。这样一来，这个图导出之后放入Dreamweaver 8后就是个透明的图。

GIF透明技巧：我们进一步研究透明图。打开Dreamweaver 8，做一个表格，给中间那个格设置好尺寸，加上黑色背景，如图25-14所示。

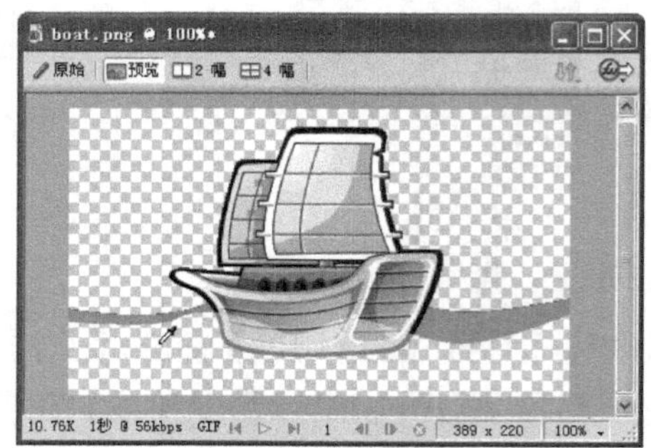

图 25-13 自定义透明预览效果

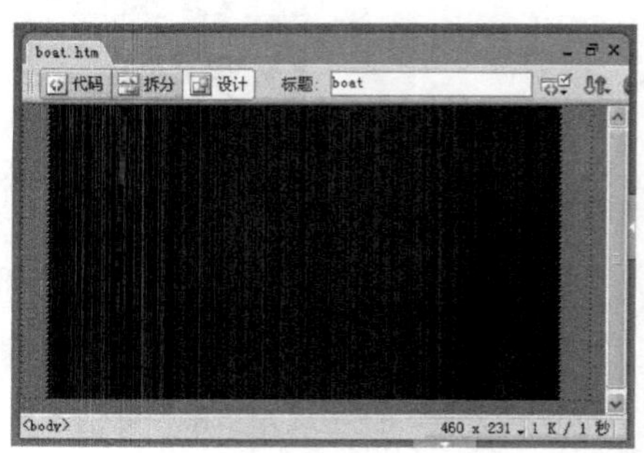

图 25-14 在 Dreamweaver 中制作表格

现在将刚才那个导出的透明图片放进来后发现：虽然透明，但透明的地方有毛刺的现象，如图25-15所示，效果不是很理想。这是怎么回事呢？原因是在Fireworks 8中背景的处理不得当，虽然背景透明看不见，但为其选择色彩却很重要。设置的背景必须和Dreamweaver 8中容器的背景色一样。

回到Fireworks 8，将原来蓝色背景改成黑色背景，如图25-16所示，保持和Dreamweaver 8背景一样即可。

图25-15 在Dreamweaver表格中插入透明背景的图

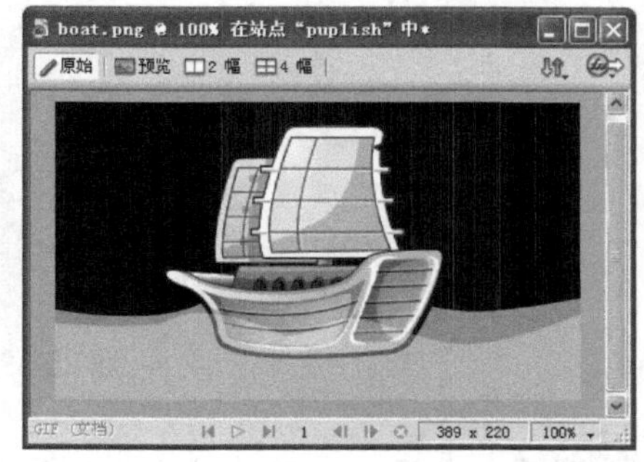

图25-16 回到Fireworks中更换背景

按照刚才的方法设置透明后再次导出。然后在Dreamweaver 8中使用这个新图，再看看效果，可以发现已经不存在毛刺的问题了，效果如图25-17所示。这就是导出透明GIF格式的技巧。

GIF动画设置：按下【预览】按钮，打开【优化】面板，将它设置成【GIF动画】格式即可，如图25-18所示。

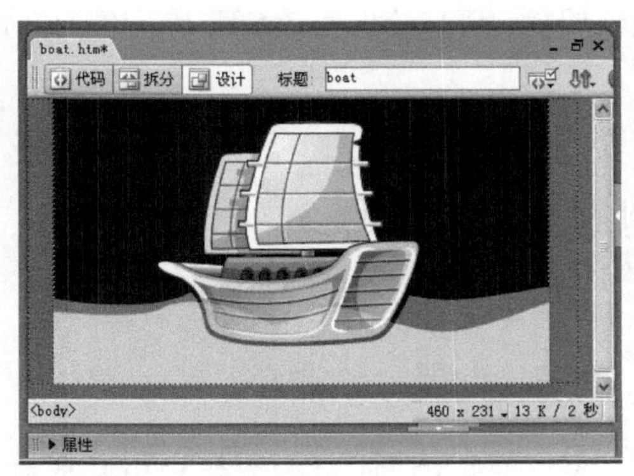

图25-17 在Dreamweaver中看到的效果

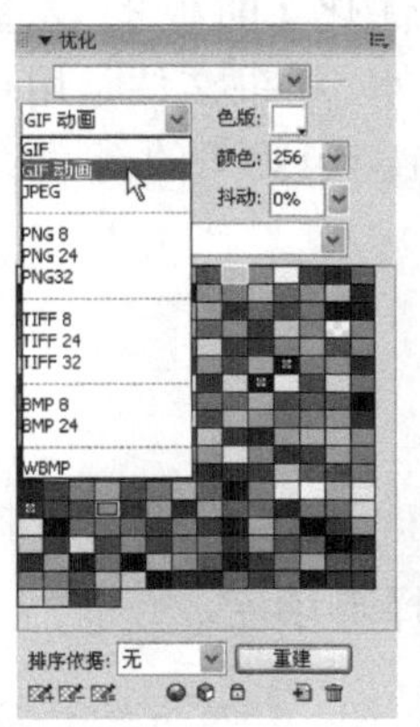

图25-18 GIF动画的设置

JPG设置：JPG文件设置相对比较简单。在【导出文件格式】下拉列表框中选择JPEG格式，如图25-19所示。由于JPG格式是一种压缩格式的文件，而它的色域非常广，所以文件精细与否只和文件的压缩比（品质）有关。选择之后在【品质】一项中选择或输入数字，范围为0～100，好的质量一般为80～90，较好的质量为70～80，中等质量为60～70，这3种用得比较多。

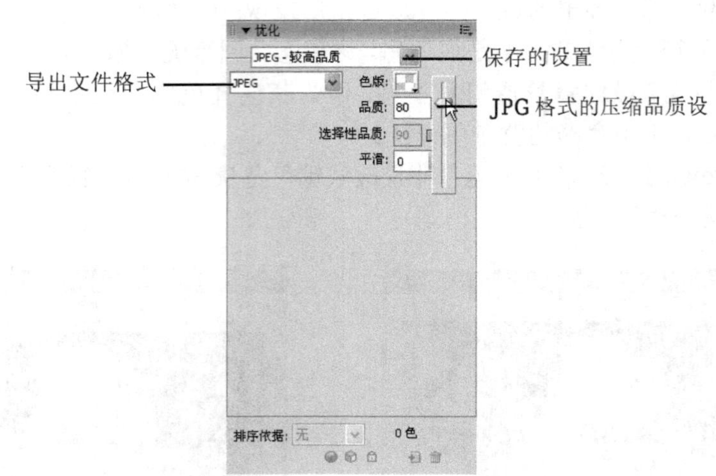

图 25-19　JPG 格式的设置

技巧　如果一幅精美的图片需要设置成高品质的JPG时，若觉得80~90还不能满足要求，那设置的最高品质数值最好不要超过95，因为95、96、97、98、99、100这几个数值的图像质量肉眼看几乎没有区别，但数值每增加1，文件的大小却差别很大，所以建议设置的最高品质数值不要超过95。

综上所述，文件导出的程序是切换到预览模式，打开【优化】面板，设置文件成所需的格式，设置好后执行菜单栏中的【文件】|【导出】命令就可以将当前文件按照当前【优化】面板的设置导出了。

另外，如果文件是用GIF或JPG来编辑的，那直接保存该GIF或JPG的文件即可，这是Fireworks 8的新增功能。

25.3　习题与上机操作

1. 选择与填空

（1）导出网页图片格式限定于（　）两种格式，应尽量避免导出其他格式。

A. JPG　　B. GIF
C. BMP　　D. TIF

（2）色彩渐变不明显的矢量格式图形，导出（　）格式，文件又小效果又好。

A. JPG　　B. GIF
C. BMP　　D. TIF

（3）有明显色彩渐变的矢量图形导出用（　）格式效果比较好。

A. JPG　　B. GIF

C. BMP　　D. TIF

（4）照片或者类似照片的图像，导出格式应该是________________，质量高低根据实际情况而定，效果好而且文件小，逼近PNG源图效果。

2．上机操作

在Dreamweaver中做一个1行1列的表格，并将准备好的一幅Fireworks中的图片导出后放到该表格中。

主要参考文献

成昊. 2004. 新概念网页设计三合一教程. 北京：科学出版社

贾勤. 2006. 网页设计三合一能力教程. 北京：中国铁道出版社

潘明寒，刘永华. 2006. 网页设计三合一实用教程. 北京：中国电力出版社

王诚君，尚武. 2007. 网页设计三合一实用教程. 北京：清华大学出版社

王兴玲，马晓峰. 2007. 网页设计三合一实训教程. 北京：中国铁道出版社

文东，李斐. 2009. 网页设计三合一基础与项目实训. 北京：中国人民大学出版社

文东，王宏宝. 2009. 网页设计三合一基础与项目实训. 北京：中国人民大学出版社

余强. 2006. 网页设计三合一教程. 北京：中国铁道出版社